普通高等教育"十四五"系列教材

大学计算机基础

（第六版）

马晓敏◎主　编

曲霖洁　齐永波◎副主编

中国铁道出版社有限公司

CHINA RAILWAY PUBLISHING HOUSE CO., LTD.

内 容 简 介

本书根据教育部高等学校大学计算机课程教学指导委员会《新时代大学计算机基础课程教学基本要求》，立足通识教育，以计算思维与赋能教育改革为出发点，培养思维能力和应用新技术解决专业领域具体问题的能力为主线而编写。全书共 11 章，包括计算思维导论、计算机中的信息表示、计算机硬件系统、计算机操作系统、办公软件基础、数据库技术基础、计算机网络基础、因特网、信息社会与信息安全、算法基础与程序设计、计算机发展前沿技术等。

本书是一线教师的经验总结，内容丰富，语言精练，具有如下特点：强化了计算思维、计算理论、问题求解能力培养，将著名的大众型"办公软件"的抽象概念、所用技术、功能设计和界面设计做了归纳和总结，体现了计算思维中的工程设计和实现的思想。书中没有软件操作，进一步精练了专业性极强的数据库、网络和信息安全等章节的基础和概念。

本书适合作为高等学校计算机基础课程的教材，也可作为计算机爱好者的自学用书和解决日常计算机应用问题的参考书。

图书在版编目（CIP）数据

大学计算机基础/马晓敏主编. —6 版. —北京：中国铁道出版社有限公司，2024.3

普通高等教育"十四五"系列教材

ISBN 978-7-113-30722-6

Ⅰ.①大…　Ⅱ.①马…　Ⅲ.①电子计算机-高等学校-教材
Ⅳ.①TP3

中国国家版本馆 CIP 数据核字（2024）第 017574 号

书　　名：**大学计算机基础**
作　　者：马晓敏

策　　划：潘晨曦　　　　　　　　　　　　编辑部电话：（010）63560043
责任编辑：何红艳　彭立辉
封面设计：郑春鹏
责任校对：刘　畅
责任印制：樊启鹏

出版发行：中国铁道出版社有限公司（100054，北京市西城区右安门西街 8 号）
网　　址：http://www.tdpress.com/51eds/
印　　刷：天津嘉恒印务有限公司
版　　次：2007 年 2 月第 1 版　2024 年 3 月第 6 版　2024 年 3 月第 1 次印刷
开　　本：787 mm×1 092 mm　1/16　印张：18.5　字数：498 千
书　　号：ISBN 978-7-113-30722-6
定　　价：49.80 元

前　　言

党的二十大报告指出，实施科教兴国战略，强化现代化建设人才支撑，并且强调，教育、科技、人才是全面建设社会主义现代化国家的基础性、战略性支撑。必须坚持科技是第一生产力、人才是第一资源、创新是第一动力，深入实施科教兴国战略、人才强国战略、创新驱动发展战略，开辟发展新领域新赛道，不断塑造发展新动能新优势。

21 世纪，人类进入了信息社会，是以数字化和网络化为基本社会交往方式的新型社会。一方面，传统学科借助计算机技术呈现出崭新的学科形态和精彩的研究成果；另一方面，经济社会各个领域与互联网融合发展催生出新领域、新业态，促进了人类社会生活面貌的巨大改变。人们逐渐认识到，支撑这一巨大变化的不仅仅是技术和工具，还有一种全新的思维方式，即计算思维。无处不在的计算思维成为人们认识和解决问题的基本能力之一，也成为所有大学生应该具备的素质和能力。高校大学计算机基础教育也需要随之适应和改变。为此，教育部高等学校大学计算机课程教学指导委员会制定了《新时代大学计算机基础课程教学基本要求》（以下简称《基本要求》）。本书基于这一《基本要求》，贯穿计算思维的通识教育，以培养利用计算机技术分析问题、解决问题的能力为目的而编写的计算机基础教育的教材。

本书共 11 章，分为基础知识、应用技术和提高能力三大部分。

基础知识部分由第 1 章计算思维导论、第 2 章计算机中的信息表示、第 3 章计算机硬件系统、第 4 章计算机操作系统 4 章组成。阐述了计算和计算思维的概念、计数及计算工具的演化，现代计算机的理论基础与发明，计算理论基础（模型、复杂性、求解过程和典型算法思维与应用）；讲解了计算机系统平台，涉及计算机硬件组成及工作原理、计算机操作系统结构及功能、计算机软件与硬件关系、数制与信息编码表示；介绍了信息、知识与社会等基础知识，为理解和应用计算机打下理论和平台基础。

应用技术部分由第 5 章办公软件基础、第 6 章数据库技术基础、第 7 章计算机网络基础、第 8 章网络的网络：因特网、第 9 章信息社会与信息安全 5 章组成。从现代办公软件的功能技术特点入手，学习其问题提出、分析和概念抽象，操作文件和内容、功能和界面设计等，取消了具体软件操作讲解；介绍了网络的基本知识、原理及应用，讲解了网络技术的未来发展和网络计算；介绍了数据库基本知识、技术和应用，讲解了数据模型、关系数据库的设计与管理；介绍了信息安全的概念、目标和主要的安全威胁，数据加密模型及密码体制等应用技术。通过掌握和应用各种技术培养学生处理各种信息的综合能力。

提高能力部分由第 10 章算法基础与程序设计、第 11 章计算机发展前沿技术两章组成。分析和讲解了计算机求解问题过程，核心是算法设计。介绍了算法分类、特性和评价方法，算法结构和表示，常用典型算法实例，以及程序设计和编程思想。问题的最终求解实现是通过编程、调试和运行来完成的；为了认识计算机的发展趋势和专业应用，介绍了新型计算模型，包括并行计算、量子计算、网格计算和云计算；介绍了物联网、大数据以及虚拟现实等计算机前沿技术的发展和应用；介绍了人工智能的起源与发展、人工智能的求解问题和应用领域，以及人工智能的发展趋势。同时推进将计算机前沿技术与专业应用相结合的能力。

与第五版比较，基本保留了原来的章节和内容结构，以及重点内容。第六版主要是将专业性极强的内容更进一步精练，以适合非计算机专业的学生学习。内容设计上，在课程知识体系内融入爱国主义教育，体现我们国家计算机现代技术的发展与趋势，使内容更贴近时代。

本书在内容组织上强化了计算思维、计算理论、问题求解能力培养，将著名的大众型"办公软件"的抽象概念、所用技术、功能设计和界面设计做了归纳和总结，体现了计算思维中的工程设计和实现的思想，这是其他教材所没有的。书中没有软件操作，进一步精练了专业性极强的数据库、网络和信息安全等章节的基础和概念，使得内容更加通俗易懂。

本书具有以下特色：

（1）以培养计算思维和意识为主线，强化问题求解方法与分析能力培养

本书与同类教材相比，更注重展现的是计算和计算机理论基础，从系统原理、结构、体系和平台等系统思想，以及硬件、软件、算法、数据、通信等计算机技术，到问题求解过程、编程思想、算法设计等实现程序化方法，以达到培养思维能力和问题求解能力的目的。

（2）以提升内容深度为宗旨，重视思想性、知识性和原理性内容的讲解

每章同时设置有小结和习题，便于学生总结和练习。书中不涉及计算机的软件操作，纠正了人们关于计算机传统的"狭隘工具论"的认识，但同时也不排除讲解"应用软件或工具"实现的原理性知识。

（3）突出主教材的理论性知识体系。与实践教材的应用性内容互相独立，提高教材的适应性

主教材在设计上不介绍应用软件的具体操作，重点讲解计算机理论、原理、方法和技术，避免了因应用软件的升级而改版。

本书由马晓敏任主编，曲霖洁、齐永波任副主编，姜远明、胡凤燕、王玲玲、胡光参与编写。编写分工：第1章由胡光编写，第2章由王玲玲编写，第3章和第5章由齐永波编写，第4章和第11章由马晓敏编写，第6章由胡凤燕编写，第7~9章由曲霖洁编写，第10章由姜远明编写。全书由马晓敏统稿。

在本书编写过程中，单位领导和同事提出了宝贵的建议和意见，国内高校一些专家也给出了具体指导，在此一并表示衷心的感谢。此外，本书参考了许多著作和网站的内容，在此表示感谢。

由于计算机技术发展很快，加之编者水平有限，书中难免存在疏漏与不妥之处，恳请读者批评指正，以便再版时及时修订。

编　者
2023年10月于烟台大学

目　录

第一部分 基 础 知 识

第 1 章 | 计算思维导论

20 世纪以来，计算机作为人类最伟大的发明之一，对人类社会的影响甚至大于工业革命所带来的冲击。自从人类发明并开始大量应用计算机之后，无论是政府、企业还是个人，对于数据和信息处理的效率都有了极大的提高。

随着互联网相关技术的发展，人类已经进入计算化、网络化与智能化的信息社会。这就意味着人们在工作和生活时，不能局限于自身专业知识和能力的思维方式，还要学习计算学科相关的思维方式，以适应人类社会的高速发展。这种计算思维方式是使用计算机的逻辑来解决问题，并对各种科学的思维方法进行有机整合，从而提高分析与解决问题的能力。

本章主要介绍计算、思维和计算思维的基本概念，计算理论与模型，计算工具和计算机的发展，以及计算与算法、信息社会与计算技术等知识。

1.1 计算与计算思维

在科学研究中，总会伴随着大量的计算问题，有些计算任务从数学上证明是费时或难解的，有了计算机问题便可较容易地解决。现今大数据、复杂问题的计算都离不开计算机。计算机是人类 20 世纪最伟大的发明之一。从计算机诞生之日起，还没有哪一项技术能和计算机技术一样迅速发展，计算机技术已经渗透到人类工作和生活的方方面面。历史上，每一项巨大的技术发明对人类的影响都不会局限在技术本身，还会影响人们的道德价值观和思维方式，计算机技术也不例外。计算机技术的发展和应用，也推动了人们对计算和计算思维的认识和研究。

计算机的出现和发展使许多过去难解问题得以解决，计算机已成为科学研究不可或缺的重要工具。有了计算机，计算的本意也在发生变化。

1.1.1 计算的含义

计算的定义有许多种表述方式，有相当精确的定义，例如，使用各种算法进行的"算术"；也有较为抽象的定义，例如，在一场竞争中"策略的计算"或者"计算"两者之间关系的成功概率。因此，计算就是一种思考过程或执行过程。

由以上表述可知，计算有以下特点：①计算要有可用的数据；②在一定的时间内完成计算，故要有速度；③计算是个过程；④要有适合和科学的方法（算术、规则、变换、算法、策略等）；⑤计算过程和结果要有精度；⑥计算对错都

视 频 ●••••

计算的含义

要有结果。

计算中存在的关系包括数据与数据的关系（是其内在性质和物理位置决定的）、数据与运算符的关系、运算符与运算符的关系。

下面从不同视角（如计数、逻辑、算法等）来理解计算。

1. 计数与计算

在远古时代人类祖先就利用身边的物品计数，如石头、手指。在中国，我们的祖先大约在新石器时代早期开始用绳子打结计数，石头、手指和绳结就是人类进行计数和计算最简单的工具。

图 1-1　算筹工具

古人曰："运筹策帷幄之中，决胜于千里之外"。筹策又称算筹，它是中国古代普遍采用的一种计算工具，也是世界上最古老的计算工具，如图 1-1 所示。

算筹不但可以代替手指帮助计数，而且能进行加、减、乘、除等算术运算。据古书记载和考古发现，算筹大多数是用竹子制作的小棍，放在布袋里随身携带。通过随时随地反复摆弄这些小棍，移动进行计算，从而出现了"运筹"一词，运筹就是计算。大约六七百年前，中国人发明了算盘。算筹和算盘都属于硬件，而摆法和算盘的使用规则就是它们的软件，它们的计算功能是加、减、乘、除、开方等运算，这就是计数与计算。

我国南北朝时期的杰出数学家祖冲之（429—500 年），借助算筹将圆周率 π 值计算到小数点后 7 位，成为当时世界上最精确的 π 值。特别值得惊叹的是，计算圆周率时，需要对很多位进行包括开方在内的各种运算达 130 次以上，而这样的过程就是现在的人利用纸和笔进行计算也比较困难。

2. 逻辑与计算

逻辑是人的抽象思维，是人通过概念、判断、论证来理解和区分客观世界的思维过程。逻辑（logic）一词的含义主要包括：客观事物的规律、某种理论或观点、思维规律或逻辑规则、逻辑学或逻辑知识等。英国著名唯物论哲学家霍布斯（Thomas Hobbes，1588—1679 年）认为："正如算术学者教人数字的加与减；几何学家教人在线、形、角、比例、快速程度、力等方面进行加与减；逻辑学家教人在字（词）的推论方面进行加与减……一切思维不过是加与减的计算。"逻辑的本质是寻找事物的相对关系，并用已知推断未知。

推理和计算是相通的：数理逻辑在计算机科学发展过程中不但提供了重要的思想方法，也已成了计算机科学重要的研究工具。逻辑是探索、阐述和确立有效推理原则的学科，最早由古希腊学者亚里士多德创建。德国人莱布尼茨对其进行改造和发展，使之更为精确和便于演算。沿着莱布尼茨的思想，爱尔兰的数学教授布尔提出了逻辑代数。所以，用数学的方法研究关于推理、证明等问题的学科就叫作数理逻辑，也叫作符号逻辑。

德国人莱布尼茨（G. W. Leibniz，1646—1716 年）是一位知识广博的数学家与物理学家，也是最早主张东西方文化交流的著名学者。他主张在逻辑机器中采用二进制的思想，这对数字计算机的发展产生了深远影响。莱布尼茨认为，基于符号化方法可以建立"普遍逻辑"和"逻辑演算"，建立一个普遍的符号系统，制造一种"自动概念发生器""推理演算器"，用机械装置自动推理或理解过程解决问题。

1847 年，英国数学教授布尔（1815—1864 年）出版了《逻辑的数学分析》，提出了逻辑代数。

布尔认为，符号语言与运算可用来表示任何事物，他使逻辑学由哲学变成了数学。布尔建立了一系列的运算法则，利用代数的方法研究逻辑问题，初步奠定了数理逻辑的基础。要使用计算机首先要编制程序，因此要研究数理逻辑。通常，程序=算法+数据结构，而算法=逻辑+控制。为了更好地使用计算机，就必须学习逻辑。数理逻辑研究形式体系，作为其组成部分的命题演算与谓词演算在计算机科学中有着巨大的作用和深远的影响。

数理逻辑的许多研究成果都可应用于计算机科学，计算机科学的深入研究又推动了数理逻辑的发展。目前，数理逻辑的形象化方法已广泛渗透计算机科学的多个领域，例如，软件规格说明、形式语义、程序交换、程序的正确性证明、计算机硬件的综合和验证等。

3. 算法与计算

一般来说，算法是对特定问题求解步骤和方案的一种描述或解法。

《周髀（bì）算经》是中国最古老的天文学和数学著作，约成书于公元前 1 世纪，在数学上的主要成就是介绍了勾股定理及其在测量上的应用以及怎样引用到天文计算中。《九章算术》（见图 1-2）是中国古代第一部数学专著，给出了四则运算、最大公约数、最小公倍数、开平方根、开立方根、求素数等各种算法。它是世界上最早系统地叙述分数运算的著作，在世界数学史上首次阐述了负数及其加减运算法则。它们都有一个共同的特点，阐述问题求解的步骤，即算法，而不是简单的四则运算。算法是一组确定的、有效的、有限的解决问题的步骤。

图 1-2　《九章算术》

例如，6-5=1 和 6+（-5）=1 有什么区别？前者为算术，后者为算法，它有了负数的概念。

算法可分为数值计算类、非数值计算类。例如，科学计算中的数值积分、线性方程求解等就是进行数值计算的算法，而信息管理、文字处理、图像分类、检索等算法就是进行非数值计算的算法。

从计算机实现算法的角度来看，算法中的基本操作步骤对应计算机的操作指令，指令描述的是一个计算。当其运行时，能从一个初始状态和初始输入开始，经过一系列有限而清晰定义的状态，最终产生输出，并停止于一个终止状态。所以，算法的过程正好就是可以在计算机上执行的过程。

从现代角度来看算法，算法有三个基本要素：一是数据对象；二是基本运算和操作，主要有算术运算、逻辑运算、关系运算和数据传输；三是控制结构，主要有顺序、分支、循环三种结构。一个算法的功能结构不仅取决于所选用的操作，而且还与各操作之间的执行结构顺序有关。算法并不给出问题的具体解，只是说明按什么样的操作才能得到问题的解。

从现代角度来看计算，计算包括数学计算、逻辑推理、文法的产生式、集合论的函数、组合数学的置换、变量代换、图形图像的变换、数理统计等；人工智能解空间的遍历、问题求解、图论的路径问题、网络安全、代数系统理论、上下文表示感知与推理、智能空间等；甚至包括数字系统设计（如逻辑代数）、软件程序设计（文法）、机器人设计、建筑设计等设计问题。

总之，问题的求解就是计算，求解算法中的每一个步骤也是计算。计算的过程就是执行算法的过程，算法又由计算步骤构成，计算的目的由算法实现，算法的被执行由计算完成。从这个意义上说，计算机科学本质上就是算法科学。

1.1.2　思维概述

人除了可以通过眼、耳、鼻、舌、皮肤等感觉器官与外界环境发生联系，对周围事物的变化进行感知外，还可以通过大脑的思维对外部事件发生间接的反映。感觉通常是人类感官对客观世界的一种直接反映，反映的是事物的个别属性或者外部特征，属于感性认识。思维（thinking）是人类的高级心理活动，是人的大脑利用已有知识和经验对具体事物进行分析、综合、判断、推理等认识活动的过程，是人脑对客观现实概括的间接反映，它反映的是事物的本质和事物间规律性的联系，属于理性认识。

在认识过程中，思维实现了从现象到本质、从感性到理性的变化，使人达到对客观事物的理性认识，从而构成人类认识的高级阶段。

思维有多种类型。根据思维的主体和客体的不同特点，人类的思维活动通常分为形象思维、逻辑思维和灵感3种类型。其中，形象思维是通过各种感觉器官在大脑中形成的关于某种事物的整体形象的认识世界的过程，与人的主观认识和情感有关；逻辑思维是在表象、概念基础上进行分析、综合、判断、推理等认识活动的过程；灵感是突发的、不知不觉中迅速发生的认识过程，与人的潜意识有关。

形象思维和逻辑思维是人类思维的两种基本形态。按照思维的形成和应用领域，思维又可分为科学思维和日常思维。这里主要结合计算机科学讨论科学思维。

从计算角度来看，思维又是一种心理活动中的信息处理过程，是一种广义的计算。

1. 科学思维

科学思维（scientific thinking）通常是指人脑对科学信息的加工活动，它是主体对客体理性的、逻辑的、系统的认识过程。科学思维必须遵守三个基本原则：在逻辑上要求严密的逻辑性，达到归纳和演绎的统一；在方法上要求辩证的分析和综合两种思维方法；在体系上要求实现逻辑与历史的一致，达到理论与实践具体的、历史的统一。

总之，科学思维是关于人们在科学探索活动中形成的、符合科学探索活动规律与需要的思维方法及其合理性原则的理论体系。科学思维的方式包括归纳分类、正反比较、联想推测、由此及彼、删繁就简和启发借用等，而科学思维能力应包括审视能力、判误能力、浮想能力、综合能力和归纳能力等。

2. 科学思维的分类

从人类认识世界和改造世界的思维方式出发，科学思维包括理论思维、实践思维和计算思维3种，可分别对应于理论科学、实践科学和计算机科学。

① 理论思维（theoretical thinking）又称逻辑思维，是指通过抽象和建立描述事物本质的概念，应用科学的方法探寻概念之间联系的一种思维方法。理论思维以抽象、推理和演绎为主要特征，以数学学科为代表，是作为对认识者的思维及其结构以及作用的规律的分析而产生和发展起来的。理论源于数学，理论思维支撑着所有的学科领域。正如数学一样，定义是理论思维的灵魂，定理和证明是它的精髓，公理化方法是最重要的理论思维方法。只有经过理论思维，人们才能达到对具体对象本质的把握，进而认识客观世界。

② 实践思维（experimental thinking）又称实证思维，是通过观察和实验获取自然规律法则的一种思维方法。它以观察、归纳和验证自然规律为特征，以物理学科为代表。实践思维的先驱是意大利科学家伽利略，他被人们誉为"近代科学之父"。与理论思维不同，实践思维往往需要借助

某种特定的设备，使用它们来获取数据以便进行分析。

③ 计算思维（computational thinking）是指从具体的算法设计规范入手，通过算法过程的构造与实施来解决给定问题的一种思维方法。它以可行或可操作、设计和构造为特征，以计算机学科为代表。提供思维过程或功能的计算模拟方法论，使人们能借助计算机解决各种问题，逐步实现人工智能的较高目标。诸如模式识别、决策、优化和自控等算法都属于计算思维范畴。

计算机不仅为不同专业提供了解决专业问题的有效方法和手段，而且提供了一种处理问题的构造思维方式。熟悉使用计算机及互联网，为人们终身学习提供了广阔的空间以及良好的学习工具与环境。了解计算机系统的思维：学习计算机工作原理，理解计算机系统的功能如何能够越来越强大；利用计算机系统的思维：理解计算系统如何控制和处理，如何满足数字化生存与发展的需求。

3. 计算思维的概念

计算思维在人类思维的早期就已经萌芽，大约到了 20 世纪，计算思维作为一种科学概念提出，但是对于计算思维的研究却进展缓慢。其主要原因是在考虑计算思维的可构造性和可实现性时，相应的手段和工具的进展一直是缓慢的。尽管人们提出了很多对于各种自然现象的模拟和重现方法，设计了复杂系统的构造，但都因缺乏相应的实现手段而束之高阁。由此对于计算思维本身的研究也就缺乏动力和目标。

在科学的发展中，学科总是在不断地分化和融合。进入 21 世纪，计算机技术已经越来越深入到各个学科，不仅为其他学科的研究提供了新的手段和工具，其方法论特性也直接渗透和影响其他学科，并延伸到各个基础研究领域，形成新的交叉学科。

计算思维虽然具有计算机的许多特征，但是其本身并不是计算机的专属。实际上，即使没有计算机，计算思维也会逐步发展。但是，正是由于计算机的出现，给计算思维的研究和发展带来了根本性的变化。计算思维的精髓是运用计算机科学的思想与方法分析问题、理解行为、系统建模与设计实现。计算机的出现强化了计算思维的意义和作用，所以计算机科学成为计算思维的基础。在此，理解行为是指描述、识别和理解个人行为、个人与外界环境之间的交互行为以及群体中人与人的交互行为。

人类的思维与工具有关，计算机技术的发展和应用的普及，正在影响和改变着人们对世界的认识，也影响着人们的思维方式。目前，广泛使用的计算思维的概念是由美国学者周以真（Jeannette M. Wing）教授 2006 年提出的：计算思维是运用计算机科学的基础概念进行问题求解、系统设计以及人类行为的理解等涵盖计算机科学之广度的一系列思维活动。

此定义给出了计算思维的三大部分：问题求解、系统设计和工程组织（人类行为理解）。计算思维的本质是抽象（abstract）和自动化（automation）；其特征为能行性、构造性和确定性。

周以真教授给出的定义涉及以下三部分内容：

① 求解问题中的计算思维，采用的一般数学思维方法。首先将实际的应用问题转换为数学问题，建立模型、设计算法和编程实现，最后在计算机中运行并求解。前两步为计算思维中的抽象，后一步为自动化。

计算思维是概念化思维，不是程序化思维。计算机科学不等于计算机编程，计算思维更不是用计算机编写程序，它要求能够在抽象的多个层面上思考问题。同样，计算机科学不只是关于计算机，就像通信科学不只是关于手机，音乐产业不只是关于麦克风一样。

② 设计系统中的计算思维，使用了现实世界中复杂系统设计与评估的一般工程思维方法。计算思维的核心方法是"构造"，就是工程思维方法中解决方案的组织、设计和实施。例如，在计

算机科学中的系统结构设计、功能设计、算法设计、流程设计、界面设计、对象设计等，以及对它们的实施和验证。这里面包括三种构造形态：对象构造、过程构造和验证构造。

由以上两点可以看出，计算思维中包括了数学思维和工程思维，采用数学思维实现问题的抽象形式化表述和解释；利用工程思维构造能够与实际世界互动的系统。

③ 理解人类行为中的计算思维，面对复杂性、智能、心理、人类行为理解等的一般科学思维方法。计算思维是基于可计算的手段，以定量化方式进行的思维过程，能满足信息时代新的社会动力学和人类动力学要求。利用计算手段进行人类行为研究，即通过各种信息技术手段，设计、实施和评估人与人、人与环境之间的交互和作用，也有学者称为社会计算。研究生命的起源与繁衍、理解人类的认识能力、了解人类与环境的交互以及国家的福利与安全等，都属于该范畴，都与计算思维密切相关。在人类的物理世界、精神世界和人工世界这三个世界中，计算思维是建设人工世界（工程组织）所需要的主要思维方式。这方面的研究和应用，将会大有作为。

为了让人们更易于理解，周以真教授又将"计算思维"从方法上做了进一步定义：通过约简、嵌入、转化和仿真等方法，把一个看来困难的问题重新阐释成一个人们知道问题怎样解决的方法，是一种递归思维，是一种并行处理，是一种把代码译成数据又能把数据译成代码的方法；是一种多维分析推广的类型检查方法；是一种采用抽象和分解来控制庞杂的任务或进行巨大复杂系统设计的方法，是基于关注分离（separation of concerns，SoC）的方法；是按照预防、保护及通过冗余、容错、纠错的方式，并从最坏情况进行系统恢复的一种思维方法；是利用启发式推理寻求解答，即在不确定情况下的规则、学习和调度的一种思维方法；是利用海量数据来加快计算，在时间和空间之间，在处理能力和存储容量之间进行折中的一种思维方法。

在这里提到的计算思维的方法或属性或者"部件"，如约简、嵌入、转化、仿真、递归、并行、多维分析、类型、抽象、分解、保护、冗余、容错、纠错、系统恢复、启发式、规划、学习、调度、折中术语，都是计算思维的一些方法和技术特点或技巧，也是计算思维区别于逻辑思维和实证思维的关键点。

4. 计算思维的实践

计算思维的定义给出了蕴含在计算机科学中的对人们现在和未来产生影响的一些经典思想，如何将计算思维的经典理念转换成操作性强的实践是科学家们一直在进行的工作，并将其应用到各行各业，称为计算思维的实践。

计算思维的实践基础为计算系统（机器）与程序，当程序被加载到计算系统（机器）中之后，它会被自动执行。这种思维方式就是要将现实信息进行符号化，基于符号进行计算和变换，得到理论计算与实际场景的相互对应。只有符号化才能计算，确定符号规则，进行计算思维，并实现自动执行。在计算系统（机器）中，所有能够被自动执行的程序都需要表示成 0 和 1 的形式，这种用 0 和 1 表示的程序称为底层机器程序。但是，人类直接编写底层机器程序很不方便，通常采用类似于自然语言的高级编程语言来编写程序，再将高级编程语言程序编译成底层机器程序被计算系统（机器）执行。在实际工作场景中，通常使用有限的程序语句来定义对象的无限集合、动作的无限运行，这种用于描述以自相似方法重复事物的过程称为递归。递归是一种对大规模复杂问题进行求解的计算思维方式，它将底层问题转化成一个与原问题相同、但规模较小的问题来求解，只需少量的步骤或程序即可描述出解题过程所需要的多次重复计算。如果问题的规模以自然数 n 来表示，n 被称为阶数，n 越大其阶数越高，则递归程序可以被认为是"自身调用自身、高阶调用低阶的一种程序"。计算思维的实践基础如图 1-3 所示。

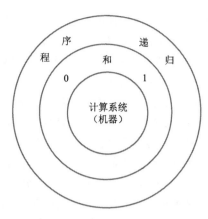

图 1-3　计算思维的实践基础

　　计算思维的实践是指应用计算系统（机器）与程序的通用领域，将计算思维转化成物理环境的过程。它主要经历了"冯·诺依曼计算机"、"个人计算环境"、"并行与分布式计算环境"和"云计算环境"等发展过程。

　　依据计算的数学模型，数学家约翰·冯·诺依曼（John von Neumann）设计并制造出了世界上第一台电子计算机。其设计计算机的思想对现代计算机的发展产生了重要影响，以至于人们称其为"现代计算机之父"，现在的普通计算机称为"冯·诺依曼计算机"。冯·诺依曼计算机的基本思想是存储程序和自动执行，将指令和数据事先存储于存储器中，按存储地址寻访，机器可从存储器中自动读取指令和数据，并实现连续自动执行。它将存储和执行分别进行实现，解决了执行速度（快）与输入/输出速度（慢）的匹配问题，即如果"输入一条指令执行一条指令，边输入边执行"，则提升不了计算机的计算速度，而如果"大批指令/程序事先存储于存储器中，由机器自动读取并执行"，则计算机可在短时间内执行大量的程序。在制造结构上，冯·诺依曼计算机早期是以运算器为中心的连接结构，输入/输出数据或程序要通过运算器，进行运算时也要通过运算器，二者要争夺运算器资源，即输入/输出时不能计算，计算时不能输入/输出。目前基本都采用了以存储器为中心的连接结构，输入/输出数据或程序不通过运算器，运算器只负责进行运算，存储器可支持运算器和输入/输出的并行工作，即存储器的一部分在进行输入/输出时，其另一部分可为运算器进行存取服务。此时可以看出，同样的冯·诺依曼计算机，以不同的结构来连接，便体现了不同的计算性能。

　　个人计算环境是 PC（personal computer，个人计算机）的基础，是冯·诺依曼计算机在硬件和软件技术上的进一步发展，实现了内存与外存相结合的存储体系。具体的数据被存储在永久存储器——外存上，在执行时其被载入内存由 CPU 执行。内存与外存的使用无须个人关心其细节，由操作系统实现存储体系的透明化管理，即由操作系统负责将存储在外存上的程序装入内存并调度 CPU 执行该程序。个人计算环境解决了在存储体系这种相对复杂环境下，程序如何被存储、如何被装入内存，又如何被 CPU 执行的问题。个人计算环境主要由现代计算机系统的硬件、软件、数据和网络构成，重点体现个人对软件的使用与开发。个人计算环境的硬件是指构成计算系统的物理实体，是看得见摸得着的实物。个人计算环境的软件是控制硬件按照制定要求进行工作的程序集合，是计算系统的灵魂。研发各种软件的目的是扩大计算系统的功能，方便人们使用或解决某一方面的实际问题。虽然硬件连接着各种设备，但没有软件是不能有效工作的。个人计算环境的数据是硬件和软件处理的对象，是用户工作、生活与娱乐所产生、处理和消费的对象。在信息社会中，个人用户关注的核心应该是数据本身以及数据的产生、处理、管理、聚集、分析、挖掘和使用，通过数据的聚集可以积累经验，通过聚集数据的分析和挖掘可以发现知识、创造价值。个人计算环境的网络既是将个人与世界互联互通的基础手段，也是有着无尽资源的开放资源库。

计算系统硬件技术的发展，促进了多核心处理器、多内存和多外存的出现。也就是在一个微处理器中集成了多个 CPU，存储设施由单一的、硬盘发展为磁盘阵列，极大地扩充了计算和存储能力。如何充分地利用多个 CPU 和多个存储设施协同解决问题，需要一个以"服务器"为核心的并行与分布式计算环境来支持。这种并行与分布式计算环境在服务器的硬件与软件支持下，能够支持并行与分布式程序的执行，把一个程序及一个任务并行、分布地安排到多个 CPU 上执行，极大地提高了数据计算的效率。这种并行与分布式计算环境促进了中间件技术，如应用服务器系统和数据库系统的发展，也有力支持了局域网络和广域网络的发展。这种计算系统通常作为局域网络或广域网络的服务器支持多用户多应用程序并行分布式地对问题进行求解。

并行与分布式计算环境一般是指几个或几十个 CPU 几组或几十组 GB 级内存以及几个或几十个 TB 级外存。但是在大数据时代，计算能力和存储能力有了更大规模的发展，从而形成了超多CPU、超多内存和超多外存的计算环境。所谓超多是指几百、几千甚至几万个数量级，如此多的计算设施对于用户来说是不能看到的，它只能存在于网络的某一个位置，这种位置对于用户来说可以用虚拟来形容，这种虚拟化计算思维的实践环境称为云计算环境。它把提供硬件设施的计算机和存储设备称为实际计算节点和实际存储节点，这种节点通常是多核心计算机或多磁盘阵列存储设备，即并行与分布式计算环境，其上运行的操作系统可称为物理机操作系统。同时，它通过软件技术在一个实际节点上可建立若干传统意义上的计算机，称为虚拟计算节点或虚拟主机。这些虚拟主机可安装操作系统和其他软件，可独立运行，用户使用虚拟主机就像使用个人计算环境或并行计算环境一样，虚拟主机上运行的操作系统可称为虚拟机操作系统，虚拟化技术可以将运行在虚拟主机上的程序（即虚拟机操作系统管理下的进程）映射到实际计算节点上运行（即物理机操作系统管理下的进程并被 CPU 执行）。通过互联网，可将这种虚拟主机提供给大规模用户租用或使用，可使任何一个普通用户在不用花费昂贵购买费用的情况下获得大规模计算能力，获得大规模协同与互操作能力，并且可随客户的需求而弹性变化其配置，如配置不同数量的 CPU、不同大小的内存和外存容量以及不同的网络带宽等，这就形成了云计算的基本思想。云计算使得计算机可由软件来定义，通过网络来使用。同时，云计算让计算硬件和软件变成了一种服务，云计算是基础设施（如网络、计算机等）作为服务、平台作为服务和软件作为服务的统称。由云计算环境提供的服务，使得目前各种各样的资源都可借助互联网作为服务提供给用户使用，即一切皆服务。云计算环境改变了人们的思维和生活习惯，也创造了新的经济模式，如互联网经济或共享经济等。

随着社会的发展和技术的进步，计算思维正在向广义计算思维方向拓展，正在走向互联网思维和大数据思维。社会、自然问题在互联网的环境下，在大数据的支撑下，其求解的思路和求解的方法都在发生变化。以前看起来不能解决的问题，在新环境下都有可能变成可求解。可以说，互联网与"互联网+"以及大数据科学已经在深刻地影响着社会、自然问题的计算方式，同时也促进了计算思维与多学科思维的深度融合。"计算+"、"互联网+"与"智能+"正在成为各学科颠覆性思维的源泉，也在成为各学科高端研究的重要基础。深刻理解社会、自然与计算的深度融合，掌握广义计算思维的拓展概念，并不是简单地使用计算机，这样才能在未来更好地利用计算求解社会与自然问题。

1.2　计 算 理 论

计算的概念中应包括计数、运算、演算、推理、变换和操作等含义，如果从计算机角度理解，它们都是一个执行过程。计算理论是计算机科学理论基础之一，是关于计算和计算机械的数学理论，它研究计算的过程与功效，也就是在讨论计算思维时，必须了解如何计算和计算过程（计算模型），并知道可计算性与计算复杂性，从而评价算法或估算计算实现后的运行效果。本节主要讨论计算模型、可计算性问题、计算复杂性和求解问题过程。计算理论的基本思想、概念与方法已被广泛应用于计算科学的各个领域。

视　频

计算理论

1.2.1　计算模型

计算模型是指用于刻画计算概念的抽象形式系统或数学系统。计算模型为各种计算提供了硬件和软件界面，在模型的界面约定下，设计者可以开发整个计算机系统的硬件和软件，从而提高整个计算系统的性能。

1936 年，图灵（Alan Mathison Turing）在可计算性理论的研究中，提出了一个通用的抽象计算模型，即图灵机。图灵的基本思想是用机器来模拟人们用纸和笔进行数学运算的过程，他把这样的过程归结为两种简单的动作：①在纸上写上或擦除某个符号（思考：读/写执行）；②把注意力从纸上的一个位置移动到另一个位置（下一个动作：状态变化）。这两种动作重复进行，是一种状态的演化过程，从一种状态到下一种状态，由当前状态和人的思维来决定，这与人下棋的思考类似，一种普适思维。为了模拟人的这种运算过程，图灵构造了一台抽象的机器，即图灵机（Turing Machine）。图灵机是一种自动机的数学模型，这种模型有多种不同的画法，根据图灵的设计思想，可以将图灵机概念模型表示为如图 1-4 所示的形式。

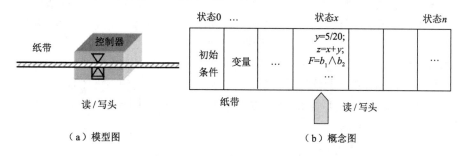

（a）模型图　　　　　　　　　　　　（b）概念图

图 1-4　图灵机模型和概念示意图

图灵机由以下几部分组成：

① 一条无限长的纸带：纸带被划分为一个连一个的方格，每个格子可用于书写符号和运算。纸带上的格子从左到右依次被编号为 0、1、2……纸带的右端可以无限伸展。

② 一个读/写头：读/写头可以读取格子上的信息，并能够在当前格子上书写、修改或擦除数据。

③ 一个状态寄存器（控制器）：用来保存当前所处的状态。图灵机所有可能状态的数目是有限的，并且有一个特殊的状态，称为停机状态。

④ 一套控制规则：根据当前读/写头所指的格子上的符号和机器的当前状态来确定读/写头下一步的动作，从而进入一个新的状态。

显然，图灵机可以模拟人类所能进行的任何计算过程。计算模型的目标是要建立一台可以计算的机器，也就是说将计算自动化。图灵机的结构看上去是朴素的，看不出和计算自动化有什么联系。但是，如果把上述过程形式化，计算过程的状态演化就变成了数学的符号演算过程，通过改变这些符号的值即可完成演算。而每一个时刻所有符号的值及其组合，则构成了一个特定的状态，只要能用机器来表达这些状态并且控制状态的改变，就可实现计算的自动化。计算状态与输入字和输出字一样存储在机器里，就构成了电子计算器。这开创了"自动机"这一学科分支，促进了电子计算机的研制工作。在给出通用图灵机的同时，图灵就指出：通用图灵机在计算时，其"机械性的复杂性"是有临界限度的，超过这一限度就要增加程序的长度和存储量。这种思想开启了后来计算机科学中计算复杂性理论的先河。

1936 年，图灵在论文《论可计算数及在密码上的应用》中，严格地描述了计算机的逻辑结构和原理，从理论上证明了现代通用计算机存在的可能性，建立了通用图灵机的思想。图灵把人在计算时所做的工作分解成简单的动作，由此计算机需要：①存储器，用于存储计算结果；②一种语言，表示运算和数字；③扫描；④计算意向，即在计算过程中下一步打算做什么；⑤执行下一步计算等部件和步骤。

具体到每一步计算，则分成：①改变数字和符号；②扫描区改变，如往左进位和往右添位等；③改变计算意向等。

1.2.2 可计算性

可计算性理论是研究计算的一般性质的数学理论，也称算法理论和能行性理论。通过建立计算的数学模型（例如抽象计算机，即"自动机"），精确区分哪些问题是可计算的，哪些问题是不可计算的。对问题的可计算性分析可使得人们不必浪费时间在不可能解决的问题上（或尽早转而使用其他有效手段），并集中资源在可以解决的那些问题上。也就是说，事实上不是什么问题计算机都能计算。换句话说，有些问题计算机能计算；有些问题虽然能计算，但算起来很"困难"；有些问题也许根本就没有办法计算。甚至有些问题，理论上可以计算，实际上并不一定能行（时间太长、空间占用太多等），这时就需要考虑计算复杂性方面的问题。

可计算性定义：对于某问题，如果存在一个机械的过程，对于给定的一个输入，能在有限步骤内给出问题答案，那么该问题就是可计算的。在函数算法的理论中，可计算性是函数的一个特性。设函数 f 的定义域是 D，值域是 R，如果存在一种算法，对 D 中任意给定的 x，都能计算出 $f(x)$ 的值，则称函数 f 是可计算的。

可计算性具有如下几个特征：

① 确定性：在初始情况相同时，任何一次计算过程得到的计算结果都是相同的。

② 有限性：计算过程能在有限的时间内、有限的设备上执行。

③ 设备无关性：每一个计算过程的执行都是"机械的"或"构造性的"，在不同设备上，只要能够接受这种描述，并实施该计算过程，将得到同样的结果。

④ 可用数学术语对计算过程进行精确描述，将计算过程中的运算最终解释为算术运算。计算过程中的语句是有限的，对语句的编码能用数值表示。

1936 年图灵发表了著名论文《论可计算数及其在判定问题中的应用》，第一次从一个全新的角度定义可计算函数，他全面分析了人的计算过程，把计算归结为最简单、最基础、最确定的操作动作，从而用一种简单的方法来描述那种直观上具有机械性的基本计算程序，使任何机械（能行）的程序都可以归约为这种行动。

这种简单的方法以抽象自动机概念为基础，其计算结果是：算法可计算函数就是这种自动机能计算的函数。这不仅给计算下了一个完全确定的定义，而且第一次把计算和自动机联系起来，对后世产生了巨大的影响，这种"自动机"后来被人们称为"图灵机"。自动机作为一种基本工具被广泛地应用在程序设计的编译过程中。

因此，图灵把可计算函数定义为图灵机可计算函数，拓展了美国数学家丘奇（Alonzo Church）的论点（1935 年提出著名的"算法可计算函数都是递归函数"论题），形成"丘奇-图灵论点"，相当完善地解决了可计算函数的精确定义问题，即能够在图灵机上编出程序计算其值的函数，为数理逻辑的发展起到巨大的推动作用，对计算理论的严格化、计算机科学的形成和发展都具有奠基性的意义。

可计算性理论中的基本思想、概念和方法，被广泛应用于计算机科学的各个领域。建立数学模型的方法在计算机科学中被广泛采用。递归的思想被用于程序设计，产生了递归过程和递归数据结构，也影响了计算机的体系结构。

1.2.3　计算复杂性

计算复杂性是使用数学方法研究各类问题的计算复杂性的学科。它研究各种可计算问题在计算过程中资源（如时间、空间等）的耗费情况，以及在不同计算模型下，使用不同类型资源和不同数量的资源时，各类问题复杂性的本质特征和相互关系。

1. 计算复杂性概述

用计算机解决问题时，计算复杂性是指利用计算机求解问题的难易程度，反映的是问题的固有难度。而算法复杂性是针对特定算法而言的，同样一个问题，不同的算法，在机器上运行时所需要的时间和空间资源的数量时常相差很大。

一个算法复杂性的高低体现在运行该算法时所需的资源，所需资源越多，算法复杂性越高。对于任意给定的问题，设计复杂性尽可能低的算法是人们在设计算法时追求的一个重要目标。如果有多种算法，原则是选择复杂性最低者。因此，分析和计算算法的复杂性对算法的设计和选用有着重要的指导意义和实用价值。

怎样才能准确刻画算法的计算复杂性呢？由此需要定义算法的复杂度来作为度量算法优劣的一个重要指标。简单来说，一个算法的优劣主要从算法的执行时间和所需要占用的存储空间两个方面衡量。

（1）时间复杂度

算法执行时间的衡量称为时间复杂度，包括计算所需的步数和指令条数。

在进行算法分析时，语句总的执行次数 $T(n)$ 是关于问题规模 n 的函数，进而分析 $T(n)$ 随 n 的变化情况并确定 $T(n)$ 的数量级。算法的时间复杂度，也就是算法的时间量度，记作 $T(n)=O(f(n))$。它表示随问题规模 n 的增大，算法执行时间的增长率和 $f(n)$ 的增长率相同，称作算法的渐近时间复杂度，简称时间复杂度。其中，$f(n)$ 是问题规模 n 的某个函数。可总结为：

CPU 执行次数＝时间复杂度

一般情况下，随着输入规模 n 的增大，$T(n)$ 增长最慢的算法为最优算法。

（2）空间复杂度

算法所需要占用的存储空间称为空间复杂度。除了考察数据所占用的空间外，还应该分析可能用到的额外空间。随着计算机存储容量的增加，人们对算法空间复杂度分析的重视程度要小于对时间复杂度的分析。

随着计算机技术的快速发展，计算机的运算速度和存储容量已经提高了若干个数量级，时间复杂度和空间复杂度的问题在有些情况下显得不再那么重要。相反，基于互联网的应用，由于需要经过网络传输大量的数据，因此算法所产生的文件大小问题成为一个重点问题。例如，压缩标准产生的图像、视频文件的大小等。

2．P 问题与 NP 问题

计算机可以帮助我们解决很多问题，但是仍有一部分问题可能永远无法通过简单的计算得到答案，试着解答它们是计算机科学家和数学家的重要挑战。人们给这类问题起了一个名字——P/NP 问题。

P/NP 中的 P 是指多项式时间（polynomial）。一个复杂问题如果能在多项式时间内解决，就称为 P 问题，这意味着计算机很容易求解。NP 不是 "Not P" 的意思，NP（nondeterministic polynomial）指非确定性多项式时间。也就是说，我们并不能证明一个问题能在多项式时间内解决，同时也没法证明它不能在多项式时间内解决。NP 问题强调的不是 "是否能在多项式时间内找到解"，而是 "是否能够在多项式时间内验证解"。如果一个问题的解可以在多项式的时间内被验证，那么这个问题就是 NP 问题。

大整数的素因子分解就是典型的 NP 问题。假如有人告诉我们一个大整数 3 999 991 可以分解成两个素数的乘积，我们很难知道是哪两个素数。但是如果告诉我们这两个素数是 1 997 和 2 003，就很容易计算出 $1\,997 \times 2\,003 = 3\,999\,991$。在大多数时候，验证一个结果比得到一个结果更容易。下面要学习的汉诺塔求解问题就是一个典型的 NP 问题。

既然能在多项式时间内解决一个问题，必然也能在多项式时间内验证这个问题的解，这意味着所有的 P 问题都是 NP 问题，即 $P \in NP$。

若目前尚未找到多项式时间复杂度内的解，但是也无法证明不存在，就称为 NP 完全问题（NPC 问题）。例如，著名的旅行商问题就是一个 NPC 问题：一个推销员要从北京出发，经过上海、南京、杭州、南昌、广州等 n 个城市，最后返回北京。每两个城市之间都有直达的飞机、高铁等交通工具。销售员的交通费用预算是 Q，他在每个城市仅驻留一次，是否存在这样一个行程，销售员既能遍历所有城市，又能让总费用小于 Q？

这个问题听起来很简单，从北向南走就好了。现实生活中也许人们都会这么安排，但是加上预算费用后就会发现，其实是很难解决的问题。虽然上海到南京很近，但也许正好有一趟上海到广州的特价航班，这时候又该怎么选择呢？如果用蛮力法遍历，3 个城市间会产生 2! 种路线，10 个城市会产生 $9! = 362\,880$ 种路线，20 个城市会产生 $19! \approx 1.21 \times 10^{17}$ 种路线，在这么多种路线中选择，基本就是无法解决的问题。

可计算与计算复杂性理论告诉我们，一个问题理论上是否能行，取决于其可计算性，而现实是否能行，则取决于其计算复杂性。

3．汉诺塔求解

汉诺塔问题（也称为梵塔）是印度的一个古老传说：在贝拿勒斯（位于印度北部）的圣庙里，一块黄铜板上插着三根宝石针（柱子）。在其中一根针上从下到上穿好了由大到小的 64 个金片，不论白天黑夜，总有一个僧侣按照下面的法则移动这些金片：

① 一次只移动一片，且只能在宝石针上来回移动。

② 不管在哪根针上，小片必须在大片上面。

计算科学中的递归算法是把问题转化为规模缩小了的同类问题的子问题的求解。例如，一个过程直接或间接调用自己本身，这种过程为递归过程，如果是函数则称为递归函数。汉诺塔问题是一个典型的递归求解问题。根据递归方法，可以将 64 个金片搬移转化为求解 63 个金片搬移，如果 63 个金片搬移能被解决，则可以先将前 63 个金片移动到第二根宝石针上，再将最后一个金片移动到第三根宝石针上，最后再一次将前 63 个金片从第二根宝石针上移动到第三根宝石针上。依此类推，63 个金片的汉诺塔问题可转化为 62 个金片搬移，62 个金片搬移可转化为 61 个金片的汉诺塔问题，直到转换到了 1 个金片前，此时可直接求解。

解决方法如下：假设 3 个柱子为 A、B、C。

① 当 n=1 时为 1 个圆盘，将编号为 1 的圆盘从 A 柱子移到 C 柱子上即可。

② 当 n>1 时为 n 个圆盘，需要利用 B 柱子作为辅助，设法将 n-1 个较小的盘子按规则移到 B 柱子上，然后将编号为 n 的盘子从 A 柱子移到 C 柱子上，最后将 n-1 个较小的盘子移到 C 柱子上。

如图 1-5 所示，有 n=3 个盘子，通过递归共需要 7 次完成 3 个圆盘从 A 柱子移动至 C 柱子。

按照这样的计算过程，64 个盘子，移动次数是 $f(n)$，显然 $f(1)=1, f(2)=3, f(3)=7$，且 $f(k+1)=2\times f(k)+1$（这就是递归函数，自己调用自己）。此后不难证明 $f(n)=2^n-1$，时间复杂度是 $O(2^n)$。

当 n=64 时，$f(64)=2^{64}-1=18\,446\,744\,073\,709\,551\,615$（次）。

假如每秒移动一次，共需要多长时间呢？一年平均为 365 天，有 31 536 000 s，则需要

$$18\,446\,744\,073\,709\,551\,615/31\,536\,000=584\,942\,417\,355 \text{ 年}$$

这表明，完成这些金片的移动需要 5 849 亿年以上，而地球存在至今不过 45 亿年，太阳系的预期寿命据说也就是数百亿年。因此，这个实例的求解计算在理论上是可行的，但是由于时间复杂度问题，实际求解 64 个盘片的汉诺塔问题则并不一定可行。从时间复杂度来看，该问题为 NP 中的 $O(2^n)$ 问题。

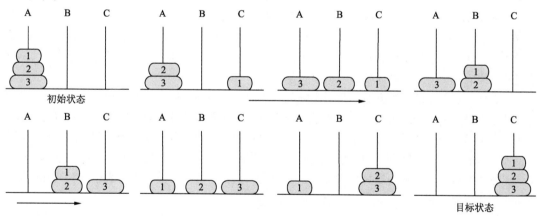

图 1-5 汉诺塔算法过程（n=3）

1.2.4 求解问题过程

在人们的研究、工作和生活中会遇到各种各样的问题。尤其是从自然科学到社会科学，从科学研究到生产生活实践，都存在着问题。可以说，人们的一切活动都是一个不断提出问题、发现问题和解决问题的过程。问题求解就是要找出解决问题的方法，并借助一定的工具得到问题的答案和达到最终目标。能够发现问题和提出问题是一个人素质和能力的重要表现。如果能够通过基础学习和专业学习具备找到解决问题方法，借助于计算机解决问题是更重要的技能和方式方法。

目前，用计算机求解问题的领域包括求解数值处理、数值分析类问题，求解物理学、化学、生物学、医学问题，以及艺术领域、历史文化、心理学、经济学、金融、交通和社会学等学科中所提出的问题。利用计算机求解问题的过程一般包括问题的抽象、问题的映射、设计问题求解算法、问题求解的实现等过程。

视 频

求解问题的
过程

1. 问题抽象的思维过程

随着科学技术研究对象的日益精确化、定量化和数学化，数学模型已成为处理各种实际问题的重要工具。数学模型是连接数学与实际问题的桥梁，建模过程是从需要解决的实际问题出发，引出求解问题的数学方法，最后再回到问题的具体求解中。所以，数学模型是一种高层次的抽象，其目的是形式化。

在人类的思维中，抽象是一种重要的思维方法。在哲学、思维和数学中，抽象就是从众多的事物中抽取出共同的、本质性的特征，而舍弃其非本质的特征。共同特征是指那些能把一类事物与他类事物区分开的特点，又称为本质特征。例如，对苹果、梨子、橘子、葡萄做比较，它们共同的特性就是水果，从而抽象出水果这一概念。

建立数学模型的一般步骤如下：

① 模型准备阶段：观察问题，了解问题本身所反映的规律，初步确定问题中的变量及其相互关系。

② 模型假设阶段：确定问题所属于的系统、模型类型以及描述系统所用的数学工具，对问题进行必要的、合理的简化，用精确的语言做出假设，完成数学模型的抽象过程。

③ 模型构成阶段：对所提出的假设进行扩充和形式化。选择具有关键作用的变量及其相互关系，进行简化和抽象，将问题所反映的规律用数字、图表、公式、符号等进行表示，然后经过数学的推导和分析，得到定量的和定性的关系，初步形成数学模型。

④ 模型确定阶段：首先根据实验和对实验数据的统计分析，对初始模型中的参数进行估计，然后还需要对模型进行检验和修改，当所有建立的模型被检验、评价、确认其符合要求后，模型才能被最终确定接受，否则需要对模型进行修改。

建立模型过程中的思维方法就是对实际问题的观察、归纳、假设，然后进行抽象，其中专业知识是必不可少的，最终将其转化为数学问题。对某个问题进行数学建模的过程中，可能会涉及许多数学知识，模型的表达形式不尽相同，有的问题的数学模型可能是一种方程形式，有的可能是一种图形形式，也可能是一种文字叙述的方案，有步骤和流程。总之，是用文字、字母、数字及其他数学符号建立起来的等式或不等式以及图表、图像、框图、数学结构表达式对实际问题本质属性的抽象而又简洁的刻画。

例如，18 世纪初，在普鲁士的哥尼斯堡（现在为俄罗斯加里宁格勒）七桥问题是数学家欧拉（Leonhard Euler）用抽象的方法探究并解决实际问题的一个典型实例。

在哥尼斯堡的一个公园里，普雷格尔河从中穿过，河中两个小岛，有七座桥把两个小岛与河岸连接起来，其中岛与河岸之间架有六座桥，另一座桥则连接着两个岛，如图 1-6（a）所示。城中的居民和大学生经常沿河过桥散步。有人提出一个问题，一个步行者怎样才能不重复、不遗漏地一次走完七座桥，再回到起点。这就是著名的哥尼斯堡七桥问题。

1736 年，29 岁的欧拉在解答问题时，从千百人次的失败中，已洞察到也许根本不可能不重复地一次走遍这七座桥。最终他向圣彼得堡科学院递交了关于哥尼斯堡的七桥问题的论文《与位置相关的一个问题的解》。在论文中，欧拉将七桥问题抽象出来，把每一块陆地假设为一个点，连接两块陆地的桥用线表示，并由此得到了如图 1-6（b）所示的几何图形。他把问题归结为图 1-6（b）所示的"一笔画"的数学问题，用数学方法证明了这样的回路不存在，即从任意一点出发不重复地走遍每一座桥，最后再回到原点是不可能的。由此，欧拉开创了数学的一个新的分支：图论（graph theory）。图论的创立为问题求解提供了一种新的数学理论和一种问题建模的重要工具，越来越受到数学界和工程界的重视。

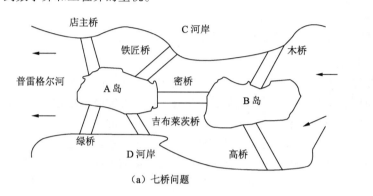
（a）七桥问题
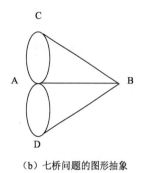
（b）七桥问题的图形抽象

图 1-6　哥尼斯堡七桥问题

2. 问题的映射过程

以上问题的抽象思维过程是由人对客观事物的分析和理解过程，并且用模型和形式化表达出来。如果用计算机来解决问题，这种人的表达方式如何能让计算机理解，并执行处理呢？这就是问题的映射，即把实际问题转化为计算机求解问题。

问题的映射是将客观世界的问题求解映射到计算机中求解。也就是将人对问题求解中进行的模型化或形式化转化为能够在计算机（CPU 和内存）中处理的算法和问题求解。世界上各种事物都可以理解为事物对象，事物对象映射到计算机中求解问题就是问题对象，实际上，当问题对象在计算机内部的内存空间存储和在 CPU 中调用操作执行时可称为实体或运行中的实体（进程）。因此，客观世界中的事物对象，借助于计算机求解问题，最终都将映射到计算机中由实体及实体之间的关系构成。

在具体的问题映射过程中，是利用计算机求解问题的某种计算机语言和算法将事物对象构造为问题对象以及关系和结构，确定求解算法、流程或步骤，这些问题对象能够在计算机中形成实体和某些操作的过程。计算机中实体的解空间，就是问题的解空间。因此，开发软件进行问题求解的过程就是人们使用计算机语言将现实世界映射到计算机世界的过程，即实现问题域→建立模型→编程实现→到计算机世界执行求解的过程。

3. 设计问题求解算法

计算机求解问题的具体过程可由算法进行精确描述，算法包含一系列求解问题的特定操作，具有如下性质：

① 将算法作用于特定的输入集或问题描述时，可导致有限步动作构成的动作序列。

② 该动作序列具有唯一的初始动作。

③ 序列中的每一动作具有一个或多个后继动作。

④ 序列或者终止于某一个动作，或者终止于某一个陈述。

算法代表了对问题的求解，是计算机程序的灵魂，程序是算法在计算机上的具体实现。

4．问题求解的实现

问题求解的实现是利用某种计算机语言编写求解算法的程序，将程序输入计算机后，计算机将按照程序指令的要求自动进行处理并输出计算结果。

使得程序能够在计算机中顺利执行下去，还需要进行两项工作：

① 排除程序中的错误，程序能够顺利通过。

② 测试程序，使程序在各种可能情况下均能正确执行。

这两项工作称为程序调试或测试，它所花费的时间远比程序编写时间多。最后，还需要完成帮助文件给用户使用，以及完成程序设计、维护和使用说明书，以便存档和备查。

5．数据有序排列——排序算法

在计算中常有大量数据的排序问题，排序是很多大规模数据处理算法实现的基础，通过排序可以有效降低问题求解算法的时间复杂度。排序是给定的数据集合中的元素按照一定的标准来安排先后次序的过程。具体来说是将一种"无序"的记录序列调整为"有序"的记录序列的过程。由于次序是人们在日常生活中经常遇到的问题，排序问题在计算学科中占有重要的地位。计算机科学家对排序算法的研究经久不衰，目前已经提出了十几种排序算法，如插入排序、冒泡排序、选择排序、快速排序、归并排序、基数排序和希尔排序等。每种排序算法对空间的要求及其时间效率也不尽相同。前面所列的几种排序算法中，插入排序和冒泡排序称为简单排序，它们对空间的要求不高，但是时间效率却不稳定；而其后的 3 种排序相对于简单排序而言对空间的要求稍高一些，但是对时间效率却能稳定在很高的水平。在实际应用中，通常需要结合具体的问题选择合适的排序算法。

冒泡排序（bubble sort）是一种最简单的排序算法，如图 1-7 所示。它的基本思想是反复扫描待排序数据序列（数据表），在扫描过程中相邻两个顺次比较大小，若逆序（第一个比第二个大）就交换这两个数据的位置。例如，[56,34]的第 i=1 轮第 j=1 次扫描，前者大于后者交换，则[56,34]→[34,56]。所以，冒泡排序是相邻比序，逆序交换，这个算法的名字由来是因为越大的数会经由交换慢慢"浮出"，出现在数据表的后面，形成由小到大的递增顺序。

循环（行）i		n = 5 个数	两两比较循环（列）j	比较次数（$n-i$）
	第 1 轮	初始排序数据表	[56　34　78　21　9]	j=1 到 4　4 次
	第 2 轮	第 1 轮两两比较 4 次后结果	[34　56　21　9] 78	j=1 到 3　3 次
i: 由 1 到 4	第 3 轮	第 2 轮两两比较 3 次后结果	[34　21　9] 56　78	j=1 到 2　2 次
（n - 1）	第 4 轮	第 3 轮两两比较 2 次后结果	[21　9] 34　56　78	j=1　1 次
		第 4 轮两两比较 1 次后结果	[9] 21　34　56　78	
		最后排序结果表	[9　21　34　56　78]	

图 1-7　冒泡排序算法过程

计算机中进行数据处理时，经常需要进行查找数据的操作，数据查找的快慢和数据的组织方式关系密切。排序是一种有效的数据组织方式，为进一步快速查找数据提供了基础。不同的排序算法在时间复杂度和空间复杂度方面不尽相同，计算机所要处理的往往是海量数据，因此在实际应用时需要结合实际情况合理选择采用适合问题的排序方法并加以必要的改进。

冒泡排序算法由一个双层循环控制，算法的时间复杂度由输入的规模（排序数据个数 n）决定，即对于 n 个待排序数最多需要 n-1 轮，每一轮最大需要 n-1 次比较，共需要 $f(n)=(n-1)(n-1)/2$

次的比较，时间复杂度是 $O(n^2)$。

6．国王婚姻问题——并行计算

很久以前，有一个酷爱数学的年轻国王名叫艾述，他聘请了当时最有名的数学家孔唤石当宰相。邻国有一位聪明美丽的公主，名字叫秋碧贞楠。艾述国王爱上了这位邻国公主，便亲自登门求婚。公主说："你如果向我求婚，请你先求出 n=48 770 428 433 377 171 的一个真因子，一天之内交卷"。艾述听罢，心中暗喜，心想：我从 2 开始，一个一个地试，还怕找不到这个真因子吗？（真因子是除了它本身和 1 以外的其他约数）。

艾述国王十分精于计算，他一秒就算完一个数。可是，他从早到晚，共算了几万个数，最终还是没有结果。国王向公主求情，公主将答案相告：223 092 827 是它的一个真因子。国王很快就验证了这个数确是 n 的真因子。

公主说："我再给你一次机会，如果还求不出，将来你只好做我的证婚人了"。国王立即回国，召见宰相孔唤石，大数学家在仔细地思考后认为这个数为 17 位，如果这个数可以分成两个真因子的乘积，则最小的一个真因子不会超过 9 位。于是他给国王出了一个主意：按自然数的顺序给全国的老百姓每人编一个号，等公主给出数目后，立即将他们通报全国，让每个老百姓用自己的编号去除这个数，除尽了立即上报，赏黄金万两。于是，国王发动全国上下的民众，再度求婚，终于取得成功。

在该故事中，国王采用了顺序求解的计算方式（一人计算），所耗费的计算资源少，但需要更多的计算时间，而宰相孔唤石的方法则采用了并行计算方式（多人计算），耗费的计算资源多，效率大大提高。

并行计算是提高计算机系统数据处理速度和处理能力的一种有效手段，并行计算基本思想是：用多个处理器来协同求解同一问题，既将被求解的问题分解成若干部分，各部分均由一个独立的处理器来计算，整体形成并行计算。并行计算将任务分离成离散部分是关键，这样才能有助于同时解决，从时间耗费上优于普通的串行计算方式，但这也是以增加了计算资源耗费所换得的。可见，串行计算算法的复杂度表现在时间方面，并行计算算法的复杂度表现在空间资源方面。

并行处理技术分为 3 种形式：①时间并行，指时间重叠；②空间并行，指资源重复；③时间并行和空间并行，指时间重叠和资源重复的综合应用。

7．旅行商问题——最优化思想

旅行商问题又称旅行推销员问题、货郎担问题。通常描述是：一位商人去 n 个城市推销货物，所有城市走一遍后，再回到起点，问如何事先确定好一条最短的路线，使其旅行的费用也最少，这就是最优化思想。该问题规则虽然简单，但在地点数增多后求解却极为复杂。

人们在解决这类问题时，首先想到的最原始的方法是：列出每一条可供选择的路线，计算出每条路线的总里程，最后从中选出一条最短的路线。如图 1-8 所示，假设给定 4 个

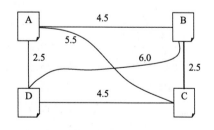

图 1-8　四城市交通图（n=4）

城市 A、B、C、D 相互连接，间距已知。由以下路径的总距离可以求出来：

① 路径 ABCDA 的总距离是：4.5+2.5+4.5+2.5=14.0；

② 路径 ABDCA 的总距离是：4.5+6.0+4.5+5.5=20.5；

③ 路径 ACBDA 的总距离是：5.5+2.5+6.0+2.5=16.5；

④ 路径 ACDBA 的总距离是：5.5+4.5+6.0+4.5=20.5；

⑤ 路径 ADBCA 的总距离是：2.5+6.0+2.5+5.5=16.5；

⑥ 路径 ADCBA 的总距离是：2.5+4.5+2.5+4.5=14.0。

不难看出，可供选择的路线共有 6 条，从中很快可以选出一条总距离最短的路线为①或⑥，总里程为 14.0。

由此推算，当城市数目为 n，每个城市都有道路连接时，那么组合路径数则为 $(n-1)!$。显然当 n 较小时，$(n-1)!$ 并不大，但随着城市数目的不断增加，组合路径数呈指数级数规律急剧增长。以 20 个城市为例，组合路径数则为 $(20-1)! \approx 1.216 \times 10^{17}$，路径数量之大，几乎难以计算出来，时间复杂度属于 $O(n!)$。若计算机每秒检索 1 000 万条路线的速度计算，也需要 386 年的时间，这就是所谓"组合爆炸"问题。目前计算机还没有确定的高效算法来求解它。

2010 年 10 月 25 日，英国伦敦大学皇家霍洛韦学院等机构研究人员的研究认为，在花丛中飞来飞去的小蜜蜂显示出了轻易破解"旅行商问题"的能力，即小蜜蜂在新的环境下，很快能找到采蜜的最优路径。如果能理解蜜蜂怎样做到这一点，将有助于人们改善交通规划和物流等领域的工作，对人类的生产、生活将有很大帮助。

最优化方法用于研究各种有组织系统的管理问题及其生产经营活动，对所研究的系统，求得一个合理运用人力、物力和财力的最佳方案，发挥和提高系统的效能及效益，最终达到系统的最优目标。旅行商问题是最优化中的线性规划问题中的运输问题，也可以采用最优化中的动态规划算法。最优化理论与方法已成为现代管理科学中的重要理论基础和不可缺少的方法。例如，如何规划最合理高效的道路交通，以减少拥堵；如何更好地规划物流，以减少运营成本；如何在互联网环境中更好地设置节点，以更好地让信息流动等。

1.3 数与计算工具

数是一种高度抽象的概念，是人类在生产和生活中逐渐形成的，以至于最终有了计算工具来完成数的计算，解决生产和生活中的问题。

1.3.1 数与计算

视频

数与计算

数是量化事物多少的概念，它是抛开事物具体特征，对事物的高度抽象，被誉为自然科学之父。从数的概念产生之日起，计数和数的计算问题也相伴而生，并始终伴随着人类的进化和人类文明的发展历程。

1. 数的起源

人们或学者试图从已有的研究成果中探究数的起源，但发现这和关于人类的起源一样，没有定论。关于数的概念，一种朴素的说法是人类的祖先为了生存和生活而逐渐产生的。在长期的群居生活、狩猎和采摘果蔬中，他们需要交流思想和感情，于是产生了语言；需要分享食物，表达多少，在语言的发展中，逐渐有了数的概念。最早的数的概念是"有"和"无"，后来随着问题的复杂，把"有"分解成"一"、"二"、"三"和"多"，"多"又分为"许多、很多、太多"等情况，这样就有了数的概念。

2. 计数、符号和数量

古人如何记录数，用什么符号?考古学家发现，古人在树木或者石头上刻痕划印来记录流失的日子，大约在 5 000 年以前，在草纸上书写数的符号。公元前 1 500 年，南美洲秘鲁部分民族习惯于"结绳计数"，他们每收进一捆庄稼，就在绳上打一个结，用结的多少来记录收成。"结"与痕有一样的作用，也是用来表示自然数的。

中国的先民也是"结绳而治"，就是用在绳上打结的办法来记事表达数的意思。后来又改为"书契"，即用刀在竹片或木头上刻痕计数，用一画代表"一"。直到今天，人们还常用"正"字来计数，它表达的是"逢五进一"的意思。

在中国，计数法发展出数字符号计数和算筹计数两种方法。数字符号计数可以追溯到中华文明的早期。在西安半坡遗址出土了大量带有数字符号的陶片，在临潼姜寨遗址，距今 4 400～4 600年的陶片上也有很多的数字符号。在登封的陶文中有算筹计数符号。在甲骨文（商朝后期）中的数字符号则更加完备，计数法采用了现代意义上的十进制计数法。

甲骨文数字的演变和写法有一种说法认为是古代货物交易时用的手势：买方希望一个好价钱，又不希望让别的买家知道价钱，所以买方和卖方在袖管里通过触摸对方的手势获得价钱信息。图 1-9 所示为手势、甲骨文数字符号和中文数字及关系。

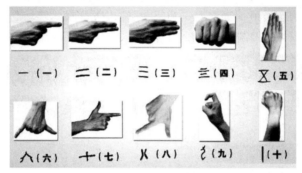

图 1-9　手势、甲骨文数字符号和中文数字及关系

数量的概念也是逐渐形成的。3 世纪，古印度的一位科学家巴格达发明了阿拉伯数字。最古老的计数数目大概最多到 2 或 3，他们把 3 说成"2、1"，而 4 设想成"2、2"；把五说成"2、2、1"，这实际上是一种加法表示法。《老子》说"道生一，一生二，二生三，三生万物"都表达了数和数量的概念，以及事物演变的规律与数量有关。

3．阿拉伯数字

考古发现，不同的文明和文字都有独特的计数法，如中国数字、罗马数字、阿拉伯数字等。但这些不同的计数法中，阿拉伯数字的影响最为广泛。阿拉伯数字是由印度人发明，经阿拉伯人传入欧洲，被欧洲人误认为是阿拉伯人的计数法。阿拉伯数字由 1、2、3、4、5、6、7、8、9、0十个符号组成，采用十进制计数法，笔画简单，书写方便，逐渐在各国流行起来，成为世界各国通用的数字计法。大约在 13 世纪，阿拉伯数字从欧洲传入中国，由于中国的汉字数字表示方式也很方便，所以没有普遍使用，直到 20 世纪初阿拉伯数字才在中国逐渐推广使用。

4．中国人发明十进制

中国人于公元前 14 世纪，发明了十进计数制，到了商朝，中国人就已经能够用 0～9 十个数字来表示任意大的自然数。这种十进制计数法简洁明了，已是国际通用的计数法。英国皇家学会会员李约瑟教授认为："如果没有十进制，几乎就不能出现我们现在这个统一的世界了。"十进制在计算机科学和计算技术的发展中起了非常重要的作用，充分展示了中国古代劳动人民的独创性，在世界计算史上有着重要的地位。

1.3.2 传统的计算工具

古人最初的结绳、刻痕、石子/贝壳、手指/木棒、果核等计数不仅仅是一种计数法，本身也包含着简单的计算，只是这种计算太简单不能记录大数目，但已具备了数和计算的概念。在人类文明的发展过程中，人们在社会生产劳动中总是在不断地创造新的生产、生活工具，这也包括了计算工具，这个过程是一个极其漫长的过程。计算工具的发展从简到复杂，过程非常漫长，如公元前 700 年左右的算筹、算盘到 17 世纪 30 年代，之后的计算尺、机械式计算器，它们的记录和计算数据功能也变得由简单到复杂。

《数术记遗》系中国古算书，位列我国算术的"十经"之一，介绍了我国古代 14 种算法，除第 14 种"计数"为心算无须计算工具外，其余 13 种均有计算工具。1992 年，曾长期师从李培业教授进行珠算研究的经济师程文茂，率先破译了失传一千多年的"太乙算"，并发明出"太乙算棋"。2002 年 5 月下旬，程文茂受汉中石门十三品的启发，依据李培业的《汉中甄鸾古算十三品草图》，历经 10 年时间潜心研究，制作完成了国内第一个完整、系统、科学地将我国古代 13 种计算工具恢复旧制的"古算十三品"，如图 1-10 所示。

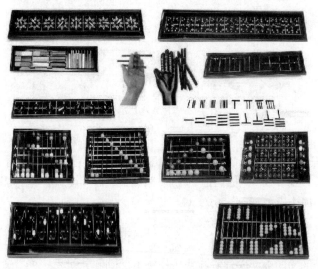

图 1-10　我国古代 13 种计算工具"古算十三品"

1. 算筹

据史书记载和考古发现，中国的算筹出现于春秋战国晚期战国初年，即公元前 722—公元前 221 年，它是中国古代发明的计数和计算工具，是世界上最古老的计算工具之一。古代的算筹是一根根同样长短和粗细的小棍子，长约 12 cm，径粗 2～3 cm，多用竹子制成，也有用木头、兽骨、象牙、金属等材料制成的。大约二百七十几根为一束，放在一个布袋里[见图 1-11（a）]，随身携带，随时可用。

在算筹计数法中，是以纵横两种排列方式来表示单位数目的，其中 1～5 分别以纵横方式排列相应数目来表示，6～9 则以上面的算筹再加上下面相应的算筹来表示。表示多位数时，见图 1-11（b）算筹计数 6728 或 6708，个位用纵排式（8），十位用横排式（2），百位用纵排式（7），千位用横排式（6），依此类推，遇零则置空（0）。

从本质上说，筹表示的是一种位置模式。算筹在算板上按照需要排列形成筹式，同样的筹，所在的位置不同，表示的数也不同，这是十进制的思想，可见中国古代的算筹计数法已有十进制思想。人们发明了算筹的一些基本法则，可以使用算筹完成四则运算、开方、方程求解等多种复杂的计算。中国古代数学之所以在计算方面取得许多卓越的成就，在一定程度上应该归功于这一符合十进制的算筹计数法。用现代的观点来看，可认为算筹属于硬件，摆法或排列、位置方式就是软件或规则，算筹作为工具进行的计算也称为"筹算"。

算筹在中国使用了两千多年，但是遇到复杂运算问题常弄得繁杂凌乱，让人感到不便，直到后来发明算盘使用起来更加方便，被推广以后，算筹才逐渐被取代。然而，与算筹有关的语汇却保留至今，如"筹划""筹策""运筹策帷幄之中，决策于千里之外"等，可见，算筹的创造在中国科学文化史上所起的伟大作用。

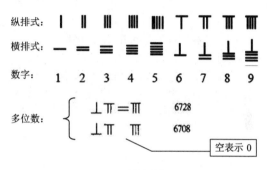

（a）算筹布袋　　　　　　　　　　　　　　（b）算筹计数

图 1-11　算筹

2. 算盘

算盘是用算珠代替算筹，用木棒将算珠穿起来，固定在木框上，用一定的指法拨动算珠代替移动算筹的计算工具，目前使用的算盘如图 1-12 所示。这种美妙的设计是对算筹的绝好改进，彻底解决了算筹的繁杂混乱、携带麻烦及容易丢失等问题。算盘是中国古代伟大发明之一，人们往往把算盘的发明与中国古代四大发明相提并论。

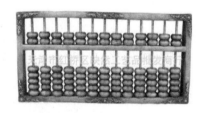

图 1-12　算盘

发明算盘的确切时间有多种说法，最早可追溯到公元前700 多年。1450 年，吴敬在《九章详注比类算法大全》里，对算盘的用法记述比较详细。早在北宋或北宋前中国就已普遍使用算盘。算盘使用中人们总结出许多计算口诀，使计算的速度更快，这种用算盘计算的方法称为珠算。在明代，珠算已相当普及，并出版了不少有关珠算的书籍，其中流传至今、影响最大的是程大位（1533—1606 年）的《算法统宗》。其中，载有算盘图示和珠算口诀，以及口诀的演算实例，在该书上首先提出了开平方和开立方的珠算法。在 20 世纪 80 年代以前，算盘还是各部门会计人员的必备工具，计算速度很快。即使在现代计算机普及使用的今天，还有不少人将它作为计算训练工具。

珠算有完整、成熟的运算口诀，算盘是方便、实用的器械，因此它的软硬件都很完善，可以进行复杂的计算和大量数据的运算。珠算是中华民族对人类的一大贡献。

3. 计算尺

1630 年，英国数学家埃德蒙·甘特（Edmund Gunter）发明了一种使用单个对数刻度的计算工具，可以与另外的测量工具配合用来做乘除法。同年，剑桥大学的威廉·奥特雷德（William

Oughtred）发明了圆算尺，1632 年，他组合两把甘特式计算尺，形成可被视为现代计算尺的设备。

计算尺由上下两条相对固定的尺身、中间一条可以移动的滑尺和可在尺上滑动的游标三部分组成。游标是一个刻有极细标线的玻璃片，用来精确判读。尺身和滑尺的正反面备有许多组刻度，每组刻度构成一个尺标。尺标的多少与安排方式是多种多样的，在一般的排列形式中，从上到下刻有 A 尺标、B 尺标、CI 尺标、C 尺标和 D 尺标，每个尺标左端的 1 为始点，右端的 1 为终点。其中 A、B、C、D 是以 10 为底的对数刻度 $\log(N)$，CI 是对数的倒数刻度 $1/\log(N)$，从左到右排列，如图 1-13 所示。

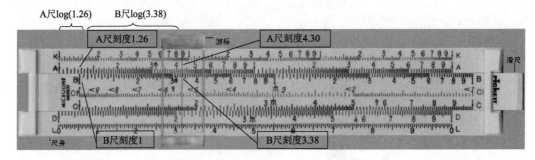

图 1-13　计算尺

在对数刻度上，计算尺上的刻度（距离）对应的是对数值 $x=\log(N)$，即对数刻度，标的数值是 N 值，这样就可以进行 $x=\log(N)$ 与 N 的转换，实现两个数的乘法运算。如果是对数的倒数刻度线，就可以实现两个数的除法运算。由于对数满足以下公式：

$$X = \log(x \times y) = \log(x) + \log(y)$$
$$Y = \log(x / y) = \log(x) - \log(y)$$

因此，乘或除法可以用尺身 $A[\log(x)]$ 和滑尺 $B[\log(y)]$ 上的两段长度相加或相减来求得。

用计算尺进行 $1.26 \times 3.38=4.26$ 的乘法计算为例：首先，将滑尺 B 起始刻度 1 与 A 尺刻度 1.26 对齐，相当于 A 尺的刻度右移了 $\log(1.26)$ 的距离，再加上滑尺 B 刻度 3.38 的距离 $\log(3.38)$，就是 $\log(1.26)+\log(3.38)$；其次用滑动游标线对准滑尺 B 刻度 3.38，从游标线在 A 尺刻度上读取数据为 4.30（最后一位为估读值），即是所求结果，如图 1-13 所示。

计算尺除了对数刻度，还可以有其他数学函数刻度，如常用的三角函数、乘方、开方等，来实现复杂的运算。精度可达 3 位有效数字，能满足一般的工程计算的精度要求。

在计算器出现之前的几百年里，计算尺随着科学技术的发展、生产需要的增加和工艺水平的提高而逐渐进步。18 世纪末，瓦特独具匠心，在尺座上添置了一个滑标，用来存储计算的中间结果。大约在 19 世纪后半段，工程开始逐渐成为一种得到认可的职业活动，计算尺也被改进成更现代的形式，并被大规模生产。一直到 20 世纪 70 年代，历经数百年，计算尺终于成为计算工具发展历史上工艺最先进、制造最精美、品种最繁多的计算工具。计算尺一度被认为工程师的象征而被广泛使用。

4．机械式计算器

17 世纪，欧洲的天文学、数学和物理学研究非常活跃，科学家在研究中面临繁重的计算工作。就在计算尺发明的同一时期，人们开始了机械式计算机器的设计。在当时，钟表已经经历了 300 多年的发展，欧洲的钟表业已经比较发达，机械钟表采用齿轮转动进行计时，体现了计算和进位的思想，为机械式计算工具的设计和生产打下了基础。

1623 年，德国科学家威廉·契克卡德（Wilhelm Schickard）教授为他的挚友天文学家约翰尼斯·开普勒（Johannes Kepler）制作了一种机械计算机器。这是人类历史上的第一台机械式计算机器，这台机器能够进行 6 位数的加减乘除运算。1993 年，契克卡德家乡的人重新制作出契克卡德计算机器，惊讶地发现它确实可以工作。1993 年 5 月，德国为契克卡德诞辰 400 周年举办展览会，隆重纪念这位被一度埋没的计算机器先驱。

1642 年，法国科学家布莱斯·帕斯卡（Blaise Pascal）为了帮助年迈的父亲计算税率税款，而设计制造了一台机械式计算机器。他费时三年共做了三个模型，第三个模型于 1642 年完成，称为"加法器"。帕斯卡加法器是一种由系列齿轮组成的机械装置，面板上有一列显示数字的小窗口，旋紧发条后才能转动，使用专用的铁笔来拨动转轮输入数字。这种机器开始只能做 6 位加法和减法。帕斯卡加法器的成功向人们展示了，用一种纯机械的装置代替人们的思考和记忆是完全可以做到的。

德国著名数学家莱布尼茨（Gottfried Wilhelm Leibniz）在研读了帕斯卡关于"加法器"的论文之后，激发起了强烈的发明欲望，决心将这种机器的功能扩大到乘除运算。在一些著名的机械专家和能工巧匠的帮助下，终于在 1674 年造出了一台更加完整的机械计算器，——"乘法器"。在这台计算器中，莱布尼茨利用"步进轮"装置使连续重复的加减运算变成了乘除运算。在著名的《大不列颠百科全书》中，莱布尼茨被称为"西方文明最伟大的人物之一"，正是他系统地提出了二进制的运算法则，奠定了现代计算机的理论基础。

17 世纪，清朝的康熙（1654—1722 年）皇帝非常重视西方科学的发展。在清宫中，出现了康熙年间御制的象牙计算尺及仿制的手摇计算器。为了广泛传播西方先进的科学技术，许多传教士不惜远涉重洋，来到东方文明的发源地——中国，他们用科学的钥匙叩开了中国宫廷的大门。

17 世纪末期，手摇计算器传入中国，并由中国人制造出了 12 位数的手摇计算器，独创出一种算筹式手摇计算器。手摇计算器作为 20 世纪中叶的计算工具，主要用于科研、财政、统计、税务等方面，曾代表了当时一个国家工业及机械制造业的最高水平，其精密的构造与灵巧的计算原理至今令人惊叹不已。图 1-14（a）所示为中国 20 世纪 60～70 年代常见的一种上海计算机打字机厂出品的飞鱼牌机械式计算器；图 1-14（b）所示为国外制造的机械式计算器。

（a）中国制造的飞鱼牌机械式计算器　　　　（b）国外制造的机械式计算器

图 1-14　机械式计算器

在机械式计算器中，内部由一组互相连锁的齿轮组成，当一个齿轮转到 10 时，会让高位的齿轮转 1 位，这是十进制"逢十进一"的思想，面板上有若干列数字按键，每列有 10 个数字 0～9，用于输入数字。面板中数字键的列数和算盘类似，表达了数字的范围。上面有一组窗口，用于显示计算结果。

5. 电子式计算器

20 世纪 50 年代，随着电子式计算器的诞生，一种采用集成电路的便携式的电子式计算器也随之出现，机械式计算器随之退出历史舞台。

电子式计算器只是简单的计算工具，有些具备函数计算功能，有些具备一定的存储功能，但一般只能存储几组数据。使用的是固化的处理模块或程序，只能完成特定的计算任务；它不能自动地实现这些操作过程，必须由人来操作完成。

因此，电子式计算器一般不需要编写程序，直接进行各种算术运算，分为简单计算器、科学型计算器和各种专用计算器。简单的算术型计算器主要进行加、减、乘、除等简单的四则运算；科学型计算器可进行乘方、开方、指数、对数、三角函数、统计等方面的运算，具有 1～6 个存储器，又称函数计算器；专用计算器进行专门任务计算，如个人所得税计算器、房贷计算器、油耗计算器等，一般以软件的形式存在。所以，目前电子式计算器既可以是硬件计算器，也可以是开发出的软件计算器，如图 1-15（a）和图 1-15（b）所示。

（a）硬件电子式计算器　　　　　　　　　　（b）软件电子式计算器

图 1-15　电子式计算器

1.3.3　计算机的雏形

视频

计算机的雏形

在计算工具发展的漫漫征程中，使用工具的计算过程不能自动化，都需要人的直接参与，它们分为三类：①纯手动式手工计算工具，如算筹、算盘；②机械式计算工具，如计算尺、机械式计算器；③电子式计算工具，如电子式计算器。它们的计算能力和数据分析能力有限。法国科学家帕斯卡发明的加法器是计算工具发展过程中的一次巨大的飞跃，它向计算的自动化迈出了历史上的第一步。

任何一项伟大的发明，除了社会需求的推动，还要有一定的理论基础和物质基础。19 世纪，人们对现代计算工具的研究从未停止。特别是 20 世纪初期，各种计算机陆续研制成功，预示着电子计算机时代的来临。

查尔斯·巴贝奇（Charles Babbage）是科学管理的先驱，如图 1-16（a）所示。他出生于一个富有的银行家的家庭，在童年时期就显示了极高的数学天赋，年轻时就读于剑桥大学，并留校任教。1819 年设计完成了"差分机"，是计算机研究的先驱人物之一。

1822 年，巴贝奇亲自动手，完成了第一台差分机的制作［见图 1-16（b）］，它可以处理 3 个不同的 5 位数，计算精度达到 6 位小数，当即就演算出好几种函数表，这种机器非常适合于编制航海和天文方面的数学用表。这个目标的实现，也耗去了巴贝奇整整 10 年。

随后，成功的喜悦激励着巴贝奇要求政府资助他建造第二台运算精度为 20 位的大型差分机。他破天荒地获得英国政府的 1.7 万英镑的资助，自己另贴进去了 1.3 万英镑巨款，用以弥补研制经费的不足。第二台差分机的研制中，精度要求高出当时的制造水平，因此困难重重。差分机大约有 25 000 个零件，10 年过去后，全部零件亦只完成不足一半，且经费用完。1834 年，大型差分机研制受挫时，巴贝奇就提出了一项新的更大胆的设计。他最后冲刺的目标，不仅仅是能够制表的差分机，而是一种通用的数字计算机，巴贝奇将其新的设计称为"分析机"[见图 1-16（c）]，它能够自动解算有 100 个变量的复杂算题，每个数可达 25 位，速度可达每秒运算一次。巴贝奇首先为分析机构思了一种齿轮式的"存储库"，每一个齿轮可存储 10 个数，总共能够存储 1 000 个 50 位数。分析机的第二个部件是"运算室"，其基本原理与帕斯卡的转轮相似，但他改进了进位装置，使得 50 位数加 50 位数的运算可在一次转轮中完成。此外，巴贝奇也构思了送入和取出数据的机构，以及在"存储库"和"运算室"之间运输数据的部件。他甚至还考虑到如何使这台机器处理依条件转移的动作。

（a）巴贝奇

（b）差分机

（c）分析机

图 1-16　巴贝奇及其设计的差分机和分析机

分析机的研制极其辛苦，1842 年冬天，英国著名诗人拜伦的独生女，数学天才奥欧古斯塔·爱达（Augusta Ada Byron）拜见了巴贝奇。爱达当时 27 岁，成为巴贝奇科学研究上的合作伙伴，对巴贝奇提出的分析机设计，她非常准确地评论道："分析机'编织'的代数模式同杰卡德织布机编织的花叶完全一样"。于是，为分析机编制一批函数计算程序的重担，落到了数学才女爱达肩上。她开天辟地第一次为计算机编写了程序，其中包括计算三角函数的程序、级数相乘程序、伯努利函数程序等。人们公认她是世界上第一位软件工程师。

一个多世纪过去后，现代计算机的结构几乎就是巴贝奇分析机的翻版。巴贝奇的分析机的设想可以说是现代通用计算机的雏形，同现代计算机一样可以编程，而且分析机所涉及的有关程序方面的概念也与现代计算机一致，只不过它的主要部件被换成了大规模集成电路。巴贝奇被国际社会公认为计算机之父。1991 年，为纪念巴贝奇诞辰 200 周年，伦敦科学博物馆采用 18 世纪的技术制作了完整的差分机，它包含 4 000 多个零件，质量为 2.5 t，并且能正常运转。

视　频

现代计算机的
理论基础

1.3.4　现代计算机的理论基础

与早期的计算工具需要手工操作不同，现代计算机要解决的核心问题就是计算的自动化。随着二进制、数理逻辑、布尔代数等理论研究的不断深入，科学家从理论上证明了计算自动化的可行性，这为未来现代电子计算机的物理实现奠定了理论基础。计算的自动化是指设备、系统在没有人或较少人的直接参与下，按照人的程序设计要求，自动运行、分析、求解问题，给出结论，完全是自动化的过程。

1. 二进制

1679 年，德国杰出的数学家莱布尼茨发明一种计算法，用两个数"0"和"1"代替原来的十位数，这就是今天的二进制。在德国图林根著名的郭塔王宫图书馆保存着一份弥足珍贵的手稿，其标题为"1 与 0，一切数字的神奇渊源。这是造物的秘密美妙的典范，因为一切无非都来自上帝。"

这正是莱布尼茨的手迹。

17 世纪莱布尼茨发明的二进制和传统的十进制相比，有两个突出的优点：

① 只有两个数字"0"和"1"，从物理上讲更容易实现计数和存储，即数的表示和存储更容易。因此，任何只有两个不同稳定状态的元件都可以用于表示二进制数，如继电器、电子管和晶体管。

② 计算简单，对二进制进行算术运算的规则比十进制简单得多。因为数的功能就是计数和计算，当二进制在这两方面有突出的优势时，就为现代计算机的研究提供了数据计算方面的理论和依据。

另外，现代计算机之所以采用晶体管实现二进制，是因为它具有非常重要的一些特点：

① 具有两个完全不一样的状态（开与关，或者截止与导通，或者高电位与低电位），状态的区分度非常好。这两种状态分别对应二进制的 0 和 1。

② 状态的稳定性非常好。除非有意干扰，否则状态不会改变。

③ 从一种状态转换成另一种状态很容易，称为变换（在晶体管的基极给一个电信号就可以实现 0 变 1 或 1 变 0），这种容易控制的特性显得非常重要。

④ 状态的转换速度非常快，这一点非常重要。它决定了机器的计算速度。

⑤ 体积很小，几万个、几百万个，甚至更多的晶体管可以集成在一块集成电路里。这样既能把计算机做得很小，也能提高机器的可靠性。

⑥ 工作时消耗的能量不大，整个计算机的功耗很小，便于人们使用。

⑦ 价格很低廉，便于推广应用。

由以上可知，计算机采用晶体管实现二进制，其功能是：变换、逻辑运算和加法运算。

2．数理逻辑

在人类思维中，除了数字运算外，还有逻辑推理。古希腊哲学家亚里士多德开创了逻辑学，开展对人类思维的研究。

早在 17 世纪，就有人提出：能否利用计算的方法代替人们思维中的逻辑推理过程呢？德国数学家莱布尼茨曾经设想过创造一种"通用的科学语言"，把推理过程像数学一样利用公式来计算，从而得出正确的结论。

莱布尼茨的逻辑原理和他的哲学可被归纳为两点：①所有的观念或概念都是由非常小数目的简单观念复合而成的，它们形成了人类思维的方式；②复杂的观念来自这些简单观念的组合。由于当时的社会条件所限，他的想法并没有实现，但是他的思想却是现代数理逻辑部分内容的萌芽。

1847 年，英国数学家布尔发表了《逻辑的数学分析》，建立了"布尔代数"，并创造了一套符号系统，利用符号来表示逻辑中的各种概念。布尔建立了一系列的运算法则，利用代数的方法研究逻辑问题，将逻辑命题的思考过程转化为对符号"0"和"1"的某种代数演算，初步奠定了数理逻辑的基础。1884 年，德国数学家弗雷格（1848—1925 年）出版了《数论的基础》一书，在书中引入量词（如"全部""有些""无"等范畴）的符号，使得数理逻辑的符号系统更加完备。为建立数理逻辑学科做出贡献的，还有美国人皮尔斯，他在著作中引入了逻辑符号（包括与、或、非、异或等），从而使现代数理逻辑最基本的理论基础逐步形成，成为一门独立的学科。

从人类认知的层面讲，数理逻辑是对人类认知心理和认知过程符号化的逻辑推导，是一个数学演算的过程。而计算机从根本上讲也是要模拟人类的认知活动，如同莱布尼茨所设计的演算推论器，通过计算机这样的一种机器，将人类的认知和推理活动自动化。不同于体力劳动的机械化，计算机是一种更高层次的机器代替人力的设计，是脑力劳动的机器化。因此，数理逻辑为计算机的设计奠定了理论基础。

3. 布尔代数

英国数学家乔治·布尔（George Boole），1854 年出版了《思维规律的研究》（*An Investigation into the Laws of Thought*），这是他最著名的著作，创立了逻辑代数，成功地把形式逻辑归结为一种代数。布尔认为：逻辑中的各种命题能够使用数学符号来代表，并能依据规则推导出适当的结论。现在以他的名字命名为布尔代数，或称逻辑代数。布尔代数起源于数学领域，它是建立在两个逻辑值［"真（True）""假（False）"］和 3 种逻辑关系［"与（And）""或（Or）"的二元运算，和"非（Not）"的一元运算］基础上的集合运算和逻辑运算。通过布尔代数进行集合运算可以获取不同集合之间的交集、并集或补集，进行逻辑运算可以对不同集合进行与、或、非运算。

布尔代数不仅可以在数学领域内实现集合运算，还可以更广泛地应用于电子学、计算机硬件、计算机软件等领域的逻辑运算：当集合内只包含两个元素（1 和 0）时，分别对应"真"和"假"，可以用以实现对逻辑的判断。例如，数字电路设计：0 和 1 与数字电路中某个位的状态对应，如高电平、低电平。

布尔代数的典型实例就是在计算机的网络设置中，利用计算机的二进制特性，将子网掩码与本机 IP 地址进行逻辑与运算，可以得到计算机的网络地址和主机地址。

在数据库中，通过 SQL 语句查询数据库时需要进行逻辑运算，确定具体的查询目标。

在工程技术领域，布尔代数为自动化技术、电子计算机的逻辑设计提供了理论基础，为数字电子计算机的二进制、开关逻辑元件和逻辑电路的设计铺平了道路。由于布尔在符号逻辑运算中的特殊贡献，在很多计算机语言中将逻辑运算称为布尔运算，将其结果称为布尔值。

克劳德·艾尔伍德·香农（Claude Elwood Shannon）是美国数学家、信息论的创始人。1938 年，在他的硕士论文《继电器与开关电路的符号分析》中指出，能够用二进制系统表达布尔代数中的逻辑关系，即把布尔代数的"真（True）"与"假（False）"和电路系统的"开"与"关"对应起来，用 1 和 0 表示，并由此用二进制系统来构筑逻辑运算系统。他指出，以布尔代数为基础，对电子计算机来说，任何一个机械推理过程，都能像处理普通计算一样容易。哈佛大学的 Howard Gardner 教授说，"这可能是 20 世纪最重要、最著名的一篇硕士论文"，他把布尔代数与计算机二进制联系在一起。

香农在 1948 年发表了具有深远影响的论文《通信的数学原理》，1949 年又发表了著名的《噪声下的通信》论文。在这两篇论文中，香农阐明了通信的基本问题，给出了通信系统的模型，提出了信息量的数学表达式，并解决了信道容量、信源统计特性、信源编码、信道编码等一系列基本技术问题。这两篇论文因此成了信息论的奠基性著作。

视频
现代计算机的产生与发展

1.3.5 现代计算机的产生与发展

人类在计算工具的研究和发展上经历了漫长的岁月，进入 20 世纪中叶，数学科学的发展和科学技术的进步，为一种新型的电子计算机的发明做好了各方面的准备。第二次世界大战在军事上对数据计算的需求又推动了新型计算工具的发展，正是在这样的一种历史背景下，使得电子计算机成为 20 世纪人类最伟大的发明，成为人类社会从工业社会进入信息社会的主要推动力。进入 21 世纪以来，电子计算机技术不断进行改进与创新，各种先进技术融入电子计算机结构中，甚至出现了颠覆电子计算机理论基础的现代计算机，推动现代计算机技术不断向前发展。

1. ENIAC 计算机

ENIAC 中文译为"埃尼阿克"，设计这台计算机主要用于分析新式火炮炮弹轨道的实验任务，美国陆军军械部派数学家戈德斯坦中尉从宾夕法尼亚大学莫尔学院召集一批研究人员，帮助计算弹道表。项目由 36 岁的美国物理学家工程师约翰·莫奇利（John Mauchly）任总设计师，负责机器的总体设计；24 岁的电气工程师布雷斯帕·埃克特（Presper Eckert）任总工程师，负责解决复杂而困难的工程技术问题；勃克斯作为逻辑学家，负责为计算机设计乘法器等大型逻辑元件；戈德斯坦负责协调项目进展，组成了承担开发任务的四人小组，整个开发工作共有 200 多人。

冯·诺依曼，20 世纪最重要的数学家之一，在现代计算机、博弈论、核武器和生化武器等诸多领域内有杰出建树的最伟大的科学全才之一，被后人称为"计算机之父"和"博弈论之父"。冯·诺依曼对人类的最大贡献是对计算机科学、计算机技术、数值分析和经济学中的博弈论的开拓性工作。

1944 年，冯·诺依曼参加原子弹的研制工作遇到极为困难的大量计算问题。夏天的一天正在火车站候车的冯·诺依曼巧遇戈尔斯坦，戈尔斯坦向冯·诺依曼介绍了正在研制的有关 ENIAC 计算机。具有远见卓识的冯·诺依曼为这一研制计划所吸引，他意识到了这项工作的深远意义。几天后，冯·诺依曼专程到莫尔学院参观了还未完成的 ENIAC，并且参加了为改进 ENIAC 而召开的一系列专家会议，并被聘为 ENIAC 研制小组顾问。他带领这批富有创新精神的年轻科技人员，向着更高的目标进军。

1945 年 6 月，他们在共同讨论的基础上，决定重新设计一台计算机，于是冯·诺依曼起草了一份长达 101 页的设计报告《关于 EDVAC 的报告草案》(*First Draft of a Report on the EDVAC*)，他将这台全新的计算机命名为 EDVAC（electronic discrete variable automatic calculator，离散变量自动电子计算机）。在此过程中，冯·诺依曼显示出他雄厚的数理基础知识，充分发挥了他的顾问作用及探索问题和综合分析的能力。报告广泛而具体地介绍了制造电子计算机和程序设计的新思想。EDVAC 方案明确规定了新计算机由五部分组成，包括运算器、逻辑控制装置、存储器、输入设备和输出设备，并描述了这五部分的职能和相互关系。

报告中，冯·诺依曼就两大设计思想做了论证。设计思想之一是二进制，他根据电子元件双稳工作的特点，建议在电子计算机中采用二进制。报告提到了二进制的优点，并预言，二进制的采用将大大简化机器的逻辑线路。设计思想之二是计算机采用"存储程序和程序控制"工作原理，即用存储数据的部件存储指令，在存储程序的控制下，使整个运算完成自动化。任何复杂的运算都可以分解成一系列简单的操作步骤，这些简单操作应是计算机能直接实现的被称为"指令"的基本操作，如加法指令、减法指令等。解算一个新题目时，先确定分解的算法，编制运算过程，选取能实现其操作的适当指令，组成所谓的"程序"。如果把程序和处理问题所需的数据均以计算机能接收的二进制编码形式预先按一定顺序存放到计算机的存储器里，计算机运行时从存储器取出第一条指令，实现第一个基本操作，以后自动地逐条取出指令，执行一系列的基本操作，其结果是完成了一个复杂的运算。这就是存储程序的基本思想。

这份报告是计算机发展史上一个划时代的文献，为计算机的设计树立了一座里程碑，是所有现代电子计算机的范式，称为冯·诺依曼计算机结构，按照这一结构建造的计算机称为存储程序计算机。改进的 ENIAC 和后来的 EDSAC（electronic delay storage automatic calculator，电子延迟存储自动计算机）均是按照 EDVAC 的思想方案设计制造的。

1946 年 2 月 15 日，美国宣布通用电子计算机 ENIAC 由美国的宾夕法尼亚大学研制成功，如图 1-17 所示。ENIAC 是个庞然大物，共使用了 17 468 只电子管、7 200 个二极管、70 000 多个电阻器、10 000 多个电容器、6 000 多只继电器，电路的焊接点多达 50 万个，有 30 个操作平台。其总体积约 90 m^3，质量为 30 t，占地 170 m^2，需要用一间 30 多米长的大房间才能存放。其运算速度为每秒 5 000 次加法，或者 400 次乘法，用它完成每一条弹道的计算只需要几分钟，而过去即使一个熟练的计算员，使用手摇式计算器计算一条弹道也要花费 20 h，比机械式的继电器计算机快 1 000 倍。这台功率为 150 kW 的计算机，由于用电量巨大，当打开电源时，整个美国宾夕法尼亚州的电灯都为之变暗。

但即使在当时看来，ENIAC 也是有不少缺点的：除了体积大，耗电多以外，ENIAC 程序采用外部插入式，每当进行一项新的计算时都要重新连接线路。有时几分钟或几十分钟的计算要花几小时甚至 1~2 天的时间进行线路连接准备，这是一个致命的弱点。其另一个弱点是存储量太小，可以说没有存储器。此外，ENIAC 没有采用二进制，而是用十进制，运算速度不够快。再就是使用电子管多，高热量电子管很容易损坏，使机器瘫痪，这在当时是难于突破的技术局限。因此，ENIAC 的问世对以后研制的计算机影响不大，而 EDVAC 的发明才真正为现代计算机在体系结构和工作原理上奠定了基础。

图 1-17　电子数字积分计算机 ENIAC

英国剑桥大学的威尔克斯教授领导了 EDSAC 的设计与制造，吸取了冯·诺依曼体系结构思想，并于 1949 年 5 月投入运行，成为世界上首次实现的存储程序计算机。而 EDVAC 虽然设计在前，实现却较晚，直到 1951 年才运行，所以 EDVAC 只能说是首次设计的而不是首次实现的存储程序计算机。EDVAC 不仅可应用于科学计算，而且可用于信息检索等领域，这主要缘于"存储程序"设计思想。

1951 年 5 月，由 ENIAC 的主要设计者莫奇利和埃克特在自己公司设计的第一台通用自动计算机（universal automatic computer, UNIVAC）交付使用，承担着美国人口统计局的工作。它使用了 5 000 个电子管，共运行了 7 万多小时才退出使用。UNIVAC 先后生产了近 50 台，这是第一台被用在商业上的计算机，开创了日后商业处理和办公室计算机化的远景，奠定了计算机工业化的基础。它被认为是第一代电子管计算机趋于成熟的标志，其意义超过了 ENIAC。

从 ENIAC 揭开电子计算机时代的序幕，到 UNIVAC 成为迎来计算机时代的宠儿，不难看出这里发生了两个根本性的变化：一是计算机已从实验室大步走向社会，正式成为商品交付客户使用；二是计算机已从单纯的军事用途进入公众的数据处理领域，真正引起了社会的强烈反响。

2. ABC 计算机

直到 20 世纪 70 年代才发现，约翰·阿塔纳索夫（John Vincent Atanasoff）和其研究生助手克利福特·贝利（Clifford E.Berry）在 1937 年到 1941 年研发的阿塔纳索夫-贝利计算机 ABC。

当时，阿塔纳索夫在美国爱荷华州立大学物理系任副教授，为学生讲授如何求解线性偏微分方程组，由于不得不面对繁杂的计算，从而启发了他研制电子计算机的念头，并于 1935 年开始探索运用数字电子技术进行计算工作的可能性。经过两年反复研究实验，思路越来越清晰，随后，他找到当时正在物理系读硕士学位的贝利，两人在 1939 年制造出一台完整的样机。

ABC 计算机的电路系统中装有 300 个电子真空管执行数字计算与逻辑运算，使用电容器来进行数值处理，数据输入采用打孔读卡办法，还采用了二进制。因此，ABC 的设计中已经包含了现代计算机中 4 个最重要的基本概念。从这个角度来说，它是一台真正现代意义上的电子计算机。

3．现代计算机的发展

依据现代计算机采用的主要元器件和性能，以及软件和应用综合考虑，一般将现代计算机的发展分为 6 个阶段或时代。

（1）电子管计算机时代（1946—1956 年）

这一代计算机的主要特点是采用电子管作为基本器件，采用水银延迟线存储器（容量仅几千字节）、穿孔卡片和纸带外存储器，运算速度一般是每秒数千次至数万次。软件方面确定了程序设计的概念，由代码程序发展到了符号程序，如开始用二进制机器语言或汇编语言编写程序，出现了高级语言的雏形。缺点是电子管体积大、耗电量大，产生大量热量，可靠性差，价格昂贵，限制了计算机发展；系统软件非常原始，直接用二进制编程非常不方便。这一时期的计算机主要是为了军事和国防尖端技术的需要而研制，客观上为计算机的发展奠定了基础。

（2）晶体管计算机时代（1957—1964 年）

这一时期电子计算机的基本器件为晶体管，因而缩小了体积，提高了寿命、运算速度和可靠性，而且耗电量减少，价格也不断下降。后来又采用了磁芯存储器、磁带外存储器，使速度进一步提高到每秒几十万次，内存容量扩大到几十千字节。软件方面出现了一系列高级程序设计语言，比如 FORTRAN、COBOL、ALGOL 等，并提出了操作系统的概念。计算机的应用范围也进一步扩大，从军事与尖端技术方面延伸到气象、工程设计、数据处理以及其他科学研究领域。计算机设计出现了系列化的思想，缩短了新机器的研制周期，降低了生产成本，实现了程序的兼容，方便了新机器的使用。

（3）集成电路计算机时代（1965—1969 年）

这个时期的计算机硬件采用中、小规模集成电路（IC）作为基本器件，采用磁带和磁盘作为外存储器，计算机的体积更小，寿命更长，功耗、价格进一步下降，而速度和可靠性相应地有所提高，每秒运算次数可达几十万次到几百万次，计算机的应用范围进一步扩大。软件方面出现了操作系统及结构化、模块化的程序设计方法。软硬件都向系统化、多样化的方面发展。由于集成电路成本迅速下降，便于生产成本低而功能比较强的小型计算机供应市场，从而占领了许多数据处理的应用领域。其中，1965 年问世的 IBM360 系列是最早采用集成电路的通用计算机，也是影响最大的第三代计算机。其主要特点是通用性、系列化和标准化。美国控制数据公司（CDC）1969 年 1 月研制成功的超大型计算机 CDC7600，每秒可运行一千万次浮点运算，是这个时期最成功的计算机产品。

（4）大规模和超大规模集成电路计算机时代（1970 年至今）

采用超大规模集成电路（VLSI）和极大规模集成电路（ULSI）作为基本器件，中央处理器（CPU）高度集成化是这一时期计算机的另一主要特征。超大规模集成电路上一个 4 mm^2 的硅片可以容纳几千万个到上亿个晶体管的电子器件。由此构成的计算机日益小型化和微型化，微型计算机就是普及应用的典型代表，此后应用和发展的速度更加迅猛，产品覆盖各种类型。集成度很高的半导体存储器代替了服役达 20 年之久的磁芯存储器。目前，计算机的速度最高可以达到每秒亿亿次浮点运算。操作系统不断完善，应用软件已成为现代工业的一部分，且进入以计算机网络为特征的时代。

（5）智能计算机时代（2000 年至今）

从第一代到第四代计算机，虽然其电子器件有本质的不同，但计算机的体系结构都是相同的，都采用了冯·诺依曼计算机体系结构。20 世纪初，随着并行计算机的发展，计算机体系结构出现多样性，有人将这一时期的计算机称为第五代计算机，其特征就是硬件系统支持高度并行和推理，软件系统能够处理知识信息，具备人工智能功能。

智能计算机时代的现代计算机在硬件结构方面采用了先进的微细加工和封装测试技术，应用各种光学器件、光纤通信技术以及智能辅助设计系统等，在软件方面极大改善了软件系统的设计环境，将研制各种智能化程序设计及系统、知识库系统、智能超大规模集成电路辅助设计系统等。它能够把信息采集、存储、处理、通信与人工智能结合在一起，除了具备一般电子计算机的功能之外，还具有形式化推理、联想、自学习和解释的能力，能够帮助人们进行判断与决策，开拓未知领域和获得新的知识。

（6）新型计算机时代（2010 年至今）

随着计算机芯片集成度不断提高，器件的密度越来越大，由于电子引线不能互相短路交叉，引线靠近时会发生耦合，高速电脉冲在引线上传播时要发生色散和延迟，以及电子器件的扇入和扇出系数较低等问题，使得高密度的电子互联在技术上有很大困难。此外，超大规模集成电路的引线问题会造成时钟扭曲，散热也会影响芯片的正常工作，这将限制经典电子计算机的速度，也成为人们开展新型计算机研发的动力，这些新型的计算机被称为第六代计算机，如超导计算机、神经网络计算机、生物计算机等。

计算机的发展，归根结底是计算思维的传承与发扬，计算机从人工机械方式到动力机械方式，再到现在的电子器械方式，不仅是制造材料的进步，也是思维方式的进步。相信在不久的将来，计算机会成为结合众多学科交叉结合、继续传承和发扬计算思维的人类文明精灵。到那时，人类社会的文明程度必将会进入一个史无前例的高度。

1.3.6　现代计算机在中国的发展

我国计算机事业的最早创始人是著名的数学家华罗庚。1952 年，华罗庚教授在中国科学院数学研究所成立了中国第一个电子计算机研究小组，将设计和研制中国自己的电子计算机作为主要任务。到 1956 年我国制定的《十二年科学技术发展规划》中选定了"计算机、电子学、半导体、自动化"作为"发展规划"的四项紧急措施，并制订了计算机科研、生产、教育发展计划，我国计算机事业由此起步。1956 年 8 月 25 日，我国第一个计算技术研究机构——中国科学院计算技术研究所筹备委员会成立，著名数学家华罗庚任主任。

视 频

现代计算机在
中国的发展

1958 年，中科院计算机所等单位研制出第一台小型通用数字电子管计算机（103 型），每秒能运行 30 次；到 1959 年 104 型研制成功，该机运行速度为每秒 1 万次。

1964 年，研制成功了我国第一台大型通用电子管计算机，在该机器上完成了我国第一颗氢弹研制的计算任务。

1964 年，研制成功全晶体管计算机；1971 年，研制成功集成电路计算机；1972 年，每秒运算 11 万次的大型集成电路通用数字电子计算机问世；1973 年，研制成功第一台百万次集成电路电子计算机（150 型计算机）；1979 年，每秒运算 500 万次的集成电路计算机 HDS-9 研制成功。

1991 年，中国科学院院士、中国工程院院士、第三世界科学院院士、北京大学教授王选用中国第一台激光照排机排出样书，新华社、科技日报、经济日报正式启用汉字激光照排系统，使我国的报业和出版业"告别铅与火，迈入光和电"的崭新时代。1992 年，中国最大的汉字字符集 6 万计算机汉字字库正式建立。2001 年，王选教授作为汉字激光照排系统的创始人和技术负责人获得国家最高科学技术奖。

　　20 世纪 80 年代以后，我国又研制了高端计算机。1983 年 11 月，国防科技大学研制成功每秒运算 1 亿次的"银河Ⅰ号"巨型计算机，1992 年 11 月，银河-2 达每秒 10 亿次，1997 年 6 月银河-3 达每秒 130 亿次，2000 年 6 月，银河-4 达每秒 1.06 万亿次（峰值），进入万亿次行列，使中国成为继美国、日本之后第三个能独立设计和研制超级计算机的国家。

　　2000 年"神威Ⅰ"和 2009 年"天河一号"的诞生，标志着我国成为继美国之后世界上第二个能够研制千万亿次超级计算机的国家。但是一些计算机核心技术，如 CPU 和操作系统等，仍然掌握在西方国家手中。

　　2010 年，由国防科技大学研制天河一号 A 从百万亿次跨越到千万亿次，比美国"美洲虎"超级计算机实测快 1.425 倍，比天河一号快 3.45 倍。2013 年 6 月，天河二号（见图 1-18）问世，到 2020 年 11 月一直占据中国超级计算机排行榜（见表 1-1）前 5 名，占据世界超级计算机排行榜前 6 名。由国家并行计算机工程技术研究中心研制，安装在国家超级计算无锡中心的神威·太湖之光超级计算机安装了 40 960 个中国自主研发的神威 26010 众核处理器，该众核处理器采用 64 位自主神威指令系统，峰值性能 3 168 万亿次每秒，核心工作频率 1.5 GHz。

图 1-18　天河二号超级计算机

2020 年 7 月，中国科技大学在"神威·太湖之光"上首次实现千万核心并行第一性原理计算模拟。2022 年，中国的"神威·太湖之光"在全球超级计算机 500 强中排名位列前十，表明我国超级计算机研制技术处于国际领先水平，在我国超级计算机发展史上具有里程碑式的重大意义。

表 1-1　国防科技大学研发的天河系列超级计算机

机　型	运算速度/（TFLOP/s）	生产日期	处理器和内存数量	世界 TOP500 排名	备　注
天河一号	峰值 1 206 万亿次实测 563.1 万亿次	2009 年 9 月	主处理器 6 144 个，加速 GPU 处理器 5 120 个；内存 98 TB	2009 年世界第四位。相当于一台家用计算机计算 800 年	
天河一号 A	峰值 4 700 万亿次实测 2 507 万亿次	2010 年 11 月	主处理器 14 336 个，高性能计算卡 7 168 块；国产 FT-1000 处理器 2 048 个，总计 18.64 万个核心，总计内存 224 TB	2010 年世界第一，2012 年世界排名第五	落户天津
天河二号	峰值 5.49 万万亿次实测 3.386 万万亿次	2013 年 5 月	主处理器 3.2 万个，加速卡 4.8 万个；国产 FT-1500 处理器 4 096 个，总计 312 万个计算核心；总计内存 1.408 PB	2020 年世界第六	落户广州

注：TFLOP/s 每秒双精度浮点数运算次数，表示计算速度。国产 FT-1000 和 FT-1500 飞腾处理器由国防科技大学研发。

　　2023 年 11 月 10 日在北京召开的"ChinaSC2023 第五届中国超级算力大会"上，发布了 2023 中国高性能计算机性能 TOP100 排行榜，排名第一位的"超算中心主机系统异构众核处理器"性能参数，其 CPU 核数达到 15 974 400 核，峰值性能达 620 PFLOPS。而即将发布的新一代神威超算——神威·海洋之光（Sunway Oceanlite）将采用全新的申威 SW26010-Pro 处理器，预计将带来更为强大的性能。

　　超级计算机应用领域很广泛，天河二号已为国内外近 400 家用户提供高性能计算和云计算服务，在基因分析与测序、新药制备、大型飞机和高速列车气动数值计算、汽车和船舶等大型装备结构设计仿真、电子政务及智慧城市等领域获得一系列应用，取得了显著的经济效益和社会效益。

1．云超级计算机

国家超级计算机广州中心已构建起材料科学与工程计算、生物计算与个性化医疗、装备全数字设计与制造、能源及相关技术数字化设计、天文地球科学与环境工程、智慧城市大数据和云计算等六大应用服务平台，成为集高性能计算、大数据分析和云计算于一体的世界一流"云超级计算机"中心。

2．加快新药研发速度

中科院上海药物研究所在天河二号（见图 1-18）上成功地开发出超高通量的药物分子虚拟筛选平台，具备一天之内完成 4 200 多万个化合物的预测评价能力，可以把包括现有药物、天然产物和人工合成有机化合物在内的地球上的所有可用于药物研发的化合物都计算筛选一遍，为应对爆发性恶性传染病的快速药物研发提供了强大的计算模拟保障。例如，开展面向埃博拉病毒的虚拟药物筛选，1 天时间内就完成了世界上已知结构的 4 000 万分子化合物的筛选工作。

3．让天气预报更精准

中国气象局，广东省区域数值天气预报重点实验室与国家超级计算广州中心强强联手，成功开发了 3 km 水平分辨率全国区域数值天气预报模式。24 h 预报只需要 19.6 min 完成，达到了历史上最快的并行效率。为天气预报业务、科研及气象决策服务提供支撑。

目前，我国自主研发的"银河""曙光""深腾""神威""天河"等系列高性能计算机，取得了令人瞩目的成果。巨型机和超级计算机的研制、开发和利用代表着一个国家的经济实力和科学研究水平。以"联想""清华同方""方正""浪潮"等为代表的我国计算机制造业也非常发达，已成为世界计算机主要制造中心之一。微型计算机的研制、开发和广泛应用，标志着一个国家科学技术普及的程度。

拓展阅读：党的二十大报告中指出："未来五年是全面建设社会主义现代化国家开局起步的关键时期"，"坚持面向世界科技前沿、面向经济主战场、面向国家重大需求、面向人民生命健康，加快实现高水平科技自立自强。以国家战略需求为导向，集聚力量进行原创性引领性科技攻关，坚决打赢关键核心技术攻坚战"。以计算机为核心的战略性新兴产业如载人航天、探月探火、深海深地探测、超级计算机、卫星导航、量子信息、核电技术、新能源技术、大飞机制造、生物医药等均需要提高高等教育人才培养质量，让大学生真正掌握计算机核心技术并应用到各项技术领域，努力让我国进入创新型国家行列。我国的计算机发展虽然起步晚，但是发展的速度非常快。目前，计算机的某些核心技术还处于基础状态，亟待我国的科研人员去研究和突破。

1.4　计算与信息社会

当前，随着计算机、互联网与人工智能技术的发展，计算与社会、自然等学科深度融合，促进了各学科向计算化、网络化或智能化等高端技术方向发展。应用计算手段可以促进各学科的研究与创新，同时，各学科利用已有的计算手段，还可以研究支持本学科创新和研究的新计算手段。熟练运用计算思维，可以帮助培养各专业的人才。各专业人才可以学会很多计算手段的应用和技能，如 Office、Photoshop 等各种软件工具，可以解决一些实际问题。但是如果仅仅掌握这些软件工具，而不掌握计算思维，那么在未来就不能融会贯通、自我学习专业所需要的新工具和软件，也将会缺乏使用计算工具进行创新的能力。

在社会学中，社会学家通常根据生产力的发展水平，将人类社会的发展分成以下几个阶段，即古代社会、原始社会、农业社会、工业社会和信息社会。古代社会通常是从人类出现算起，距今 500～700 万年。大约始于 5 万年前，即原始人狩猎和捕鱼的初始时期，称为原始社会。农业社会大约始于公元前 4000 年，是一种以农牧业为主的开垦荒地、种植谷物的农业经济。工业社会始自 18 世纪中叶工业革命，工业革命又称产业革命，它是以机器取代人力，以大规模工厂化生产取代个体工厂手工生产的一场生产与科技革命。

1765 年，英国工人詹姆斯·哈格里夫斯发明了珍妮纺纱机，揭开了工业革命的序幕。1769 年，英国人瓦特改良了蒸汽机，从此，一系列技术革命引起了从手工劳动向动力机器生产转变的重大飞跃。出现了现代纺织、轻工、钢铁、汽车、化工和建筑等主要产业，城市化和劳动分工专业化不断发展，产生了相应的教育、医疗、保险、服务等现代社会机构与制度，人类社会迈入工业现代社会。到 20 世纪中期，人类社会开始进入后工业社会，后工业社会的主要特征是自动化和信息化，这也预示着信息社会的到来。进入 21 世纪以来，信息社会的社会特征愈加明显，尤其是信息化与计算化的结合，使得信息社会改变了政府、公司和人们交互运行的方式，改变着社会生活各方面的运行模式，推动整个产业和整个公共服务领域的变革。

1.4.1　信息社会

● 视　频

信息社会

1946 年，电子计算机问世，使得信息技术快速发展，人类社会经历着一场从工业社会向信息社会、知识社会的根本转变。

1．信息的概念

我们生活在充满信息的世界里，报纸、杂志、手机、电视和网络上传播着大量信息，通过语言、文字、符号、图像、声音和视频等方式来表达的数据、事实、新闻、消息、报告和知识等都是信息。人类通过信息认识各种事物，借助信息的交流沟通人与人之间的关系，互相协作，从而推动社会前进。

信息同物质、能源一样重要，是人类生存和社会发展的三大基本资源之一。就信息的定义而言有各种说法，比较一致的认识为：信息（information）是自然界、人类社会和人类思维活动中普遍存在的一切物质和事物的属性。广义地说，信息就是人类的一切生存活动和自然存在所传达出来的信号和消息。一切存在都有信息，信息的积累和传播是人类文明进步的基础。

前面谈到美国科学家香农 1948 年发表了著名的《通信的数学原理》一文，使得信息论从此诞生，香农也因此成为信息论的奠基人。

2．信息与数据

数据（data）是指客观世界中记录下来的各种各样的物理符号及其组合，是信息的具体表现形式，反映了信息的内容。

数据是信息的载体，数据中包含着信息。例如，数值、文字、声音、图形、图像、视频等都是可识别的不同形式的数据，这些数据中是否包含有信息，要看表达的方式或"挖掘"的能力或认知者的"鉴赏力"。因此，信息是指数据中有用的知识，需要去挖掘，即处理加工。信息既是各种事物的变化和特征的反映，又是事物之间相互作用和联系的表征。

3．信息与知识

当数据以某种形式经过处理、描述或与其他数据比较时，才能成为信息，而知识是指人类的认识成果，如规则等，表现为判断、推理、决策等。例如，数据 39，其本身是没有意义的，"39 ℃"

则表示温度，若"某地气温达到 39 ℃"或病历卡上记载"某个病人的体温为 39 ℃"则都是信息，是数据所表达的含义，是有意义的。通过知识判断可知：前者为高气温，后者为中高热体温。该结论说明，信息中包含着知识，即判断气温和体温的知识。因此，知识是符合文明方向的人类对物质世界以及精神世界探索的结果总和，也是人类在实践中认识客观世界的成果。

信息与知识的区别：知识在于创新，而信息不具有创新性。创新是时代发展的灵魂。

4. 信息处理与社会

信息处理就是对信息的接收与产生、表示与存储、转化与传送，以及加工和利用、发布等，目的是对信息的分析、利用和对问题的决策。

从信息处理层面上来看，信息处理技术是一个逐渐发展、深入的过程，经历着数值处理、数据处理到现在的研究、应用开发的热点，即知识处理和智能处理及网络处理。

在这个过程中，数值处理就是数值计算，如科学计算和工程计算。数据处理的主要内容是数据库管理和查询，促进了信息系统的诞生和信息技术的飞速发展，构成了信息社会。

知识处理是对知识的表达和利用以及知识库系统的建立，使得信息处理和应用从传统的定量化问题处理向定性化问题处理迈出了关键性的步伐，使利用知识推理实现"专家"级别的管理成为可能，也使信息的存储和利用产生了质的飞跃。智能处理是信息处理技术的高级阶段，即对信息进行各种分析、识别、推理、判断、决策和问题求解等，形成具有智能特征的系统。这也是各国 10～20 年信息处理技术研究、应用和努力的方向。目前已在智能制造、机器人系统、智能玩具、模式识别等方面有较好的应用。

网络处理源于宽带的兴起，宽带使得信息技术真正进入了网络处理时代，实现了资源的高度共享。资源共享包括教育、科技、法律、娱乐到商业的各种信息；网络搜索也已进入智能搜索的商业运营阶段；电子商务和政务、网上银行、远程教育、高速下载等应用为企业商务活动、学校教育等带来了极大的影响。当今社会由于网络的存在和网络处理，已构成网络社会。纵观人类科技的发展历程，少有某项技术像信息技术这样对社会产生如此巨大的影响。

5. 信息化与信息社会

关于信息社会并没有一个统一的定义，几种比较典型的说法是：信息社会是指以信息技术为基础，以信息产业为支柱，以信息价值的生产为中心，以信息产品为标志的社会；信息社会是信息产业高度发展并在产业结构中占优势的社会。人类脱离工业化社会后，进入信息起主要作用的社会。

信息化（informatization）是指全面发展和利用现代信息技术创造的智能工具，去改造、更新和装备社会活动的各个领域，以提高人类社会的生产、生活的效率和创造力，使物质财富和精神文明得到提高。它强调了一种信息的处理，包括信息生产、表示、存储、传递、加工和利用的过程，如工业信息化、农业信息化、商业信息化等。

在农业社会和工业社会中，物质和能源是主要资源，所从事的是大规模的物质生产。而在信息社会中，信息成为比物质和能源更为重要的资源，以开发和利用信息资源为目的的信息经济活动迅速扩大，逐渐取代工业生产活动而成为国民经济活动的主要内容。以计算机、微电子和通信技术为主的信息技术革命是社会信息化的动力源泉。

在许多时候，信息社会也常被称为知识社会，但两个概念的侧重点有不同。信息社会的概念是建立在信息技术进步和应用的基础上的，而知识社会的核心是知识和创新，它包括更加广泛的社会、伦理和政治方面的内容，信息社会仅仅是实现知识社会的手段。在知识社会，每个人都应具备必要的信息技术能力，从浩如烟海的信息海洋中获取知识。信息技术又推动着知识共享、知识创新的全球化，成为人类社会可持续发展的源泉。

信息社会是建立在信息技术基础上的，随着信息技术的发展，信息社会的内涵也不断发展。在 20 世纪 60 年代，信息社会提出的初期，主要指通信技术、微电子技术和计算机技术。在 20 世纪 80 年代，关于信息社会较为流行的说法是指通信化、计算机化和自动控制化（简称 3C），以及工程自动化、办公室自动化、家庭自动化（简称 3A）社会。到了 20 世纪 90 年代，随着互联网技术的快速发展，关于信息社会的说法又加上了多媒体技术和计算机网络技术等特征。进入 21 世纪，人工智能技术得到突飞猛进的发展，智能科学与技术融入信息社会的方方面面，促进了信息技术的改进与提高。不管技术如何发展，作为一种社会形态，都可以从以下三方面来描述信息社会的基本特征。

（1）信息时代的经济特征

通俗地说，信息经济就是"以知识为基础的经济"，因此，也可以说是知识经济。从内涵来看，知识经济是经济增长直接依赖于知识和信息的生产、传播和使用，以高技术产业为第一产业支柱，以智力资源（即人才）为首要依托的可持续发展型经济。按世界经济合作组织的说法，知识经济就是以现代科学技术为核心的，建立在知识和信息的生产、存储、使用和消费之上的经济。

知识经济的出现标志着人类社会正步入以知识资源为依托的新经济时代。在这个新时代中，知识将成为最重要的经济因素，由此引发的经济革命将重塑全球经济的格局，并将引起政治、社会的全面变革。知识经济对人们现有的生产方式、生活方式、思维方式、价值观念，包括教育、经营管理乃至领导决策等活动都将产生重大的影响。它催生了一大批新兴产业，以及新的就业形态和就业方式，如弹性工作方式、网络上办公。

传统产业通过信息化改造，生产成本降低、劳动效率提高；基于信息技术的智能化设备广泛使用，使得电信、银行、物流、电视、医疗、商业、保险等服务性行业大力发展，服务型经济成为主流。

综上所述，知识经济有以下主要特征：

① 知识经济时代，谁拥有的知识多，谁就能占领经济发展的制高点。知识经济直接依赖于知识、技术特别是高科技技术，以及有价值的信息的积累和利用。因此，在生产过程中知识经济主要依靠脑力劳动或新型劳动创造价值与财富。

② 创新是知识经济的灵魂。经济效益的提高依靠有知识产权的技术，把科技成果转化为生产力。知识对产品价值的贡献占 50% 以上，因此知识经济属于创造型劳动。

③ 知识生产率比劳动生产率更为重要。工业经济发展的动力主要是利润最大化和物质财富的获得，而知识经济的发展动力更重要的是精神财富的获取，其中关注更多的是知识生产率。

④ 知识经济是可持续发展的效益经济；传统农业和工业经济不是可持续发展的，是资源消耗型经济，产值越高资源消耗越多。知识经济更强调知识在经济效益中的作用，而不是简单的产品数量。

（2）社会、文化、生活方面的特征

在信息社会，数字化的生产工具在产生和服务领域广泛普及应用。互联网成为重要的通信媒体，智能化的综合网络将遍布社会的各个角落，固定电话、移动电话、电视、计算机等各种信息化的终端设备无处不在。各种电子设备和家庭电子类消费产品都具有上网能力，人们随时随地均可获取信息。人们的生活模式、文化模式更加多样化，个性化不断加强，可供个人自由支配的时间和活动的空间大幅度提高。城市化发展出现新的特点，高速发展的信息交换促使中心城市的郊区化发展趋向，使城市从传统的单中心向多中心发展。

（3）社会观念上的特征

在信息社会，由于信息技术在社会生产、市场经营、科研教育、医疗保健、社会服务、生活娱乐以及家庭中的广泛应用，信息社会对人们的价值观念、社会道德等也会产生影响和变革。在信息社会，尊重知识的价值观念成为社会风尚；社会中人具有更积极地创造未来的意识倾向，人们的价值取向、行为方式都在默默地发生变化。

1.4.2 互联网+

"互联网+"是计算机系统网络化技术与其他技术相结合的产物，是信息社会与知识社会推动下由互联网发展产生的新业态，也是由知识社会创新发展而来，由互联网形态演进、催生的经济社会发展的一种新形态。通俗地说，"互联网+"就是"互联网+各个行业"，但这并不是简单的两者相加，而是利用信息通信技术以及互联网平台，让互联网与传统行业进行深度融合，创造新的发展生态。

视 频

互联网+

"互联网+"概念的核心是互联网，具体可分为两方面的内容。一方面，可以将"互联网+"中的文字"互联网"与符号"+"分开理解。符号"+"意为加号，即代表着添加与联合。这表示"互联网+"技术的应用范围为互联网与其他传统产业，应用手段则是通过互联网与传统产业进行联合和深入融合的方式进行。另一方面，"互联网+"作为一个整体概念，是指通过传统的计算机网络化技术完成产业升级。计算机系统网络化技术通过将开放、平等、互动等网络特性在传统行业的运用，通过大数据的分析与整合，持续厘清供求关系，通过改造传统行业的生产方式、产业结构等内容，来增强经济发展动力，提升效益，从而促进国民经济健康有序发展。

"互联网+"的概念和应用，主要有以下六大特征：

1. 行业融合

"+"就是融合，就是变革，就是开放，就是重塑与整合。有了融合，创新的基础就更坚实；融合协同了，群体智能才会实现，从研发到产业化的路径才会更垂直。融合本身也指代身份的融合，客户消费转化为投资，伙伴参与创新，等等。

2. 创新驱动

在"互联网+"技术支持下，20 世纪以前的资源驱动型增长方式必须转变到创新驱动发展的道路上。这正是"互联网+"的特征，用互联网思维来求变、自我革命，更能发挥创新的力量。

3. 重塑结构

由于计算技术推动了科技的不断进步，信息革命、全球化、互联网业已打破了原有的社会结构、经济结构、地缘结构、文化结构，权力、议事规则、话语权不断在发生变化。"互联网+"支撑下社会治理、虚拟信息社会就有了很大的不同。

4. 尊重人性

人性的闪光点之一就是能够推动科技进步、经济增长、社会进步、文化繁荣，"互联网+"的力量之强大也来源于对人性的最大限度的尊重、对人体验的敬畏、对人的创造性发挥的重视，比如用户生成内容（user generated content, UGC）、卷入式营销以及分享经济等。

5．开放生态

生态系统的本身就是开放的，"互联网+"对于生态系统的贡献也是非常重要的特征。推进"互联网+"的一个重要方向就是要把以前制约创新的环节化解掉，把各个行业孤立的创新连接起来，形成一个交叉的生态系统，让研发由市场驱动，让创业者有机会实现价值。

6．连接一切

连接是有层次的，但连接性是有差异的，由此产生的连接价值就会相差很大。不管如何，连接一切是"互联网+"的目标。

在目前"全民创业"时代的形式下，与互联网相结合的项目比比皆是，这些项目从诞生之初就是"互联网+"的形态，因此它们不需要再像传统企业一样转型与升级。"互联网+"正是要促进更多的互联网创业项目诞生，从而无须再耗费人力、物力及财力去研究与实施行业转型。可以说，每一个社会及商业阶段都有一个常态及发展趋势，"互联网+"提出之前的常态是千万企业需要转型升级的大背景，后面的发展趋势则是大量"互联网+"模式的爆发以及传统企业的"破与立"。

"互联网+"被认为是创新 2.0 时代智慧城市的基本特征，有利于形成创新涌现的智慧城市生态，从而进一步完善城市的管理与运行功能，实现更好的公共服务，让人们生活更便宜、出行更便利、环境更宜居。

伴随知识社会的来临，无所不在的网络与无所不在的计算、无所不在的数据、无所不在的知识共同驱动了无所不在的创新。新一代信息技术发展催生了创新 2.0，而创新 2.0 又反过来作用于新一代信息技术形态的形成与发展，重塑了物联网、云计算、社会计算、大数据等新一代信息技术的新形态。"互联网+"不仅仅是互联网移动了、广泛存在了、应用于传统行业了，而且同无所不在的计算、数据、知识，造就了无所不在的创新，推动了知识社会以用户创新、开放创新、大众创新、协同创新为特点的创新 2.0。living lab（生活实验室、体验实验区）、fab lab（个人制造实验室）、AIP（"三验"应用创新园区）、prosumer（产消者）、crowdsourcing（众包）等典型创新 2.0 模式不断涌现，推动了创新 2.0 时代智慧城市新形态。

1.4.3　计算机系统的应用

视　频

计算机系统的应用

计算机系统作为通用的信息处理工具，归功于其强大的功能和特点。因此，计算机在社会中的应用已遍布各行各业，使得人们传统的工作、学习和生活模式发生了变化，工作效率得以提高，推动着社会快速发展。

1．计算机的特点

计算机之所以具有很强的生命力，并得以快速发展，是因为计算机系统本身具有许多优点，具体体现在以下几方面：

（1）运算速度快

计算机处理的速度是标志计算机性能的重要指标之一。衡量计算机处理速度的尺度，一般用计算机一秒内所能执行的加法运算的次数来表示。

不断提高计算机的处理速度是计算机技术发展的主要目标。因为计算机已经或开始应用于科技发展的最尖端领域，而这些领域中的信息处理极为复杂，十分精确，处理工作量巨大。例如，生命科学、航天科学、气象科学中提出的课题。再则，由于人类活动范围不断扩大，信息量与日俱增，不同信息的交织日趋复杂、多样、精细，对信息的表现形式要求直观、自然、形象、变幻，人们对信息的需求范围日趋广大，对信息的处理要求时效性快、响应及时。所有这些都要求具备处理速度极高的计算机。当然，不同应用领域、不同应用课题对处理速度的要求各异，但就人类的需求而言是越快越好。从另一个角度来说，没有高速的处理就没有科学研究。

（2）存储容量大，保存时间长

随着计算机的广泛应用，在计算机内存储的信息愈来愈多，要求存储的时间愈来愈长。因此，计算机必须具备海量存储，信息保持几年到几十年，甚至更长。现代计算机完全具备这种能力，不仅提供了大容量的主存储器，能现场处理大量信息，还提供具有海量存储空间的磁盘、光盘。海量磁带存储器是一种超大容量的磁带存储系统，整个系统共可存储 460 GB。

信息存储容量大和保存时间长是现代信息处理和信息服务的基本要求。因为有大量的软件需要在计算机内保存以便随时执行，有大量的信息需要在计算机内保存以便进一步处理、检索和查询，特别是互联网建立后，需要有庞大的信息供全球用户使用。所有这些，如果没有大容量的存储设备和不能长久地保存，将是不可想象的。

（3）计算精确度高

计算机内部采用二进制数进行运算，可以使数值计算非常精确，即保证任意精确度要求。这取决于计算机表示数据的能力，现代计算机提供多种表示数据的能力，已满足各种计算精确度的要求，如单精度浮点数、双精度浮点数运算。一般在科学和工程计算课题中对精确度的要求特别强烈，如计算机可以计算出精确到小数点后 3 355 万位的值。

（4）逻辑判断能力

计算机不仅能进行算术运算，同时也能进行各种逻辑运算，具有逻辑判断能力。布尔代数是建立计算机的逻辑基础，或者说计算机就是一个逻辑机。计算机的逻辑判断能力也是计算机智能化的必备条件。如果计算机不具备逻辑判断能力，也就不能称为计算机。

（5）自动工作的能力

只要人预先把处理要求、处理步骤、处理对象等必备元素存储在计算机系统内，计算机启动后就可以在无须人员参与的条件下自动完成预定的全部处理任务。这是计算机区别于其他工具的本质特点。向计算机提交任务主要是以程序、数据和控制信息的形式。程序存储在计算机内，计算机再自动逐步执行程序，这个思想是由美国计算机科学家冯·诺依曼提出的，称为"存储程序和程序控制"思想。因此，把现在的计算机称为冯·诺依曼式计算机。

由此可知，计算机的二进制加法运算，即计算精度高和逻辑判断能力是其最基本的功能，计算机所表现出的强大功能和应用，是由人将人的智慧（具体为规则、算法和流程），通过程序赋予计算机而产生的。计算机的高速运算和海量存储一直是人们不断追求的性能。

2．计算机系统的应用

随着计算机系统的计算能力日益强大、计算范围日益广泛、计算内容不断丰富，输入/输出设备更直观易用，计算机系统的应用领域从最初的科学计算，日益推广到科学计算、数据处理、过程控制、网络通信和人工智能等各个领域。归纳来看，主要有以下几方面应用：

（1）科学和工程计算领域

科学和工程计算领域以数值计算为主要内容，要求计算速度快、精确度高、差错率低，主要应用于天文、水利、气象、地质、医疗、军事、航天航空、土木工程、生物工程等科学研究领域，如卫星轨道计算、数值天气预报、工程力学计算等。

（2）数据处理领域

数据处理领域以数据的收集、分类、统计、分析、综合、检索、传递为主要内容，即非数值计算，也称数据库管理。主要应用于政府、金融、企业等各个领域，如银行业务处理、股市行情分析、商业销售业务、情报检索、电子数据交换、地震资料处理、人口普查、企业管理等。

（3）办公自动化领域（也称信息管理）

办公自动化领域以办公事务处理为主要内容，主要应用于政府、企业、教学等有办公机构的地方，如起草公文、报告、信函，制作报表，收发、备份、存档、查找文件，活动的时间安排，大事记的记录，简单的计算、统计，内部和外部的交流等。

（4）电子商务领域

电子商务领域是指通过计算机和网络进行商务活动，是在 Internet 的广阔联系与信息技术的丰富资源相结合的背景下应运而生的一种网上相互关联的动态商务活动。例如，网上的商品与服务交易、金融汇兑、网络广告等商务活动。世界各地的公司通过网络方式与客户、批发商和供货商等联系，并在网上进行业务往来。其电子商务模式如下：

① B2B（business to business）：企业与企业或商家与商家之间通过互联网或各种商务网络平台进行产品、服务及信息的交换和交易的电子商务。例如，在网络平台，下游的生产商或商业零售商与上游的服务商之间形成的供货关系。

② B2C（business to customer）：企业对消费者销售产品和服务的电子商务，B2C 电子商务网站由 3 个基本部分组成：一是为顾客提供在线购物场所的商场网站；二是负责为客户所购商品进行配送的配送系统；三是负责顾客身份的确认及货款结算的银行及认证系统。一般以网络零售商为主，例如，天猫为人服务做平台，京东自主经营卖产品，凡客自产自销做品牌。

③ C2C（customer to customer）：个人用户之间买卖交易的电子商务，比如一个消费者有一部智能手机，通过网络进行交易，把它出售给另外一个消费者。

④ O2O（online to offline）：线上营销购买商品与服务，线下实体店享受服务，一般以餐饮、健身、看电影和演出为主，如团购网等。

电子商务因其高效率、低支付、高收益和全球性等特点，得到迅速发展。但也存在保密性、安全性和可靠性等问题，需要进一步从技术和法律上解决。

（5）自动控制领域

自动控制领域是指计算机实时采集监测数据，按最优计算结果迅速对控制对象进行自动控制或自动调节，以自动控制生产过程、实时过程、军事项目为主要内容。主要用于工业企业、军事机构、娱乐机构等领域，如化工生产过程控制、炼钢过程控制、机械切削过程控制、防空设施控制、航天器的控制、音乐喷泉的控制等。

（6）计算机辅助领域

计算机辅助领域指用计算机辅助人进行工作，以在工程设计、生产制造等领域辅助进行数值计算、数据处理、自动绘图、活动模拟等为主要内容，如计算机辅助设计（computer aided design, CAD）、计算机辅助制造（computer aided manufacturing, CAM）、计算机辅助教学（computer aided instruction, CAI）、计算机辅助教育（computer-based education, CBE）、计算机辅助工程（computer aided engineering, CAE）、计算机辅助测试（computer aided test, CAT）、计算机辅助工艺规划（computer aided process planning, CAPP）等。特别是近年来的计算机集成制造系统（CIMS），集成 CAD、CAM、MIS（管理信息系统）于一体，相当于一个自动化的工厂。

（7）人工智能领域

人工智能领域以模拟人的智能活动、逻辑推理、知识学习为主要内容。主要用于机器人的研究、专家系统等领域，如自然语言理解、定理的机器证明、自动翻译、图像识别、声音识别、环境适应、计算机医生等。

计算机的人工智能应用无疑是计算机应用的最高境界，它追求机器和人类深层次上的一致。但是，人工智能的研究和应用并不像数值计算、事务处理、计算机辅助、过程控制那样直接可以描述。因为人类本身的思维就是最复杂的事情，它涉及哲学、思维科学、逻辑学、生命科学、心理学、语言学、数学、物理学、计算机科学等众多学科领域，所以，人工智能的研究道路更加曲折。但是，这些年来，一些融合了人类知识的具有感知、学习、推理、决策等思维特征的计算机系统也不断出现。例如，各种建立在领域专家知识基础上的专家系统，辅助决策支持系统等都取得了良好的应用效果。无人机、智能汽车和机器人的研发制造就是很好的成功等例。

（8）计算机网络领域

计算机网络是现代计算机技术与通信技术紧密结合的产物。计算机网络解决了一个单位、一个地区、一个国家中计算机与计算机之间的通信，实现各种软硬件资源的共享，大大促进了文字、图像、视频和声音等各类数据的传输与处理。通过计算机网络，人们可以进行不受地域限制的活动，如网上购物、网上银行、网上贸易以及网上订票等，此外还可以进行远程教育、教学科研、娱乐或通信等。

3. 计算机系统的发展

进入 21 世纪，基于计算的创新层出不穷，令信息社会进入多元化发展阶段。例如，互联网平台会将旅行、航空、银行、保险与通信等分散资源进行整合，移动互联网时代下的现代化出行方式改变了传统的租车或打车方式，智慧社会概念的提出更强调感知、互联互通和智能化。上述与计算机系统有关的应用都在改变着人们的生活方式，计算机系统正朝着微型化、大型化、网络化和智能化方向进一步发展。

微型化是使计算机系统的体积越来越小，这样计算机系统不仅能够随身携带，而且能够被嵌入到各种各样的物体中，使这些物体具有相当的计算能力，进而具有一定的智能化能力。例如，智能冰箱、智能电视、车载导航仪等。

大型化是指具有高速度、大容量与功能强大的超级计算机系统，如气象预报、航天工程、石油勘探、人类遗传基因检测与机械仿真等，都离不开高性能计算机系统。

网络化是指计算机系统之间的互联互通以及基于计算机系统互联互通的物体之间的互联互通、人与组织之间的互联互通、网络与网络之间的互联互通，以及虚拟世界与物理世界的互联互通等。

智能化是使计算机系统具有类似人的智能，这一直是计算机科学家不断追求的目标。所谓人的智能，是使计算机系统能像人一样思考和判断，让计算机系统去做过去只有人才能做的智能的工作，如智能搜索、自动翻译、无人驾驶汽车或类人机器人等。

拓展阅读：中国的云计算蓬勃发展。2011 年，云计算在我国出现了相应的服务，开始受到国家层面的关注。2017 年，各行业加快大数据、云计算、物联网应用，以新技术新业态新模式推动传统产业生产、管理和营销模式变革，中国"云"开始崛起。2019 年，云计算被广泛应用，推动多领域技术创新，成为推动数字经济发展的重要驱动力。2020 年，从企业转型，到工业赋能，再到教育建设，云计算已经全面落实到民生发展的方方面面。2021—2023 年，云计算产业进行变革与转型，产业驱动力正在从泛科技企业转向传统企业。产业数字化转型蓬勃发展，云计算为 5G 应用、数字经济、人工智能等提供支撑。云计算正成为赋能数字经济的创新平台和基础设施。

小　结

第一节计算与计算思维，首先从计算的本质和含义认识，了解计数与计算、逻辑与计算和算法与计算，从而认识到思维是一种心理活动中的信息处理过程，是一种广义的计算。计算是计算思维的核心内容。其次从思维、科学思维逐渐认识到计算思维的本质，即计算思维是指从具体的算法设计入手，通过算法过程的构造与实施来解决给定问题的一种思维方法。认识计算思维定义、本质和特征，最终目的是将计算思维在人们进行问题求解时对计算、算法、数据及其组织、程序、自动化等概念的潜意识应用。因为计算思维在学科的发展、知识创新及解决各类自然和社会问题都具有重要的作用。计算思维的重要认识也消除了传统计算机科学的"狭义工具论"的错误认识，并拓展了广义计算思维的概念。

第二节计算理论，讲解了可计算问题、计算的复杂度，以及求解问题的过程，构建出计算模型，即图灵机等回答了计算机是否也能计算，哪些问题可计算或不能计算，阐明了后来的程序存储式计算机的基本原理。计算复杂性以汉诺塔求解问题为例进行了阐述，并以汉诺塔求解问题中的递归思想应用于程序设计。这些问题是在讨论计算思维的理论基础。

第三节数与计算工具，讲述了数与计算工具的演化历程，介绍了计算工具的发展历程和工作原理。然后对电子计算机的发明，从其发明历程和理论两条主线进行了重点介绍，特别是在计算机发展的初期对那些科学家和标志性的理论成果进行了介绍，希望对人们的研究和工作有所启发和激励。讲述了现代计算机的理论基础与发展过程，希望通过对现代计算机在中国的发展知识的讲解，能够激励当代大学生在计算思维方面继续改革创新。

第四节讲解了计算与信息社会、"互联网+"以及计算机系统应用的相关知识。对于当代大学生来说，了解计算机系统在本专业领域的应用十分重要，为相关专业领域的学习打下坚实的信息技术基础。

习　题

一、综合题

1. 计算和算法有什么区别？

2. 如何理解计算思维最根本的内容，即其本质是抽象和自动化，其特征为可行性、构造性和确定性？

3. 如何从计算机的软件和硬件的概念理解算盘或珠算？

4. 在计算工具发展的漫漫征程中，使用工具的计算过程不能自动化，都需要人的直接参与。如何理解计算的自动化？通过将求解问题经分析编写出程序，自动执行是不是计算的自动化？

5. 依据计算尺的原理，如何制作一个三角函数计算尺？如 $Y=\sin(x)$。

6. 在计算理论中，可计算性具有哪些特征？

7. 在算法复杂度中，什么是计算时间的复杂度和空间的复杂度？

8. 如何理解计算模型——图灵机？

9. 结合日常生活中的实例，理解计算思维和应用，如"预置和缓存""回溯""在线算法""多服务器系统""备份"等。

10. 讨论以下概念：数据、信息、知识、社会、信号。

11. 讨论信息化和信息社会以及人工智能和"互联网+"的扩展知识。

二、网上信息检索

1. 什么是科学思维、理论思维、实践思维和计算思维？

2. 什么是数理逻辑、算法？

3. 了解中国古代的数学专著《九章算术》。

4. 查尔斯·巴贝奇被国际社会公认为计算机之父，他对计算机发展的主要贡献是什么？

5. 搜索算筹和算盘这些中国古代发明的计算工具以及差分机、分析机、ABC 计算机、ENIAC 计算机、EDVAC 计算机和 UNIVAC 计算机等，了解计算机的发展过程和工作原理。

6. 搜索帕斯卡、乔治·布尔、香农、图灵和冯·诺依曼以及华罗庚、王选、金怡濂等科学家，通过他们了解机械计算和电子计算的原理和模型及其对计算机科学的贡献。

7. 现代超级计算机运算速度排在前两位的有哪些国家的品牌？运算速度是多少？

8. 什么是可计算性或理论？

9. 什么是计算复杂性？

10. 计算模型：图灵机是什么？

11. 什么是李群 E8？

12. 什么是霰弹枪算法？

13. 什么是四色定理？

14. 了解并行处理技术和形式。

15. 什么是二维码、微信、云计算？

第2章 | 计算机中的信息表示

信息与知识爆炸的时代，离不开计算机对信息的处理，而计算机中本质上只能处理二进制的"0"和"1"，因此必须将各种信息转换成计算机能够接收的信息。本章将学习计算机中的数制和各种信息的编码，了解计算机中的信息是如何进行表达的。

2.1 数制与转换

2.1.1 进位计数制

按进位的原则进行计数称为进位计数制，简称"数制"，是一种用数码和位权来表示数值的方法。在日常生活中，最常用的是十进制数。在计数时，很显然仅用一位数码往往不够，必须采用多位数码按先后次序把它们排成数位，由低到高进行计数，计满后进位，这就产生了人们最熟悉的十进制。当然，人们经常会遇到不同进制的数，例如一周有七天（七进制）、一年有十二个月（十二进制）等。

在计算机中经常采用的有二进制数，以及为了书写和表示方便引入的八进制数和十六进制数。一般以后缀 B 表示二进制数，后缀 O 表示八进制数，后缀 H 或者前缀 0X 表示十六进制数，后缀 D 表示十进制数，无后缀时默认为十进制数。

1. 数的表示

数的表示需要了解几个概念：

① 数码 K：指一组用来表示某种数制的符号，如 1、2、3、4、A、B、C、Ⅰ、Ⅱ、Ⅲ、Ⅳ等，常用 K 表示。

② 基数 R：数制所使用的数码个数称为"基数"或"基"，常用 R 表示，称 R 进制，其数码个数为 0，1，2，…，$R-1$。例如，二进制的数码是 0、1，基数 R 为 2。

③ 位权 R^n：指数码在不同位置上的权值，常用 R^n 表示，也称权。在进位计数制中，处于不同数位的数码，代表的数值位权不同。例如，十进制数 $(1252)_{10}$，从右向左，第一个 2 的权 $R^n=10^0=1$ 为个位，第二个 2 的权 $R^n=10^2=100$ 为百位。

④ 按权展开式。在进位计数制中，数 A 的一般写法是

$$A = K_{n-1}K_{n-2}\cdots K_1K_0K_{-1}K_{-2}\cdots K_{-m}$$

该数 A 所对应的十进制数大小可以用按权展开式表示为

$$A = K_{n-1}R^{n-1} + K_{n-2}R^{n-2} + \cdots + K_1R^1 + K_0R^0 + K_{-1}R^{-1} + \cdots + K_{-m}R^{-m} = \sum_{i=-m}^{n-1} K_iR^i$$

式中，K_i 表示第 i 位的数码，R 为基数，m、n 是正整数，n 为整数部分的位数，m 为小数部分的位数。R^i 为对应位的权值。

可见，在进位计数制中，用任何一种数制表示的数都可以写成按位权展开的多项式之和。

【例 2-1】十进制数 $(1252.34)_{10}$ 的按权展开式为

$$(1252.34)_{10} = 1 \times 10^3 + 2 \times 10^2 + 5 \times 10^1 + 2 \times 10^0 + 3 \times 10^{-1} + 4 \times 10^{-2}$$

【例 2-2】八进制数 $(123.45)_8$ 的按权展开式为

$$(123.45)_8 = 1 \times 8^2 + 2 \times 8^1 + 3 \times 8^0 + 4 \times 8^{-1} + 5 \times 8^{-2}$$

对应的"权"：	R^2	R^1	R^0	R^{-1}	R^{-2}
各位的"权"值：	64	8	1	0.125	0.015625

进位计数制数的特点：

① 每一种进位制数都有一个固定的基数，即数的每一位可取 R 个不同数码之一。运算时"逢 R 进一"，故称 R 进制。例如，十进制数的每一位可取 0～9 的 10 个数码之一，运算时逢十进一，而二进制逢二进一。

② 每一位数码 K_i 对应一个固定的权值 R^i，相邻位的权相差 R 倍。例如，向前借一位，则"借一当 R"，如二进制借一当二，十进制借一当十。

2. 常用的数制

在计算机中常用的进位计数制是十进制、二进制、八进制和十六进制，其基数 R 分别为 10、2、8 和 16。表 2-1 列出了计算机中常用的各种数制，表 2-2 列出了十进制、二进制、八进制、十六进制的对照表。

（1）十进制数

当 $R=10$ 时即为十进制数，10 个符号为 $0,1,\cdots,9$，按"逢十进一"原则计数。其数位权值为 10^i。

（2）二进制数

当 $R=2$ 时即为二进制数，2 个数码为 0 和 1，按"逢二进一"原则计数。其数位权值为 2^i。例如：

$$(1011.01)_2 = 1 \times 2^3 + 0 \times 2^2 + 1 \times 2^1 + 1 \times 2^0 + 0 \times 2^{-1} + 1 \times 2^{-2}$$

（3）八进制数

当 $R=8$ 时即为八进制数，8 个数码为 $0, 1, \cdots, 7$，按"逢八进一"原则计数。其数位权值为 8^i。例如：

$$(32.01)_8 = 3 \times 8^1 + 2 \times 8^0 + 0 \times 8^{-1} + 1 \times 8^{-2}$$

（4）十六进制数

当 $R=16$ 时即为十六进制数，16 个数码为 $0, 1, \cdots, 9, A, B, C, D, E, F$。按"逢十六进一"原则计数。其数位权值为 16^i。例如：

$$(6C.2E)_{16} = 6 \times 16^1 + 12 \times 16^0 + 2 \times 16^{-1} + 14 \times 16^{-2}$$

表 2-1 计算机中常用的各种数制

进 位 制	二 进 制	八 进 制	十 进 制	十六进制
规则	逢二进一	逢八进一	逢十进一	逢十六进一
基数	$R=2$	$R=8$	$R=10$	$R=16$
基本符号	0,1	$0,1,\cdots,7$	$0,1,\cdots,9$	$0,1,\cdots,9,\ A,\cdots,F$
权	2^n	8^n	10^n	16^n
字母形式表示	B（binary）	O（octal）	D（decimal）	H（hexadecimal）

表 2-2　各种数制的对照表

十　进　制	二　进　制	八　进　制	十六进制	十　进　制	二　进　制	八　进　制	十六进制
0	0	0	0	10	1010	12	A
1	1	1	1	11	1011	13	B
2	10	2	2	12	1100	14	C
3	11	3	3	13	1101	15	D
4	100	4	4	14	1110	16	E
5	101	5	5	15	1111	17	F
6	110	6	6	16	10000	20	10
7	111	7	7	17	10001	21	11
8	1000	10	8	18	10010	22	12
9	1001	11	9	19	10011	23	13

3．二进制数的特点

在计算机中使用二进制数进行数据处理而不使用人们习惯的十进制数，主要是由于二进制数只有两个数码 0 和 1 这种特点所决定的，它是现代计算机工作的重要理论基础。

（1）二进制可进行逻辑运算

计算机中，用逻辑上的"1"和"0"表示电信号的高低电平，通过使半导体器件工作在"导通"与"截止"状态实现，使得可以用逻辑代数作为数学工具，进行计算机的设计。计算机既可以完成算术运算，同时也可以完成复杂的逻辑运算。

（2）实现过程容易

在实际生活中，具有两种状态的现象很多，如电灯的亮与灭、电平的高与低、电磁场的 N 极和 S 极、继电器和晶体管的导通或不通等，容易实现数的表示与存储。计算机的电子器件、磁存储和光存储的原理都采用了二进制的思想，即通过开关电路的开和关、磁极取向和表面凹凸来记录数据 0 和 1。

（3）计算机的工作过程可靠性高

采用了二进制数运算的计算机与电子元器件的工作原理完全相同，接通电源后的计算机工作过程可靠，硬件稳定性高。

（4）运算规则简单

计算机中的二进制运算规则简单，只有 3 种运算：0+0=0；0+1=1；1+1=10。在电子电路中，只需要使用简单的算术逻辑运算即可完成上述计算。同时，由于采用数据的补码表示可以将数据的减法变为加法运算，乘法运算可以通过加法实现，除法运算可以通过减法实现。因此，只需要设计一个加法器，就可以完成"加""减""乘""除"等运算，极大地降低了计算部件的设计难度。

2.1.2　数制间的转换

1．二进制数和十进制数之间的相互转换

（1）十进制数转换为二进制数

十进制数转换为二进制数，整数转换与小数转换方法不同，需要分别进行转换。

十进制整数转换为二进制整数，采用除以 2 取余法。即将十进制数的商反复除以 2，直到商

零为止，再把各次整除所得的余数从后到前连接起来，就可得到相应的二进制整数。

十进制小数转换为二进制小数，采用乘以 2 取整法。即将十进制数的小数部分反复乘以 2，直到没有小数或达到指定的精度为止。再把各次乘 2 得到的整数（包含 0）从前到后连接起来，就可得到相应的二进制小数。

事实上，十进制小数 0.1、0.2、0.3、0.4、0.5、0.6、0.7、0.8、0.9 中，除 0.5 之外，其余小数转换为二进制数后均为无限不循环小数。当取有限位时，它是十进制小数的一个近似值。

如果某个十进制数既有整数又有小数，可分别按上面介绍的方法将整数和小数部分分别转换后再合并起来。

（2）二进制数转换为十进制数

二进制数转换为十进制数可以采用按权相加法。

【例 2-3】将一个十进制的整数转换成二进制整数，如$(23)_{10}$转换成二进制数是多少？

解： $(23)_{10}=(10111)_2$。

【例 2-4】将一个十进制的小数转换成二进制小数，如$(0.87)_{10}$转换成二进制数是多少？

解： $(0.87)_{10}=(0.1101111)_2$。

【例 2-5】将一个二进制数转换成十进制数，如$(10111.11)_2$转换成十进制数是多少？

解：
$$(10111.11)_2 = 1 \times 2^4 + 0 \times 2^3 + 1 \times 2^2 + 1 \times 2^1 + 1 \times 2^0 + 1 \times 2^{-1} + 1 \times 2^{-2}$$
$$= 16 + 4 + 2 + 1 + 0.5 + 0.25$$
$$= (23.75)_{10}$$

即$(10111.11)_2 = (23.75)_{10}$。

2．任意进制数与十进制数的相互转换

（1）十进制数转换为任意进制数

转换规则：整数部分除以基数取余，逆序排列；小数部分乘以基数取整，顺序排列。

对于包含整数部分和小数部分的十进制数转化为其他进制数，只要把整数部分和小数部分分别计算，然后再相加即可。

（2）任意进制数转换成十进制数

转换规则：按照 $A = K_{n-1}R^{n-1} + K_{n-2}R^{n-2} + \cdots + K_1R^1 + K_0R^0 + K_{-1}R^{-1} + \cdots + K_{-m}R^{-m}$ 的方法展开计算，按权相加。

3．二进制数、八进制数和十六进制数之间的相互转换

由于二进制的基数与八进制、十六进制的基数有着整数幂关系，即 $2^3 = 8$，$2^4 = 16$，所以每 3 位二进制数可对应 1 位八进制数，每 4 位二进制数可对应 1 位十六进制数。在转换时，要注意小数和整数要分别对应转换。

二进制数转换成八进制数时，以小数点为界向两边每 3 位为一组，然后计算出每组对应的八进制的值；二进制转换成十六进制与此类似，只是按 4 位二进制数为一组求出对应的十六进制数。八进制数和十六进制数之间的转换可以借助二进制数为桥梁来进行。

【例 2-6】$(1101011.11001)_2$ 转换成八进制数是多少？

解：

```
001  101  011   .  110  010     二进制
 ↓    ↓    ↓        ↓    ↓
 1    5    3    .  6    2        八进制
```

即 $(1101011.11001)_2 = (153.62)_8$。

【例 2-7】$(345.67)_8$ 转换成十六进制数是多少？

解：

```
 3    4    5  .  6    7          八进制
 ↓    ↓    ↓     ↓    ↓
011  100  101 . 110  111         二进制
```

重新组合：

```
1110  0101  . 1101  1100         二进制
 ↓     ↓       ↓     ↓
 E     5    .  D     C           十六进制
```

即 $(345.67)_8 = (E5.DC)_{16}$。

【例 2-8】将数 $(FA5.47)_{16}$ 转换为二进制数。

解：$(FA5.47)_{16} = (1111\ 1010\ 0101.0100\ 0111)_2$

拓展阅读：2020 年 12 月，由中国科学技术大学潘建伟、陆朝阳等组成的研究团队构建了 76 个光子的量子计算原型机"九章"，该计算机处理特定问题的计算能力比目前最快的超级计算机快一百万亿倍，比 2019 年谷歌发布的 53 个超导比特量子计算原型机"悬铃木"快一百亿倍。数据送入计算机处理，就必须把数据表示成计算机能够识别的形式，在经典的计算机中，信息单元用二进制的一个位即比特来表示，它不是处于 0 态就是处于 1 态。而在二进制量子计算机中，信息单位称为量子位（qubit），它除了处于 0 态或 1 态外，还可处于叠加态。这是两者的重要区别之一，比如普通计算机中的 2 位寄存器在某一时间仅能存储 4 个二进制数（00、01、10、11）中的一个，而量子计算机中的 2 位量子位寄存器可同时存储 4 种状态的叠加状态，因此，量子计算机可以实现并行的大量计算。从本质上说，量子计算就是并行计算的终极目标。有着

攻克传统计算机无解难题的巨大潜力。

2.1.3　二进制数的运算规则

1．二进制数的算术运算

二进制数的算术运算包括加法、减法、乘法和除法运算。

加法规则：$0+0=0$；$0+1=1$；$1+0=1$；$1+1=10$（向高位进位）。

减法规则：$0-0=0$；$10-1=1$（向高位有借位）；$1-0=1$；$1-1=0$。

乘法规则：$0\times0=0$；$0\times1=0$；$1\times0=0$；$1\times1=1$。

除法规则：$0\div1=0$；$1\div1=1$；0 做除数无意义。

减法和除法分别是加法和乘法的逆运算。根据上述规则，可以很容易地进行二进制数的四则算术运算。

【例 2-9】对下述二进制数进行加、减、乘、除算术运算。

```
      1011 … 被加数              11000 … 被减数
    + 1101 … 加数              - 1101 … 减数
    = 11000 … 和              = 1011 … 差

      1001 … 被乘数                  1011 … 商
    × 1011 … 乘数         1001 /1100011 … 被除数
      1001                       1001
      1001                       1101
      0000                       1001
      1001                       1001
    = 1100011 … 积               1001
                                 1001
                          =       0 … 余数
```

2．二进制数的逻辑运算

逻辑代数是实现逻辑运算的数学工具，计算机中的逻辑关系是一种二值逻辑，即用 0 和 1 在逻辑上可以表示"真（true）"与"假（false）"。习惯上，1 表示"真（T）"，0 表示"假（F）"，例如电路中用 1 和 0 分别表示开关的 "开"和"关"两种状态。二进制数的逻辑运算包括逻辑与、逻辑或、逻辑异或和逻辑非运算等。

逻辑与运算（AND）：只有当所有条件都成立时结论才成立。其运算规则为：$0\wedge0=0$；$0\wedge1=0$；$1\wedge0=0$；$1\wedge1=1$。其模拟电路图与真值表如图 2-1 所示。

逻辑与的真值表		
A	B	$F=A\wedge B$
0	0	0
0	1	0
1	0	0
1	1	1

图 2-1　逻辑与运算的模拟电路图与真值表

逻辑或运算（OR）：只要其中一个条件成立结论就成立。其运算规则为 $0\vee0=0$；$0\vee1=1$；$1\vee0=1$；$1\vee1=1$。其模拟电路图与真值表如图 2-2 所示。

逻辑或的真值表		
A	*B*	$F=A\vee B$
0	0	0
0	1	1
1	0	1
1	1	1

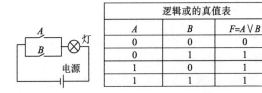

图 2-2　逻辑或运算的模拟电路图与真值表

逻辑异或运算（XOR）：规则为相同为 0，不同为 1。具体如下：$0\oplus0=0$；$0\oplus1=1$；$1\oplus0=1$；$1\oplus1=0$。其模拟电路图与真值表如图 2-3 所示。

逻辑异或的真值表		
A	*B*	$F=A\otimes B$
0	0	0
0	1	1
1	0	1
1	1	0

图 2-3　逻辑异或运算的模拟电路图与真值表

逻辑非运算（NOT）：$\overline{1}=0$；$\overline{0}=1$。其模拟电路图与真值表如图 2-4 所示。

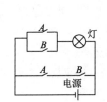

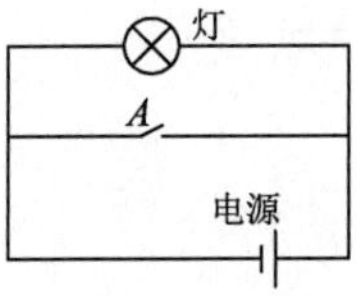

逻辑非的真值表	
A	$F=\overline{A}$
0	1
1	0

图 2-4　逻辑非运算的模拟电路图与真值表

【例 2-10】对下述二进制数进行与、或、异或、非逻辑运算。

多位二进制数进行逻辑运算时，只需按位进行，不存在算术运算中的进位和借位。

$$\begin{array}{r}1001\\ \underline{\wedge\,1100}\\ =1000\end{array}\qquad \begin{array}{r}1001\\ \underline{\vee\,1100}\\ =1101\end{array}\qquad \begin{array}{r}1001\\ \underline{\oplus1100}\\ =0101\end{array}\qquad \overline{1001}=0110$$

2.2　数值数据的表示

在计算机中处理的数据分为数值型和非数值型两类，人们在日常生活中最常遇到的就是数值数据，如 521、−123.36、+2.4 等，这些数值有正有负，有整数，也可以为实数，那么这些数在计算机中，又是如何表示的？能否将正负号也一起来参与运算？

2.2.1　机器数与真值

在计算机中能够直接进行运算的数只有“0”和“1”两种形式，因此数的正负号也必须以“0”和“1”表示，即数学符号数字化。通常把一个数的最高位定义为符号位，用“0”表示正，用“1”表示负，又称为数符，其余位仍表示数值。通常，把在机器内存放的正负号数码化的数称为机器数，把用正负号表示的数称为真值。

机器数可分为无符号数和有符号数两种。无符号数是指计算机字长的所有二进制位均表示数值本身。有符号数是指机器数分为符号位和数值部分，左边第一位为符号位。

例如，某 8 位机中的真值数为$(-0101100)_2$，其机器数为 10101100，其存放如图 2-5 所示。

| 1 | 0 | 1 | 0 | 1 | 1 | 0 | 0 |

数符　　　　　　　　　　数值部分

图 2-5　机器数的存放

【例 2-11】将$(-23)_{10}$转换成二进制数。

① $(-23)_{10}=(110111)_2$

② $(-23)_{10}=(10010111)_2$

③ $(-23)_{10}=(10000000\ 00010111)_2$

其中，答案①是没有考虑机器字长的情况，而答案②、③分别是按照机器字长为 8 位、16 位转换的结果。要注意的是，不同的字长，所保存的数据范围是不同的，也是有范围限制的，超出了范围，则称为"溢出"。有溢出时，应考虑用更大的字长来表示数据。

无符号数即将所有的位都用来表示数值的大小，二进制的无符号整数 $X_n\cdots X_1X_0$，X_n 是最高位的数，而不是符号位。例如，8 位无符号整数$(111)_2$表示如下：

| 0 | 0 | 0 | 0 | 0 | 1 | 1 | 1 |

X_7　X_6　X_5　X_4　X_3　X_2　X_1　X_0

【例 2-12】给出 8 位，16 位机器数表示无符号整数的范围。

① 8 位字长：$0 \leqslant X \leqslant 2^8-1$ 即 0～255

② 16 位字长：$0 \leqslant X \leqslant 2^{16}-1$ 即 0～65 535

即无符号整数的表示范围为 $0 \leqslant |X| \leqslant 2^n-1$。$n$ 为字长位数。

【例 2-13】设某机器的字长为 8 位，写出机器数 10011001 作为无符号整数和有符号整数对应的真值。

解： 10011001 作为无符号整数时，其对应的真值是$(10011001)_2=(153)_{10}$

10011001 作为带符号整数时，其最高位的数码表示为符号"–"，所以其对应的真值为"–25"。

2.2.2　原码、反码和补码

计算机本质上是做二进制加法运算，但是在两个机器数中，如果有一个数是负数，做加减法运算时，将符号位和数值同时参加运算，则会产生错误的结果。为了解决此类问题，在计算机中对有符号数的表示有 3 种方法：原码、反码和补码。正数的原码、反码和补码形式完全相同，负数则有不同的表示形式。

1. 原码

正数的符号位用 0 表示，负的符号位用 1 表示，数值部分即为真值绝对值所对应的二进制数，这种表示方法称为原码。显然，原码表示与机器数表示形式一致。

例如，某 8 位机中有两个二进制数真值：$X = +1010101$，$Y = -1010101$。

在原码表示法中，原码的表示范围因字长不同而不同，当字长为 8 位时，二进制数的原码中真值占 7 位，符号位占 1 位，因此 8 位二进制数原码所能表示的整数存储范围用十进制数表示为

−127～+127，用二进制数表示为 11111111～01111111。

真值	X	+	1010101
原码	$[X]_原$	0	1010101
正数		↑	↑
		数符	数值

真值	Y	−	1010101
原码	$[Y]_原$	1	1010101
负数		↑	↑
		数符	数值

原码的缺点：

① 零的表示形式有两种：正零（+0）与负零（−0）。8 位二进制原码表示形式分别为：

正零原码：[+0]_原 = 00000000，负零原码：[−0]_原 = 10000000。

② 采用原码表示数直接进行二进制加法运算，结果可能是不正确的。例如：

在某 8 位机中，X=+6，Y= −3，则[X]_原=00000110，[Y]_原=10000011。

两数直接做加减法运算：

加法运算：
```
    00000110
  + 10000011
    10001001
```

加减运算：
```
    00000110
  - 10000011
    10000011
```

显然，直接用这两个数相加，结果为 10001001，即−9，是不正确的；如果将这两个数的原码相减，结果为 10000011，即−3，也是不正确的。在机器数的运算中，为了得到正确的结果，计算机中引入了反码和补码的概念，不仅可以保证数据计算结果的正确，还可以将加减法运算统一为加法运算，简化计算机执行电路的设计和实现。

2. 反码

正数的反码和原码一致；而负数的反码是把原码除符号位之外各位取反，即符号位不动，数值位 1 变换成 0，0 变换成 1。

【例 2-14】某 8 位机中有两个二进制数真值：X = +1010101，Y = −1010101，分别求其反码。

解：因为 X 为正数，[X]_反=[X]_原=01010101；

Y 为负数，[Y]_反=10101010。

在反码表示法中，8 位二进制数反码所能表示的整数存储范围用十进制数表示是−127～+127，用二进制数表示为 11111111～01111111。零的表示形式也有两种：正零（+0）与负零（−0），8 位二进制反码表示形式分别为：

正零反码：[+0]_反 = 00000000；负零反码：[−0]_反 = 11111111。

反码通常作为求补码的中间变换。

3. 补码

计算机中，为了让符号位也能参与运算，并使所有的加减运算都以加法来实现，提出了补码的表示方法。

补码的引入是基于模的概念，比如钟表调时。设当前时钟停在 7 点位置，要将时钟校正到 4 点，可以采用两种方法：顺时针拨动指针，指针前进 9 个格，因为钟表一圈为 12 个格，故 7+9−12=4；或逆时针拨动指针，即指针后退 3 个格，故 7−3=4。

因此在模为 12 的条件下，7−3=7+9；称 9 为[−3]的补码。可见，减去一个数可以通过加上这个数的补数来完成，数学上称为同余式。

补码的求法规则：正数的补码即为原码本身；而负数的补码是在反码基础上末位加"1"，符号位为 1 不变。

例如，某 8 位机中有两个二进制数真值：$X = +1010101$，$Y = -1010101$，分别求其补码。

因为 X 为正数，故原码、反码和补码都一样，即为原码本身，故$[X]_补$=01010101；

而 Y 是负数，故$[Y]_原$=11010101，$[Y]_反$=10101010，$[Y]_补$=10101011。

【例 2-15】分别求+10 和−13 的补码是多少。

先求真值对应的二进制机器数：(+10)=$(00001010)_2$，(−13)=$(+10001101)_2$

因为正数的原码、反码和补码是相同的，$[+10]_补$=00001010；

负数的补码为符号位不变，数值位逐位取反，然后在末位加 1，$[-13]_补$=11110011。

计算机中引入补码的概念后，所有的减法运算都可以用加法来完成，规则为

$$(A+B)_补 = (A)_补 + (B)_补$$
$$(A-B)_补 = (A)_补 + (-B)_补$$

【例 2-16】用补码的加法完成真值$(-5)_{10}+(4)_{10}$的运算。

先将真值用二进制机器数表示：$(-5)_{10}$ =$(10000101)_2$，$(4)_{10}$ =$(00000100)_2$，再转换成补码，进行补码的加法运算。运算如下：

-5 的补码形式为：　　　　　11111011

4 的补码形式为：　　　　　+ 00000100

结果的补码形式为：　　　　11111111

注意：补码相加得到的依然是和的补码形式，所以需要将结果还原成原码。

补码还原成原码有两种方法：①先减 1 再取反；②先取反再加 1。采用第二种方法可避开做减法，则运算结果的补码 $(11111111)_2$ 还原成原码步骤：先取反为$(10000000)_2$，再加 1 为 $(10000001)_2$，可见计算结果为−1。

由上可知，在计算机中，用补码存储数据，进而直接用补码做加法运算，同时数的符号位也作为数值一起参与运算，并产生进位，就可以实现真值的加减法运算，这样为计算机硬件设计提供了很大的方便，也就是说计算机中只需要设计加法器即可，不需要设计减法器。因此，存储器直接存储补码得到广泛使用。

2.2.3　定点数与浮点数

在计算机中参与计算的数除了正负之外可能既有整数部分又有小数部分，在进行加减运算时需要先将小数点位置对准。那么在计算机中小数点的位置是如何表示呢？这就提出一个如何表示小数点位置的问题。

在计算机中，通常不希望小数点占用存储空间，而是隐含规定小数点位置的方式来解决。根据小数点位置是否固定，数的表示方法有定点数和浮点数两种。

1. 定点数的表示

定点数是小数点位置固定不变的数据。分为定点整数（纯整数）和定点小数（纯小数）。定点整数又根据是否有符号位分为无符号整数和有符号整数。定点整数小数点位置固定在数值的最右端，定点小数则是将小数点位置固定在有效数值的最左端，即符号位之后，如图 2-6 所示。

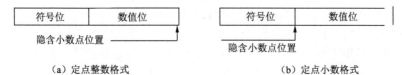

（a）定点整数格式　　　　　　　（b）定点小数格式

图 2-6　定点数格式

2．定点数的表示范围

无符号整数的表示范围为 $0 \leq |X| \leq 2^n - 1$，当 $n = 8$ 时，最大值为 $(11111111)_2 = (2^8 - 1)_{10} = (255)_{10}$。

带符号定点整数的表示范围为 $0 \leq |X| \leq 2^n - 1$，当 $n = 7$ 时，最大值为 $(1111111)_2 = (2^7 - 1)_{10} = (127)_{10}$。

带符号定点小数的表示范围为 $0 \leq |X| \leq 1 - 2^{-n}$，当 $n = 7$ 时，最大值为 $(0.1111111)_2 = (1 - 0.0000001)_2 = (1 - 2^{-7})_{10}$。

对整数而言，根据存放数的字长，可以用 8 位、16 位、32 位等表示，各自数的表示范围如表 2-3 所示。

表 2-3　不同位数和数的表示范围（数据以二进制补码表示）

二进制数	无符号整数的表示范围	带符号整数的表示范围
8	$0 \sim 255$（$2^8 - 1$）	$-128 \sim 127$（$2^7 - 1$）
16	$0 \sim 65\ 535$（$2^{16} - 1$）	$-32\ 768 \sim 32\ 767$（$2^{15} - 1$）
32	$0 \sim 2^{32} - 1$	$-2^{31} \sim 2^{31} - 1$

定点数比较简单，实现定点数运算的硬件成本比较低。但在有限位数的定点数中，表示范围与精度两项指标不能兼顾。在讨论数值数据在计算机中的表示时，经常用到数据范围和精度这两个概念。数据范围是指数据所能表示的最大值和最小值。数据精度用实数所能给出的有效数字位数表示。在计算机中，数据范围和精度与二进制数的表示方法有关。实际应用中，定点数太大或太小不仅容易溢出，即超出计算机所能表示的数值范围，而且还容易丢失精度，很难表示和运算，由此引出了浮点数。采用浮点数不仅可以解决数据溢出、丢失精度等问题，还可以解决很大或很小的数值的运行问题。

3．浮点数的表示

计算机除了处理整数外，大量处理的是实数，即带有小数部分的数（如在计算机中表示一个电子的质量）。为了在有限位数的前提下，既扩大数据范围，又保持数据精度，在科学计算中，实数采用"浮点数"或"科学计数法"表示。浮点数即指小数点位置不固定的数，它既有整数部又有小数部分，其最大特点是比定点数表示的范围大。

任意一个二进制浮点数 N 都可以表示成如下形式：

$$N = M \times 2^E$$

式中，M 称为浮点数的尾数，是一个纯小数；E 为浮点数的阶码部分，是一个整数。可见，尾数的位数决定数据表示的精度，当阶码长度相同时，分配给尾数的位数越多，则数据表示的精度越高，而阶码的位数决定了数据表示的范围，阶码位数越多，能表示的数据范围越大。

例如，$[101.011]_2 = 0.101011 \times 2^3$，则 0.101011 为尾数，3 是阶码。

$[-0.00101011]_2 = -0.101011 \times 2^{-3}$，则 -0.101011 为尾数，-3 是阶码。

4．浮点数的规格化

同一个浮点数，随着小数点的移动，可能存在多种表示形式：

$[101.011]_2 = 0.101011 \times 2^3 = 10.1011 \times 2^1 = 1.01011 \times 2^2$，可见，尾数小数点位置不同，就会有不同的尾数和阶码组合，这将给浮点数的表示带来麻烦。为了使浮点数的表示形式唯一，通常在计算机中，浮点数要求采用规格化表示方法。所谓规格化即为要求尾数真值最高有效位为 1，即 $|M| \geq (0.1)_2$ 或 $|M| \geq (0.5)_{10}$，故 $[101.011]_2 = 0.101011 \times 2^3$ 为该数的规格化表示形式。

5. 浮点数在计算机中的存储

浮点数在计算机中的存储形式如图 2-7 所示，由阶码和尾数两部分构成，阶码分为阶码的符号位（阶符）和阶码数值本身，尾数分为数符和数值本身，按照规定位数存储。

视　频

浮点数的
IEEE754 标准
表示形式

阶符	阶码	数符	尾数

（a）早期计算机中浮点数的表示

数符	阶符	阶码	尾数

（b）现行浮点数的表示

图 2-7　浮点数的存储形式

在浮点数表示中，数符和阶符都各占 1 位，不同字长的计算机浮点数位数分配：

字长 16 位，阶符 1 位，阶码 4 位，数符 1 位，尾数 10；

字长 32 位，阶符 1 位，阶码 7 位，数符 1 位，尾数 23；

字长 64 位，阶符 1 位，阶码 10 位，数符 1 位，尾数 52。

【例 2-17】如字长 16 位浮点数，设尾数占 10 位，阶码占 4 位，数符和阶符各占 1 位，则如何存储呢？

首先写出二进制数 N 的规格化形式：$N=(-1101.010)_2 = -0.110101 \times 2^{+4} = -0.110101 \times 2^{+100B}$，则数符为 1，阶符为 0，阶码为 100，不足 4 位，高位补 0，尾数数值部分为 110101，不足 10 位，低位补 0，浮点数 N 的规格化存放形式如图 2-8 所示。

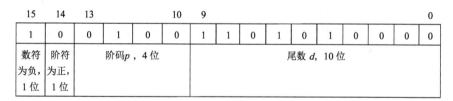

图 2-8　浮点数 N 的规格化存放形式

2.3　数据存储单位和内存地址

在生活中，各种物理量有不同的衡量单位，如长度单位可以由米（m）、千米（km）等衡量，质量单位可以由克（g）、千克（kg）等衡量。那么，数据在计算机中通过磁盘、光盘或半导体存储器进行存储时，如何衡量数据的大小呢？为了便于表示数据量的多少，引入了存储单位的概念。在计算机中，用二进制数表示存储数据的单位称为存储单位，也表示了在计算机存储器中的存储空间。

2.3.1　数据存储单位

1. 位（bit）

用二进制的 0 和 1 来表示计算机中存储介质的两种状态，称为二进制位，一个二进制位称为比特。比特是计算机存储数据的最小单位，只能表示 0 和 1。1 比特太小，要想表示更大的数，就得把更多的位组合起来，每增加一位，所能表示的数就增大一倍。

2. 字节（Byte）

8 个比特组合在一起表示存储单位为字节，简记为 B。字节是存储数据的基本单位，1B = 8 bit。为了表示更大的数，还用到千字节（KB）、兆字节（MB）、吉字节（GB）和太字节（TB），其换算关系为 1 KB = 2^{10}B = 1 024B；1 MB = 2^{10}KB = 2^{20}B；1GB = 2^{10}MB = 2^{20}KB = 2^{30}B；1 TB = 2^{10}GB = 2^{20}MB = 2^{30}KB = 2^{40}B。

3. 字（Word）

计算机处理数据时，CPU 通过数据总线一次存取、加工和传送的数据称为字，计算机部件能同时处理的二进制数据的位数称为字长。一个字通常由一个字节或若干个字节组成。由于字长是计算机一次所能处理的实际位数长度，所以字长是衡量计算机性能的一个重要指标。字长越长，精度越高。

在使用字长来衡量计算机性能的过程中，如果某台计算机的字长为 8 位，则通常称为 8 位机，如果某台计算机的字长为 32 位，则通常称为 32 位机，依此类推。目前微机普遍为 64 位机。

2.3.2 内存地址和数据存放

计算机中用于存储数据的设备称为存储设备，如内存、硬盘等。存储设备存储数据的最小单位是"位"，存储数据的基本单位是"字节"，字节是计算机用于存储、传输和计算的基本计量单位，一个字节可以存储 8 位二进制数，存放一个字节的一组存储元称为存储单元，它是 CPU 访问存储器的基本单位。而存储容量是指某个设备所能容纳的二进制数据的总和，通常用字节来表示，常用的单位有 B、KB、MB、GB 和 TB 等。

存储设备都是由系列存储单元组成的，为了有效地进行数据的访问，需要对存储单元编号，即"编址"，由操作系统完成。而存储单元的编号称为"地址"，通过地址访问存储单元中的数据，如一栋教学楼中的某个教室的编号。在计算机中，地址也是用二进制编码且以字节为单位表示的，为便于识别，通常用十六进制表示。存储单元与地址的表示如图 2-9 所示。

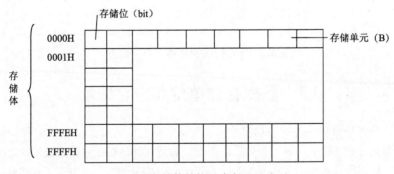

图 2-9 存储体结构示意与地址表示

【例 2-18】内存空间地址段为 3001H～7000H（H 表示十六进制），可以表示多少个字节的存储空间？

3001H	…	…	…	7000H

起始地址 内存空间的大小为 4000H 结束地址

解： 内存空间存储单元的基本单位是字节。地址 3001H～7000H 内存空间的大小为 4000H。按十六进制 1 位对二进制 4 位，将十六进制数转化为二进制数，再用前面介绍的"按权相加法"公式将二进制转化为十进制，即 4000H = $(0010\ 0000\ 0000\ 0000)_2$ = $(2^{14})_{10}$B。

因为，$1KB=2^{10}B$，则$(2^{14})_{10}B$用 KB 表示为$(2^{14}/2^{10})KB=(2^4)_{10}KB=16\ KB$存储空间。

按照上述数据单位的概念，用十进制数表示为 16 KB 存储空间。

2.4　字符与汉字的编码

计算机除了用于数值计算外，还要处理大量的非数值信息，比如英文、汉字、图形、图像、声音、视频等信息，非数值信息采用编码来表示。首先通过输入设备转换成计算机能识别的二进制数，这个转换过程实际上就是信息编码的转换过程。当计算机将二进制数处理结束后，再通过输出设备转换成相应的人类能够识别的信息，只有经过如此的相互转换过程，既满足了机器，又满足了人，这样才使得计算机真正成为人类处理现实世界信息的有用工具。上述过程如图 2-10 所示。

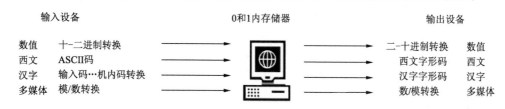

图 2-10　现实世界信息的编码过程

提及编码，大家并不陌生，例如，"身份证号、学号、手机号"等，以若干位数码或符号的不同组合来表示非数值信息的方法，称为"编码"。编码应具有唯一性：每一种组合都有确定的唯一的含义；公共性：编码具有一定的编码规则，要承认并遵循其编码规则和规律性。

计算机是以二进制来组织与存放信息的，计算机编码就是指对输入到计算机中的各种信息用二进制数进行编码的过程。为了使信息的表示、交换、存储或处理方便，在计算机系统中通常采用统一的编码方式，因此制定了编码的国家标准或国际标准。编码所使用的二进制位长度，即编码的二进制位数，取决于编码信息的数量。例如，一个字节 8 位二进制数可以编码 2^8=256 种不同的字符，其对应的二进制编码范围是 00000000～11111111B；采用 16 位二进制数则可以有 2^{16} 种编码，6 万多个不同的字符。不同国家的语言文字、符号等数量和规律不同，采用二进制位数也不同，一般为字节的整数倍。例如，世界标准 ISO 编码最长为 32 位，理论上可以对 40 多亿个字符编码。为了书写方便，常将二进制编码转换成十六进制来写，或转换成十进制，以便于人们阅读。

2.4.1　十进制数编码

在计算机中，数的表示除了原码、反码、补码以外，还可以用 4 位二进制数的形式直接表示 1 位十进制数。这种表示方法称为二–十进制编码，又称 BCD（binary coded decimal）码，以这种形式表示的数也能用计算机进行直接运算。在十进制数的编码中，最常用的是 8421 码和"余 3 码"，如表 2-4 所示。

表 2-4　BCD 码编码表

十进制数	8421 码	余 3 码	十进制数	8421 码	余 3 码
0	0000	0011	5	0101	1000
1	0001	0100	6	0110	1001
2	0010	0101	7	0111	1010
3	0011	0110	8	1000	1011
4	0100	0111	9	1001	1100

8421 码采用 4 位二进制数的前 10 个数码 0000、0001、0010……1001 分别代表它所对应的十进制数 0～9，每位都有固定的权，它们的权从高到低分别为 8、4、2、1，因此又称为有权码或加权码。例如，十进制数 67 的 8421 码为 01100111，表示如下：

十进制数	6	7
1 位对 4 位	↓	↓
8421 码	0110	0111

"余 3 码"的表示形式是在相应 8421 码的基础上增加数值 3，所以"余 3 码"属于"偏权码"。例如，数字 6 的"余 3 码"为 0110＋0011=1001，数字 7 的"余 3"码为 0111+0011=1010，则数字 67 的"余 3 码"表示如下：

十进制数	6	7
1 位对 4 位	↓	↓
8421 码	0110	0111
加 3（0011B）	0011	0011
余 3 码	1001	1010

2.4.2　ASCII 编码

ASCII 码（American Standard Code For Information Interchange，美国信息交换标准码）由美国国家标准局（ANSI）制定，被国际标准化组织（ISO）确定为国际标准 ISO 646。ASCII 码是微型计算机中针对英文字符制定的编码方案，由 26 个大小写英文字母、0～9 共 10 个数字、33 个其他符号、33 个控制码组成，共 128 个编码，有两种形式：7 位码和 8 位码。

7 位二进制 ASCII 码是标准的单字节字符编码方案，7 位二进制数据范围为 0～127（000 0000～111 1111B），可对应 128 个字符和控制符编码。由于计算机存储器的基本单位是字节，因此以一个字节来存放一个 ASCII 码，每个字节的最高位为 0。在表 2-5 所示的 ASCII 码表的设计中，是将一个字节的 8 位从中间分开，行列各 4 位形成表格；高 4 位为列，高位编码 8 列；低 4 位为行，低位编码 16 行，对应 128 个单元格中的字符和控制符；高位码与低位码组成一个字符或控制符的二进制串编码，如字符@编码为 0100 0000B（40H,64D）。

其中，0～31（00H～1FH）为控制代码，32 是"空格"字符，33～126（21H～7EH）（共 94个）为显示字符，127（DEL）为删除。表 2-5 所示为常用的字符及其二进制的 ASCII 编码，可直接查表得到所需要字符的编码。

表 2-5　ASCII 码表

低 4 位	高 4 位							
	0000	0001	0010	0011	0100	0101	0110	0111
0000	NUL	DLE	SP	0	@	P	`	p
0001	SOH	DC1	!	1	A	Q	a	q
0010	STX	DC2	"	2	B	R	b	r
0011	ETX	DC3	#	3	C	S	c	s
0100	EOT	DC4	$	4	D	T	d	t
0101	ENQ	NAK	%	5	E	U	e	u
0110	ACK	SYN	&	6	F	V	f	v

续表

低 4 位	高 4 位							
	0000	0001	0010	0011	0100	0101	0110	0111
0111	BEL	ETB	'	7	G	W	g	w
1000	BS	CAN	(	8	H	X	h	x
1001	HT	EM	)	9	I	Y	i	y
1010	LF	SUB	*	:	J	Z	j	z
1011	VT	ESC	+	;	K	[	k	{
1100	FF	FS	,	<	L	\	l	|
1101	CR	GS	–	=	M	]	m	}
1110	SO	RS	.	>	N	^	n	~
1111	SI	US	/	?	O	_	o	DEL

控制代码在计算机的操作中不作为字符显示，而是作为计算机进行某一特定的动作的功能代码。例如，编码 0000 0111B（7D）的功能是使主机中的扬声器鸣声（BEL）、代码 0000 1010B（10D）是换行（LF 或\n），其他：NUL（空）、CR 或\r（回车）、FF（换页）、DEL（删除），以及通信专用字符 SOH（文头）、EOT（文尾）、ACK（确认）等。

显示字符有：数字 0～9（48～57D）、大写字母 A～Z（65～90D）、小写字母 a～z（97～122D），其余为一些标点符号、运算符号等。

0～9 十个数符的 ASCII 码高 4 位编码（$b_7b_6b_5b_4$）为 0011，低 4 位编码（$b_3 b_2 b_1 b_0$）为 0000～1001，可见，低 4 位正好是 0～9 的二进制数编码形式。大写字母 A～Z 的编码值为 01000001～01011010（对应十进制数的 65～90），小写字母 a～z 的编码值为 01100001～01111010（对应十进制数的 97～122），通过表格，可以看出字母的编码顺序是规律递增的，同时同一个字母的 ASCII 码值小写字母比大写字母大 32，故大小写字母的 ASCII 码值可以加减 32 互相推算。例如，A=0100 0001B（65D），a=0110 0001B（97D）。

8 位 ASCII 编码称为扩充的 ASCII 码。扩充 ASCII 码的二进制最高位是 1，其范围为 128～255，也是 128 个状态，各国都利用扩充 ASCII 码来规定自己国家的语言文字等代码。例如，日本将其定为片假名字符，我国将其作为中文文字的代码。

计算机键盘上的符号可直接在 ASCII 码表中找到对应的编码。事实上，键盘按键后被处理的那个编码就是按键所对应的 ASCII 码值。例如，从键盘输入的英文单词 "China" 的 ASCII 码为 0100 0011　0110 1000　0110 1001　0110 1110　0110 0001，如表 2-6 所示。

表 2-6　"China" 的 ASCII 码表

字　符	C		h		i		n		a	
二进制	高位	低位	高位	低位	高位	低位	高位	低位	高位	低位
ASCII 码	0100	0011	0110	1000	0110	1001	0110	1110	0110	0001
十进制码	67		104		105		110		97	
十六进制码	43		68		69		6E		61	

2.4.3　汉字编码

计算机在处理汉字时也要将其转化为对应的二进制的编码形式，我国汉字有超过 50 000 个单字，数量庞大，构造复杂，那如何编码汉字呢？在一个汉字处理系统中，输入、内部处理和输出对汉字编码的要求不尽相同，因此必须进行一系列的汉字编码及转换。计算机中汉字编码分为输入码、交换码、机内码和字形码等，它们的关系如图 2-11（a）所示。图 2-11（b）所示为汉字"中"编码转换过程示意图。可以看到，通过键盘对每个汉字输入规定的代码，即汉字的输入码，计算机将每个汉字的输入码转换为相应的国标码，再转换为机内码，就可以在计算机中存储和处理，输出汉字时，再转换为对应的字形码，从而实现显示和打印汉字。

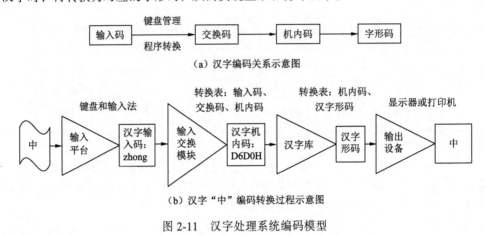

（a）汉字编码关系示意图

（b）汉字"中"编码转换过程示意图

图 2-11　汉字处理系统编码模型

1. 输入码

输入码一种用计算机标准键盘上按键的字母和符号的不同排列组合来对汉字进行输入的编码。目前，汉字输入编码法的研究和发展迅速，已有几百种汉字输入编码法。现在常用的输入法主要有流水码、音码、形码和音形码 4 类。

① 流水码：将汉字和符号按一定顺序规则，编排特定的顺序号，形成的汉字编码称为流水码，如电报码、国标码及区位码等，但是用户如果要使用该输入法输入汉字，记忆量极大。

② 音码：根据汉字的读音来确定汉字的输入编码称为音码，如微软拼音、智能 ABC、全拼及双拼等。

③ 形码：根据汉字的字形、结构特征和一定的编码规则对汉字进行编码称为形码，如五笔字型、郑码及大众码等。

④ 音形码：结合汉字的读音和字形而对汉字进行的编码称为音形码，如自然码、极点中文及首尾码等。

目前，汉字输入从字词，已经到了整句子输入，长句子输入效率大大提高。在 Windows 操作系统中流行的输入法软件平台有搜狗、百度、QQ 等。

2. 交换码

（1）国标码

要让汉字正确传递和交换，每个汉字在计算机中需要一个唯一的二进制编码，因此必须建立统一的编码规则。1981 年，国家标准总局公布实施《信息交换用汉字编码字符集　基本集》（GB/T 2312—1980），称为国标码，简记为 GB 码。在标准中规定了计算机使用汉字总数为 6 763 个和非汉字图形字符 682 个，按常用汉字的使用频度分为一级汉字 3 755 个、二级汉字 3 008 个，按偏旁部首排列，并给这些汉字分配了代码，将它们作为汉字信息交换标准代码，简称交换码。

由于汉字数量大，用 1 字节无法完全区分它们，故采用 2 字节对汉字进行编码。前一字节为高位字节，称为区码，包含 94 个区（行），后一字节为低位字节，称为位码，包含 94 个位（列），形成区位码，每个字节只用低位 7 位，高位为 0。因此，国标码共有 94×94 区位编码，共 8 836 个字。各区包含的字符：01～09 区为特殊符号；16～55 区为一级汉字，按拼音排序；56～87 区为二级汉字，按部首/笔画排序；10～15 区及 88～94 区则没有编码，为用户自定义区。

（2）其他编码

除了 GB 码外，目前常用的还有 UCS 码、Unicode 码、GBK 码及大五码 BIG5 码。其中，Unicode 码是一种在计算机上使用的字符编码。它为每种语言中的每个字符设定了统一并且唯一的二进制编码，可满足跨语言、跨平台进行文本转换、处理的要求。

3．机内码

机内码是计算机内部信息存储、传递和运算所使用的代码。因为国标码 GB 2312—1980 与基本的信息交换代码 ASCII 码有冲突，例如，"大"的国标码是 3473H，与字符组合 4S 的 ASCII 相同，因此不能直接在计算机中使用。为了和 ASCII 码区别，在计算机内部表示汉字时把交换码（国标码）两个字节最高位设为 1，形成汉字的内码。当某字节的最高位是 1 时，必须和下一个最高位同样为 1 的字节合起来代表一个汉字，机内码最多能表示 $2^7 \times 2^7 = 16\ 384$ 个汉字。

例如，汉字"中华"的二进制、十进制和十六进制汉字国标码和机内码如表 2-7 所示。

表 2-7　汉字"中华"的汉字国际码和机内码

汉字	汉字国标码（交换码）		汉字机内码	
	十进制	二进制	十六进制	二进制
中	8680D	(01010110 01000000) B	(D6D0)H	(11010110 11010000) B
华	5942D	(00111011 00101010) B	(BBAA)H	(10111011 10101010) B

4．字形码

汉字字形码又称汉字字模，用于汉字在显示屏或打印机上输出。汉字字形码通常有点阵和矢量两种表示方式。

（1）点阵

点阵表示方式是指把每一个汉字分成由若干行、列的许多点组成，通过每个点的虚实来表示汉字字形。常用的有 16×16 点阵、24×24 点阵、32×32 点阵及 64×64 点阵等，图 2-12 所示为 16×16 字形点阵及编码。从图 2-12 可以看出，在此点阵中黑点表示二进制数 1，空格表示二进制数 0，则第 1 行编码为 0000001100000000B = 0300H，其他依次对应。点阵规模越大，字形越清晰美观，所占存储空间也越大。例如，黑白 16×16 点阵的字形码需要 32B（16×16÷8=32 字节），24×24 点阵的字形码需要 72B（24×24÷8=72 字节），而英文字母只需 1 字节。点阵表示的缺点是不能放大，一旦放大就会出现文字边缘的锯齿。

（2）矢量

矢量表示方式存储的是描述字形的轮廓特征。例如，一个汉字的起始、终止坐标、半径、弧度等，当要输出汉字时，通过计算机的一系列的数学计算实现输出。可见，矢量化字形描述与最终文字显示的大小、分辨率无关，因此可产生高质量的汉字输出。Windows 系统中使用的 TrueType 技术就是汉字矢量表示方式。

点阵和矢量表示方式的区别是点阵表示法编码和存储方式简单、无须转换直接输出，但存储容量大，同时字形放大后产生的效果差，而且同一种字体不同的点阵需要不同的字库。矢量表示方式的特点正好与点阵表示方式相反。

在计算机中，字形码字库是随操作系统安装而自带的。例如，Windows 系统中点阵和矢量字库都用，点阵字库扩展名为 FON，矢量字库扩展名为 TTF。

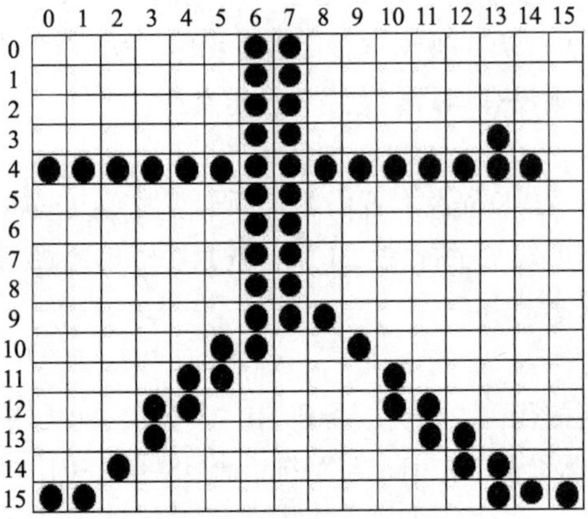

图 2-12　字形点阵及编码

TTF（true type font，全真字体）是一种彩色数字函数描述字体轮廓外形的一套内容丰富的指令集合，这些指令中包括字形构造、颜色填充、数字描述函数、流程条件控制、栅格处理器控制、附加提示信息控制等指令，具有所见即所得效果，支持字体嵌入技术等优点。这些字库在 Windows 操作系统中，安装在 C:\Windows\Fonts 文件夹中。

2.4.4　Unicode 编码

不同的国家有不同的语言，为了容纳所有国家的文字，国际组织提出了 Unicode 标准。Unicode 是一种可以容纳世界上所有文字和符号的字符编码方案。由多家计算机厂商组成 Unicode 协会开发，得到计算机界的支持，几乎能成为表示世界上所有书写语言（650 种语言，包括汉字）的字符编码标准。它为每种语言中的每个字符设定了统一并且唯一的二进制编码，最多支持超过百万个字符的编码，以满足跨语言、跨平台进行文本转换、处理的要求，也称为"统一码""单一码""万国码"。

Unicode 编码是一种国际标准编码，字符集有多个编码方案：UTF-8、UTF-16 和 UTF-32，分别为单字节、双字节和四字节。目前，对于 Java 和.NET 等编程语言平台，内置的字符串所使用的字符集完全是 Unicode，非常有利于程序国际化和标准化。在网络、Windows 系统和很多大型软件中得到广泛的应用。

2.5　多媒体信息的表示

媒体（media）是指人借助用来传递信息与获取信息的工具、渠道、载体、中介物等技术和手段。多媒体译自英文 multimedia 一词，一般理解为多种媒体的综合，这里所说的"多种媒体"包括数字、文本、图形、图像、动画、音频和视频等。多媒体信息可以从计算机输出界面向人们展示丰富多彩的文、图、声信息，而在计算机内部，对于这些信息也需要转换成 0 和 1 数字化信息，并以不同文件类型进行存储。

2.5.1　音频

声音是人们用来传递信息的最方便、最直接的方式，是携带信息的重要媒体（载体）。在多媒体系中，语音和音乐是必不可少的，音频和视频同步，使视频图像更具有真实性。娓娓动听的音乐和解说，使静态图像变得更加丰富多彩。

1. 声音

从本质上说，声音是通过一定介质（如空气、水和物体等）传播的一种连续的波，在物理学中称为声波，声波是随时间连续变化的模拟量，它有振幅和频率两个重要物理量指标。振幅通常是指音量（或音强），它是声波波形的高低幅度，表示声音信号的强弱程度。频率是指声音信号每秒变化的次数，即周期的倒数，以赫[兹]（Hz）为单位，又称音调。声音的强弱体现在声波的振幅上，音调的高低体现在声波的周期或频率上。声音质量是用声音信号的频率范围来衡量的。频率范围又称频域或频带。

因此，声音信号是由许多频率不同的声波信号组成的复合信号。复合信号的频率范围就是频带，又称带宽。人类能够感知到的信号带宽为 20 Hz～20 kHz，这样的信号称为音频信号。不同种类的声源其带宽也不同。声音的质量和声音的带宽有关，一般来说频率范围越宽，表现力越好，层次越丰富，声音质量也就越高，如表 2-8 所示。

表 2-8　声音的质量

声 音 类 型	带 宽	声 音 类 型	带 宽
电话语音	200 Hz～3.4 kHz	调频广播	20 Hz～15 kHz
调幅广播	50 Hz～7 kHz	CD	20 Hz～20 kHz

2. 声音信号数字化

声音是一种具有一定振幅和频率且随时间变化的声波，通过传声器的转换装置可将其变成相应的电信号，但这种电信号是一种模拟信号，不能由计算机直接处理，必须先对其进行数字化。把模拟声音信号转变为数字声音信号的过程称为声音的数字化，主要包括采样、量化和编码 3 个过程。声音信号的数字化过程如图 2-13 所示。

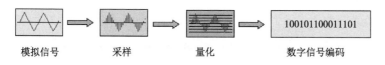

模拟信号　　　　采样　　　　量化　　　　数字信号编码

图 2-13　声音信号的数字化示意图

（1）采样

采样（sampling）是指以固定的时间间隔抽取模拟信号的幅度，从而把时间上的连续信号变成离散信号。该时间间隔称为采样周期，其倒数即为每秒的采样次数，称为采样频率。

可见，采样频率越高，声音的保真度越好，但采样获得的数据量也越大。根据奈奎斯特定律，要进行声音信号的无损转换，采样频率至少是原始信号最高频率的 2 倍。例如，人耳听觉的上限为 20 kHz，因此要获得较佳的听觉效果，采样频率要达到 40 kHz 以上，目前，声卡的采样频率达到 44.1 kHz。

采样过程如图 2-14 所示，采样时间间隔 0.5 s，三点采样量化振幅模拟值（$t, f(t)$）：
$$A(0.5, 4.8), B(1.5, 10), C(2.5, 6)$$

（2）量化

量化（quantization）是把采样得到的信号幅度的样本值从模拟量转换成数字量。数字量的二进制位数称为量化位数（也称为量化精度）。它是决定数字音频质量的另一个重要参数，一般为 8

位、16 位。量化位数越多，数值的量化精度就越高，对原始波形的模拟越细腻，声音的音质就越好，但数据量也越大，需要的存储空间也就越多。

如图 2-14 所示，量化位数为 8 位。

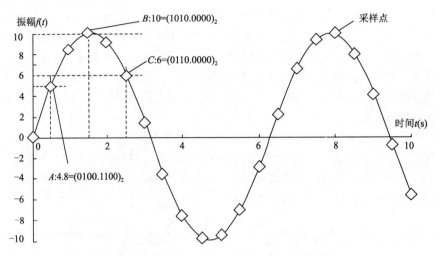

图 2-14　声音信号的采样、量化和编码示意图

（3）编码

编码（code）是把数字化声音信息按一定的数据格式表示。

模拟信号量经过采样和量化以后，形成一系列离散信号——脉冲数字信号。这种脉冲数字信号可以一定的方式进行编码，形成计算机内部运行的数据。所谓编码，就是按照一定的格式把经过采样和量化得到的离散数据记录下来，并在有用的数据中加入一些用于纠错、同步和控制的数据。在数据回放时，可以根据所记录的纠错数据判别读出的声音数据是否有错，如果在一定范围内有错，可加以纠正。

采样三点振幅值量化、编码（8 位）：

$$A(4.8), B(10), C(6) \quad \leftrightarrow \quad A(0100.1100), B(1010.0000), C(0110.0000)$$

十进制模拟量　　　　　　↔　　　二进制数字量

编码的形式比较多，常用的编码方式是 PCM（脉冲编码调制）。

3．影响声音数字信号质量的技术参数

对模拟音频信号进行采样量化编码后，得到数字音频。数字音频的质量取决于采样频率、量化位数和声道数 3 个因素。

采样频率是指一秒内采样的次数。采样频率越高，声音质量就越高。

量化位数又称"量化精度"，是描述每个采样点样值的二进制位数。例如，8 位量化位数表示每个采样值可以用 2^8（即 256）个不同的量化值之一来表示，而 16 位量化位数表示每个采样值可以用 2^{16}（即 65 536）个不同的量化值之一来表示。常用的量化位数为 8 位、12 位、16 位。量化位数越多，声音的音质越好，声音数据存储量也就越大。

声音通道的个数称为声道数，是指一次采样所记录产生的声音波形个数。记录声音时，如果每次生成一个声波数据，称为单声道；每次生成两个声波数据，称为双声道（立体声）。随着声道数的增加，所占用的存储容量也成倍增加。声道数越多，声音表现就越丰富，但是数据存储量也就越大。

以字节为单位，模拟波形声音被数字化后数字声音文件的大小（未经压缩）为：

数字声音存储量=采样频率×量化位数×声道数/8

例如，用 44.1 kHz 的采样频率进行采样（高保真效果），量化位数选用 16 位，则录制 1 min 的立体声（双声道）声音，其波形文件所需的存储量为：

44 100（Hz）×16（位）/8（1 字节）×2（双声道）×60（s）=10 584 000 B=10.3 MB

可见，1 min 的立体声录制，声音存储量很大，自然需要进行压缩。

4. 常见数字声音的文件格式

音频数据都以文件形式保存在计算机中。存储音频文件格式主要有 WAV、MP3、RA、WMA、MIDI 等，除了 WAV 外，都是压缩格式。专业数字音乐工作者多使用非压缩的 WAV 格式进行操作，而普通用户更乐于接受压缩率高、文件容量相对小的 MP3 或 WMA 格式。

WAV 文件又称波形文件（声音的源文件），以".wav"作为文件的扩展名，它直接记录了真实声音的二进制采样数据，不经过压缩，没有失真。但是，其文件容量较大，多用于存储简短的声音片段，不适合于网络传输。

MP3 全称是动态影像专家压缩标准音频层面 3（moving picture experts group audio layer 3 或 MPEG audio layer 3），是 MPEG-1 运动图像压缩标准的声音部分，是当今较流行的一种数字音频编码和有损压缩格式。MP3 采用有损压缩，文件的压缩比一般为 12∶1 左右。MP3 文件音质接近于 CD 音质，而且文件容量较小，是现在计算机网络中应用最广泛的一种声音文件格式。

RA（real audio）是 Real Networks 公司开发的一种流媒体音频（streaming audio）文件格式。其最大的特点是可以实时传输音频信息，尤其是在网速较慢的情况下，仍然可以较为流畅地传送数据，因此 Real Audio 主要适用于网络上的在线播放。

MIDI（musical instrument digital interface，乐器数字接口）文件格式是电子音乐格式的标准，即音符、控制参数等指令来记录音乐，可称为"计算机能理解的电子乐谱"。MIDI 文件数据是音乐代码或电子乐谱，它所需的存储空间比较小，并且可以灵活地进行编辑修改，主要应用于计算机作曲领域，是现在电子乐曲常用的声音文件格式。

2.5.2 图形与图像

人们获得信息的 80% 来自文字、图像和视频。而视频也是由图像组成的。计算机中的图形和图像都是以数字化的方式进行记录、处理和存储的，所以又称数字图像。数字图像可以通过数码照相机、扫描仪、屏幕截图等获取。

1. 图形与图像的基本参数

先了解几个有关图形与图像数字化质量的主要参数，以便于更容易地理解图形和图像。

（1）色彩深度

色彩深度又称图像颜色深度，是指描述图像中每个像素的数据所占的二进制位数。图像中的每个像素点对应的数据通常可以是 1 个二进制位（bit）或多个字节（B），用来存放该像素点的颜色、亮度等信息。因此，如果数据位数越多，所对应的颜色种数也就越多，颜色深度也就越大。

① 单色图像：只有黑白两种颜色的图像，也称二值图像。每个像素颜色不是黑就是白，一个像素点只需要 1 个二进制位来记录，色彩深度为 1，占用存储空间较少。

② 灰度图像：除了包含黑白两种颜色外，还包含黑与白之间不同深度（等级）的灰色，范围一般从 0 到 255，白色为 255，黑色为 0，共 256 灰度等级，故黑白图片又称灰度图像。这样一个灰度像素要用 8 个二进制位来记录，就可以表达 256 种不同的灰度。由此，灰度图像的画面是

由白到黑共 256 级色度组成的，即从白、淡灰、浅灰、中灰……一直到黑，共有 256 级，即 2^8。

③ 彩色图像：一般采用的都是 RGB 颜色模型，通过 R（red）、G（green）和 B（blue）红绿蓝三原色的相互混合形成各种各样的色彩。图像中的每个像素点可以用 3 字节来编码，例如，24 位真彩色图像（3 字节），一个像素点用 24 位二进制数表示颜色，称为色彩深度（量化精度），一共有 $2^8 \times 2^8 \times 2^8 = 1\,670$ 万种颜色，文件存储时需要较大空间。目前，大部分显示器的色彩深度为 32 位，其中 8 位记录红色，8 位记录绿色，8 位记录蓝色，8 位记录透明度，它们一起构成一个像素的显示效果。

（2）图像分辨率

分辨率是图像质量的一个重要参数，它表示单位长度内包含的像素点的数量，单位为 dpi(点/英寸)。它反映的是数字图像的实际尺寸，即图像的水平和垂直方向的大小。图像分辨率为 1 024×768 像素时，表示每一条水平线上包含 1 024 个像素点，垂直方向有 768 条线。可见，图像分辨率越高，像素就越多，得到或显示的图像就越清晰，画面越精细，但所需要的存储空间也就越大。在使用多媒体应用软件时，一定要考虑图像的大小。因此，对图像文件进行压缩处理，从而减小图像文件所占用的存储空间是非常必要的。

2．图形和图像概念

计算机生成的图片有图形与图像两种形式，在技术和原理上，分别为矢量图形和位图图像。

（1）位图图像

图像（image）又称位图图像或点阵图像，是由许多像素点组成的，可以把图像理解为一个矩形，矩形中从左到右、从上到下均由像素点组成。在计算机中，像素点的信息值为灰度或颜色等级和亮度，每个像素点的颜色等级越多，则图像越逼真。像素的颜色和亮度是组成位图图像的基本单位。

位图图像的精细程度和显示质量取决于图像像素数目，即分辨率高低和颜色等级。

只要有足够多的不同色彩的像素，位图图像就可以逼真地表现自然界的景象和色彩层次丰富的图像；显示设备原则上大部分是位图设备，价格相对较低，直接显示位图图像。但是，位图图像记录的是像素属性，位图文件容量非常大，同时依赖于分辨率，在缩放和旋转时容易失真，边界为锯齿形，如图 2-15（a）所示。

位图文件大小（存储空间）计算公式：位图图像数据量=图像的总像素×色彩数÷8（B），即图像存储的字节数。

假设高清电视屏分辨率为 1 920×1 080 像素，显示 24 位真彩色的位图图像，一幅图像大小为 1 920×1 080×24÷8=6 220.8 KB=6.075 MB。

位图文件容量大，有必要经过压缩后再存储或传输。

（2）矢量图形

图形（graphic）又称矢量图形（向量图形）或几何图形，它一般是通过绘图软件的一组指令绘制构成画面的所有直线、圆、圆弧、矩形、任意曲线等的几何形状、位置、颜色等各种属性和参数。从原理上看，它记录了每个图形的轨迹坐标和其他属性和参数，这就是矢量图的数据结构，所形成的存储文件称为矢量图形文件。因此，矢量图形文件中存储的是一组描述各个图元（图形元素）的大小、位置、形状、轮廓、颜色、维数等属性的指令集合，通过相应的绘图软件读取这些指令（图形的轨迹坐标），将其转换为输出设备可以显示的图形，如图 2-15（b）所示。

矢量图形的优点：与分辨率无关，可无级缩放不失真，输出质量高；数据量相对小，占用存储空间小。但矢量图形也存在一些缺点：矢量图形色彩不丰富，难以表现色彩层次丰富的逼真图像效果。图 2-15（c）所示为位图和矢量图效果的对比。

（a）位图图像　　　　　　　　（b）矢量图像　　　　　　　　（c）位图和矢量字母

图 2-15　位图和矢量图像

矢量图形主要用于表示线框型图片、工程制图、二维动画设计、三维物体造型、美术字体设计等。大多数计算机绘图软件、计算机辅助设计软件（CAD）、三维造型软件等都采用矢量图形作为基本的图形存储格式。而图像是由摄像机、照相机、扫描仪等输入设备捕捉的实际画面，或以数字化形式存储的任意画面，是真实物体重现的影像，以位图形式存储。位图与分辨率有关，矢量图与分辨率无关。二者的共同点是：都是静态的，与时序无关。

3. 数字图像的存储格式或压缩标准

数字图像的数据量（像素信息量）通常比较庞大，因此，要对数字图像进行压缩处理，以利于存储和处理。数据压缩就是将数据量尽可能地减少，其实质就是查找和消除信息的冗余量。压缩分为两大类：无损压缩和有损压缩。无损压缩是指在不失真的前提下可完全解压恢复原图像，删除的仅仅是图像数据中冗余的信息；而有损压缩指在允许的失真条件下，不能完全解压恢复原图像，有一定信息损失。有损压缩是通过牺牲图像的准确率以实现较大的压缩率，虽然不能完全恢复原始数据，但是所损失的部分对理解原始图像的影响很小，却可以换来大得多的压缩比，可以从几倍到上百倍。有损压缩广泛应用于语音、图像和视频数据的压缩。

数字图像的存储有多种形式，表现为不同的文件格式，即压缩标准。压缩标准实质上是一种压缩算法。常用的图像文件格式，除 BMP 外，压缩格式有 GIF、PNG、JPEG、JPEG 2000、TIFF和 PDF 等，大多数图像软件都可以支持多种格式的图像文件，以适应不同的应用环境。

BMP（bitmap）是 Windows 采用的图像文件存储格式，又称为位图，文件扩展名为.bmp。该格式结构简单，未经过压缩，一般文件比较大，不适合网络上使用。

GIF（graphics interchange format，图像互换格式）是 CompuServe 公司在 1987 年开发的图像文件格式，是一种无损压缩图像存储格式，文件扩展名为.gif。目前几乎所有相关软件都支持它。GIF 文件压缩率一般在 50%左右，可以保存多幅彩色图像。GIF 格式因其体积小且成像相对清晰，特别适合应用于互联网。

PNG（portable network graphic format，可移植网络图像格式）是一种能存储 32 位信息的位图文件格式，其图像质量远胜过 GIF。PNG 文件使用无损压缩方式，压缩比高，生成文件容量小，一般应用于 Java 程序和网页中。

JPEG（joint photographic experts group）是由联合图像专家组制定的第一套国际静态图像压缩标准，扩展名为.jpeg 或.jpg。JPEG 压缩技术十分先进，它用有损压缩方式去除冗余的图像和彩色数据，在获得极高压缩率的同时能展现十分丰富生动的图像。它被广泛应用于互联网和数码照相机领域，网站上 80%的图像都采用了 JPEG 格式。

JPEG 2000 是基于小波变换的图像压缩标准，由 JPEG 组织创建和维护。JPEG 2000 优势明显，且向下兼容，被认为是未来取代 JPEG 的下一代图像压缩标准，文件的扩展名为 jp2。其压缩率比JPEG 高约 30%左右，同时支持有损和无损压缩。

　　TIFF（tag image file format，标签图像文件格式）是一种通用的位映射图像文件格式，支持从单色模式到 32 位真彩色的所有图像类型，主要用来存储包括照片和艺术图在内的图像文件，扩展名为.tif 或.tiff。TIFF 格式文件现在广泛应用于桌面印刷和页面排版、扫描、传真、文字处理、光学字符识别等应用领域。

　　PDF（portable document format，可移植文档格式）是 Adobe 公司开发的用于 Windows、Mac OS、UNIX 和 DOS 系统的一种电子出版软件的文档格式。该格式以 PostScript Level 2 语言为基础，因此可以覆盖矢量式图像和点阵式图像，并且支持超链接。PDF 格式文件可以存储多页信息，其中包含图形、文档的查找和导航功能，因此，使用该软件不需要排版或图像软件即可获得图文混排的版面。由于该格式支持超文本链接，因此是网络下载经常使用的文件格式。PDF 文件要用专门的 PDF 文件阅读器打开，如 Adobe Reader。

　　计算机获取数字图像后，还需要数字图像处理软件，常用的图像处理软件有 Autodesk Maya、3ds Max、ACDSee、Adobe Photoshop 等。

2.5.3　视频与动画

　　人类获取信息的三分之二来自视觉，视频（video）、已经成为现代社会的主要信息形态。视频与图像是两个既有联系又有区别的概念。静止的图片称为图像，多幅图像以一定的速度连续播放就形成了视频。

1．数字视频的基本概念

　　凡是通过视觉传递信息的媒体，都属于视觉媒体。视频是多媒体的重要组成部分，按照处理方式的不同，视频分为模拟视频和数字视频。模拟视频是指每一帧图像是实时获取的自然景物的真实图像信号。数字视频是指以一定的速度对模拟视频信号进行捕获、处理生成的以数字形式记录的视频。数字视频可以无失真地进行无限次复制，便于长时间存放，可以进行非线性编辑，并可增加特技效果等，其数据量大，在存储与传输过程中必须进行压缩编码。

　　随着数字视频应用范围的不断发展，它的功效也越来越明显。

2．视频信号数字化和压缩

　　计算机要处理视频信息，首先需要将视频数字化。所谓视频数字化是将模拟视频信号经模数转换和彩色空间变换转换为计算机可处理的数字信号。与声音信号数字化类似，计算机也要对输入的模拟视频信息进行采样与量化，并经编码使其变成数字化图像。

　　视频信号的数字化需要在一段时间内以一定的速度对视频信号进行捕获并加以采样形成数字化数据，它包括两方面的内容：空间位置的离散和数字化、亮度电平值的离散和数字化。具体过程涉及视频信号的扫描、取样、量化和编码。

　　【例 2-19】 分辨率为 1 280×1 024 像素的"真彩色"（24 位）高质量的电视图像，按 30 帧/s 计算，播放 1 min，计算其所需的存储空间。

　　答：需要的存储空间为

　　　　1 280（列）×1 024（行）×（24/8）×30（帧/s）×60 s（字节/2^{30}）GB =6.59 GB

　　由此可见，视频信号数字化处理后得到的数据量非常庞大，对于计算机和网络系统的存储、处理和传输都带来了巨大的困难。因此，必须要进行高效压缩才能进入存储和传输系统。根据数字视频信号的特点，视频数据中存在着大量的数据冗余，即图像的各个像素数据之间存在极强的相关性，使得视频数据可以极大地压缩，有利于计算机系统进行进一步的处理、存储和传输。因此，对视频数据压缩成为多媒体系统中的关键技术之一。

视频信号的压缩根据压缩的结果可以分为无损压缩和有损压缩两种：

① 无损压缩法：不会产生图像失真，能保证完全地恢复原始数据，但压缩比较低，一般为 2：1～5：1。

② 有损压缩：不能完全恢复原始数据，压缩比较高，对于动态图像的压缩比可达 100：1～200：1。

视频数据的编码和压缩是以声音与图像的编码和压缩为基础的，主要采用了由 ISO（国际标准化组织）推出的 MPEG 系列技术标准和由 ITU-T（国际电信联盟远程通信标准化组织）与 MPEG 联合开发的新标准 H.264 系列。H.264 标准是目前最新的视频编码算法。

MPEG（moving picture expert group，动态图像专家组）具有很好的兼容性，能够比其他算法提供更好的压缩比，最高可达 200：1。而且，MPEG 在提供高压缩比的同时，对数据的损失很小。目前 MPEG 有 5 个技术标准：MPEG-1、MPEG-2 和 MPEG-4，以及目前推出的专门支持多媒体信息基于内容检索的编码方案 MPEG-7 和多媒体框架标准 MPEG-21。

目前，H.264 技术标准是最先进的数字视频编码和数字视频压缩格式。为了降低码率，获得尽可能好的图像质量，它吸取了 MPEG-4 技术的长处，克服以前标准的弱点，具有更高的压缩比、更好的信道适应性。在同等图像质量下，采用 H.264 技术压缩后的数据量只有 MPEG2 的 1/8，MPEG4 的 1/3。H.264 能提供连续、流畅的高质量图像（DVD 质量）。它必将在数字视频的通信和存储领域得到越来越广泛的应用。

3. 数字视频的文件格式

数字视频从出现以来，广泛地应用于各个领域，不同的技术标准、不同的视频图像质量要求，形成了多种视频文件的不同格式，常见的有 AVI、MOV、MPEG/MPG、WMV、RM 等

AVI 采用有损压缩方式，压缩比较高，支持 256 色和 RLE 压缩。其优点是可以跨多个平台使用，其缺点是体积过于庞大，使压缩标准不统一。

MOV 格式，即 QuickTime 影片格式，采用有损压缩，具有很高的压缩比和较完美的视频清晰度，其最大特点还是跨平台性，不仅支持 Mac OS，同样也支持 Windows 系列操作系统。

MPG（或 MPEG）格式是采用 MPEG 技术标准生成的数字视频文件格式，MPEG 是运动图像压缩算法的国际标准，现已几乎被所有的计算机平台共同支持。MPEG 的平均压缩比为 50：1，最高可达 200：1。同时，图像和音响的质量也非常好，并且在微机上有统一的标准格式，兼容性相当好。

WMV（windows media video）是微软推出的一种采用独立编码方式，并且可以直接在网上实时观看视频节目的文件压缩格式。主要优点：本地或网络回放、可扩展的媒体类型、多语言支持、环境独立性、扩展性等。

通常，视频格式可分为两大类：适合本地播放的本地影像视频格式和适合在网络中播放的网络流媒体影像影视格式。AVI、MPEG/MPG 文件格式为前者，MOV、FLV、ASF、RM、RMVB、WMV 文件格式为后者。

视频的处理工作主要依靠软件来完成，一般的视频处理软件都包括获取、重组、剪辑、润色视频片段，添加背景音乐，添加片头和片尾文字和设置特殊效果等功能。常用的视频编辑软件有 Windows Movie Maker、Adobe Premiere、Camtasia Studio 等。

在计算机软硬件技术和计算机网络技术迅猛发展的环境下，数字视频在各个领域的应用越来越广泛。例如，计算机动画和数字电视，计算机动画是使用计算机生成一系列内容连续的画面供播放的一种技术，是一种计算机合成的数字视频。

计算机动画制作过程包括：在计算机中建立景物的模型；描述模型的运动特征；生成一系列逼真的图像，形成动画。现在的计算机动画广泛应用于影视和广告领域、教育和培训领域、科技领域、军事领域以及电子游戏产业等。

数字电视指的是电视节目的制作（摄录、编辑）、处理、传输、接收播放全过程的数字化，特别是将电视信号进行数字化之后以数字形式进行网络传输和接收。数字电视的特点有频道利用率高、抗干扰能力强、图像清晰度高等。

小　结

计算机采用统一的数据表示方法，即使用二进制表示数和各种编码。本章主要介绍了数制与转换、二进制数的运算规则、数据的存储单位、数值数据的表示、各种信息编码等，它们是理解计算机计算和数据处理工作原理的基础，是计算机的基础知识。

数制被称为计数体制，是指数位的构成方法和低位向高位进位的规则。常用的数制有二进制、十进制、八进制、十六进制。二进制是计算机系统的基础，二进制数与十进制数之间的转换是十进制数和其他进制数转换的基础。二进制数的本质运算就是算数和逻辑运算。

计算机的数据存储单位或容量是用字节 B 表示的，一个字节是由 8 位构成的，KB、MB、GB 和 TB 后一级是前一级的 1 024 倍，即 2^{10} 倍。

计算机使用定点数和浮点数两种格式化数据。计算机将数表示为原码、反码和补码，原码用于乘法运算，而补码用于加法、减法运算。

编码就是用一组数字标记特定对象，如二进制编码。计算机的文本编码有 ACSII 码、汉字国标码 GB/T 2312—1980 及 Unicode 编码等。汉字编码又分为输入码、交换码、机内码和字形码等来适应计算机中汉字的输入、内部转换和处理，以及输出显示或打印。多媒体信息的表示也是用二进制数来表示，前提是要将多媒体信息采样、编码转换成二进制数字信息保存，使用时又要将多媒体数字信息还原为对象信息，如图形图像的像素、声音的模拟信息和视频的图像信息。对于图形和图像又可分为位图和矢量图，位图数据用像素点阵表示，矢量图数据使用图形对象的直线和曲线来描述图形。与位图相比，矢量图具有质量高、放大和缩小图质量不变、数据量小等优点，但是数据编辑、更新和处理较复杂。

声音是一种连续变化的模拟信息，可以通过模/数转换器（A/D 转换器）按照一定的频率对声音信号的幅值进行采样，然后对得到的一系列数据进行量化与二进制编码的处理，就可以将模拟声音信息转换为相应的位序列，从而实现被计算机存储、传输和处理。

视频信息的编码就是将视频信号经过视频采集卡转换成数字视频文件存储在数字载体中，在使用时，将数字视频文件从硬盘中读出，再还原成为一幅幅图像加以输出。对视频信息的采集，需要很大的存储空间和数据传输速率，这就需要在采集和播放过程中对图像进行压缩和解压缩处理。

习　题

一、综合题

1. 浮点数在计算机中是如何表示的？

2. 什么是 ASCII 码？请查一下 D、d、3 和空格的 ASCII 码值。

3. 简述带符号定点整数的表示形式。

4. 简述图像、声音和视频等多媒体信息在计算机中的编码方法。

5. 了解图形与图像的基本参数。

6. 矢量图形和位图图像有什么区别？如果你来设计，什么情况用矢量图，什么情况用位图？

7. 图像的无损压缩比率是多少？为何要进行有损压缩？编码和压缩是什么关系？

8. 超高清电视即 4K 电视（UHDTV），全高清电视（HDTV）一般指 2K 电视。4K 电视理论上横向像素数目 4×1 024=4 096 个，实际为 3 840 个。4K 电视是目前市面上清晰度较高的电视，分辨率为 3 840×2 160 像素，比 2K 电视 1 920×1 080 像素的画面理论上高 4 倍。请计算 4K 电视显示 24 位（B）真彩色的位图图像，一幅图像大小为多少兆字节（MB）？

9. 声音信号的数字化有哪些过程？

10. 视频容量的计算。超高清电视（即 4K 电视）3 840×2 160 像素的分辨率、24 位真彩色、30 帧/s 的帧频播放的视频，播放 60 s 存储空间是多大？

二、网上信息检索

1. 从互联网上查询定点数和浮点数的详细描述。

2. 从互联网上查询原码、反码和补码的工作原理。

3. 从互联网上查询计算机进行逻辑运算与算术运算的实际应用。

4. 从互联网上查询计算机中的信息为何采用二进制。

5. 上网了解汉字编码技术的发展过程。

6. 上网了解中文输入法、区位码、GB/T 2312—1980 字符集。

7. 上网了解 UCS 码、Unicode 码、GBK 码及大五码 BIG5 码。

8. 通过网络搜索目前常用的计算机动画制作软件，分析它们的优点和缺点。

9. 在网络中搜索本章介绍的所有声音文件格式，并进行音质、特点的比较。

10. 在网络中搜索本章介绍的所有图像文件格式，并进行图像质量、特点的比较。

11. 在网络中搜索本章介绍的所有视频文件格式，并进行视频质量、特点的比较。

第 3 章 ｜ 计算机硬件系统

二十大报告提出："健全新型举国体制，强化国家战略科技力量"。

计算机系统由硬件系统和软件系统两部分组成。计算机硬件是指计算机系统中由电子、机械和光电元器件等组成的各种物理装置的总称。这些物理装置按系统结构的要求构成一个有机整体，为计算机软件运行提供物质基础。要真正理解计算机，必须对计算机的硬件组成有深入的了解。

3.1 计算机系统组成

一个完整的计算机系统包含硬件系统和软件系统两大部分。硬件通常是指一切看得见、摸得着的实体设备，是组成计算机系统的各种物理设备的总称，是计算机系统的物质基础。单纯的硬件系统又称为裸机，裸机只能识别 0 和 1 组成的机器代码。没有软件系统的计算机几乎是没有用的。软件系统通常泛指各类程序和文件，实际上是由一些算法及其在计算机中的表示所构成的。计算机系统的整体构成如图 3-1 所示。

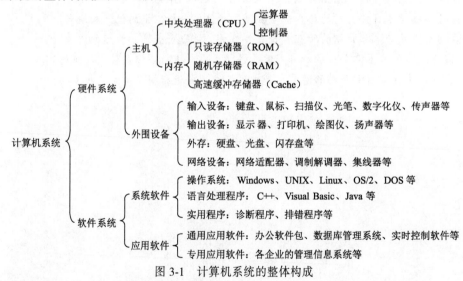

图 3-1 计算机系统的整体构成

当前计算机的硬件和软件正朝着互相渗透、互相融合的方向发展，在计算机系统中没有一条明确的硬件与软件的分界线。原来一些由硬件实现的功能可以改由软件模拟来实现，这种做法称为硬件软化，可以增强系统的功能和适应性。同样，原来由软件实现的功能也可以改由硬件来实现，称为软件硬化，可以显著降低软件在时间上的开销。由此可见，硬件和软件之间的界面是浮动的。对于程序设计人员来说，硬件和软件在逻辑上是等价的。一项功能究竟采用何种方式实现，应从系统的效率、速度、价格和资源状况等诸多方面综合考虑。既然硬件和软件不存在固定的界限，那么现在的软件可能就是未来的硬件，现在的硬件也可能就是未来的软件。

除了硬件和软件以外，还有一个概念需要引起注意，这就是固件（Firmware）。固件的概念是1967年由美国人 A.OPler 首先提出来的。固件是指那些存储在能永久保存信息的器件（如 ROM）中的程序，是具有软件功能的硬件。固件的性能指标介于软件与硬件之间，吸收了软硬件各自的优点，其执行速度快于软件，灵活性优于硬件，是软硬件结合的产物，计算机功能的固件化将成为计算机发展的一个趋势。

3.2 计算机硬件基础

所谓计算机硬件，是指组成计算机的各种物理设备，也就是看得见、摸得着的实际物理设备，是指计算机系统中由电子、机械和光电元件等组成的各种计算机部件和计算机设备。这些部件和设备依据计算机系统结构的要求构成一个有机整体，成为计算机硬件系统。未配置任何软件的计算机硬件整体称为裸机，它是计算机完成工作的物质基础。

3.2.1 计算机硬件构成

计算机硬件其基本功能是接受计算机程序的控制，以实现数据输入、运算、数据输出等一系列操作。

目前，计算机的种类很多，其制造技术也发生了极大的变化，但在基本的硬件结构方面，它一直沿袭着冯·诺依曼的计算机体系结构，从功能上都可以划分为五大基本组成部分，即输入设备、输出设备、存储器、运算器和控制器，如图 3-2 所示。

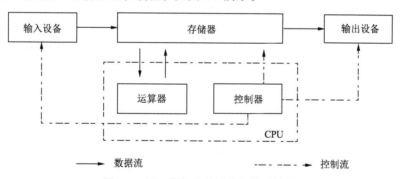

图 3-2 冯·诺依曼的计算机体系结构

1．运算器

运算器是对信息进行处理和运算的部件，主要功能是进行算术运算或者逻辑运算。运算器由算术逻辑单元（arithmetic and logic unit, ALU）、累加器、状态寄存器和通用寄存器等组成。其中，ALU 的基本功能是加、减、乘、除等算术运算，与、或、非、异或等逻辑操作，以及移位、求补等操作。通用寄存器用来暂存操作数，并存放运算结果。运算器是计算机的核心部件之一，它的性能高低直接影响着计算机的运算速度和整机性能。

2．控制器

控制器是整个计算机的控制指挥中心，其功能是控制计算机各部件自动协调地工作。控制器负责从存储器中取出指令，然后进行指令的译码和分析，并产生一系列控制信号。这些控制信号按照一定的时间顺序发往各部件，控制各部件协调工作，并控制程序的执行。

3. 存储器

存储器的功能是用于存储以内部形式表示的各种信息，包括程序、数据、运算的中间结果及最终结果。根据存储设备在计算机中所处的位置不同，可以分为主存储器和辅助存储器；根据存储介质的不同可以分为磁性存储器、半导体存储器和光介质存储器等。

4. 输入设备

输入设备的任务是把编好的程序和原始数据送到计算机中，并且将其转换成计算机内部能够识别和接收的信息方式。按输入信息的形式可分为字符（包括汉字）输入、图形输入、图像输入及语音输入等。

目前，常见的输入设备有键盘、鼠标、扫描仪等，辅助存储器（磁盘、磁带）也可以看作输入设备。另外，自动控制和检测系统中使用的模/数（A/D）转换装置也是一种输入设备。

5. 输出设备

输出设备的功能是将信息从计算机的内部形式转换为使用者所要求的形式，以便为人们识别或被其他设备所接收。常用的输出设备包括打印机和显示器等。

运算器和控制器在结构关系上非常密切，它们之间有大量的信息被频繁地进行交换，而且共用一些寄存单元，因此将运算器和控制器合称为中央处理器（central processing unit, CPU）。中央处理器和内存储器合称为主机，输入设备和输出设备称为外围设备。由于外存储器不能直接与CPU交换信息，而它与主机的连接方式和信息交换方式与输入设备和输出设备没有很大差别，因此，一般也把它列入外围设备的范畴，即外围设备包括输入设备、输出设备和外存储器；但从外存储器在整个计算机中的功能来看，它属于存储系统的一部分，又称为辅助存储器。

3.2.2 计算机的指令系统与工作原理

现代计算机的基本元器件是晶体管，并由其组成的数字电路来实现二进制和二进制运算。简单地看，如果是一个任务、一个操作或一个数据，如何用二进制的 0 和 1 组成的字符串表示其格式和执行？这就是计算机的指令系统。

1. 计算机的指令系统

指令是能被计算机识别并执行的二进制代码，规定了计算机能完成的某一种操作，也是对计算机进行程序控制的最小单位。程序是为完成一项特定任务而用某种语言编写的一组指令序列。CPU 就是根据一系列指令来指挥和控制计算机各个部件协调工作，以完成给定的操作任务。

一条指令通常由两部分组成：操作码和操作数，它们存放在指令寄存器中。

操作码	操作数
0110	000010　000100

（1）操作码

操作码指明该指令要完成的操作的类型或性质，如获取数据、做加法或输出数据等。操作码的位数决定了一个机器操作指令的条数。当使用定长操作码格式时，若操作码位数为 n，则指令条数可有 2^n 条。

（2）操作数

操作数指明操作对象的内容或所在的单元地址，在大多数情况下是地址码，地址码可以有 0～3 个。从地址码得到的仅是数据所在的地址，可以是源操作数的存放地址，也可以是操作结果的存放地址。

例如，某条 16 位指令 0110　000010　000100，前 4 位为加法操作码 0110，后 12 位为操作数 000010 000100，其中寄存器 B 地址 000010，寄存器 A 地址 000100。该指令在运行时，操作码 0110 指出要进行加法操作，将寄存器 A 中的内容与存储单元 B 中的内容相加，结果放到寄存器 A 中。

一台计算机的所有指令集合称为该计算机的指令系统。不同类型的计算机，指令系统的指令条数有所不同。但无论哪种类型的计算机，指令系统都应具有以下功能的指令（见图 3-3）：

① 数据传送指令：将数据在内存与 CPU 之间进行传送。

② 数据处理指令：对数据进行算术、逻辑或关系运算。

③ 程序控制指令：控制程序中指令的执行顺序，如条件转移、无条件转移、调用子程序、返回、停机等。

④ 输入/输出指令：用来实现外围设备与主机之间的数据传输。

⑤ 其他指令：用于对计算机的硬件进行管理等。

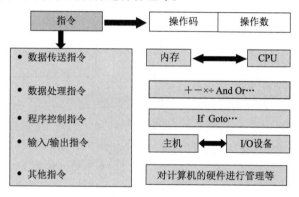

图 3-3　指令系统

2．计算机的工作原理

计算机的工作过程实际上是快速执行指令的过程。计算机工作时，有两种信息在执行指令的过程中流动：数据流和控制流。

数据流是指原始数据、中间结果、结果数据、源程序等。控制流是由控制器对指令进行分析、解释后向各部件发出的控制命令，用于指挥各部件协调地工作。

下面以指令的执行过程来认识计算机的基本工作原理，如图 3-4 所示。指令的执行过程分为以下 4 个步骤：

① 取指令：按照程序计数器中的地址（0100H），从内存储器中取出指令（070270H），并送往指令寄存器。

② 分析指令：对指令寄存器中存放的指令（070270H）进行分析，由译码器对操作码进行译码，将指令的操作码转换成相应的控制电位信号，由地址码（0270H）确定操作数地址。

③ 执行指令：由操作控制线路发出完成该操作所需的一系列控制信息，去完成该指令所要求的操作。例如，做加法指令，取内存单元（0270H）的值和累加器的值相加，结果还是放在累加器中。

④ 一条指令执行完毕，程序计数器加 1 或将转移地址码送入程序计数器，然后回到步骤①。

一般把计算机完成一条指令所花费的时间称为一个指令周期，指令周期越短，指令执行越快。通常所说的 CPU 主频就反映了指令执行周期的长短。

运行时，计算机从内存读出一条指令到 CPU 内执行，指令执行完，再从内存读出下一条指令到 CPU 内执行。CPU 不断地取指令、分析指令、执行指令，这就是程序执行过程。

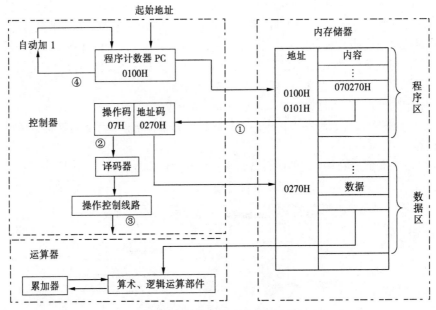

图 3-4 指令的执行过程

总之，计算机的工作就是执行程序，即自动连续地执行一系列指令，而程序开发人员的工作就是编制程序。一条指令的功能虽然有限，但是由一系列指令组成的程序可以完成的任务是无限的。

3.3 微型计算机概述

微型计算机（简称微机）是发展最快的一种计算机，其主要特点是体积小、功能强、造价低、对环境的要求低，被广泛应用在各个方面。本节介绍微型计算机的类型和硬件系统的组成。

3.3.1 微型计算机的类型

目前，微型计算机主要有以下几种类型：

1．单片机

将微处理器、一定容量的存储器以及 I/O 接口电路等集成在一个芯片上，就构成了单片机。也可以说，单片机就是具有计算机功能的集成电路芯片。单片机体积小、功耗低、使用方便，但是其存储容量较小，一般用于专用机器或者控制仪表、家用电器等。

2．单板机

将微处理器、存储器和 I/O 接口电路安装在一块印制电路板上，就成为单板机。一般在这块电路板上还有简易键盘、液晶或者数码管显示器，以及外存储器接口等，只要再外加电源便可直接使用。单板机价格低廉且易于扩展，广泛应用于工业控制、微机教学和实验，或者作为计算机控制网络的前端执行机。

3．台式个人微机（卧式、立式）

台式个人微机又称桌面机，它是相对于笔记本计算机而言的，体积较大，主机和显示器等设备分离、相对独立，并需要放置在专门的工作台（计算机桌）上工作，因此命名为台式机。台式机的性能较笔记本计算机要强。最初个人微机基本上都是台式的，并形成主要类型，如图 3-5 所示。

4．液晶一体机

所谓一体机，就是把微机主要配件内置到特制的液晶显示器中，省去了台式微机机箱的累赘，使用时只需插上键盘和鼠标即可。一体机将传统计算机的主机和显示器合二为一，既节约了空间，又省却了烦琐的连接线，如图 3-6 所示。一体机作为未来台式计算机发展的主流趋势，受到了联想、苹果、戴尔等国内外计算机厂商的关注，它们纷纷推出了各自品牌的液晶一体机。

图 3-5　台式个人微机

图 3-6　液晶一体机

5．笔记本计算机

笔记本计算机是一种小型、可携带的个人计算机，通常质量为 1～3 kg。笔记本计算机把特制的显示器、主机、各种驱动器、键盘和鼠标等部件组装在一起，体积只有手提包大小，并能使用锂电池供电，可以像笔记本一样随身携带，如图 3-7 所示。

6．平板计算机（掌上计算机）

平板计算机又称便携式计算机（tablet personal computer, TPC），是一种小型、携带方便的个人计算机，以触摸屏作为基本输入设备。有时也叫掌上计算机（personal digital assistant, PDA），即个人数字助手，它们都是一款无须翻盖、没有键盘、尺寸小但功能完整的 PC，如图 3-8 所示。平板计算机集移动商务、移动通信和移动娱乐为一体，具有手写识别和无线网络通信功能（即通过 Wi-Fi 信号模块），目前主要用来上网和游戏娱乐。PDA 主要应用在工业领域，如条码扫描器、RFID 读写器、POS 机等。通过是否内置有 SIM 卡信号传输模块，分为 Wi-Fi 版和 5G 版。Wi-Fi 版连接无线热点，5G 版不仅能连接无线热点，还能通过 5G 无线网络打电话。目前各大 IT 厂商均推出了自己的平板计算机，知名品牌有华为、小米、苹果、三星、微软等。

图 3-7　笔记本计算机

图 3-8　平板计算机

7．智能手机

智能手机是指像个人计算机一样，具有独立的操作系统、独立的运行空间，可以由用户自行安装软件、游戏、导航等第三方服务商提供的程序，并可以通过移动通信网络来实现无线网络接入的一类手机的总称。智能手机的诞生，是掌上计算机演变而来的。最早的掌上计算机不具备手机的通话功能，但是随着用户对掌上计算机个人信息处理功能的依赖的提升，又不习惯于随时都携带手机和掌上计算机两种设备，所以厂商将掌上计算机的系统移植到了手机中，于是才出现了智能手机这个概念。智能手机的操作系统基本分三大阵营：苹果公司的 iOS 系列、谷歌公司的 Android 系列和华为公司的 HMS 系列。

智能手机涉及的范围已经布满全世界，因为智能手机具有优秀的操作系统、可自由安装各类软件、全触屏式操作这三大特性，所以完全终结了前几年的键盘式手机。知名品牌有华为（HUAWEI）、小米（MI）、步步高（vivo 和 OPPO）、联想（Lenovo）、中兴（ZTE）、苹果、三星等。

3.3.2 微型计算机的硬件组成

由于微型计算机是一种"开放式""积木式"的体系结构，各部件制造遵循一定的标准和规范，因此各厂家都可以按标准制造微机的各个部件，包括主板扩展槽内的可选插件（如内存、显卡、USB 设备等）。目前，常用的多媒体微机，如台式计算机，基本配置有 CPU、主板、内存、硬盘、声卡、显卡、网卡、键盘、鼠标、机箱、电源、扬声器和显示器等 13 个部件，现在很多主板上都集成了显卡和网卡。

这 13 个部件组成了计算机的主机、输入设备和输出设备三大基本结构。其中：

① 主机：由 CPU、主板、内存、硬盘、声卡、显卡、网卡、机箱、电源组成，这些设备都组装在机箱里。

② 输入设备由键盘、鼠标以及扫描仪、数码照相机和摄像机、摄像头等其他设备组成。

③ 输出设备由扬声器、显示器以及打印机等其他设备组成。

3.4 主机系统和外围设备

主机系统主要由 CPU、主板、主存储器、总线及输入/输出接口组成。外围设备（简称外设）主要由外存储器（硬盘）键盘、鼠标、扫描仪、显示卡、显示器、打印机等组成。

● 视频

CPU

3.4.1 中央处理器

中央处理器（CPU）是一块超大规模的集成电路，是一台计算机的运算核心和控制核心，主要包括运算器（arithmetic and logic unit, ALU）和控制器（control unit, CU）两大部件。此外，还包括若干个寄存器和高速缓冲存储器及实现它们之间联系的数据、控制及状态的总线。CPU 负责对信息和数据进行运算和处理，并实现本身运行过程的自动化。其作用相当于人的大脑，控制着整台计算机的运行，如图 3-9 所示。

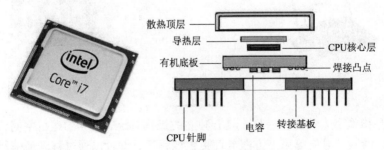

图 3-9　CPU 的外观和物理构造

1. CPU 的功能

CPU 主要是解释和执行计算机指令以及处理计算机软件中的数据。计算机的所有操作都受

CPU 控制，CPU 的性能指标直接决定了微机系统的性能指标。CPU 的主要功能包括以下四方面：

① 处理指令：这是指控制程序中指令的执行顺序。程序中的各指令之间是有严格顺序的，必须严格按程序规定的顺序执行，才能保证计算机系统工作的正确性。

② 执行操作：一条指令的功能往往是由计算机中的部件执行一系列的操作来实现的。CPU 要根据指令的功能，产生相应的操作控制信号，发给相应的部件，从而控制这些部件按指令的要求进行动作。

③ 控制时间：指对各种操作实施时间上的定时。在一条指令的执行过程中，在什么时间做什么操作均应受到严格的控制。只有这样，计算机才能有条不紊地工作。

④ 处理数据：对数据进行算术运算和逻辑运算，或进行其他的信息处理。

2. CPU 的性能指标

CPU 性能的高低直接决定了一个计算机系统性能的高低，而 CPU 的性能指标可以反映出 CPU 的性能水平。

（1）字长

字长是指 CPU 可以同时处理的二进制数据的位数，是最重要的一个技术性能指标。人们通常所说的 8 位机、16 位机、32 位机、64 位机就是指该计算机的 CPU 可以同时处理的二进制数据的位数。现在的主流 CPU 都是 64 位 CPU。

（2）外频

外频是 CPU 乃至整个计算机系统的基准频率，是主板为 CPU 提供的基准时钟频率，单位是 MHz（兆赫）。目前 CPU 外频已经达到了 200 MHz 以上。由于正常情况下外频和内存总线频率相同，所以当 CPU 外频提高后，与内存之间的交换速度也相应得到了提高，对提高计算机整体运行速度贡献较大。

（3）主频

CPU 主频又称工作频率，是 CPU 内核（整数和浮点运算器）电路的实际运行频率。CPU 的主频不代表 CPU 的速度，因为计算机的整体运行速度不仅取决于 CPU 运算速度，还与其他各分系统的运行情况有关，只有在提高主频的同时，各分系统运行速度和各分系统之间的数据传输速度都能得到提高后，计算机整体的运行速度才能真正得到提高。主频=外频×倍频，例如 12 代英特尔 16 核酷睿 I9-12900 处理器单核主频高达 5.0 GHz，外频是 200 MHz，倍频为 25。通常计算机爱好者通过主板提供的软件可以提升外频或者倍频从而提高 CPU 的主频，就是通常所说的超频。

（4）制造工艺

CPU 制造工艺又称 CPU 制程，它的先进与否决定了 CPU 性能的优劣。CPU 的制造是一个极为复杂的过程，目前只有美国和日本等少数几家厂商具备研发和生产 CPU 的能力。CPU 制造工艺是指 CPU 核心中线路的宽度和制造晶体管图形的尺寸，一般用微米（μm）或纳米（nm）表示。从早期的 0.13 μm 到 0.014 μm（14 nm）制造工艺，以及目前广泛应用的 0.005 μm（5 nm）制造工艺，晶体管电路最大限度地缩小，集成度越来越高，能耗也越来越低，CPU 更省电，为 CPU 的速度提升提供了有力保障。

（5）缓存

CPU 缓存是位于 CPU 与内存之间的临时存储器，称为高速缓冲存储器（cache），简称"高速缓存"。cache 是位于 CPU 和主存储器 DRAM（动态存储器）之间规模较小，但速度很高的存储器，通常由 SRAM（静态存储器）组成。

视 频 ●······

Cache

●·········

CPU 的速度远高于内存，当 CPU 直接从内存中存取数据时要等待一定时间周期，而 cache 则可以保存 CPU 刚用过或循环使用的一部分数据。当 CPU 需要再次使用该部分数据时可从 cache 中直接调用，这样就避免了重复存取数据，减少了 CPU 的等待时间，因而提高了系统的效率。

按照数据读取顺序和与 CPU 结合的紧密程度，CPU 缓存可以分为一级缓存、二级缓存和三级缓存，每一级缓存中所存储的全部数据都是下一级缓存的一部分，这 3 种缓存的技术难度和制造成本是相对递减的，所以其容量也是相对递增的。缓存容量越大，CPU 运行速度越快。

3．接口

CPU 需要通过某个接口与主板连接才能进行工作，经过这么多年的发展，CPU 采用的接口方式有引脚式、卡式、触点式、针脚式等。而目前 CPU 的接口基本是针脚式接口或触点式，对应到主板上就有相应的插槽类型。CPU 接口类型不同，插孔（触点）数、体积、形状都有变化，所以不能互相接插。目前的主流处理器大多采用的接口称为 Socket，如图 3-10 所示。因针脚或触点数的不同，Intel 生产的 CPU 采用针脚数量随着工艺而变，如 LGA 1200、LGA 1700、LGA 2011 等。

4．主要生产厂家

50 多年来，CPU 的技术水平飞速提高，在速度、功耗、体积和性能价格比方面平均每 18 个月就有一个数量级的提高。目前，微机中普遍使用的 CPU 主要由 Intel 和 AMD 生产商生产，其公司标志如图 3-11 所示。

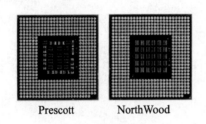

Prescott　　NorthWood

图 3-10　CPU 的 Socket 接口　　　　　图 3-11　Intel 和 AMD 公司的标志

Intel（英特尔）是全球最大的半导体芯片制造商，1968 年开始设计和制造复杂的半导体芯片，具有 50 多年产品创新和市场领导的历史。1971 年，Intel 推出了全球第一款微处理器 4004，由 2 300 个晶体管构成。这一举措不仅改变了 Intel 公司的未来，而且对整个世界工业产生了深远影响。微处理器所带来的计算机和互联网革命，改变了整个世界。当时，公司的联合创始人之一戈登·摩尔（Gordon Moore），就提出后来被业界奉为信条的"摩尔定律"——每过 18 个月，芯片上可以集成的晶体管数目将增加一倍，并且运算速度也提升一倍。

AMD 是 advanced micro devices（超微半导体）的缩写。AMD 公司成立于 1969 年，总部位于美国加利福尼亚州桑尼维尔市，专门为计算机、通信和消费电子行业设计和制造各种创新的微处理器、闪存和低功率处理器解决方案，是 Intel 公司强大的竞争对手，在美国、欧洲及亚洲均设有工厂。

2005 年，当 CPU 的主频接近 4 GHz 时，英特尔和 AMD 发现，CPU 的速度也会到达极限：那就是单纯的主频提升，已经无法明显提升系统整体性能。英特尔高级副总裁基辛格（Pat Gelsinger）认为，"从单核到双核，再到多核的发展，可能是摩尔定律问世以来，在芯片发展历史上速度最快的性能提升过程"。可以看到，多核心 CPU 解决方案的出现，给人们带来了新的希望。多核 CPU 就是基板上集成有多个单核 CPU，多个核心同时处理多个任务，速度快了，且万一一个核心死机，另一个核心还可以继续处理关机、关闭软件等任务。随着科技的发展，8 核心、16 核心、32 核心的 CPU 逐渐走入人们的生活中。图 3-12 所示为一款国产多核心处理器龙芯 3 号。

5. CISC 和 RISC

在计算机指令系统的优化发展过程中，出现过两个截然不同的优化方向：CISC 技术和 RISC 技术。这里的计算机指令系统指的是计算机最底层的机器指令，也就是 CPU 能够直接识别的指令。随着计算机系统越来越复杂，要求计算机指令系统的构造能使计算机的整体性能更快、更稳定。

CISC 是指复杂指令集计算机（complex instruction set computer），也是人们最初采用的优化方法，它是通过设置一些功能复杂的指令，把一些原来由软件实现的、常用的功能改用硬件的指令系统实现，以此来提高计算机的执行速度。目前的台式计算机或笔记本计算机一般采用 CISC。

图 3-12　国产龙芯多核心处理器

RISC 是指精简指令集计算机（reduced instruction set computer），是另一种优化方法。它是在 20 世纪 80 年代才发展起来的，其基本思想是尽量简化计算机指令功能，只保留那些功能简单、能在一个节拍内执行完成的指令，而把较复杂的功能用一段子程序来实现。RISC 技术的精华就是通过简化计算机指令功能，使指令的平均执行周期减少，从而提高计算机的工作主频，同时大量使用通用寄存器来提高子程序执行的速度。目前的智能手机一般采用精简指令系统 RISC。

拓展阅读：党的二十大报告指出"我们加快推进科技自立自强，全社会研发经费支出从一万亿元增加到二万八千亿元，居世界第二位，研发人员总量居世界首位。基础研究和原始创新不断加强，一些关键核心技术实现突破，战略性新兴产业发展壮大，载人航天、探月探火、深海深地探测、超级计算机、卫星导航、量子信息、核电技术、新能源技术、大飞机制造、生物医药等取得重大成果，进入创新型国家行列。"

纵观全球，Intel、AMD 两大巨头领跑通用 CPU（桌面与服务器 CPU）市场；国产 CPU 正处于奋力追赶的关键时期，以飞腾、鲲鹏、海光、龙芯、兆芯、申威等为代表的厂商正全力打造"中国芯"。回溯中国的国产 CPU 发展历程，可分为 3 个阶段：

起步期：20 世纪 50～70 年代。1956 年，半导体科技被列为国家新技术四大紧急措施之一。1965 年，中国成功研制出第一块单片集成电路，在集成电路设计、工艺、设备、材料等方面取得了一系列重要突破，并建立了初步的产业体系和基础设施。

挫折期：20 世纪 80～90 年代。虽然在这一时期有一些重大项目和政策支持，并涌现了华晶、华虹等一批民营企业和合资企业，但总体上技术前进有待提高。

提速期：21 世纪初至 2017 年。这一阶段是中国芯片产业加快调整结构、提升竞争力、实现跨越式发展的转折阶段。在新世纪伊始，随着信息化浪潮的兴起和移动互联网时代的到来，以及政府出台《国家中长期科学和技术发展规划纲要》《国家集成电路产业发展推进纲要》《"十三五"集成电路产业规划》等战略性文件，并设立专项基金支持芯片产业发展等措施，在政策引导和市场需求双重驱动下，中国芯片行业也迎来了转型和快速发展。

2002 年，我国首款通用 CPU——龙芯 1 号（代号 X1A50）研制成功。目前，国产 CPU 产业已初具规模，涌现出一批领军企业。

在 GMIF（global memory innovation forum，全球存储器行业创新论坛）2023 大会上，龙芯再一次参展，并于 2023 年四季度推出 3A6000 处理器。根据测试结果，龙芯 3A6000 处理器总体性能与 Intel 2020 年上市的 10 代酷睿四核处理器相当。更为关键的是，龙芯 3A6000 采用龙芯自主指令系统架构，从顶层架构到指令功能和 ABI 标准等，全部自主设计。

3.4.2　主板

主板也称主机板（main board）、系统板（system board）或母板（mother board），是微机硬件系统中最大的一块电路板。主板上布满各种电子元件、插槽和接口，典型的主板系统物理结构如图 3-13 所示。

主板安装在机箱内，是微机最基本也是最重要的部件之一。主板一般为矩形电路板，是整个微机内部结构的基础，为各种存储设备、输入/输出设备提供接口；还为 CPU、内存、显卡和其他各种功能卡提供安装插槽。微机是通过主板将 CPU 等各种功能部件和外围设备有机地结合在一起而形成的一套完整的系统。主板性能不佳，则其他一切与之相连的部件的性能将不能充分发挥出来。计算机工作时，由输入设备输入数据，由 CPU 来完成大量的数据运算，再由主板负责组织将数据输送到各个设备。下面介绍主板的主要组成部分。

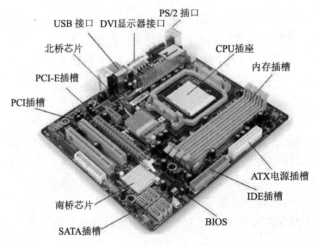

图 3-13　主板

1. CPU 插座

CPU 插座是放置和固定 CPU 的地方，中间放置 CPU，外围的支架可固定 CPU 的散热风扇，如图 3-14 所示。CPU 的插座多为 Socket 架构，呈白色，根据支持的 CPU 不同，CPU 的插座也不同，主要是针脚数不同。

2. 芯片组

芯片组（chipset）是构成主板电路的核心。一定意义上讲，它决定了主板的级别和档次。它是把以前复杂的电路和元件最大限度地集成在几个芯片内的芯片组，如图 3-15 所示。如果说中央处理器是整个计算机系统的大脑，那么芯片组则是整个计算机系统的神经。主板芯片组几乎

图 3-14　CPU 插座

决定着主板的全部功能，其中 CPU 的类型、主板的系统总线频率、内存类型、容量和性能、显卡插槽规格是由芯片组中的北桥芯片决定的；而扩展槽的种类与数量、扩展接口的类型和数量（如 USB 3.0/2.0、笔记本的 VGA、DVI 输出接口）等，是由芯片组中的南桥芯片决定的，主板的工作原理图如图 3-16 所示。芯片组的功能可归纳为：北桥芯片控制总线，南桥芯片控制输入和输出。有些芯片组由于纳入了 3D 加速显示（集成显示芯片）、High Definition Audio 声音解码等功能，还决定着计算机系统的显示性能和音频播放性能。

图 3-15 Intel 芯片组

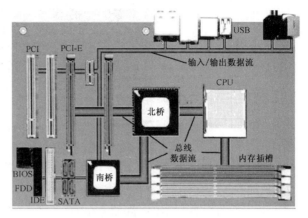

图 3-16 主板工作原理图

3. 内存插槽

内存插槽是主板上用来安装内存的地方，如图 3-17 所示。

4. PCI 以及 PCI-E 扩展槽

PCI 以及 PCI-E 扩展槽的长度较窄，呈白色或者其他彩色，一般有 2～6 个，通常用来安装显卡、声卡、网卡、电视卡等，如图 3-18 所示。

图 3-17 主板上的内存插槽

图 3-18 主板上的 PCI 以及 PCI-E 扩展槽

5. BIOS 和 CMOS

BIOS（basic input output system，基本输入/输出系统）是一组固化到计算机主板 ROM 芯片（只读存储器）上的程序，它保存着计算机最重要的基本输入/输出程序、开机后自检程序和系统自启动程序，它可从 CMOS 中读/写系统设置的具体信息。其主要功能是为计算机提供最底层的、最直接的硬件设置和控制。

CMOS（complementary metal oxide semiconductor，互补金属氧化物半导体）是计算机主板上一块特殊的 RAM（随机存储器）芯片，是系统参数存放的地方，而 BIOS 中系统设置程序是完成参数设置的手段。因此，准确的说法应是通过 BIOS 设置程序对 COMS 参数进行设置。COMS 存储器是用来存储 BIOS 设定后要保存的数据，包括一些系统的硬件配置和用户对某些参数的设置，如传统 BIOS 的系统密码和设备启动顺序等。

6. SATA 硬盘数据线接口

随着存储技术的发展，SATA（serial advanced technology attachment，串行高级技术附件）串行接口（见图 3-19）的硬盘成为主流，因此，主板上设计了 SATA 硬盘数据线接口插槽。SATA 2.0 可以达到 300 MB/s 的数据传输速率；SATA 3.0 可达 750 MB/s 的数据传输速率。

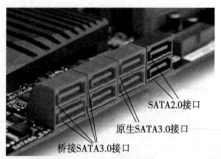

图 3-19　SATA 硬盘数据线接口

SATA2.0接口

原生SATA3.0接口

桥接SATA3.0接口

7．外部输入及输出接口

主板接口如图 3-20 所示，主要用来连接一些外设产品，例如连接鼠标、键盘、打印机的 USB 接口，连接显示器的各种接口、连接网线的 RJ-45 接口、连接扬声器或耳机的音频接口等。

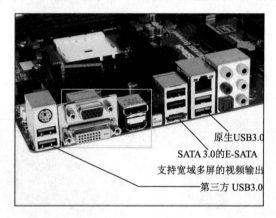

原生USB3.0

SATA 3.0的E-SATA

支持宽域多屏的视频输出

第三方 USB3.0

图 3-20　主板接口

3.4.3　存储器

存储器（memory）是计算机系统中的记忆设备，用来存放程序和数据。计算机中全部信息，包括输入的原始数据、计算机程序、中间运行结果和最终运行结果都保存在存储器中。它根据控制器指定的位置存入和取出信息。有了存储器，计算机才有记忆功能，才能保证正常工作。按用途存储器可分为主存储器（内存）和辅助存储器（外存），也有分为外部存储器和内部存储器的分类方法。外存通常是磁性介质、半导体电子介质或光盘等，相对内存速度慢、价格低、容量大，并能长期保存信息。内存指主板上的存储部件，速度快，可与 CPU 直接进行数据交换，因此用来存放当前正在执行的数据和程序，但仅用于暂时存放程序和数据，关闭电源或断电，数据会丢失。

● 视　频

内存

1．内存

内存是微机的重要部件之一。外围存储设备（硬盘、光驱等）将数据送给 CPU 的速度太慢（相对 CPU 的运算速度而言），为了解决 CPU 与外围设备速度不匹配的问题，在主板上设置了内存。外围设备先将数据送给内存，然后内存再将数据送给 CPU，CPU 再将运算结果回送给内存，内存再将数据送到外围设备存储。内存泛指计算机系统中存放数据与指令的半导体存储单元，包括 RAM、ROM、Cache 等。人们习惯将 RAM 直接称为内存或内存条，如

图 3-21 所示。内存分为以下 3 种类型：

（1）随机存储器

随机存储器（random access memory，RAM）是计算机的主存，
CPU 对其既可读出数据又可写入数据。一旦关机断电，RAM 中的
信息将全部消失。RAM 又分为静态存储器（SDRAM）和动态存
储器（DRAM）两种。

图 3-21 微机中使用的内存

（2）只读存储器

只读存储器（read only memory，ROM）是一种内容只能读出而不能写入和修改的存储器。CPU
对 ROM 只取不存，ROM 中存储的信息一般由主板制造商写入并固化处理，普通用户是无法修改
的，即使断电，ROM 中的信息也不会丢失。ROM 一般存储一些固定程序、数据和系统软件等，
如主板的 BIOS 程序、检测程序。随着 ROM 存储技术的发展，可擦除、可改写的只读存储器 ERPROM
以及电可擦除、可改写、可编程的只读存储器 EEPROM，已广泛应用于 PC 的 BIOS，实现了 PC BIOS
的在线升级。

（3）高速缓冲存储器

具体介绍参见 3.4.1 节。

2. 外存

外存储器又常称为辅助存储器（简称辅存），属于外围设备。CPU 不能像访问内存那样直接
访问外存，外存要与 CPU 或 I/O 设备进行数据传输，必须通过内存进行。

（1）硬盘

硬盘（hard disk drive，HDD）是计算机主要的存储媒介之一，其主要作用是存放操作系统和
计算机程序以及文档数据。

根据存储材料和制作技术不同，硬盘可分为机械式硬盘（HDD 传统硬盘）、固态硬盘（SSD
电子硬盘）、混合硬盘（电子硬盘和机械式硬盘二合一）3 种形式。

① 机械式硬盘。自 1956 年 IBM 公司推出第一台硬盘驱动器 IBM RAMAC 350（容量 5 MB）
至今已有 60 多年，其间虽没有 CPU 那样的高速发展与技术飞跃，但从控制技术、接口标准、机
械结构等方面都进行了一系列改进。正是这一系列技术上的研究与突破，使人们用上了容量更大、
体积更小、速度更快、性能更可靠、价格更便宜的机械式硬盘，如图 3-22 所示。

机械式硬盘是集精密机械、微电子电路、电磁转换为一体的存储设备。它是
由读/写磁头、磁头臂、磁盘盘片、磁头传动机构、底座，以及背部的控制电路
板这 6 个主要部分构成的。其中，盘片是由一个或者多个铝制的，上面覆盖有非
常小的铁磁性颗粒材料的盘组组成，如图 3-23 所示。磁性颗粒材料有正反两
极代表 0 与 1，通过磁头改变其磁极，就可以起到存储数据的作用；通过磁头在
确定位置读取其磁化编码状态，便可起到读取数据的作用，由此实现了磁头读/
写数据的功能。

视 频

硬盘

硬盘转速就是指盘片旋转的转速，用在 1 min 内所能完成的最大转数表示，
单位为转/分（r/min）。磁头的移动快慢表现为寻道时间的快慢，寻道时间是指磁头从开始移动到
数据所在磁道所需要的平均时间，单位为毫秒（ms）。这两者速度越快，则磁头寻道时间就越短，
同时磁头读/写数据的速度就越快。

图 3-22　机械式硬盘

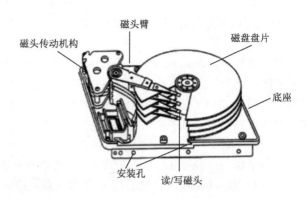

图 3-23　机械式硬盘的结构

硬盘的性能如何，是由硬盘容量、转速、寻道时间和硬盘自带的高速缓存的容量等来决定的。硬盘容量的单位一般用 TB 表示，目前主流硬盘容量为 2 TB 以上；转速一般为 7 200 r/min；平均寻道时间通常为 8～12 ms；主流的硬盘品牌有西部数据（West Digital）、希捷（Seagate）、三星（SAMSUNG）和日立（Hitachi）等。

硬盘在使用前，需要先分区然后进行格式化，将硬盘的磁盘盘片划分为若干级别的存储管理单位，以便于存储管理，如图 3-24 所示。一般为记录面（盘面）、磁道和扇区 3 级。其中，记录面（盘面）是指一个磁盘盘片的上、下两个面，都能记录信息。硬盘有一个或多个磁盘盘片，其中记录面（盘面）与磁头（Head）数量是一样的，故常用磁头来代替记录面号；磁道（Track）是指磁盘盘片上划分的一系列同心圆环，一般有上千个磁道。由外向里编号，最外一个同心圆环为 0 磁道。所有记录面上同一编号的磁道就构成了柱面（Cylinder），柱面数等同于每个盘面上的磁道数。磁盘上的每个磁道被分为若干个弧段，这些弧段便是磁盘的扇区，也称存储单元，一个扇区存储容量为 512 B。所以，硬盘容量的计算机公式为：

硬盘容量=柱面数（表示每面盘面上有几条磁道，一般总数是 1 024）×磁头数（表示盘面数）×扇区数（表示每条磁道有几个扇区，一般总数是 64）×每扇区字节数

早期硬盘每一条磁道的扇区数相同，因此外道的记录密度要远低于内道，这样会浪费很多磁盘空间。为了进一步提高硬盘容量，后来硬盘厂商都改用等密度结构生产硬盘，即每个扇区的磁道长度相等，外圈磁道密度比内圈磁道多。采用这种结构后，硬盘容量不再完全按照上述公式进行计算。

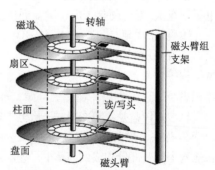

图 3-24　硬盘的结构

② 固态硬盘（solid state drive, SSD）。SSD 是指用固态电子存储芯片阵列制成的硬盘，由控制单元和存储单元（Flash 芯片、DRAM 芯片）组成。目前被广泛应用于军事、车载、工控、视频监控、网络监控、网络终端、电力、医疗、航空、导航设备等领域。随着固态硬盘技术的发展，其容量逐步增大，价格逐步降低，大有取代机械式硬盘的趋势。目前，高端的笔记本计算机已经直接使用固态硬盘作为标配。固态硬盘具有传统机械硬盘不具备的快速读/写、质量小、能耗低以及体积小等特点，但是一旦硬件损坏，数据较难恢复。固态硬盘的外观和内部结构如图 3-25 所示。

③ 混合硬盘。混合硬盘是一块基于传统机械硬盘诞生出来的新硬盘，除了机械硬盘必备的

盘片、电动机、磁头等，还内置了 NAND 闪存颗粒，这些颗粒将用户经常访问的数据进行存储，可以达到 SSD（固态硬盘）效果的读取性能，如图 3-26 所示。混合硬盘结合了机械式硬盘的大容量和固态硬盘的快速读/写两方面的特点，并把操作系统存放在闪存颗粒里面以加快运行速度。

（2）光盘与光驱

光盘存储器是一种用光学原理进行读/写信息的装置，由光盘和光盘驱动器（简称光驱）组成。光盘的基本存储原理：当带有凹凸的一面向下对着激光头时，激光透过表面透明基片照射到凹凸面上，然后聚焦在反射层的凹进面和凸起面上，凸起面将激光按原路程反射回去，同时不会减弱光的强度；凹进面则将光线向四面发射出去。光驱就是靠光的反射和发散来识别数据的。"1"代表光强度由高到低或由低到高的变化，"0"代表持续一段时间连续不变的光强度。图 3-27 所示为光驱读取数据的原理图。

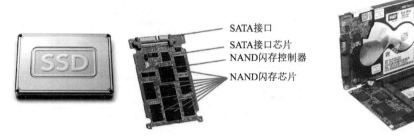

图 3-25 固态硬盘的外观和内部结构　　　　图 3-26 WD（西部数据）混合硬盘

衡量光驱的最基本指标是数据传输速率（Data Transfer Rate），即通常所说的倍速，单倍速（1X）光驱是指每秒光驱的读取速率为 150 KB，同理，双倍速（2X）就是指每秒读取速率为 300 KB，CD-ROM 光驱一般都在 52X、54X 以上。光驱面板上一般都有数字，例如，52X，表示其为 52 倍速光驱，即每秒传输 52×150 KB=7 800 KB 数据。光盘存储容量大，价格便宜，保存时间长，适宜保存大量的数据，如声音、图像、动画、视频、电影等多媒体信息，曾经是计算机必备的外围存储设备。

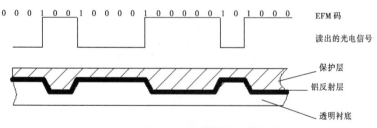

图 3-27 光驱读取数据原理

根据光盘记录层介质和存储技术不同，光驱分为 CD-ROM（只读光盘驱动器）、CD-RW（可擦写光盘驱动器）、DVD-ROM（只读 DVD 光盘驱动器）、DVD-R/RW（可擦写 DVD 光盘驱动器）、blu-ray（蓝光光盘驱动器）等。

由于 U 盘等闪存盘的兴起，光盘和光驱使用概率越来越低，新的计算机中光驱由标配变成了选配或者不配。

（3）闪存

闪存（flash memory）是一种长寿命的非易失性（在断电情况下仍能保持所存储的数据信息）的存储器，数据删除不是以单个的字节为单位而是以固定的区块为单位。区块大小一般为 256 KB～20 MB。由于其断电时仍能保存数据，闪存通常用来保存设置信息，如计算机的 BIOS、手机内存卡、数码照相机存储卡等。

闪存卡有很多优点，如存取速度快，无噪声，散热小，携带方便等。目前常用的容量为8～256 GB，USB 3.0 接口。闪存按种类可分为 U 盘、CF 卡、SM 卡、SD/MMC 卡、记忆棒、XD 卡、MS 卡、TF 卡、PCI-E 闪存卡等，如图 3-28 所示。

（4）移动硬盘

移动硬盘（mobile hard disk）是便携性的硬盘存储产品，适合用于计算机之间大容量数据的保存和交换。市场上绝大多数移动硬盘都是以标准笔记本计算机硬盘为基础的，所以有机械式移动硬盘和固态移动硬盘两种类型，而只有很少部分的是微型硬盘（1.8 英寸硬盘等）。移动硬盘多采用 USB 3.0、IEEE 1394 等传输速率较快的接口，可以较高的速度与系统进行数据传输。

（a）手机上用的TF卡　　（b）数码照相机上用的SD卡　　（c）数码照相机上用的CF卡

（d）U盘　　　　（e）数码照相机上用的XD卡　　（f）索尼数码设备上用的记忆棒

图 3-28　各种常用闪存卡

3．PC 的存储系统与层次结构

存储系统的层次结构，是指把不同存储容量、不同存取速度的存储设备，按照一定的体系结构组织起来，使所存放的程序和数据按层次分布在各存储设备中。存储系统的层次结构如图 3-29 所示。从中可以看出，在各种存储设备中，存储速度 CPU 寄存器>Cache（高速缓存）>主存储器内存（RAM）>外部存储器。

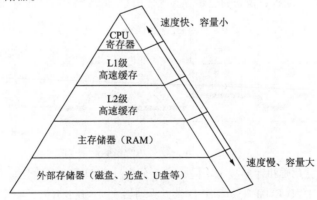

图 3-29　存储系统的层次结构

拓展阅读：随着科技的不断发展，存储芯片作为信息科技的核心组件之一在近年来得到了广泛应用。无论是移动设备还是云计算数据中心，存储芯片都扮演着至关重要的角色。同步 DRAM 的核心是利用 0 和 1 存储数据，属于半导体存储中的易失性存储器。从全球格局来看，DRAM 行业历经多轮周期洗礼，长期由三星、SK 海力士、美光三家国际企业垄断市场。位于合肥的长鑫存储技术有限公司是国内唯一量产自研 DRAM 芯片的公司。2018 年，长鑫存储研发国内首个 8 GB

DDR4 芯片，并于 2019 年第三季度量产，2020 年推向市场。目前，已经获得了威刚科技、江波龙 FORESEE 等存储品牌厂商的采用。长鑫存储在 2020 年、2021 年分别实现了每月 4.5 万片晶圆、每月 6 万片晶圆的目标，2022 年的产能已超每月 12 万片晶圆。国产内存的问世，直接将一直以来高高在上的内存的价格降了下来。

3.4.4　总线与接口

任何一个微处理器都要与一定数量的部件和外围设备连接，但如果将各部件和每一种外围设备都分别用一组线路与 CPU 直接连接，那么连线将会错综复杂，甚至难以实现。为了简化硬件电路设计、简化系统结构，常用一组线路，配置以适当的接口电路，与各部件和外围设备连接，这组共用的连接线路称为总线。采用总线结构便于部件和设备的扩充，尤其制定了统一的总线标准则容易使不同设备间实现互联。

总线（bus）就是计算机各种功能部件之间传送信息的公共通信干线，用于计算机各部件之间的信息传输。总线是指将信息从一个或多个源部件传送到一个或多个目的部件的一组传输线，是计算机中传输数据的公共通道。而接口是由部件接入总线的硬件接头与电路和软件编程两部分组成的。

在这里部件是指设备，这些设备传送或接收的信号有些是输入（Input，简写为 I），有些是输出（output，简写为 O），输入和输出简写为 I/O。在计算机中把除 CPU 和内存以外的大部分设备统称外围设备，它们与内存之间进行信息传输，信息进入内存为输入，反之为输出，所以又将外围设备统称为 I/O 设备。输入和输出信号的总线又称 I/O 总线，对应的接口称为 I/O 接口。I/O 接口的功能是负责实现 CPU 通过 I/O 总线把 I/O 电路和外围设备联系在一起。

1. I/O 总线

任何一个 CPU 和内存都要与一定数量的部件和外围设备连接进行信息交换，一条总线通常有几十至上百根导线，根据功能和传送的信息可以将其分为以下几类：

① 地址总线（address bus, AB）：传送地址信息的信号线，一般为单向传送。地址总线的数目决定了直接寻址的范围，例如 10 根地址线的寻址能力是 $2^{10}B=1$ KB，而 32 根地址线的寻址能力是 $2^{32}B=4$ GB。

② 数据总线（data bus, DB）：传送数据和指令代码的信号线，一般是双向传送。

③ 控制总线（control bus, CB）：传送控制信息的信号线，一般是双向传送，用于实现命令或状态传送、中断请求，以及提供系统使用的时钟和复位信号。

微机通过总线实现芯片内部、电路板芯片之间、系统各电路板之间、系统与系统之间的连接。按照总线所在的位置，又可将总线分为以下 4 类，如图 3-30 所示。

① 片内总线（又称内部总线）：指芯片内部的总线。例如，CPU 内部的片内总线（称为 CPU 总线）用于运算器、寄存器和控制器之间的信息传输，并且通过 CPU 引脚与外部连接。

② 局部总线（又称片间总线）：指在一块电路板内芯片之间的总线，用于芯片之间的互联。微机使用局部总线实现 CPU 与各外围芯片（如南、北桥芯片）之间的互联。

③ 系统总线（又称输入/输出总线，即 I/O 总线）是微机中主板与各插件之间的总线，用于电路板一级的互联。通常，系统总线的外部接口都有多个插槽，各插槽相同的引脚通过总线连接在一起。

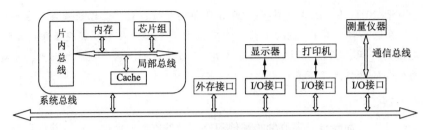

图 3-30　微机各级总线的简易关系

④ 通信总线（又称外部总线）：是微机和外围设备之间的总线，主要用于微机与微机之间、微机与其他设备之间的通信连接，如 USB 线、网络线等。

微机作为一种设备，通过总线和其他设备进行信息与数据交换，用于设备之间的互联。随着微电子技术和计算机技术的发展，总线技术也在不断地发展和完善，从而使得计算机总线技术种类更多，而且各具特色。下面仅对各类总线中目前比较流行的总线接口技术加以介绍。

（1）PCI 总线

PCI（peripheral component interconnect，外设部件互连）是 Intel 公司于 1991 年推出的一种局部总线，为显卡、声卡、网卡、Modem 等设备提供了连接接口，其工作频率为 33 MHz/66 MHz，是个人计算机中使用广泛的接口。

（2）USB 总线

通用串行总线（universal serial bus, USB）是由 Intel、Compaq、Digital、IBM、Microsoft、NEC、Northern Telecom 等 7 家世界著名的计算机和通信公司共同推出的一种接口标准，如图 3-31 所示。USB 基于通用连接技术，实现外设的简单快速连接，达到方便用户、降低成本、扩展 PC 外设范围的目的。同时，USB 可以为外设提供电源，而普通的使用串口、并口的设备还需要单独的供电系统。USB 设备之所以会被大量应用，主要是因其具有以下优点：

图 3-31　USB 总线接口及表示

① 可以热插拔。使得用户在使用外接设备时，不需要重复关机将并口或串口电缆接上再开机这样的动作，而是直接在 PC 工作时，就可以将 USB 设备插上使用。

② 携带方便。USB 设备大多以"小、轻、薄"见长。

③ 标准统一。原本常见的 IDE 接口的硬盘、串口的鼠标和键盘、并口的打印机和扫描仪，在有了 USB 之后，可以用同样的标准与 PC 连接，于是便有了 USB 硬盘、USB 鼠标、USB 打印机等。

④ 可以连接多个设备。USB 在 PC 上往往具有多个接口，可以同时连接几个设备，如果接上一个有 4 个端口的 USB Hub，就可以再连接 4 个 USB 设备，依此类推（注：最高可连接 127 个设备）。另外，快速是 USB 技术的突出特点之一，USB 1.1 的最高传输速率可达 12 Mbit/s，比串口快100 倍，比并口快近 10 倍；USB 2.0 的最高传输速率可达 480 Mbit/s，而 USB 3.0 则提供了高达4.8 Gbit/s 的传输速率。

（3）PCI Express 串行总线

PCI Express（简称 PCI-E）是目前最流行的总线接口，早在 2001 年的春季，英特尔公司就提出了要用新一代的技术取代 PCI 总线和多种芯片的内部连接，并称之为第三代 I/O 总线技术。随后在 2001 年底，包括 Intel、AMD、Dell、IBM 在内的 20 多家业界主导公司开始起草技术规范，并在 2002 年完成，将其正式命名为 PCI Express。它采用了业内流行的点对点串行连接，比起 PCI 以及更早期的计算机总线的共享并行架构，每个设备都有自己的专用连接，不需要向整个总线请求带宽，而且可以把数据传输速率提高到一个很高的频率，达到 PCI 所不能提供的高带宽。

2. I/O 设备接口

计算机中用于连接 I/O 设备的是 I/O 设备接口，如图 3-32 所示。

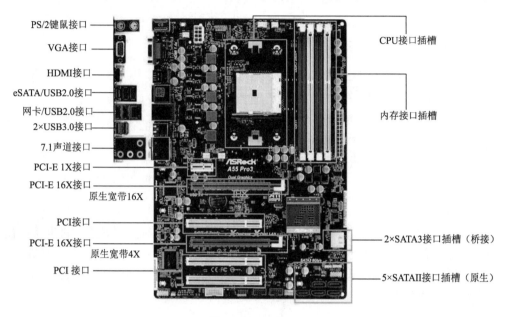

图 3-32 I/O 接口

计算机可以连接许多不同种类的 I/O 设备，所使用的 I/O 接口分成多种类型。从数据传输方式来看，有串行（一位一位地传输数据）和并行（8 位或者 16 位、32 位一起进行传输）之分；从数据传输速率来看，有低速和高速之分；从是否能连接多个设备来看，有总线式（可串接多个设备，被多个设备共享）和独占式（只能连接 1 个设备）之分；从是否符合标准来看，有标准接口和专用接口之分。表 3-1 所示为计算机常用的 I/O 接口一览表及其性能对比。

表 3-1 计算机常用的 I/O 接口及其性能对比

名　称	数据传输方式	数据传输速率	标　准	插头/插座形式	可连接的设备数目	通常连接的设备
串行口	串行、双向	50～19 200 bit/s	EIA-232 或 EIA-422	DB25 或 DB9F	1	鼠标、Modem
USB	串行、双向	1.5 Mbit/s 60 Mbit/s 4.8 Gbit/s	USB 1.0 USB 2.0 USB 3.0	USB A	最多 127	鼠标、键盘、外接硬盘、U 盘、数字视频设备、打印机、扫描仪等
SATA	串行、双向	150 Mbit/s 300 Mbit/s 600 Mbit/s	SATA 1.0 SATA 2.0 SATA 3.0	7 针插头插座	1	硬盘、光驱
显 示 器输出接口	并行、单向	200 Mbit/s 500 Mbit/s 5 Gbit/s 10.8 Gbit/s	VGA DVI HDMI Display Port	D-sub15 DVI-D24	1	显示器

3.4.5　其他外围设备

1．输入设备

使用微机进行工作，必须向微机输入各种数据或下达各种指令。微机中的各种数据可以通过鼠标、键盘、扫描仪、声音识别器、条形码阅读器等输入设备进行输入。微机的输入设备是人机进行交换的重要保证，其结构如图 3-33 所示。

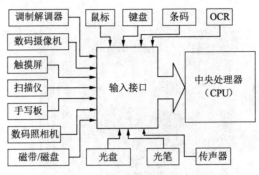

图 3-33　微机的输入设备结构

（1）键盘

键盘（keyboard）是计算机系统最基本的输入设备，微机的键盘是从英文打字机演变而来的，负责从工作台上对微机进行控制操作的重要设备，人们通过键盘输入的各种命令使计算机完成不同的运算及任务。虽然键盘是最早使用的输入设备，但至今依然是最重要的输入设备，尤其在文字输入领域，键盘依旧有着不可动摇的地位。

（2）鼠标

鼠标是一种比键盘更小的输入设备，由于其外形和老鼠很相像，所以英文名称为 Mouse。由于图形界面操作系统的普及，鼠标已经成为微机系统不可缺少的输入设备。按照按键的数目，鼠标可以分为两键鼠标、三键鼠标和多功能鼠标；按照接口类型，鼠标可以分为 PS/2 接口的鼠标、串行接口的鼠标、USB 接口的鼠标；按照其工作原理可分为机械式鼠标、光电式鼠标、无线遥控式鼠标。

（3）扫描仪

扫描仪是一种将各种形式的图像信息输入计算机的重要工具，如图 3-34 所示。图片、照片、胶片到各类图纸、图形及文稿资料都可以用扫描仪输入到计算机中，进而对这些图像形式的信息进行处理、管理、使用、存储、输出等。配合文字识别软件，还可以将扫描的文稿转换成计算机的文本形式。目前，扫描仪已广泛应用于各类图形图像处理、出版、印刷、广告制作、办公自动化、多媒体、图文数据库、图文通信、工程图纸输入等众多领域。

目前，大多数扫描仪采用的光电转换部件是电荷耦合器件（CCD），该器件可以将照射在其上的光信号转换为对应的电信号，然后由电路对这些信号进行 A/D 转换及处理，产生对应的数字信号输送给计算机。当机械传动机构在控制电路的控制下带动装有光学系统和 CCD 的扫描头与图稿进行相对运动时，将图稿全部扫描一遍，一幅完整的图像就输入到计算机中。

（4）手写板（笔）

手写系统是一种直接给计算机输入汉字的计算机输入设备，并且要有专门的汉字识别软件将输入的汉字转换为办公软件能够识别的文本格式。手写系统一般由手写板和手写笔组成，通称为手写板，如图 3-35 所示。

绝大多数压感式触摸板都采取电容耦合感应的方式。手写板的板面是两层的，之间相对的两个面是柔软的导电物质，组成一个电容板的结构，只要有压力影响两层之间的距离，就会产生局部的电容变化。手写板通过这种电容的变化来检测触摸的位置。

（5）摄像头

摄像头作为一种视频输入设备，广泛地运用于视频聊天、远程会议、实时监控等日常活动中。摄像头的成像过程就是将信号数字化的过程，光线通过镜头到达感光元件 CCD 或 CMOS，将光线转换为数字信号，然后经过专门处理器 DSP（数字信号处理器）进行图像增强压缩优化，再传输到计算机等设备上，如图 3-36 所示。目前，智能手机都带有高清的摄像头。

图 3-34　扫描仪　　　　　图 3-35　压感式手写板　　　　　图 3-36　摄像头

（6）数码照相机和数码摄像机

数码产品越来越受计算机用户的喜爱，通过数码照相机和数码摄像机，用户可以随心所欲地拍照和录像，而不用担心昂贵的胶片费用。随着人们生活水平的提高和科学技术的进步，数码照相机和数码摄像机已经成为计算机用户的必选设备。其原理大致相同，都是将采集来的光学信号转换成电信号，在数/模转换芯片的处理下，将模拟的电信号转换成数字信号，然后存入相应的存储设备中，如图 3-37 所示。

（a）数码照相机　　　　　　　　　　　　（b）数码摄像机

图 3-37　数码照相机和数码摄像机

2．输出设备

（1）显卡

显卡就是通常所说的图形加速卡，是连接 CPU 和显示器之间的纽带，如图 3-38 所示。显卡的基本作用是控制计算机的图形输出。显卡通常由显示芯片、显示内存、Flash ROM、VGA 插头及其他外围元件构成，以附加卡的形式安装在计算机主板的扩展槽中，或集成在主板上。

（2）显示器

显示器是计算机最主要的输出设备，是人与计算机交流的主要渠道。

目前使用比较普遍的是液晶显示器（liquid crystal display, LCD），属于平面显示器的一种，如图 3-39 所示。液晶面板上包含两片精致的无钠玻璃板，中间夹着一层液晶。由于液晶不但具有固态晶体的光学特性，而且具有液态流动特性，所以称为"液态晶体"，是一种介于固态和液态之间的物质。多数液晶分子都呈细长棒形，长 1~10 nm。在不同电流电场的作用下，液晶分子会做旋转 90° 的规则排列，由此产生透光度的差别，这样在电源开/关状态下，就产生明暗的区别。依据此原理控制每个像素，便可构成所需的图像。

图 3-38　显卡

图 3-39　液晶显示器

（3）打印机

打印机是微机的传统输出设备，可以将微机中的数字信息以打印的方法转换为书面信息。按照工作原理，打印机分为击打式和非击打式两大类，其中击打式主要是针式打印机；非击打式种类较多，如激光打印机、喷墨打印机、热转印打印机、热敏式打印机等，其中常见的打印机有针式打印机、喷墨打印机和激光打印机 3 类。

① 针式打印机。针式打印机是通过打印针击打色带来进行工作的。现在的针式打印机通常都是 24 针或 9 针打印机，如图 3-40 所示。它广泛用于金融领域，如银行的票据平推式打印机、超市用的小票打印机等。打印头是针式打印机的核心部件，包括打印针、电磁铁等。钢针纵向排成单列或双列构成打印头，某列钢针在电磁铁的带动下，先打击色带（色带多数是由尼龙丝绸制成，浸涂有打印用的色料），色带后面是同步旋转的打印纸，从而打印出字符点阵，整个字符由数根钢针打印出来的点拼凑而成。针式打印机可以打印多层复写纸和蜡纸，缺点是噪声太大。

② 喷墨打印机。通常所说的喷墨打印机指的是采用液态喷墨技术的打印机，如图 3-41 所示。液态喷墨打印机的代表厂商有爱普生、佳能、惠普等。其工作原理存在一些差异，佳能公司采用气泡技术，利用加热墨水产生气泡使墨水通过喷嘴喷到打印介质上；惠普公司采用热感技术，将墨水与打印头设计成一体，遇热将墨水喷射出去；爱普生公司则采用多层压电打印头技术，使墨粒微小而均匀，改善了因墨点飞散而导致打印不清晰的问题。喷墨打印机有多种颜色的墨盒，使用专业相纸还可以打印彩色照片。

图 3-40　平推式针式打印机

图 3-41　喷墨打印机

③ 激光打印机。激光打印机是 20 世纪 60 年代末由施乐（Xerox）公司发明的，采用了电子照相技术，如图 3-42 所示。该技术利用激光束扫描光鼓，通过控制激光束的开与关使感光鼓吸与不吸墨粉，再把吸附的墨粉转印到纸上而形成打印结果。激光打印机的整个打印过程可以分为控制器处理阶段、墨影及转印阶段。激光打印机可以说是目前打印质量最好的打印机，具有打印速度快、分辨率高、不褪色以及支持网络打印等优点。

针式打印机和喷墨打印机在打印时打印头需要反复移动，而激光打印机每打印一张纸，相关部件只需转动一次，因此其打印速度最快。由于激光打印所使用的耗材为碳粉，比喷墨打印机所使用的墨滴要小得多，其打印精度要明显好于喷墨打印机，接近于印刷效果，长时间保存不会褪色，而且对打印介质的要求也不高。

④ 绘图仪。绘图仪是工程上比较常用的价格昂贵的一种图形输出设备（见图 3-43），可以在纸上或其他材料上画出图形。绘图仪一般装有一支或几支不同颜色的绘图笔，这些绘图笔可以在相对于纸的水平和垂直方向上移动，而且可根据需要抬起或降低，从而在纸上画出图形。

图 3-42　激光打印机　　　　　　　　图 3-43　绘图仪

绘图仪在绘图时必须接收主机发来的命令，这些命令放在存储器中，由控制器根据命令发出水平方向、垂直方向、抬笔或落笔等动作命令。高性能的绘图仪包含用于绘制字符、直线、圆弧甚至三次曲线的专用硬件器件，采用这些器件可以大大减少绘图仪对主机提供数据量的要求。与其他计算机的外围设备一样，绘图仪也越来越多地采用微处理器进行控制，以提高绘图的速度、效率和精度。

小　结

计算机系统由软件和硬件两大部分组成。硬件是构成计算机的各种实际物理设备，是看得见、摸得着的物体。本章分计算机系统组成、计算机硬件基础、微型计算机概述、主机系统和外围设备 4 个小节讲述了计算机的硬件系统。学习掌握计算机硬件系统，有利于人们理解和使用计算机设备。

习　题

一、综合题

1. 叙述指令的执行过程。
2. 叙述计算机的硬件构成。
3. 画出计算机系统组成图。
4. 叙述 CPU 的性能指标。
5. 比较 ROM、RAM、Cache 的特点。

二、网上信息检索

1. 用百度中文搜索引擎搜索 "CPU" "Intel 公司" "AMD 公司" "龙芯"，了解 CPU 的发展历史以及国产 CPU 的发展情况。
2. 用百度中文搜索引擎搜索 "固态硬盘" 和 "混合硬盘" 了解新式硬盘机的工作原理。
3. 用百度中文搜索引擎搜索 "芯片组"，了解芯片组的作用和功能。
4. 从网上查阅最新的主板结构，并叙述其功能。
5. 通过太平洋电脑网了解当前的计算机硬件技术。

第 4 章 | 计算机操作系统

计算机发展到今天，从微型计算机到高性能计算机，再到智能手机，无一例外都配置了一种或多种操作系统，操作系统已经成为现代计算机不可分割的重要组成部分。

计算机系统由计算机硬件系统和计算机软件系统所组成。其中，硬件系统奠定了计算机系统功能的物质基础，而软件系统最终决定一台计算机能做什么，能提供怎样的服务。计算机软件系统是计算机系统的灵魂，是指挥计算机系统工作的程序和相关文档的集合。人们对软件功能的要求越来越高，越来越复杂，同时软硬件的通用性问题等都需要一个性能安全稳定、功能强大的操作系统平台作为支撑。因此，操作系统成为最重要的系统软件之一。

本章首先介绍操作系统的基本原理和分类，重点讨论操作系统的功能和作用，然后讲解 Windows 10 操作系统的结构和系统管理。

4.1 操作系统概述

4.1.1 计算机软件的概念

计算机软件（computer software）是指计算机系统中的程序以及程序实现和维护时所必需的文档总称。软件具有 3 个特点：

① 软件是用户与硬件之间的接口，用户主要通过软件与计算机进行交互。

② 软件是计算机系统设计的重要依据。为了方便用户，也为了使计算机系统具有较高的总体效用，在设计计算机系统时，必须通盘考虑软件与硬件的结合，以及用户的要求和软件的要求。

③ 软件在计算机系统中起指挥、管理作用。计算机系统工作与否，做什么以及如何做，都是通过软件来完成的。

软件包括两部分的内容：程序和文档。

程序是计算机任务的处理对象和处理规则的描述，它是按照一定的设计思想、要求、功能和语法规则编写的文档。一般用高级语言来设计和编写程序，称为源程序。

从计算机运行的角度来看，程序是一系列按照特定顺序组织的计算机数据和指令的集合（也称机器指令）。这种指令集合，是将源程序翻译后得到的机器指令程序，也称目标程序，计算机可以直接运行。

由此可知，程序是为了实现某一功能而用计算机高级语言编制的文档，经转换生成指令序列，在没有错误的基础上，才能在计算机中正常运行，运行后就可以得到某一结果，如实现对计算机的管理、为用户提供服务等。程序应具有以下 4 方面的特征：

① 目的性：也就是最终要得到一个结果。

② 可执行性：指编制的程序必须能在计算机中运行，即没有错误。

③ 机器指令序列化：指用计算机语言编写的，经翻译转换成的指令序列。

④ 存储性：计算机程序必须在存储介质上存储。

文档是指用自然语言和形式化语言所编写的用来描述程序的内容、组成、设计、功能、开发情况、测试结构和使用方法的文字资料和图表，如程序设计报告和说明书、流程图、用户手册等。

程序设计和维护人员通过文档可以知道如何设计和维护程序，而程序的使用者通过文档可以清楚地了解程序的功能、运行环境和实用的方法，做到正确使用软件。

计算机软件总体可以分为两大类：系统软件和应用软件。

系统软件负责管理计算机系统中各种独立的硬件，使得它们可以协调工作。系统软件使得计算机使用者和其他软件将计算机当作一个整体使用而不需要顾及底层每个硬件是如何工作的。

系统软件包括操作系统和一系列工具软件，以完成相应功能操作（如编译、数据库管理、存储器格式化、文件系统管理、用户身份验证、驱动管理、网络连接等）。

应用软件是为了某种特定的用途而开发的软件。它可以是一个特定的程序（如一个图像浏览器），也可以是一组功能联系紧密，可以互相协作的程序的集合（如微软的 Office 软件），还可以是一个由众多独立程序组成的庞大的软件系统（如数据库管理系统）。

不同的软件一般都有对应的软件许可，许可条款不能够与法律相抵触。要合法使用软件，减少法律问题。

总之，计算软件是通过人的智力开发出来的成果，受多种法律保护。

4.1.2　计算机程序的工作机制

设计和编写程序是为了在计算机中运行获得结果或服务。计算机只能运行机器指令，直接用机器指令编写的程序称为机器语言程序，无须翻译就可以直接执行，也称为低级语言。但机器语言直观性差、烦琐、易错，只有少数专业人员掌握，而且只能开发相对简单的系统，要用机器语言开发大的应用系统是极为困难的。为此，产生了计算机高级语言，即人可以理解和记忆，但计算机不能直接运行的语言。可以用高级语言书写程序，然后"翻译"成机器指令代码，在计算机中运行。这种编程方式和工作机制，既解决了人编程问题，同时也解决了机器运行的问题。

用高级语言编写的程序称为源程序，把高级语言源程序翻译成指令代码序列，此时的指令代码序列称为目标程序（object program）。根据翻译程序功能的不同，分为编译程序（compiled program 或 compiler，又称编译器）和解释程序（interpreter，又称解释器）。翻译的方式有两种：解释和编译，绝大多数高级语言都采用编译方式。

计算机程序的工作机制就是用高级语言编写源程序，通过解释器或者编译器，翻译成机器可以理解和执行的指令代码，然后在计算机中运行。

1. 解释方式

将高级语言源程序输入计算机后，翻译一句，执行一句，不产生整个目标程序的翻译方式称为解释方式。它是按照源程序中语句的动态顺序，逐句进行分析解释，并立即执行，如图 4-1 所示。这种翻译软件称为"解释程序"或"解释器"。解释器在解释过程中包括翻译、查错和运行 3 项功能。

例如，会议翻译就是一种解释方式，它将主讲人的讲话，讲一句解释一句，没有最终的解释文档，即没有"目标程序"。因此，解释方式相当于口译，发现说得不对就停止翻译，立即纠正，或全部重来。用 BASIC 语言编的程序就是通过解释方式运行的，也称解释性语言；网页脚本、服务器脚本语言：JavaScript、VBScript、Perl 等都是解释性语言。

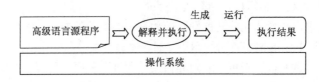

图 4-1　解释方式示意图

解释方式的特点是灵活方便，交互性好，占内存空间较少（因为它没有目标程序，因而节省了存储空间）。但是，解释方式占内存时间多，执行效率较低。

2. 编译方式

把整个高级语言源程序输入计算机后，整体翻译成等价的目标程序，执行目标程序的翻译方式称为编译方式。这个过程有 2 个步骤，即编译后，再运行获得结果。在实际应用中，还需要将使用的库文件进行连接处理，变成可执行程序，如图 4-2 所示。这种翻译软件称为"编译程序"或"编译器"。编译器在编译过程包括翻译、查错和优化 3 项功能，而运行直接在操作系统上就可以完成。

例如，小说翻译就是一种编译方式，它将原著整体性地翻译成其他语言的译著，译著即为"目标程序"。因此，编译方式相当于笔译，得到一篇完整的译文。

编译方式的特点是得到的目标程序经过优化，执行效率高，但占内存空间多，复杂性较高。因此，开发操作系统、大型应用程序、数据库系统等时都采用它。需要注意的是，编译获得的目标程序或可执行程序是依赖于操作系统的，如果换一个其他类型的操作系统，此程序就不能运行。例如，Windows 下的可执行程序，是不能在苹果（Mac OS）操作系统中运行的。

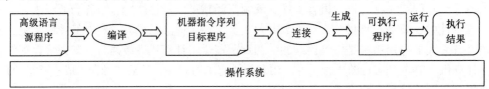

图 4-2　编译方式示意图

总之，计算机只能运行机器指令，源程序只有解释或编译成指令，才能在计算机中运行。而这种编译和解释工作都是在操作系统的管理下进行的，即编译器和解释器都是基于操作系统的。因此要特别注意，不同的操作系统和语言，需要不同版本的编译器和解释器。

4.1.3　操作系统的产生

计算机软件和硬件是一个完整的计算机系统互相依存的两大部分，硬件是软件运行的基础和平台，软件是对硬件功能的扩充和完善。发展计算机科学技术，软件和硬件都是不可缺少的重要方面，两者既有分工，又有配合。计算机软件与硬件的层次关系如图 4-3 所示。它们的关系主要体现在以下几方面：

在计算机系统中，软件分为三类：应用软件、支撑软件和系统软件。三类软件处在不同的层次，最下面是计算机硬件系统，是进行信息处理的实际物理装置；其上第一层是系统软件，第二层为支撑软件，最外层为应用软件。

一台计算机如果没有安装软件，那么只有计算机专业人员通过机器指令才能使用计算机，普通用户不具备使用这种计算机的能力。当安装了系统软件（如 DOS 或 Windows 操作系统）时，一般人员只要学习一些命令，即可通过命名来操作计算机，如进行文件的存储、复制和删除等。如果没有安装系统软件，支撑软件和应用软件也不可能安装和运行，也就是说，其他软件是基于系统软件安装的，通过独立运行来实现自己的功能。当安装了某个具体的应用软件后，就可以直接使用软件完成自己的任务。因此，一台计算机安装的软件越丰富，功能就会越多；软件质量越高，功能的实际效果就越强，使用也会更方便。应用软件的生命力，就在于用户需求、不断使用发现并纠正缺陷、不断升级扩充和增加新的功能，三者缺一不可。

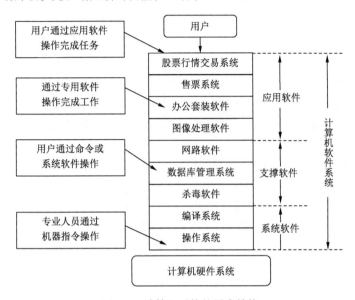

图 4-3　计算机系统的层次结构

最初的计算机没有操作系统，人们通过各种操作开关或按钮来控制计算机，使用计算机也成为一件非常困难的事。而后逐渐产生了操作系统，这样更好地实现了程序的共用，以及对计算机硬件资源的管理，使人们可以从更高层次对计算机进行操作，而不用关心其底层硬件的运作。

现代计算机都是通过操作系统来解释人们的命令，从而达到控制计算机的目的。几乎所有的应用软件都是在操作系统的支持下运行的，也称为基于操作系统的应用软件。操作系统成为计算机软件的核心和基础。

4.1.4　操作系统的定义和类型

1. 操作系统的定义

操作系统（operating system, OS）是配置在裸机上的第一层软件，"包裹着"裸机，使计算机成为"虚拟机"，为其他应用软件提供运行环境。操作系统不仅是硬件与其他软件系统的接口，也是用户和计算机之间进行交流的界面。它在整个计算机系统中具有极其重要的特殊地位。因此，操作系统是一组控制和管理计算机软硬件资源，为用户提供便捷使用计算机的程序集合。计算机操作系统与硬件、各种应用程序和用户的关系如图 4-4 所示。

没有安装软件的计算机称为"裸机"，而裸机是无法进行任何工作的。事实上，用户在硬件上直接操作完成一项比较大的任务，也是极为困难的。要使各种硬件按要求正常工作，需要安装各种硬件的驱动程序；而要使这些硬件能够协调工作，还要在硬件和驱动程序之间增加系统软件，也就是操作系统的支持。

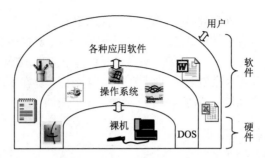

图 4-4   操作系统与硬件、各种应用软件和用户的关系

2．操作系统的发展

操作系统的发展经过了较长的一个过程，从开始的公共程序模块到今天的全方位计算机管理系统，采用不同的处理模式加强系统的功能，特别在人机交互方面有巨大的进展。

纵观计算机的历史，从 1946 年诞生第一台电子计算机以来，它的每一代进化都以降低成本、缩小体积、降低功耗、增大容量和提高性能为目标。随着计算机硬件的发展，同时也加速了操作系统的形成和发展。

操作系统本意为提供简单的工作排序能力，后为辅助更新、更复杂的硬件设施而渐渐演化。从最早的手工操作模式开始，发展到批处理机制，分时机制也随之出现，在多处理器时代来临时，操作系统也随之添加多处理器协调功能，甚至是分布式系统的协调功能。

（1）手工操作阶段

1946 年第一台计算机诞生至 20 世纪 50 年代中期，还未出现操作系统，计算机工作采用手工操作方式。

程序员将应用程序和数据的已穿孔的纸带（或卡片）装入输入机，然后启动输入机把程序和数据输入计算机内存，通过控制台开关启动程序针对数据运行；计算完毕，打印机输出计算结果；用户取走结果并卸下纸带（或卡片）后，下一个用户才能继续使用此台计算机。

（2）批处理系统

批处理是指用户将一批作业提交给操作系统后就不再干预，由操作系统控制它们自动运行。这种采用批量处理作业技术的操作系统称为批处理操作系统。

在主机与输入机之间增加一个存储设备——磁带，在批处理系统的自动控制下，计算机自动完成以下工作：成批将输入机上的用户作业读入磁带，依次把磁带上的用户作业读入主机内存并执行，把计算结果向输出机输出。完成了上一批作业后，批处理系统又从输入机上输入另一批作业，保存在磁带上，并按上述步骤重复处理。

批处理系统不停地处理各个作业，从而实现了作业到作业的自动转接，减少了作业建立时间和手工操作时间，有效克服了人机矛盾，提高了计算机的利用率。

20 世纪 60 年代中期，在批处理系统中，引入多道程序设计技术后形成多道批处理系统。它具有两个特点：

① 多道：系统内可同时容纳多个作业。这些作业放在外存中，组成一个后备队列，系统按一定的调度原则每次从后备作业队列中选取一个或多个作业进入内存运行，运行作业结束、退出运行和后备作业进入运行均由系统自动实现，从而在系统中形成一个自动转接的、连续的作业流。

② 成批：在系统运行过程中，不允许用户与其作业发生交互作用，作业一旦进入系统，用户就不能直接干预其作业的运行。

（3）分时操作系统

随着计算机处理速度的不断提高，作业的分时处理机制也随之出现。

所谓分时技术，是把处理机的运行时间分成很短的时间片，按时间片轮流把处理机分配给各个作业使用。若某个作业在分配给它的时间片内不能完成其计算，则该作业暂时中断，把处理机让给另一作业使用，等待下一轮时再继续其运行。由于计算机速度很快，作业运行轮转得很快，给每个用户的印象是，好像自己独占了一台计算机。而每个用户可以通过自己的终端向系统发出各种操作控制命令，在充分的人机交互情况下，完成作业的运行。

分时系统可以同时接纳数十个甚至上百个用户，由于内存空间有限，往往采用交换方式的存储方法。将未"轮到"的作业放入磁盘，一旦"轮到"，再将其调入内存；而时间片用完后，又将作业存回磁盘，使同一存储区域轮流为多个用户服务。

多用户分时系统是当今计算机操作系统中最普遍使用的一种处理机制。

（4）实时处理系统

虽然多道批处理系统和分时系统能获得较令人满意的资源利用率和系统响应时间，但却不能满足实时控制与实时信息处理两个应用领域的需求。于是就产生了实时系统，即系统能够及时响应随机发生的外部事件，并在严格的时间范围内完成对该事件的处理。

实时操作系统的主要特点是提供及时响应和高可靠性。实时系统在特定的应用中常作为一种控制设备来使用。

事实上，目前人们经常使用的操作系统大多都是以上技术和处理机制的结合。20 世纪 80 年代，大规模集成电路工艺技术的飞跃发展、微处理机的出现和发展，掀起了计算机大发展、大普及的浪潮。一方面迎来了个人计算机的时代，同时又向计算机网络、分布式处理、巨型计算机和智能化方向发展。于是，操作系统有了进一步的发展，如个人计算机操作系统、网络操作系统、分布式操作系统等。

本质上，操作系统成了事实上的软件标准。对用户来说，不管什么类型的计算机，只要操作系统是相同的，使用机器的过程就是相同的。同样，对各种软件而言，只要符合操作系统要求，就不会受到机器硬件的限制，同时对于软件开发，因减少对硬件的考虑而带来了极大的方便。

3. 操作系统的分类

经过许多年的迅速发展，计算机有微型、中型、大型等不同系列的机型，对于不同系列的计算机，需要不同的操作系统来管理，因此操作系统的类型和版本非常多，从简单到复杂，从手机的嵌入式系统到超级计算机的大型操作系统等，功能也相差很大，要进行严格分类有一定困难。一般低版本操作系统，随计算机硬件升级而不能使用，而高版本操作系统也不能在低配置的计算机上使用。

操作系统常用的分类方法有以下几种：

（1）按用户操作界面分类

可分为命令行界面操作系统（如 MS-DOS、Novell）和图形用户界面操作系统（如 Windows 系列等）。

（2）按支持用户数分类

可分为单用户操作系统（如单用户单任务 MS-DOS、单用户多任务 Windows 系列等）和多用户操作系统（如 UNIX、Linux、XENIX 等）。

（3）按运行的任务数分类

可分为单任务操作系统（如早期 MS-DOS）和多任务操作系统（如 Windows 系列、UNIX、Linux、

XENIX 等）。在此"任务"是指应用程序，多任务是指同时完成多个应用程序。

（4）按处理器数目分类

可分为单处理器操作系统和多处理器（分布式）操作系统。

（5）按拓扑结构分类

可分为微处理器操作系统（个人计算机操作系统）、网络操作系统和分布式操作系统。

（6）按运行环境分类

可分为 PC 操作系统、服务器操作系统、移动设备操作系统等。

4. 操作系统的特征

操作系统的功能之所以越来越强大，与操作系统的基本特征是分不开的。基本特征如下：

（1）并发性（concurrence）

在计算机中（具有多道程序环境）可以同时执行多个程序。一般是指两个或两个以上的运行程序在同一时间间隔内同时执行，这样可提高系统资源的利用率，尤其是 CPU 的利用率。采用并发技术的系统称为多任务系统（multitasking）。

（2）共享性（sharing）

多个并发执行的程序（同时执行）可以共同使用系统的资源。由于资源的属性不同，程序对资源共享的方式也不同。互斥共享方式，限于具有"独享"属性的设备资源（如打印机、显示器），只能以互斥方式使用；同时访问方式，适用于具有"共享"属性的设备资源（如磁盘、服务器），允许在一段时间内由多个程序同时使用。

（3）虚拟性（virtuality）

虚拟技术是指把逻辑部件和物理实体有机结合为一体的处理技术。通过虚拟技术可以把一个物理实体对应多个逻辑对应物。物理实体是实的（实际存在的），而逻辑对应物是虚的（实际不存在的）。通过虚拟技术，可以实现虚拟处理器、虚拟内存、虚拟设备等。

（4）异步性（asynchronous）

在多道程序环境下，允许多个程序并发执行，但由于资源有限，进程的执行不是一贯到底，而是走走停停，以不可预知的速度向前推进，这就是进程的异步性。异步性使得操作系统运行在一种随机的环境下，可能导致进程产生与时间有关的错误。但是只要运行环境相同，操作系统必须保证多次运行程序都获得相同的结果。

4.2 常见的操作系统

操作系统种类很多，目前个人计算机（PC）大多使用的是 Windows 操作系统。如果选用苹果公司的 iMac 计算机，就意味着使用 Mac OS。当然，iMac 计算机也允许再安装一套 Windows 操作系统，使得一台计算机安装双系统。选购的智能手机也同样面临选择操作系统问题，只是提供商已预装好操作系统。下面简要介绍 MS-DOS、Windows、UNIX、Linux、Mac OS 操作系统和智能手机操作系统。

4.2.1 MS-DOS

DOS（disk operating system）磁盘操作系统早期曾经占领了个人计算机操作系统领域的大部分。最为著名的是由微软公司（Microsoft）编写和发布的 MS-DOS，同一个系统 IBM 公司取名为 PC-DOS。它自 1981 年问世后，使用过程中不断发现问题并升级，先后出现了十几个版本，MS-DOS 6.22 版是最后一个十分完善的 DOS 版本，众多的内部、外部命令使用户能够比较简单地对计算机进行操作，另外其稳定性和可扩展性都十分出色。DOS 系统不需要十分强大的硬件系统来支持，简单易学，但存储能力有限，20 世纪 90 年代中后期，Windows 取代了 DOS。

MS-DOS 系统是配置在 PC 上的单用户单任务操作系统，采用命令行字符界面操作方式，其中的命令（即程序名）一般都是英文单词或缩写。其操作命令对格式和语法都有严格的要求。它的命令行结构，今天仍然有一些专业人员喜欢使用。在 Windows 中是命令提示符窗口（CMD.exe），即成为一个任务被保留下来。图 4-5 所示为 Windows 10 中的 DOS 窗口，学习 C、Java 程序设计需要用到这个窗口。

命令行操作如下：在图 4-5 中，通过键盘输入 "d:" 按【Enter】键，将当前位置 "C:\Users>" 转换到 "D:" 盘；在 D 盘通过 copy 命令将 User.txt 文件复制到 E 盘，成功后下一行显示 "已复制 1 个文件"。其中，copy D:\User.txt E 是输入的 copy 命令和参数，按【Enter】键执行。

了解 DOS 对学习其他的操作系统，如 Windows、Linux、UNIX 等有一定帮助。

图 4-5　Windows 10 中的 DOS 命令提示符窗口（CMD.exe）和 copy 命令操作

4.2.2　Windows

微软视窗（Microsoft Windows）是微软公司推出的一系列操作系统。它问世于 1985 年，起初仅是 MS-DOS 之下的桌面环境，后续版本逐渐发展成为个人计算机和服务器用户的操作系统。Windows 操作系统可以在几种不同类型的平台上运行，如个人计算机（PC）、服务器和嵌入式系统等，其中在个人计算机领域的应用最为普遍。

在个人计算机系统中，Windows 与 PC 的处理器始终是相互配套的，处理器（CPU）从 16 位到 64 位，Windows 也从 3.0 版升级到今天的 Windows 10/11，其间经历了 10 多个版本，每个版本还有不同的 "版"，如个人版、专业版、企业版等。目前市场上个人计算机使用较多的版本是个人版和专业版的 32 位或 64 位 Windows 10 系统。2018 年，全球拥有大约 15 亿 Windows 用户；2020 年，全球拥有大约 10 亿的 Windows 10 系统用户。

2021 年 10 月，微软发布操作系统 Windows 11。

Windows 的优点：

① 形象、生动的图形用户界面。用户通过窗口的形式来使用计算机，故称为视窗系统，这是它最大的优势。每个程序运行后，在屏幕上显示一个相应的窗口，多个程序就有多个窗口，用户可以在窗口（程序）之间切换，为处理多个任务提供了可视化的工作环境。

② 多用户、多任务。

③ 良好的网络支持。

④ 出色的多媒体功能。

⑤ 良好的硬件支持，支持 "即插即用"（plug and play）技术。

⑥ 众多的应用程序。

Windows 使更多的普通人能够更方便地使用计算机，成为目前装机普及率最高的一种操作系统，它对 PC 时代的贡献是无与伦比的。

4.2.3　UNIX

UNIX 是一个强大的多用户多任务的分时操作系统，支持多种处理器架构、运行可靠稳定的操作系统。最早由 K.Thompson 和 D.M.Ritchie 于 1969 年在美国电话电报公司（AT&T）的贝尔实验室开发。它是全系列通用的操作系统，而且以其为基础形成的开放系统标准（如 POSIX）也是迄今唯一的操作系统标准。目前，在大中型机或专用硬件上运行的操作系统，基本上都是基于 POSIX 标准或基于 UNIX 的操作系统。从此意义上讲，UNIX 不只是一种操作系统的专用名称，而且成了当前开放系统的代名词。UNIX 大大推动了计算机系统及软件技术的发展，它的两个发明者由于杰出贡献在 20 世纪 80 年代获得了图灵奖。

UNIX 因其安全可靠、稳定高效强大的特点在服务器领域得到了广泛应用，它是面对大型机和小型机用户开发的，主要面向专业型高端用户。

UNIX 是开源软件，可在此基础上开发出新的自由软件和商业软件（如 SystemV、BSD、FreeBSD、OpenBSD、Solaris、Minix、Linux、QNX 等）；另外，UNIX 可以每天 24 h 稳定工作，很少被黑客攻击。

4.2.4　Linux

Linux 也是一款开源软件、免费的类 UNIX 操作系统。可以说 Linux 是一个基于 POSIX 和 UNIX 的多用户、多任务、多线程和多 CPU 的操作系统。

由于 Linux 源代码免费开放，基于 Linux 核心程序，再加上自主开发的程序就成了各种 Linux 版本。目前流行的几种版本有 Red Hat Linux、Slackware Linux、Debian Linux、Turbo Linux 以及国内的红旗 Linux、蓝点 Linux 等。

Linux 还是一种嵌入式操作系统，可以运行在掌上计算机、机顶盒或游戏机上。2001 年 1 月发布的 Linux 2.4 版内核就能够完全支持 Intel 64 位芯片架构。Linux 的应用十分广泛，著名电影《泰坦尼克号》的数字技术合成工作就是利用 100 多台 Linux 服务器来完成的。基于 Linux 内核的 Android 操作系统已经成为当今全球最流行的智能手机操作系统。

Linux 具有稳定、可靠、安全、网络功能强大等优点。相对于 Windows，Linux 的应用软件支持不足，硬件设备的驱动程序也不足，但随着 Linux 的发展，越来越多的软硬件厂商支持 Linux，其应用范围也越来越广，前景十分光明。

4.2.5　Mac OS

Mac OS 是由苹果公司（Apple）开发的一套苹果 Macintosh 系列计算机上使用的操作系统。Mac OS 1984 年 1 月发布首个在商用领域成功的图形用户界面（GUI）操作系统，早于 Windows，具有很强的图形处理功能，被公认为是最好的图形处理系统，现行较新的系统版本是 Mac OS X Mavericks（v10.9）桌面操作系统。

Mac OS 的内核是基于 UNIX 基础之上的，系统稳定性、可靠性都很强。苹果公司自从使用了 Intel 处理器架构的 Mac 系统开始有了较大的变化，目前 Mac OSX 版本具有很强的向上兼容性和双启动功能，以及虚拟平台。

向上兼容性就是后生产的机器能够运行（兼容）以前老的软件。双启动功能是指 Mac 计算机也可以运行 Windows 系统，苹果公司提供了 Boot Camp 系统插件，使得在 Mac 上可以安装和运行 Windows。它的虚拟机技术使得 Mac 计算机可模拟 PC 的硬件和软件。

尽管 Mac 机器和 Mac OS 有公认的高性能，但是，因早期 Mac OS 与 Windows 的软件和应用软件不兼容，影响了其普及。苹果公司的软件和硬件都可自己做，其自身软硬件的兼容性好，速度、色彩、画面、安全性等也非常好，广泛用于桌面出版和多媒体应用领域。使苹果公司声名鹊起的不是它的 Mac 计算机，而是它的数码产品，如平板计算机 iPad、智能手机 iPhone、音乐播放器 iPod 等。

4.2.6　移动设备操作系统

无线通信技术和无线硬件设施在计算机技术的支持下发展神速。市场调研机构 IDC 发布：2021 年全球智能手机出货量达 13.548 亿。

早期称为掌上计算机的就是个人数据助理（Personal Digital Assistant，PDA），主要提供记事、通信录、行程安排等个人事务，目前它已经被智能手机所取代。世界上主要计算机生产商无一例外地涉足了智能手机领域，因此也有多种移动设备的操作系统。早期比较著名的有 Symbian OS（塞班系统）、Black Berry OS（黑莓系统）、Windows Phone 等。目前最常使用的移动操作系统包括以下几种：

1. iOS

iOS 操作系统是由苹果公司开发的手持设备操作系统。苹果公司最早于 2007 年 1 月 9 日的 Macworld 大会上公布这个系统，最初是设计给 iPhone（智能手机）使用的，后来陆续套用到 iPod touch、iPad 以及 AppleTV 等苹果产品上。iOS 与苹果的 Mac OS 操作系统一样，同样属于类 UNIX 的商业操作系统。

2. Android

Android（安卓）是一种以 Linux 为基础的开放源代码的操作系统，主要使用于便携设备。Android 操作系统最初由 Andy Rubin 开发，2005 年由 Google 收购注资，并组建开放手机联盟开发改良，逐渐扩展到智能手机、移动设备和平板计算机等领域。

3. Harmony

Harmony（鸿蒙）是一款面向互联网时代的、全新的分布式操作系统。Harmony 能够适配多种终端形态的分布式理念，支持手机、平板计算机、智能穿戴、智慧屏、车机等多种终端设备，提供全场景（移动办公、运动健康、社交通信、媒体娱乐等）业务能力。

4.2.7　中国的操作系统

在信息领域，我国一直在不断发展，这其中包括了网络基础设施、智能终端、高端芯片、操作系统等。

目前在中国，包括桌面计算机、笔记本计算机、平板计算机、智能手机、智能电视、车载计算机等在内的信息终端，数量已经超过了 10 亿。2011 年以来，国家各个层面出台一系列政策，支持推进国产自主化建设应用，鼓励在操作系统、数据库、中间件和办公软件等领域的研发，为操作系统国产本土化提供了政策基础。

国产操作系统有代表性的几家（如深度 Linux、红旗 Linux、蓝点 Linux、银河麒麟、中标普华 Linux、雨林木风操作系统 YLMFOS、凝思磐石安全操作系统和共创 Linux 桌面操作系统等），均是以 Linux 为基础开发的操作系统。

所有国产操作系统均为免费的，具有价格方面的优势。

我国工业和信息化部表示，将继续加大力度，支持国产操作系统的研发和应用，并希望用户可以使用国产操作系统。

统信软件技术有限公司（以下简称统信软件）是以"打造中国操作系统创新生态"为使命的国内基础软件公司，由操作系统厂家于 2019 年联合成立。公司专注于操作系统等基础软件的研发与服务，与龙芯、飞腾、申威、鲲鹏、兆芯、海光、海思麒麟等芯片厂商开展了广泛和深入的合作，与国内各主流整机厂商以及数百家国内外软件厂商展开了全方位的兼容性适配工作。

在 2020 至 2021 年间，统信 UOS 占据了主流国产操作系统的头条新闻，发布了多个 UOS 版本，包括 UOS 个人版，且有很多统信 UOS 授权计算机推出，使其迅速成为中国 Linux 市场份额第一名。2022 年 3 月 25 日，统信桌面操作系统 V20 专业版正式发布。

此外，基于目前的万物相连的时代，我国的物联网操作系统的研发也取得了突破性的成果。2020 年 6 月，中国移动"创新 2020，云上科技周"大会上，中移物联网有限公司重磅发布了中国移动物联网操作系统 OneOS，引起行业的广泛关注。

OneOS 是中国移动从 2018 年投入研发的一款面向物联网领域推出的轻量级实时操作系统，支持跨芯片平台，模块化设计；提供互联互通组件，具有丰富的网络制式，支持 5G 切片特性，可应对网络多样化；提供端云融合组件，简化接入、云端赋能，提升应用开发效率，加速行业产品孵化；提供安全性设计架构，增强物联网应用可靠性。OneOS 有着精准的行业定位，未来将被广泛运用到智能穿戴、智能门锁、智慧充电、环境监测等智慧系统。

2023 年 10 月，在 2023 世界物联网博览会上，OneOS 工业操作系统正式发布，适配国际标准的工业中间件，支持多种主流工业通信协议，提供软 PLC、工业 HMI、运动控制等行业方案，适用于工程机械、光伏风电、特种车辆、智能制造、工业机器人、CNC 数控等行业与领域，且已与宁波中控、研智科技、零点自动化、华电煤业等行业用户达成合作。

拓展阅读 1：党的二十大报告提出"加快实施创新驱动发展战略"。"加快实施一批具有战略性全局性前瞻性的国家重大科技项目，增强自主创新能力。加强基础研究，突出原创，鼓励自由探索。提升科技投入效能，深化财政科技经费分配使用机制改革，激发创新活力。加强企业主导的产学研深度融合，强化目标导向，提高科技成果转化和产业化水平。"在过去的十年里，国产操作系统一直处于缓慢但稳定的发展趋势。虽然已经有了一些成果，但与国际领先的操作系统相比，国产操作系统在功能和应用的多样性方面仍存在差距。同时，随着外部环境的变化和国内市场需求的不断增长，国产操作系统也面临着前所未有的挑战。2023 年，中国有望推出首个国产互联网操作系统，该项目的研发工作正在紧张进行中。这一进展被视为中国信息科技领域的一项重大突破，具有重要的战略意义和市场潜力。

拓展阅读 2：中国目前是世界上智能终端的最大制造国。2014 年 3 月，为切实推进我国智能终端操作系统的开发和产业化，由国家计算机网络应急技术处理协调中心、中国电子信息产业集团公司、中国电子科技集团公司、中国软件行业协会、中国可信计算联盟、中国 TD 产业联盟等"政产学研用"各界共同发起中国智能终端操作系统产业联盟。2019 年 8 月 9 日于东莞举行的华为开发者大会（HDC2019）上，华为公司正式发布了第一款自主创新研发的鸿蒙操作系统 HarmonyOS。2021 年 6 月，华为正式发布 HarmonyOS 2 及多款搭载 HarmonyOS 2 的新产品。2023 年 8 月，在华为开发者大会上，Harmony OS4 正式发布。

4.3　操作系统的结构和功能

操作系统位于底层硬件与用户之间，是两者沟通的桥梁，用户可以通过操作系统的用户界面输入命令。操作系统则对命令进行解释，驱动硬件设备，实现用户要求。本质上，各种类型操作系统的功能基本相同，其结构也差不多，只是实现方法不同。操作系统的结构是基于软件的层次结构，功能特征可以从资源管理和用户使用两个角度来考虑。现代观点认为，一个标准个人计算机的操作系统应该提供以下功能：①进程管理（processing management）；②内存管理（memory management）；③设备程序（device drivers）；④文件系统（file system）；⑤网络通信（networking）；⑥安全机制（security）；⑦用户界面（user Interface）。

4.3.1　操作系统的层次结构

从宏观上来看，操作系统分为相对稳定的内核层
（kernel）以及它与用户之间的接口（shell）两层，这
种结构如图 4-6 所示。这是根据系统设计划分由 UNIX
定义并实现的，为各种操作系统所采用。

1. 操作系统的内核

操作系统的内核程序叫作 kernel，它有一个操控
计算机各资源的基本模块，实现计算机资源的管理，
并提供系统服务和多任务管理，支持应用程序所要求

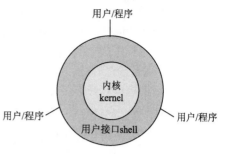

图 4-6　操作系统的内核和用户接口结构

的低级服务，如内存的动态分配和回收、进程的时间片段管理、设备的输入/输出控制管理和文
件管理等功能。

2. 操作系统的用户接口（用户界面）

用户通过操作系统使用计算机，而操作系统的用户接口 Shell（外壳程序）负责接收用户（包
括用户执行的应用程序）的操作命令，并将这个命令解释后交给内核 Kernel 去执行。

早期 DOS 的 shell 为一个命令集，称为命令解释器，Shell 通过基本命令完成基本的控制操作，
目前在 Windows 中还保留着 DOS 的"命令提示符"窗口。之后，Windows 的 Shell 采用用户界面
实现与用户的通信控制操作。程序以图标的方式形象化地显示在屏幕上，用户通过单击图标向窗
口管理器发出命令，启动程序执行的窗口。由上可知，Shell 的命令有两种方式：一是命令文件方
式；二是界面会话式方式。

个人计算机（PC）的操作系统已经发展成一个极为庞大和复杂的系统：它的内核相对稳定，
其主要变化是为了适应处理器芯片功能的变化；而它的用户接口（shell），即外壳占到整个系统的
大部分。图形用户界面（GUI）改变了用户使用计算机的方式，而对界面的管理，则成了操作系
统最主要的开销，一方面界面要美观、流畅，另一方面要为用户订制界面提供各种方案。

4.3.2　操作系统的功能组成

根据操作系统的功能组成来看，主要分为 4 个模块：进程管理、存储管理、设备管理和文件
管理模块，其他模块作为辅助功能，如图 4-7 所示。这些功能模块就是操作系统的组件，本质上
它们是程序，实质上是管理、控制和调度等功能，被赋予管理器的名字。

本节对前 4 个功能做重点讨论，尤其是文件管理，这是因为文件对计算机普通用户而言，使
用得多，也是最重要的。

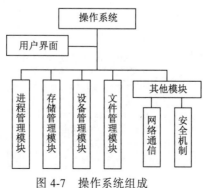

图 4-7　操作系统组成

4.3.3　进程管理

进程（Processing）是操作系统的重要概念，它是指程序的一次执行过程，即一个程序对某个数据集的执行过程，这个程序的执行过程是由进程管理器按一定的策略和调度将计算机的中央处理器（CPU）分配给进程的，由 CPU 执行，因此，进程管理也叫作处理器管理。CPU 是计算机系统中极为重要的资源，管理的目的是使处理器资源得到充分有效的利用，并实现多任务管理。

1. 程序、作业和进程

现代操作系统把进程管理归纳为："程序"成为"作业"进而成为"进程"，并被按照一定的规则进行调度。用程序、作业和进程这几个术语定义了计算机工作过程的不同状态。作业是用户向计算机提交的任务，也是要求计算机所做工作的集合。

这里把程序在存储介质上存储，看成它的一个静止状态。作业是程序的另一个状态，这个任务状态是指程序被选中运行直到运行结束的整个过程。程序进入内存和 CPU 中运行的过程称为进程，进程的运行或执行是一个动态状态。下面通过状态图进一步了解。

（1）状态图

状态图显示了程序、作业和进程 3 个实体的不同状态，使用虚线将三者分开，如图 4-8 所示。如果要程序完成一个任务，程序被选中时就成为作业，并且处在保持（或称后备）状态，这就是作业的开始，直到它进入内存之前都保持这个状态。当内存可以整体或者部分地载入这个程序时，作业转换成就绪状态，并变成进程。它在内存中保持这个状态直至 CPU 执行它，这时它转成执行状态。当处于执行状态后，可能出现下面 3 种情况之一：

① 进程执行直至等待需要系统输入/输出（I/O）所需资源，如需要输入的数据或输出中间结果，因此进入等待或挂起状态。

② 进程可能耗尽所分配的时间片段，必须"出局"把 CPU 交给其他享有时间片段的进程，该进程直接进入就绪状态。

③ 进程经历多次执行、等待、就绪状态的转换，完成任务，直接进入终止状态。

注：在此，没有讨论系统使用虚拟内存，也没有涉及多任务、多进程问题，否则状态图将更加复杂。

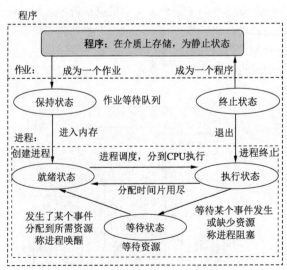

图 4-8　程序、作业和进程转换状态图

（2）程序、作业和进程之间的关系

这里给出的程序、作业和进程 3 个概念的差异是非常微妙的。它们是对同一个对象在不同时间段内和空间的状态进行描述。如果说程序是静态的，那么进程则是动态的，介于它们之间的就是作业。进程的动态性表现在"执行"本身，由开始到终止，中途可以暂停。因此，进程有生命周期，由"创建"而产生，由"撤销"而消亡，因拥有处理器而得以运行。程序的静态性是表现在外存介质的存储。作业是任务的开始到结束的整个过程。

进程的执行需要资源，因此进程是竞争计算机系统有限资源的基本单位，也就是说进程是处理机调度的基本单位。因为只有进程有资格独立向系统申请资源并有权获得系统提供的服务，而不是程序。

为了实现多任务和提高效率，内存和 CPU 中多个进程都可以一起并发执行，称为进程的并发性。它表现在单处理器上的交替、多处理器上的同时性。程序不存在并发性。

一个程序可以对应多个进程（多次执行），即多个进程可执行同一程序；一个进程也可以执行一个或几个程序。一个程序在不同的数据集里就构成不同的进程，能得到不同的结果；一个进程也可以被多个程序共用，如复制、粘贴等执行后被多个程序共享。类似的，一个作业可由多个进程组成，且必须至少由一个进程组成，反过来则不成立。可见程序和作业与进程的关系都不是一一对应的。

进程具有动态性、独立性、并发性等特性。

进程异步性：进程按各自独立的、不可预知的速度前进，即按异步方式运行。内存中的一个进程什么时候被 CPU 执行、执行多少时间都是不可知的，因此操作系统需要负责各个进程之间的协调运行。

进程结构：进程由程序、数据和进程控制块 3 部分组成。

由上可知，如果把作业看作是用户向计算机提交的任务，则按程序的方案或算法，由一个或多个执行实体，即进程针对不同数据的工作来完成作业，这就是三者的关系（提交的任务、方案或算法和执行实体），是一个问题的 3 个方面。把这里的进程又称为用户进程，操作系统为用户所做的服务工作，说到底是通过管理用户进程来实现的。

另外，操作系统本身是由若干程序模块组成的。在对系统资源进行管理和对用户进程提供服务时，系统程序得到执行而产生了一系列的进程，这些进程称为系统进程。系统进程除了拥有某些系统特权之外，与用户进程没有什么不同。

2. 进程管理

操作系统以进程为单位对处理器（CPU）进行管理，可分为以下几方面：

（1）进程控制

进程控制包括创建进程、进程终止、进程阻塞和进程唤醒。引发进程创建的事件有用户登录、作业调度、服务请求和应用请求。当创建一个进程时，操作系统将为新进程分配资源并将进程放入就绪队列（就绪状态）。引起进程终止的事件有正常结束、异常结束（发生错误）、用户强行终止（进程终止）。当一个进程终止时，该进程所拥有的全部资源将归还给其父进程或者系统。

正在执行的进程（执行状态）面对 3 种情况：当出现某个事件（如缺少数据）时，操作系统将处理器分配给另一个就绪进程，该进程进入等待状态；时间片正常用完，操作系统将处理器分配给下一个就绪进程并进行切换，该进程进入就绪状态；进程任务完成，直接进入终止状态。

当被阻塞进程（等待状态）所期待的事件（如操作 I/O 完成）出现时，则由有关进程（如用完并释放了该 I/O 设备的进程）调用唤醒，将等待该事件的进程唤醒，然后再将该进程插入就绪队列（就绪状态）中，等待执行。

（2）进程调度

在分时多任务系统中，一个作业从提交到执行都要经历多级调度。进程调度的目的是为进程分配 CPU 资源。调度算法是指根据系统的资源分配策略所规定的资源分配算法，常用的调度算法如下：

① 先来先服务（FCFS）：按先后顺序进行调度。每次调度是从后备作业队列中，选择一个或多个最先进入该队列的作业。算法比较有利于长作业（进程），而不利于短作业（进程）。由此可知，本算法适合于 CPU 繁忙型作业，而不利于 I/O 繁忙型作业。

② 短作业进程调度算法（SJ/PF）：指为短作业或短进程优先调度的算法；对长作业不利，不能保证紧迫性作业（进程）被及时处理。

以上算法既可用于作业调度，也可用于进程调度。

③ 优先权调度算法：按进程的优先权调度，适合于紧迫性作业，当给予它较高的优先权时能及时得到处理。

④ 时间片轮转调度算法（round-robin）：将系统中所有的就绪进程按照 FCFS 原则，排成一个队列。每次调度，把 CPU 分配给首进程，按一个时间片段运行，完成则撤出，如果未完成，就转入队列的末尾，等待下次调度，依次循环。

⑤ 多级反馈队列算法（round robin with multiple feedback）：它是时间片轮转算法和优先级算法的综合。设置多个就绪队列并分别赋予各队列优先级，队列优先级高的优先。方法是在一个队列中，先来先服务（FCFS），按一个时间片段运行，完成则撤出；如果未完成，此队列就转入下一个队列的末尾，再同样等待调度，如此下去。因为时间片段是有限的，所以可以防止占用资源不释放所带来的死锁。

（3）进程通信

进程通信，是指进程之间的信息交换、高效传送大量数据的一种通信方式。进程通信分为共享存储器系统、消息传递系统以及管道通信系统 3 种方式。

3. 线程

程序执行就形成进程，如果任务很大，将进程的任务细分成子任务来完成整体任务，线程（threads）就是进程中可独立执行的子任务，它是进程概念的延伸。一个进程可以有一个或多个线程，即线程是进程的进一步细分。为了区分各个线程，每个线程都有一个唯一的标识符，它们共享同样的代码和全局数据。线程与进程有许多相似之处，往往把线程又称为"轻型进程"，线程与进程的根本区别是进程为资源分配单位，而线程是调度和执行单位。例如，搬家是一个进程，多人搬到多个房间，每个人所承担的工作就是线程，真正调度和执行的是人，即线程。线程的调度能够更有效、更迅速地完成任务。

现代程序特别是网络程序往往都比较复杂，都引入了多线程技术，使得应用系统效率得以提高。

多线程技术具有多方面的优越性：

① 创建速度快、系统开销小，创建线程不需要另行分配资源。

② 通信简洁、信息传送速度快，线程间的通信在统一地址空间进行，不需要额外的通信机制。

③ 并行性高，线程独立执行，能充分利用和发挥处理器与外围设备并行工作的能力。

以 Windows 操作系统为例，在 Windows 任务管理器中，作业就是运行中的应用程序，对应进程和线程，如图 4-9 所示。图中有 6 个应用程序（作业）正在运行，对应 5 个进程，也称用户级进程，其中 Word 的 1 个进程对应 2 个作业，11 个线程。其他大多数是系统级进程。

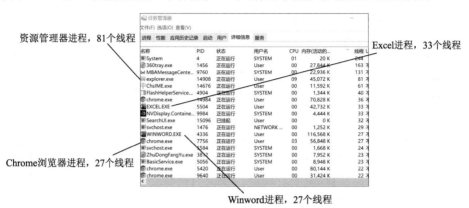

图 4-9　Windows10 任务管理器中的系统运行状况

4.3.4　存储器管理

存储器是计算机的关键资源之一。它可分为两大类：内存储器（简称主存）和辅助存储器（简称辅存或外存，如硬盘）。处理器可以直接读/写内存，但不能直接访问辅存。而用户面对的是一个由操作系统统一管理的内、外存组成的整体。对外存操作系统将其归类到设备管理模块。计算机内存空间包括系统区和用户区，操作系统的内存管理主要是对用户区的管理。

1.　内存管理

存储器管理是指操作系统对内存储器的使用情况进行动态监控和记录，以便动态分配和存储单元的回收，以及存储共享与保护、内存扩充等管理。存储管理一般分为单道程序和多道程序，如图 4-10 所示。

（1）单道程序

单道程序在启动执行前必须装入内存，操作系统应当根据程序的大小和当前内存空间的实际情况，为程序分配使之能运行的必要的存储空间（见图 4-10）。当程序执行完后，操作系统把该程序所占用的全部存储空间收回，以作后用。单道程序内存管理存在两个问题：当程序大于内存时无法运行；CPU 资源利用率低。

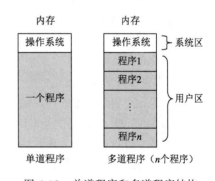

图 4-10　单道程序和多道程序结构

（2）多道程序

多道程序是指系统内存中同时存放几道相互独立的程序，允许轮流使用 CPU，交替执行，共享各种软硬件资源（见图 4-10）。多道程序结构中，内存中有多个程序（操作系统、实用程序和用户程序）共享存储器，各自运行时，彼此之间不能相互干扰和破坏，这就是存储共享与保护问题。存储保护要限制各作业只能访问属于其自己的那些区域，对于共享区限制各作业只能读或执行但不准写。

当内存储器中某进程撤离或主动归还内存资源时，存储管理要收回它所占用的存储空间，使其成为空闲区，以便被后续调度。

2. 虚拟存储器

当计算机系统中运行的程序所需要的内存容量超过系统所提供的内存容量时，就需要内存扩充，即利用外部存储器作为内存的后援，建立虚拟存储器。

只把作业中的一部分信息先装入内存运行，其余部分暂存辅助存储器（如硬盘）中的特定空间，按照内存的结构进行组织，当作业执行到要用到那些不在内存中的信息时，再从辅助存储器中特定空间将其读入内存（见图 4-11），这就是虚拟内存技术。虚拟内存技术不仅可以提高内存利用率，而且大于内存空间的大作业也能运行，即允许用户作业的逻辑地址空间大于实际内存的绝对地址空间。对于用户来说，好像计算机系统具有一个容量很大的内存储器，故称"虚拟存储器"。因此，虚拟存储器包括了实际内存和辅助存储器，程序运行是在这个虚拟存储空间中进行的，可以不受实际内存的限制。虚拟内存是现代操作系统都采用的技术。

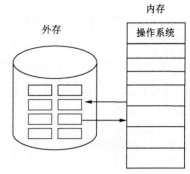

图 4-11　虚拟内存原理

4.3.5　设备管理

计算机是各种电子设备的集合，除了 CPU 和内存之外，其他的大部分硬件设备称为外围设备。如果为每一个设备建立一套管理策略是复杂的，也是不现实的。操作系统的设备管理就是对这些外围设备进行区分并制定不同类别设备的不同访问策略，来提高这些设备的使用效率。设备管理包括常用的输入/输出设备、外存设备以及终端设备等的管理。计算机中内存和外围设备之间信息的传输称为输入/输出操作，简称为 I/O 操作。设备包括设备本身机械部分和电子控制器部分。

现代计算机系统设备管理的任务就是监视这些设备资源的使用情况，根据一定的分配策略，把设备分配给请求输入/输出操作的程序，并启动设备完成所需的操作。

1. 设备管理的设计

操作系统要管理繁杂的外围设备，但不可能直接面对具体的设备进行管理。因为不同设备 I/O 数据信号类型不同，速度差异也很大，即使同一类型的设备，厂家、型号和功能也不同。因此，要有一定的设计模式进行管理，即 I/O 设备管理设计的分层结构思想和提供统一的接口或规范。

① 分层结构：将高层次的设备管理软件与低层次的硬件设备隔离开（见图 4-12），管理变得简单化。这样高层次的 I/O 管理程序（设备独立性软件）只要向用户提供一个友好、清晰、规范的统一接口，就可以使得应用软件（用户）和 I/O 设备管理程序，只涉及"虚拟设备"或抽象的设备。而真实设备由硬件生产者开发并提供设备驱动程序。

由图 4-12 可知，I/O 软件分为 4 层：

- 用户层软件：用户可直接调用的对设备操作的 I/O 请求函数。
- 设备独立性软件：不与设备直接发生关系。接受用户 I/O 请求，正确找到设备的驱动程序和对设备的分配和回收；采用正确的 I/O 控制方式、设备保护、缓冲管理、差错控制等。
- 设备驱动程序：接受由上层软件传下来的抽象任务和控制器发来的信号转到上层软件（通信），对设备发出操作指令，调用硬件。
- 中断处理程序：保护中断现场，进行中断处理，恢复现场。

② 统一接口：由操作系统按设备类别抽象出通用的接口类型，形成统一的接口或标准框架，每种通用类型都可以是一组标准函数（即接口程序），通过这些标准函数，用户程序通过 I/O 管理程序，与设备驱动程序建立联系并访问设备。

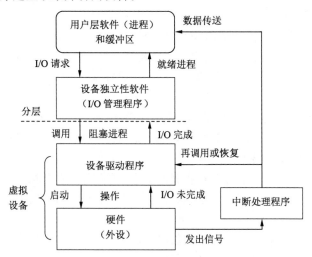

图 4-12　操作系统的 I/O 系统层次结构示意图

这种分层结构和统一的接口或规范模式，通过间接方式访问设备，使得系统对繁杂的设备都可以实现有效的管理。通过接口使用设备，使应用软件开发和 I/O 管理程序的开发，以及设备使用变得简单、通用，也就是支持即插即用，一台设备多道程序使用，动态地加载和卸载设备驱动程序和设备成为现实。

2. 设备分类

不同设备，数据传送方式不同，它的功能和操作也不同。从操作系统来看，其重要特性指标有数据传输速率、方式和共享性等属性，由此设备可分为三大类：

① 按传输速度分类，可分为：每秒传输数百字节以下的低速设备，如键盘、鼠标、手写板和语音输入/输出设备；每秒传输数千至数十千字节的中速设备，如激光打印机等；每秒传输数百千至数兆字节的高速设备，如磁带机、磁盘机和光盘驱动器等。

② 按输入/输出传输方式分类，可分为：字符设备（character device）和块设备（block device）。

- 字符设备：以字符为单位进行输入和输出的设备，也就是说这类设备每输入或输出一个字符就要中断一次主机 CPU 请求进行处理，这类设备也称为中慢速字符设备，设备种类多，如各类交互式终端（键盘、显示器等）、打印机等。此类设备常采用中断驱动方式。
- 块设备：以字符块为单位进行输入和输出的设备，在不同的系统或系统的不同版本中，"块"的大小定义不同。典型的块设备如磁盘，每个盘块的大小为 512 B～4 KB，数据传输速率快，可寻址（即随机地读/写任意一个块），输入和输出采用直接存储器访问（direct memory access, DMA）方式。

③ 按设备的共享属性分类，可分为：

- 独占设备：所谓独占是指一段时间内只允许一个用户进程访问的设备。在用户进程未完成之前独占此设备，直到用完释放，此设备才能分配给其他进程使用。
- 共享设备：指一段时间内允许多个进程同时访问的设备。而这里的"同时访问"实际上是指可以交替地从这些设备上存取信息。

- 虚拟设备：通过虚拟技术将一台独占设备变成多台逻辑设备，供多个进程同时使用，通常把这种经过虚拟技术处理后的设备，称为虚拟设备。例如，通过排队转储的技术可以使一台打印机虚拟成多台打印机。

3. 设备驱动程序

设备驱动程序是操作系统管理和驱动设备的程序，是驱动物理设备和 I/O 控制器等直接进行 I/O 操作的子程序的集合。它与设备和控制器紧密相关，每个设备都有自己的驱动程序。

在计算机系统中，标准的设备如键盘、鼠标、显示器等，操作系统默认自动安装标准的设备驱动程序，以便用户使用这些设备。

非标准设备，操作系统统一了设备驱动程序的标准框架（即接口程序），硬件厂家根据标准编写设备驱动程序，所有与设备相关的操作代码都在驱动程序中，并随同设备一起提交给用户。因此，添加新设备，必须安装设备驱动程序。

实际上大部分知名的硬件厂商事先已提交设备的驱动程序，并与操作系统捆绑在一起。安装操作系统时，系统会自动检测设备并安装相关的设备驱动程序。设备类型不同，安装设备驱动程序的方式也不同：

① 即插即用（plug and play, PnP）：指把使用设备连接到计算机上后无须手动配置即可立即使用的技术。即插即用并不是说不需要安装设备驱动程序，而是操作系统能自动检测到设备并自动安装驱动程序，此设备驱动程序事先在操作系统中已打包，并与操作系统同时安装。即插即用技术不仅需要设备支持，而且操作系统也必须支持。1995 年以后开始生产即插即用的设备，现今大多数设备几乎都是即插即用的，即 USB 接口设备。

② 通用即插即用（UPnP）：让计算机自动发现和使用基于网络的硬件设备，实现一种"零配置"和"隐性"（网络连接过程不可见）的联网过程。网络设备之间还可以协同工作。它主要是针对网络设备的使用，如网络打印机连接上网或下网，便告知自己的功能和权利，而需要网络打印机服务的计算机上网同样发布自己请求，将可获得服务。

在 Windows 中，用 Msinfo32.exe 工具可获得已安装的设备驱动程序的信息，如图 4-13 所示。已经被加载的驱动程序在"已启动"一栏中标明了"是"，否则为"否"。

图 4-13　系统已安装设备驱动程序列表

4. 数据传输（输入/输出）控制方式

设备管理的主要任务之一是控制不同设备和内存或 CPU 之间的数据传送方式的正确选择。外围设备和内存之间常用的数据传输控制方式有 4 种：

① 程序控制方式：由用户进程来直接控制内存或 CPU 与外围设备之间的信息传送。由于 CPU 与 I/O 设备的极大速度差，致使 CPU 的绝大部分时间都处于等待，造成对 CPU 的极大浪费。此方式不能实现主机和外围设备的并行工作，系统的效率很低，已很少采用。

② 中断控制方式：进程启动 I/O 操作后，该进程放弃 CPU，而 CPU 去做其他工作。因此，在 I/O 设备输入数据的过程中，无须 CPU 干预，可使 CPU 与 I/O 设备并行工作。仅当 I/O 操作完成后，才需要 CPU 花极短时间处理中断。这样可使 CPU 和 I/O 设备都处于忙碌状态，从而提高了整个系统的资源利用率及吞吐量。这种方式适用于打印机、键盘等以字符为单位传送的字符设备。

③ 直接存储访问（DMA）方式：让外围设备和内存之间开辟直接的数据交换通路，而不用 CPU 干预。这样既大大减轻了 CPU 的负担，也使外围设备的数据传输速率大大提高。此方式适用于磁盘等块设备的 I/O。

④ 通道控制方式（专用设备处理机）：通道是指专门处理 I/O 操作的处理机。设备通道是用来控制外围设备和内存之间进行批量数据传输的部件。通道有自己的一套简单的指令系统和执行通道程序，它接收 CPU 的委托，而又独立于 CPU 工作。因此，I/O 通道方式是 DMA 方式的发展，可一次完成多个数据块的读/写及有关的控制和管理，期间不需要 CPU 的干预，从而实现 CPU、通道、I/O 设备三者并行操作，提高系统资源利用率。在中、大型计算机系统中，一般采用设备通道控制外围设备的各种 I/O 操作。

5. 设备的分配

设备分配的原则是根据设备特性、用户要求和系统配置情况决定的。设备分配的目的是既要充分发挥设备的使用效率，又要安全，避免由于不合理的分配造成进程死锁。设备分配时需要有设备、控制器等状态和控制信息，这些信息都是以表格的形式随时记录和保存以备使用。

设备分配方式有以下两种：

① 静态分配：在用户作业开始执行之前，由系统一次分配该作业所要求的全部设备、控制器和通道。一旦分配之后，这些设备、控制器和通道就一直为该作业所占用，直到该作业被撤销。

② 动态分配：在进程执行过程中根据执行需要进行。当用户进程需要设备提出请求时，通过 I/O 管理程序按照事先规定的策略给进程分配所需要的设备、控制器和通道，一旦用完，便立即释放。动态设备分配策略，常用的有先请求先分配、优先级高者先分配等。

- 先请求先分配：依据用户进程请求的先后次序排列设备请求列队，I/O 管理程序总是把设备分给队首进程。
- 优先级高者先分配：依据用户进程优先级高的先后次序排列设备请求列队，优先级相同则按用户进程的请求先后排队。

6. 其他技术

设备管理因设备及类型的繁杂而极其复杂。为了发挥设备和处理器效率及并行工作能力，设备管理采用很多技术来提高效率，包括缓冲技术、中断技术和虚拟技术。

（1）缓冲技术

由于外围设备与 CPU 速度极不匹配的问题，采用了设置缓冲区的方法解决。缓冲是一种暂存技术，利用某个存储设备，在数据的传输过程中进行暂时的存储。在设置了缓冲区之后，用户进程可把数据首先输出到缓冲区，然后继续执行。例如，打印机可以从缓冲区取出数据慢慢打印，不用再干扰 CPU 的工作。

（2）中断技术

中断是指计算机在执行期间，系统内发生任何非寻常的或非预期的急需处理事件，使得 CPU 暂时中断当前正在执行的程序而转去执行相应的事件处理程序，待处理完毕后又返回原来被中断处继续执行或调度新的进程执行的过程。中断技术不仅解决了 CPU 与外围设备之间速度不匹配的问题，实现了 CPU 与外围设备的并行工作，而且有利于实时处理和故障处理，也已作为 I/O 的一种控制方式。

（3）虚拟技术

采用虚拟技术可以将低速的独占设备虚拟成一种可共享的多台逻辑设备，供多个进程同时使用，通常把这种经过虚拟的设备称为虚拟设备。利用多道程序技术，采用一组程序或进程使得一台输入/输出设备得到多道程序的共享，脱机输出是使用虚拟设备技术的典型例子。

4.3.6　文件管理

从计算机硬件来看，无论是程序还是数据，都是以电子、磁或光等不同的物理形态表示并以位模式组织和存储的，用户无法直接感受其存在，对于普通用户也不必关心其物理形态和存储模式。因此，出现了一种抽象的、概念化的、易于理解的数据组织方式——文件系统。

从计算机的作用来看，它可以快速处理大量的数据，从而使数据的组织、管理、存取和保护成为极为重要的内容。在操作系统中，实现这一基本功能的程序系统称为文件系统。具体来看，文件系统是指由被管理的文件、操作系统中管理文件的软件和相应的数据结构组成的系统。

1．文件和文件系统

文件是具有标识的一组有完整逻辑意义的，并存储在外存介质上数据的集合，如源程序、可执行程序、文章、信函或报表、声音、图像和视频等。计算机中的所有数据都是以文件的方式存放在磁盘介质上，也可以存放在其他存储介质上，通过文件名来对其进行识别和管理。所以，文件是操作系统用来存储和管理信息的基本单位。

文件和文件系统与计算机上运行的操作系统有关，不同操作系统的文件系统也不相同。实际上，文件名只是文件的一个外部标识，是按照一个特定的规则组织的文件系统，其数据也是按照一定的规则进行组织，因此不同的文件命名规则反映了文件的不同组织形式。

从操作系统管理资源的角度来看，文件系统应具有以下功能：

①　解决如何组织和管理文件。管理和调度文件的存储空间，提供文件的逻辑结构、物理结构和存储方法。

②　实现文件的"按名存取"操作机制。用户按文件名进行操作，系统则把文件从标识到实际存储地址进行映射（即按名存取），实现文件的实际控制和存取操作。

③　提供文件共享功能及保护和安全措施。

④　实现用户要求的各种操作。包括建立文件，撤销、删除、复制、移动文件，以及对文件的读/写、修改等。

从普通用户的角度来看，文件系统把相应的程序和数据看作文件，可以不必了解文件存放的物理结构和查找方法等与存取介质有关的部分。只需给定一个代表某段程序或数据的文件名，文件系统就会自动地完成与给定文件名相对应文件的有关操作，称为按名存取。

2．文件命名

文件是一种抽象的机制，它提供了在外存上保存数据信息以方便用户读取的方法。操作系统对文件的命名方法是其抽象机制的重要部分。文件命名是以字母和数字的组合唯一标识一个文件。不同操作系统的文件命名规则不同。

操作系统的文件命名是由字符和数字组成的，分为 3 部分，格式如下：

[盘符:]文件名[.扩展名]

其中，[ ]所包括的部分可以省略。"盘符"是指存放文件的磁盘驱动器号。文件命名由文件名和扩展名组成，用一个圆点"."字符隔开，如 C:\Windows\explorer.exe（资源管理器）。不同的操作系统命名规范不同，如表 4-1 所示。Windows 系统，文件名长度可达到 255 个字符，文件名一般以字母开头，后跟字母、数字或下画线，允许使用空格或汉字。有些字符有特定的含义，不能作为文件名使用，如表 4-1 中的 \、|、*、?、<、:、>、" 等。其中，斜杠字符用于路径中的路径分隔符，字符"<"和">"用于输入/输出导向。

表 4-1　不同操作系统的文件命名规范

项　　目	DOS 和 Windows 3.1	Windows 9x 及其后版本	Mac OS	UNIX/Linux
文件名长度	1～8 个字符	1～255 个字符	1～31 个字符	14～256 个字符
扩展名长度	0～3 个字符	0～4 个字符	无	无
允许包含空格	否	是	是	否
允许包含数字	是	是	是	是
不允许包含的字符	空格、/、\、|、*、?、;、[、:、]、,、. =、"	\、|、*、?、<、:、>、"	无	!、@、#、$、%、^、&、(、) {、}、[、]、<、>、\、"、;
不允许设置的文件名	Aux、Com1、Com2、Com3、Com4、Con、Lpt1、LPT2、LPT3、Prn、Nul	无		取决于版本
是否区分大小写	否		是	是（采用小写格式）

文件名是在建立文件时，由用户按规定依据内容自行定义。在表 4-1 中，列出了一些不允许设置的文件名，这些名称是为特定的设备所使用的，如 Com1 表示通信口 1，而 LPT（Line Print Terminal）表示使用打印机或其他设备。对于文件名所用字母的大小写，Windows 系统不加区分，而 UNIX 系统则相反。

3. 文件扩展名和通配符

扩展名是文件名的最后部分，并使用符号"."和文件名分开，表 4-1 列出了不同操作系统的扩展名长度。扩展名原则上一般由 1～4 个合法字符组成，用来标明文件的类型或文件所属的类别。为了便于系统管理，每个操作系统都有一些约定的扩展名。表 4-2 列出了部分扩展名的文件类型。

表 4-2　不同扩展名的文件类型

扩 展 名	文 件 类 型	扩 展 名	文 件 类 型
.exe	可执行（程序）文件	.sys	系统文件
.com	命令（程序）件	.dll、.lib	动态链接库文件
.bat	批处理文件	.drv、.vxd	驱动程序和虚拟设备驱动程序
.bak	备份文件	.txt	文本文件，即 ANSI 或 Unicode 码文件
.db、.mdb	数据库文件和 Access 数据库文件	.obj	目标文件（源程序经编译后产生）
.doc、.xls、.ppt .docx、.xlsx、.pptx	Office 办公软件 Word、Excel、PowerPoint 创建的文档和高版本文档	.c、.cpp .bas、.java	C、C++或 VC++、BASIC 或 VB、Java 等程序设计语言的源程序文件

续表

扩 展 名	文 件 类 型	扩 展 名	文 件 类 型
.pdf、.caj、.pdg	阅读器文件（PDF 和知网文档，及超星读书）	.wmv、.rm、.ra .mov、qt	能通过 Internet 播放的流式媒体文件
.htm 或.html、.shtml	静态网页文件	.avi	有损压缩的音频视频交错格式文件
.php、.asp、.jsp	动态网页文件	.mpg、.dat	有损压缩格式的视频格式文件
.bmp	位图或栅格图形/图像，几乎不压缩	.wav	微软无压缩无损声音波形文件
.gif、.jpg、.psd、.tif	不同公司图像压缩格式文件	.cda	CD 音乐光盘中的无损声音文件格式
.swf	Flash 动画文件	.mp3、.mid	不同格式的声音文件
.iso	光盘镜像文件	.zip、.rar	压缩格式文件

操作系统可根据扩展名判断其文件的用途，并对数据文件建立和程序的关联。用户也可以根据文件的扩展名获知文件的基本类型。文件的扩展名在文件的分类中具有重要的作用，它可以帮助了解文件的特征。

Windows 注册表中有一个能被其识别的文件类型的清单。Windows 对各种文件赋予不同的图标，以帮助用户识别文件类型。双击文件图标，Windows 将根据文件的类型决定采取何种操作：如果选择的是程序文件，就执行它；如果选择的是数据文件，就启动其关联程序将其打开。例如，选择了一个 Excel 电子表格文件，Windows 将启动 Excel 程序打开该电子表格文件。

大多数程序在创建数据文件时，会给出数据文件的扩展名。例如，使用 Excel 创建电子表格，在保存文件时，Excel 会自动提示加上".xls"或".xlsx"扩展名。

文件名的用途之一是检索文件。在外存设备中，如果有成千上万个文件，需要查找或检索其中的一个或者一部分特定的文件时，有两个非常有用的符号"*"和"?"，称为通配符，用来查找或检索文件使用。"?"代表一个任意字符，"*"代表 0 个或多个任意的字符；"*.*"代表文件名和扩展名都任意的所有文件；"???.*"代表所有文件名长度为 3 个字符，扩展名为任意的所有文件。

如按"WOR?.doc"查找，被查到的文件可能是"WORD.doc""WOR3.doc""WOR 工.doc"等，只要除"?"一个字母之外的其他字母都能够匹配，这个文件就可被查找到。若按"WOR*.doc"查找，被查到的文件可能是"WORD.doc""WOR321.doc""WORD 工作.doc"等，同样只要除"*"字符串之外的其他字母都能够匹配，这个文件就可被查找到。实际上两个通配符都是一种模糊查找。

4．文件属性与操作

文件包括两部分内容：一是文件所包含的数据，称为文件数据；二是关于文件本身的说明信息或属性信息，称为文件属性，如表 4-3 所示。

表 4-3　文件属性及含义

属　　性	含　　义
文件名称	文件最基本的属性，每个文件都必须有个名称用以标识，以及关联图标
文件类型	可以从不同的角度来对文件进行分类。例如，按用途分为系统文件、用户文件、库文件、目录文件等
打开方式	注册关联的打开运行应用程序
文件位置	具体标明文件在存储介质上所存放的位置或路径
文件长度	通常指以字节计算的文件当前大小，也可以是允许的最大字节数，以及实际占用的空间

续表

属　　性	含　　义
文件时间	时间属性很多，如创建时间（文件被创建的日期和时间）、修改时间（文件前一次被修改的日期和时间）、访问时间（文件前一次被访问的日期和时间）
文件属性	包括存档或只读，以及隐藏等属性
文件安全（权限）	通常每个文件有 3 种不同的权限：读、写、执行。通过该属性，文件拥有者可以为自己的文件赋予相应的权限，如允许自己能够读/写和执行，允许同组的用户读/写，只允许其他用户读
文件所有者	多用户操作系统通过文件拥有者属性，使不同用户对各自创建的文件拥有不同的文件操作权限。通常文件创建者对自己创建的文件拥有一切权限，而对其他用户创建的文件只具有有限的权限

文件操作包括文件的建立、撤销、打开、关闭，对文件的读、写、修改、复制、移动（转储）、重命名和删除等操作。在 Windows 10 中，一般通过"此电脑"和"文件资源管理器"来进行操作，可以看到计算机中的文件图标或者列表。通过右击文件图标或者文件名，在弹出的快捷菜单中选择相应的命令，进行相应的操作。

5. 文件的存储结构和目录结构

文件的结构是指文件的组织形式，实际上用户和设计人员往往从不同的角度来对待同一个文件，因此文件的结构分为逻辑和物理两种结构。文件系统就是在用户的逻辑结构文件和相应的存储设备上的物理结构文件之间建立映射关系。

受篇幅所限，在此不对文件的逻辑结构和物理结构进行详细阐述。

计算机文件系统以"目录"管理文件，形成一种目录结构。

从系统角度来看，文件系统对文件存储器的存储空间进行组织、分配和回收，负责文件的存储、检索、共享和保护。从用户角度来看，为了用户的使用和操作方便，对在磁盘中存储的上百或者上千的文件必须建立一种文件系统的存储结构，即文件的目录结构，它指文件在用户面前呈现的以目录或文件夹和文件的组织形式。在此结构下，文件系统实现了"按名存取"，用户只要知道所需文件的名字，就可以存取文件，而无须知道这些文件的物理存储地址，与存储设备无关。

通过 Windows 的资源管理器可以查看到树状的文件夹结构，如图 4-14（a）所示。将其绘成图，如图 4-14（b）所示的树状结构。这种结构是一棵倒向的有根树，树根是根目录（C 或 D 或 E 等）；从根向下，每一个树枝是一个子目录；而树叶是文件。树状多级目录有许多优点：可以很好地反映现实世界复杂层次结构的数据集合；可以重名，只要这些文件不在同一个子目录中；易于实现文件夹中文件保护、保密和共享。

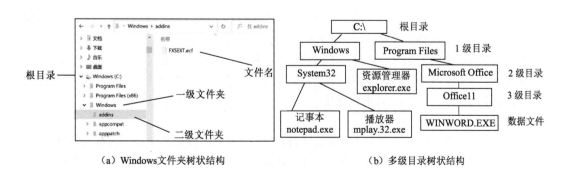

（a）Windows文件夹树状结构　　　　　（b）多级目录树状结构

图 4-14　文件系统的多级目录树状结构

文件的路径是指文件在外存储器上存储的逻辑位置。形式上是由根目录到该文件途径的各个分支子目录名（子文件夹）连接在一起而形成的。上下两个分支子目录名之间用分隔符分开。在 DOS 和 Windows 操作系统中，该分隔符是反斜线符号"\"，分隔符"\"左侧为上一级目录，右侧为下一级目录，一般形式如下：

[<盘符>:]\<一级目录>\<二级目录>\...\<n 级子目录>\<文件名.扩展名>

如图 4-23 所示，"C:\Windows\System32\notepad.exe"，表示记事本程序（notepad.exe）位于 C 盘的 Windows 文件夹下的子文件夹 System32 中。

文件路径有绝对路径、相对路径和基准路径 3 个概念：

① 绝对路径是指由根目录到该文件的通路上所有目录名和该文件名组成的路径（有根目录，包括该文件名），也称一个文件的全路径名，如图 4-15 所示。

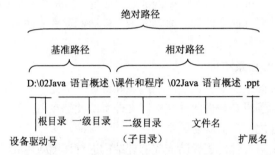

图 4-15　Windows 文件系统的路径（绝对、相对和基准路径）

② 相对路径是指在当前目录开始的向下顺序检索的路径（无根目录，包括该文件名）。

③ 基准路径是指由根目录至向下，不包括该文件名部分的路径（有根目录，不包括该文件名）。

以图 4-15 为例，文件"02Java 语言概述.ppt"，在 D 盘的一级目录"02Java 语言概述"中的子目录"课件和程序"下保存，则

① 绝对路径："D:\02Java 语言概述\课件和程序\02Java 语言概述.ppt"。

② 相对路径："..课件和程序\02Java 语言概述.ppt"，其中：".."表示上一级目录。

③ 基准路径："D:\02Java 语言概述\"，（也称安装路径）。

可见，绝对路径 = 基准路径 + 相对路径。

6．文件共享、保护和保密

（1）文件的共享

如果一个文件可以被多个用户使用，则称这个文件是可以共享的。要达到文件的共享，主要解决用户文件和共享文件的连接问题。比较常用的方法是允许对单个普通文件进行连接，一个普通文件可以有几个不同的别名，连接到不同的用户文件上。文件共享不仅是完成共同任务所必需的，而且还带来许多好处，如减少用户大量重复性劳动，免除系统复制文件的工作；节省文件存储空间；减少实际输入/输出文件的次数等。

（2）文件的保护

文件的保护是为了防止误操作对文件造成破坏以及未经授权用户对文件进行写入和更新。可以采用建立副本和定时转储的办法来保护文件。建立副本是指同一文件保存在多个存储介质上，当某个存储介质上的文件被破坏时，用其他存储介质上的备用副本来替换或恢复。也可以通过设置文件的性质对文件进行保护。

（3）文件的保密

要防止系统中的文件被他人窃取、破坏，就必须对文件采取有效的保密措施。可以通过设置文件的访问权限来对文件实施保密，如"口令"或"密码"都是防止用户文件被他人冒充存取或被窃取，从外部实施文件保密的方法。也可隐蔽文件目录，即用户将需要保密的文件的目录隐蔽起来，因其他用户不知道文件名而无法使用。

（4）文件的安全

文件系统的安全是一个大多数用户关心而又容易被忽略的问题。文件和数据受到破坏，比起计算机硬件出现问题更加麻烦。无论什么原因导致文件系统损坏，要恢复全部信息不但困难而且费时，在大多数情况下是不可能的。尽管有"一键恢复"或系统备份，但作为保存介质的可靠性是需要打折扣的。例如，磁盘或光盘如果有坏道或坏的区域，而且是物理错误，是无法修复的。文件系统自身的设计结构和存储算法或方案也会出现缺陷或漏洞，即使及时纠正，但是隐藏的缺陷也许会带来更大的危害。随着认识水平的提高，隐藏的缺陷虽然也能发现，但发现前可能已经带来危害。

为了保护文件系统，采用的技术多是使用密码、设置存储权限，以及建立更复杂的保护模型等。但出于安全上的全面考虑，备份是最佳方案，即数据和文件的备份，最简单的方法是复制。

4.4 Windows 操作系统

个人计算机主要使用的是 Windows 操作系统，本节从系统角度介绍Windows 的结构和管理，而不是如何操作。

视频

Windows 发展
历程

4.4.1 概述

在个人计算机系统中，Windows 占有绝对优势和市场份额。微软公司从 1983—1985 年推出 Windows 1.03 以来，Windows 系统经历了从最初运行在 DOS 下的Windows 3.x，到不同时期风靡全球的 Windows 9x、2000 系列、XP、2003、Vista、2008，以及分别在 2009 年、2013 年和 2014 年和 2021 年发布的 Windows 7、Windows 8、Windows 10 和 Windows 11，目前在大力推广和升级到 Windows 11。

当今市场上个人计算机使用较多的版本是 Windows 7 和 Windows 10，长期的统计表明，Windows 市场占有率仍超过 80%。截至 2023 年 3 月 Windows 11 的市场占有率已经达到 20%左右。Windows 的重要性在于它使得计算机的操作、应用变得非常容易，非专业人员也能够使用计算机，使得计算机更加普及。

Windows 基于图形用户界面（容器：窗口、对话框；组件：按钮、滚动条、列表框；图标、快捷方式，等等）支持即插即用等特性，运用多种先进技术，如内存交换技术、多线程技术等。Windows 也能处理多媒体信息，内置了多种网络协议，用户能够很容易地使用局域网和因特网。

Windows 提供了应用程序接口（API）、设备驱动程序开发工具，为开发基于 Windows 的应用程序提供了极大的方便，因此，有极为丰富的各种应用系统，这也是 Windows 得以流行的主要原因。

Windows 是一个系列产品，从服务器到智能手机都提供了支持。Windows 在安全性上一直备受关注，用户需要不断地从微软网站下载"补丁"程序进行更新（update）。

Windows 7 系统 2009 年 10 月在中国正式发布，它覆盖了所有 Windows XP 系统的新功能，也延续了 Windows Vista 的 Aero 风格，并且更胜一筹。

2015 年 11 月，Windows 10 的 1511 版本发布，在易用性和安全性方面有了极大的提升，除了针对云服务、智能移动设备、自然人机交互等新技术进行融合外，还对固态硬盘、生物识别、高分辨率屏幕等硬件进行了优化完善与支持。

Windows 10 系统的特点如下：

（1）计算机更个性化

① 桌面更清新：桌面简洁、任务栏的按钮更大；跳转列表（Jump List）可提供到文件、文件夹和网站的快捷方式；鼠标拖动操作，桌面透视和晃动效果可轻松实现窗口切换；程序可锁定到任务栏以进行单击访问。

② 窗口绚丽透明：不在居于单一的窗口颜色，Windows 10 有着更绚丽透明的窗口，其 Aero 效果更华丽，有碰撞效果、水滴效果，还有丰富的桌面小工具：CPU 仪表盘、日历、时钟、幻灯片放映等。

③ 窗口背景可以设置：它为打开的窗口提供背景，可以选择某个图片作为桌面背景，也可以幻灯片形式显示图片，图片色彩更加绚丽。

（2）搜索更智能

"开始"菜单新增一个大的搜索框，用户输入搜索内容，就开始搜索，无须类型信息，能高效、快速、动态搜索，结果按类别（例如，文档、图片、音乐、电子邮件和程序）分组；在文件夹或库中搜索时，可以使用筛选器（如日期或文件类型）微调搜索结果，并使用预览窗格查看结果的内容。

（3）简单更易用

围绕个性化设计、娱乐视听设计、应用服务设计、用户易用性设计及笔记本计算机的特有设计等几方面，增加了许多特色的功能，其中比较具有特色的是跳转列表功能菜单、Windows Lives Essenitials（针对网络照片、视频、即时消息、电子邮件、撰写博客等服务客户端软件包）、轻松实现无线联网、轻松创建家庭网络。此外，Windows Media Player 也支持非微软的音频格式，如果硬件支持 Windows 10 有触摸功能。

在网络方面，Windows 10 支持 IPv6，对于 Wi-Fi 也有良好的支持，而且还能自建热点。

（4）占内存少，速度更快

借助于支持功能强大的最新 64 位，Windows 10 带来了重大性能改进：占用更少的内存，只在需要时才运行后台服务，这样可以更快地运行程序，并能更迅速地休眠、恢复和重新连接到无线网络、系统故障快速修复、快速释放 Windows 10 系统资源让计算机更顺畅等。

（5）共享信息更方便

建立家庭组或者工作组，将两台或更多台运行 Windows 10 的计算机互相连接之后，不需要太多的操作就可以开始与家中朋友、同事分享音乐、图片、视频和文档。

（6）数据保护更安全

Windows 10 包括改进了的安全和功能合法性，还会把数据保护和管理扩展到外围设备。它改进了基于角色的计算方案和用户账户管理，在数据保护和固有冲突之间搭建沟通桥梁，同时也会开启企业级的数据保护和权限许可。

Windows 10 增加的新功能包括：

（1）生物识别技术

除了常见的指纹扫描之外，系统还能通过面部或虹膜扫描进行登录。

（2）Cortana 搜索功能

可以用它来搜索硬盘内的文件、系统设置、安装的应用，甚至是互联网中的其他信息。作为一款私人助手服务，Cortana 还能像在移动平台那样帮用户设置基于时间和地点的备忘信息。

（3）平板模式

Windows 10 提供了针对触控屏设备优化的功能，同时还提供了专门的平板计算机模式，开始菜单和应用都将以全屏模式运行。通过设置，系统可以自动在平板计算机与桌面模式间切换。

（4）多桌面和桌面的优化应用

如果用户没有多显示器配置，但依然需要对大量的窗口进行重新排列，那么 Windows 10 的虚拟桌面可以帮助用户将窗口放进不同的虚拟桌面当中，并能够轻松切换。

桌面优化包括开始菜单的优化、窗口贴靠辅助功能、任务栏的调整优化等。

（5）新技术的融合

在易用性、安全性等方面进行了深入的改进与优化。针对云服务、智能移动设备、自然人机交互等新技术进行融合。

Windows 11 于 2021 年 6 月 24 日发布。Windows 11 提供了一些创新功能，增加了新版开始菜单和输入逻辑等。由于篇幅所限，本书不再深入探讨。

4.4.2　系统结构

Windows 模型结构也使用了内核和外壳结构，与大多数操作系统一样。它的操作系统内核代码运行在处理器特权模式下，称为内核模式，能够访问 PC 的硬件和系统数据，而用户和应用程序被设置运行在非特权模式（也称用户模式）下。

操作系统设计的主要部件，如处理器管理、内存管理、I/O 管理，都运行在各自独立的进程中，且有自己独立的内存地址。但是，Windows 把大多数管理和控制代码都运行在内核模式下，其结构如图 4-16 所示。

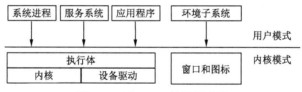

图 4-16　Windows 结构示意图

用户模式下的几部分说明如下：

① 系统进程是操作系统固定的或硬件需要的程序，如用户登录等。

② 服务系统是提供系统服务的，如任务管理服务、假脱机打印等。

③ 应用程序是指用户运行的程序，例如用户上网使用的 IE 浏览器、编辑文本文件使用的记事本、即时交流的 QQ 软件等。

Windows 10 支持多种类型的应用程序，如旧版 Windows 下开发的应用程序。

④ 环境子系统实现了操作系统环境的支持，起初微软还支持可移植操作系统接口，Windows XP 之后就不再支持其他操作系统的子系统。

在内核模式下，其执行（executive）包括了操作系统的内存、进程、线程管理、安全、输入/输出程序、网络和跨进程服务等。它的内核基本上与进程调度、中断、多处理器同步等相关。设备驱动既包括硬件设备驱动程序，也包括文件和网络驱动程序等。

Windows 和 Intel 处理器的协同，使得 Windows 能够在多处理器（多核）系统的计算机上运行。在 Windows 系统中，多处理器使用的是同一种存储器。

4.4.3　系统管理

在 Windows 中，从用户角度看，有管理、服务、注册表 3 种管理机制。管理是针对硬件管理，服务和注册表是对应用程序的管理。

管理主要是硬件设备和磁盘管理。设备管理可以安装和更新硬件设备的驱动程序、更改这些设备的硬件设置以及解决问题。磁盘管理用来执行与磁盘相关的任务，如创建及格式化分区和卷，以及分配驱动器号；改变分区大小（扩展和收缩分区），基本和动态磁盘转换，动态磁盘容量扩展到非邻近的磁盘空间。

服务是一种在系统后台运行，无须用户界面的应用程序类型，类似于 UNIX 的后台程序进程。服务提供核心操作系统功能，如 Web 服务、事件日志、文件服务、打印、加密和错误报告。服务功能有启动、停止、暂停、继续或禁用服务。对服务程序设置手动或自动启动，如计算机开机时 MySQL 数据库服务器的手动或自动启动。对故障自动重新启动、设置特定硬件配置文件启用或禁用服务等。

Windows 的注册表存放了计算机系统和应用程序信息，可以使用注册表编辑器添加并编辑注册表项和注册表值，从备份中还原注册表或将注册表还原为默认值，以及为引用或备份导入或导出项。还可以打印注册表，以及控制具有编辑注册表权限的账户。在命令行中输入 regedit 就可以打开 Windows 的注册表，如图 4-17 所示。注册表中的数据在系统启动、用户登录、应用程序启动这 3 个时间点上被读取。通常，安装或改变应用程序、设备驱动程序，或更改系统设置，都会影响注册表。

图 4-17　Windows 10 注册表编辑器窗口

图 4-17 左侧列的是注册表的根键，每个根键内是多层结构，如表 4-4 所示。

表 4-4　注册表的 6 个根键和描述

名　称	功 能 描 述
HKEY_CLASSES_ROOT	记录不同文件的扩展名和与之对应的应用程序
HKEY_CURRENT_USER	当前登录用户的用户配置文件信息
HKEY_LOCAL_MACHINE	配置信息，即机器上安装的硬件和软件设置信息
HKEY_USERS	所有用户信息
HKEY_CURRENT_CONFIG	当前硬件配置信息

打开左侧列的每个根键，可以展开其下的多个或多层子键和项，每项都在右侧说明，包括名称、类型和数据 3 项。可以通过注册表编辑器的帮助获取更多的注册表功能信息。

Windows 系统对接入 PC 的设备，包括磁盘和文件，它的属性参数都被记录在注册表中，这种方式称为"集中管理"。Windows 使用设备时，需要从注册表中读取设备的相关信息。显然，如果这些设备信息被损坏，那么 Windows 将受到严重影响，有可能无法使用这些设备。如果损坏了注册表编辑程序，注册表的恢复工作会很难。此时可以尝试用注册表恢复工具恢复注册表。

4.4.4 启动和关机

Windows 有两个模式：一个是 x86 模式，它延续了从最早的 PC 使用的 Intel x86 系列处理器芯片的 Windows，如 Windows 95，直到 Windows XP 等多个版本，也包括 Windows 7 的 32 位版；另一个是 x64 模式，它支持 64 位 Intel 处理器的 Windows 系统。计算机启动有 4 个阶段：

1. 通电和硬件的初步检测

打开计算机电源或者按下复位（reset）按钮，这并不是直接启动 Windows，而是先进入主板上的 BIOS 芯片（由 EPROM 芯片或 Flash Memory 组成）中，启动其中固化的 BIOS_Setup 程序。在 BIOS_Setup 程序完成机器硬件的初步检测后，启动 Windows 的引导程序，将系统的控制权移交给 Windows。安装 Windows 时，磁盘上建立了引导分区。

2. 操作系统启动和硬件配置检测、加载设备驱动程序

系统加载程序 NTLDR（NT loader）读取初始化文件 Boot.ini，如果计算机安装了多个操作系统，系统将提示用户选择其中的一个或按照默认的顺序引导操作系统。同样，引导系统检测计算机的硬件配置并将相关信息记录到注册表中。接着系统通过执行 ntoskrnl.exe 开始加载 Windows 的内核，并通过读取注册表中的计算机配置信息对内核进行初始化，这时 Windows 的 Logo 标志开始显示在屏幕上。完成了对硬件的初始化之后，系统开始加载设备驱动程序。

3. 操作系统或 Windows 初始化和用户登录

Windows 执行 Winlogon.exe 并在屏幕上显示欢迎界面和登录对话框，此时系统的初始化仍然在进行。用户登录后，系统将本次启动的信息记录下来，为下次开机提供副本文件，这才意味着操作系统被成功引导，开始实施对计算机的全部管理和控制。

4. Windows 的系统服务进程和用户程序进程进入内存运行

Windows 运行期间有大量的系统服务进程在内存中运行，用户可以通过任务管理器查看系统进程。不同的机器状态使用的系统进程有所不同，Windows 的进程分为系统进程和一般程序进程。其中，系统进程包括上述 Winlogon.exe 在内的数十个，如管理多线程、内存等资源的 Kernel32、支持多媒体的 Mmtask、控制打印任务的 Spool32、任务管理器的 Taskmon、管理客户端请求的 Winmgmt 等。一般程序进程为用户启动执行程序后的进程，如 Winword 进程、使用命令的进程 Cmd 等。

在用户使用关机操作或者按下电源开关关机后，Windows 并不是直接切断电源，而是需要经过停机程序。首先，用户的关机操作启动了系统的关机指令，激活了运行期间管理用户界面的子系统 CSRSS 并启动 Winlogon.exe 进行数据交换，进入关机流程。CSRSS 开始退出用户进程结束系统进程，最后由 Winlogon.exe 调用 NT Shutdown System 实施关机操作。

小　结

计算机系统是由硬件系统和软件系统组成的，软件是计算机的灵魂和计算机应用的关键。了解和认识软件概念、工作机制、分类和层次结构等，将会从原理和系统层面上认识不同软件的作用，以及软件系统组成的架构。依据计算机软件的用途，可以将软件分为系统软件、支撑软件和应用软件 3 类。系统软件是直接与硬件接触的软件，保障了应用软件能在繁杂的硬件条件下也可

以正常运行。系统软件中的核心软件就是操作系统，操作系统又是应用软件运行和功能体现的基础，所以应用软件都是基于操作系统的。

学习操作系统的概念和分类、结构和组成，以及重点讨论操作系统的进程管理、内存管理、设备管理和文件管理等四大功能模块，因而从基本原理上认识操作系统管理计算机的作用和意义。

操作系统接管了计算机，负责对计算机的所有资源进行管理，用户和应用软件依赖于操作系统，通过操作系统使用计算机。按常规的分类方法，操作系统大致有 8 种类型，常用的操作系统有 MS-DOS、Windows、UNIX、Linux、Mac OS 等和智能手机操作系统。

操作系统基于层次结构，内核是 kernel 程序，外层为 shell，shell 构成 kernel 和用户之间的接口。四大功能模块支撑着操作系统的重要功能，分为硬件管理和文件管理，硬件的有效分配、科学调度和回收，虚实结合、动态和静态结合，即插即用；文件的逻辑结构和物理结构、存储结构和目录结构等，最终实现"按名存取"或"按名管理"的方式，极大地方便了用户。因此，对用户而言，熟悉应用软件，"按名管理"其文件，通过用户界面操作即可。文件的存储结构与不同的操作系统有关，微软系统的文件存储结构包括 FAT 和 NTFS 系统。文件系统需要通过备份提高其安全性。

Windows 是一个在微机系统中最常用的操作系统，它基于图形界面、面向对象和多任务系统，各个应用程序共享 Windows 系统提供的所有资源。以 Windows 10 操作系统为典型代表，讲解了其结构和系统管理，以及启动和停机的内部执行过程。

习　题

一、综合题

1. 说明计算机软件、程序和文档的关系。
2. 根据翻译程序功能的不同，分为两种方式：解释和编译。解释器与编译器有什么不同？
3. 对于专有软件不开放源代码，你的观点是什么？
4. 操作系统的主要功能是什么？
5. 讨论操作系统的进程管理中，程序、作业和进程之间的关系。
6. 线程与进程有什么区别？
7. 目录结构中，讨论目录表的作用，并说明为何作为目录文件同样要在物理空间中保存。

二、网上信息检索

1. 什么是绿色软件和安全软件，各有什么特点？
2. 自由软件和开源软件有什么不同？
3. 操作系统的作用是什么？
4. 什么是进程？进程与程序有什么区别？什么是线程？线程与进程有什么区别？
5. 在文件系统中，检索文件有两个非常有用的符号"*"和"?"，称为通配符，如何使用？
6. 操作系统中分为相对稳定的内核层（Kernel）以及它与用户之间的接口（Shell）两层的层次结构。其各自的作用是什么？
7. Windows 有两种文件存储结构，包括 FAT 系统（文件分配表）和 NTFS 系统。它们各自有何特点？
8. 什么是计算机虚拟技术？

第二部分 应 用 技 术

第 5 章 | 办公软件基础

办公软件是指可以进行文字处理、表格制作、幻灯片制作、图形图像处理、简单数据库处理等方面的软件。此类软件的运用使得传统的办公方式完全计算机化、数字化、网络化和多媒体化，工作效率大幅提高。使用办公软件解决日常工作学习中的文字编辑、表格计算、内容展示成为必须掌握的基本技能。常用的办公软件包有微软公司的 Microsoft Office，以及国产的办公软件如金山公司的 WPS Office 和无锡永中软件的永中 Office。

本章以 Microsoft Office 2016 办公软件为基础，重点介绍文字处理、表格制作和数据统计分析、幻灯片制作等软件的基本概念、功能设计及操作原理。软件的使用和操作技巧将在配套实验教程中详细讲解。

5.1 Office 概述

随着科技的发展，Office 变得越来越智能，新增的云增强功能可帮助用户改进 Word 的写作，在 Excel 中分析数据，在 PowerPoint 中提供动态演示文稿。Office 2016 提供了一套以工作成果为导向的用户界面，可使用户高效地完成日常工作。

5.1.1 功能区与选项卡

功能区是一种全新的设计方式，它以选项卡的方式对命令进行分组和显示。同时，功能区上的选项卡在排列方式上与用户所要完成的任务的顺序相一致，并且选项卡中命令的组合方式更加直观，大幅提升了应用程序的可操作性。

例如，在 Word 2016 功能区中拥有"插入""布局""引用""邮件""审阅"等编辑文档的选项卡，如图 5-1 所示。同样，在 Microsoft Excel 2016 和 Microsoft PowerPoint 2016 的功能区中也拥有一组类似的选项卡，如图 5-2 和图 5-3 所示。这些选项卡可引导用户开展各种工作，简化对应用程序中多种功能的使用方式，并直接根据用户正在执行的任务来显示相关的命令。

功能区显示的内容并不是一成不变的，Office 2016 会根据应用程序窗口的宽度自动调整功能区中显示的内容。

图 5-1　Word 2016 中的功能区

图 5-2　Excel 2016 中的功能区

图 5-3　PowerPoint 2016 中的功能区

5.1.2　实时预览

当鼠标悬停在某些选项卡的命令按钮上时，会自动显示应用该功能后的文档预览效果，这就是实时预览功能。这种动态的功能可以提高布局设置、编辑和格式化操作的执行效率。

例如，当用户希望在 Word 文档中更改表格样式时，只需要将鼠标在各个表格样式集选项卡上划过，而无须执行单击操作进行确认，即可实时预览该样式集对当前表格的影响，如图 5-4 所示，从而便于用户迅速做出最佳的选择。

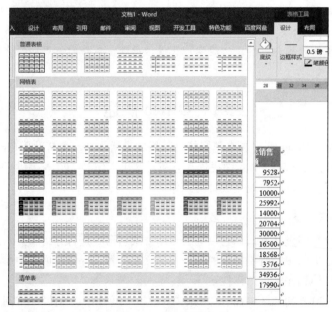

图 5-4　实时预览功能

5.1.3　增强的屏幕提示

当将鼠标指向某个命令时，不用点击而是悬空，就会弹出相应的屏幕提示（见图 5-5），它所提供的信息可使用户快速了解该项功能。如果想要获取更加详细的信息，可以利用该功能所提供的相关辅助信息的链接，直接从当前命令对其进行访问，而不需要打开帮助窗口进行搜索。

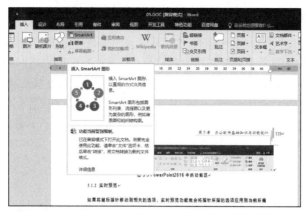

图 5-5　增强的屏幕提示

5.1.4　自定义 Office 功能区

Office 2016 根据多数用户的操作习惯来确定功能区选项卡以及命令的分布，然而这可能依然不能满足各种不同用户的使用需求。因此，用户可以根据自己的使用习惯来自定义 Office 2016 的功能区。例如，在 Word 中自定义功能区的操作步骤如下：

① 右击功能区的空白处，从弹出的快捷菜单中选择"自定义功能区"命令，如图 5-6 所示。

图 5-6　选择"自定义功能区"命令

② 在打开的"Word 选项"对话框中，定位在"自定义功能区"选项组。此时就可以在该对话框右侧区域中选择"开发工具"（也可以选择其他选项），将"开发工具"命令添加到功能区内，如图 5-7 所示。

图 5-7　自定义功能区

5.1.5 Office 数据共享

作为一个套装软件，Office 各个组件之间可以通过各种途径很好地实现数据传输与共享。Word、Excel、PowerPoint 三者在处理文档时各有所长。Word 便于对文字进行编辑处理，Excel 便于对数据进行计算、统计与分析以及图表的应用，而 PowerPoint 则更擅长对信息进行展示和传播。为了高效地创建和处理综合文档，Office 提供了多种方法，以方便在各个程序组件之间传递和共享数据。例如，在 Excel 中创建的表格可以轻松用于 Word 文档或 PowerPoint 演示文稿中，而在 Word 中编辑完成的文本可以快速发送到 PowerPoint 中形成幻灯片。具体方法如下：

1．通过剪贴板

下面以 Word 文档为例进行讲解：

① 在 Excel 中选择要复制的数据区域，单击"开始"选项卡的"剪贴板"组中的"复制"按钮。

② 打开 Word 文档，将光标定位到要插入 Excel 表格的位置。

③ 单击"开始"选项卡"剪贴板"组中的"粘贴"下拉按钮，从"粘贴选项"下拉列表中选择一种粘贴方式，如图 5-8 所示。选择"选择性粘贴"命令，打开如图 5-9 所示的"选择性粘贴"对话框，选中"粘贴链接"单选按钮，将使插入的内容与源数据同步更新。

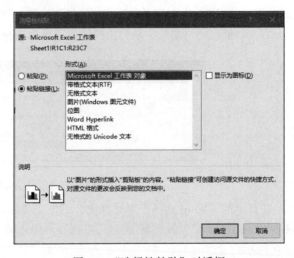

图 5-8　选择粘贴方式　　　　　　图 5-9　"选择性粘贴"对话框

2．以对象方式插入

下面以 Word 为例进行讲解：

① 打开 Word 文档，将光标定位到要插入 Excel 表格的位置。

② 单击"插入"选项卡"文本"组中的"对象"按钮，打开"对象"对话框。要想插入一个空白工作表，可在图 5-10 所示的"新建"选项卡的"对象类型"列表框中选择"Mcrosoft Excel 工作表"；要想插入一个现有文档，可在图 5-11 所示的"由文件创建"选项卡中单击"浏览"按钮选择一个文件。

③ 双击插入的表格，进入编辑状态，可以像在 Excel 中那样输入数据、对表格进行编辑修改。修改完毕后，在表格区域外单击即可返回 Word 文档。

 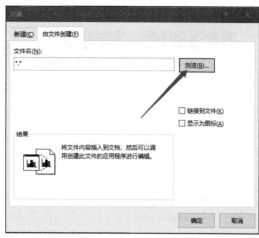

图 5-10　"新建"选项卡　　　　　　图 5-11　"由文件创建"选项卡

3．Word 与 PowerPoint 之间的共享

Office 还为 Word 与 PowerPoint 之间传递和共享数据提供了专有的方式。

（1）将 Word 文档发送到 PowerPoint 中

在 Word 中可以方便、高效地编辑处理一些长文档，如论文、演讲稿、书籍等，有时候需要将 Word 生成的文档进行压缩、精简然后制作成简短的演示文稿，以便讲课及展示。

Word 的内置样式与 PowerPoint 演示文稿中的文本存在着对应关系。一般情况下，样式标题 1 对应幻灯片中的标题，标题 2 对应幻灯片中第一级文本，标题 3 对应幻灯片中第二级文本……依此类推。利用这一对应关系，即可快速制作演示文稿。具体方法如下：

① 在 Word 中编辑好文档，为需要发送到 PowerPoint 演示文稿中的内容使用内置的标题样式，如图 5-12 所示。

② 选择"文件"选项卡→"选项"→"快速访问工具栏"，在"从下列位置选择命令"下拉列表中选择"不在功能区中的命令"，选择"Microsoft PowerPoint"选项，单击"添加"按钮，相应命令显示在"快速访问工具栏"中。

③ 单击"快速访问工具栏"中新增加的 Microsoft PowerPoint 按钮，Word 即可将应用了内置样式的文本自动发送到新创建的 PowerPoint 演示文稿中，如图 5-13 所示。

注意：这种方式只能发送文本，不能发送图表和图像。而且当 Word 文档比较长时，生成演示文稿的时间也比较长。

（2）使用 Word 为幻灯片创建讲义

在 PowerPoint 中制作完成的幻灯片可以在 Word 中生成讲义并打印。具体方法如下：

① 在 PowerPoint 中制作包含若干张幻灯片的演示文稿。

② 选择"文件"→"选项"→"快速访问工具栏"，在"从下列位置选择命令"中选择"不在功能区中的命令"，选择"在 Microsoft Word 创建讲义"选项，单击"添加"按钮，相应命令显示在"快速访问工具栏"中，如图 5-14（a）所示。

③ 单击"快速访问工具栏"中新增加的"在 Microsoft Word 创建讲义"按钮，打开如图 5-14（b）所示的对话框。

④ 选择讲义版式后，单击"确定"按钮，幻灯片被按固定版式从 PowerPoint 中发送至 Word

文档中，如图 5-15 所示。

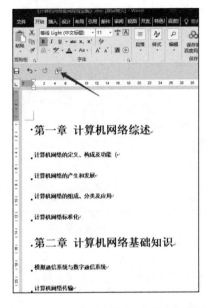

图 5-12　在 Word 中编辑文本并应用样式

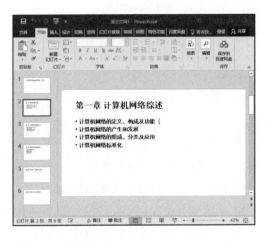

图 5-13　发送到 PowerPoint 中形成幻灯片

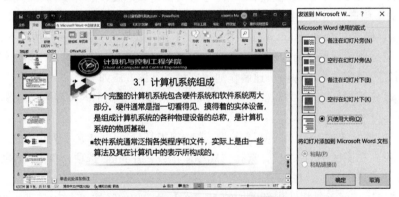

图 5-14　在 PowerPoint 中指定版式

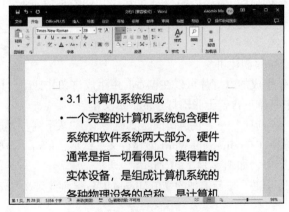

图 5-15　发送到 Word 中的内容

5.2　文字处理软件 Word

5.2.1　文字处理概述

作为 Office 套件的核心应用程序之一，Word 提供了许多易于使用的文档创建工具，同时也提供了丰富的图表功能供创建复杂的文档使用，使简单的文档变得比只使用纯文本更具有吸引力。

5.2.2　文字处理基础知识

1．视图

在 Word 办公软件中，为用户提供了多角度查看文档的视图方式，分别是"页面视图"、"阅读视图"、"Web 版式视图"、"大纲视图"和"草稿视图"5 种视图方式。用户可以在"视图"功能区中选择需要的文档视图方式，有效地完成整个文档的不同内容、不同效果、不同设计的编辑排版。

（1）页面视图

页面视图是 Word 的默认视图，也是 Word 中常用的视图。页面视图可以显示 Word 文档的打印结果外观，主要包括页眉、页脚、图形对象、分栏设置、页面边距等元素。因页面显示效果的限制，该视图默认不显示分隔符（如分页符、分节符、分栏符等）。

（2）阅读视图

顾名思义，阅读文档的时候经常会用到这种视图模式。阅读视图以图书的分栏样式显示 Word 文档，Office 按钮、功能区等窗口元素被隐藏起来。在阅读视图中，用户还可以单击"工具"按钮选择各种阅读工具。

（3）Web 版式视图

Web 版式视图主要用于查看网页形式的文档。它以网页的形式显示 Word 文档，适用于发送电子邮件和创建网页。

（4）大纲视图

大纲视图主要用于设置和显示标题的层级结构，并可以方便地折叠和展开各种层级的文档。大纲视图广泛用于 Word 长文档的快速浏览和设置中，适合查看多层级的文档。

在大纲视图中，查看文档结构的同时，可以通过拖动标题来移动、复制和重新组织文档结构，因此它特别适合编辑含有大量章节的长文档，能让文档层次结构清晰明了，并可根据需要进行调整。另外，可以通过折叠来隐藏标题下的正文而只看主要标题，或者展开标题查看到其下的正文。在大纲视图中不显示页边距、页眉和页脚、图片和背景及排版效果，更加突出了大纲结构。

（5）草稿视图

草稿视图的页面布局简单，适合一般文本的输入和编辑。"草稿视图"取消了页面边距、分栏、页眉页脚和图片等元素，仅显示标题和正文，是最节省计算机系统硬件资源的视图方式。

2．布局

（1）页面布局

页面布局用于对页面的文字、背景、常用对象和页面版面进行格式设置。包括以下几方面：

① 主题：更改整个文档的总体设计，包括颜色、字体和效果。

② 页面设置：包括纸张方向、页边距、纸张大小方向和版式设置。其中，版式是指对节的起始位置、页眉页脚和页面垂直对齐方式进行具体设置。

③ 页面背景：包括页面水印、颜色和边框的设置。

（2）对象布局

对象与对象、正文与对象的平面几何位置关系称为对象布局。

① 对象与对象呈现相邻、叠加、覆盖和包涵等关系。在 Word 中，指上移一层、下移一层和组合等关系。

② 文字针对对象为环绕方式。在 Word 中，环绕方式包括排列位置、文字环绕和对象针对文字自动换行。

3. 标记

标记通常解释为表明特征的记号，其外表看上去是符号，实际上它是一种功能或效果。

（1）文本的段落标记——回车符

回车符是用来标记段落用的，在 Word 中由回车符标记自然段形成段落。

Word 中有两种换行标志：一种是向下的箭头，另一种是左拐的箭头。这两种符号标志的意思是不一样的，如图 5-16 所示。软回车是指人为将文字强行换入下一行显示的标识，并以向下的箭头标注。它与硬回车的作用不同，不代表增加新的段落。

在文档中直接按下【Enter】键默认产生的是硬回车。软回车的快捷键是：【Shift+Enter】，按下软回车，文字换行，但是不分段。

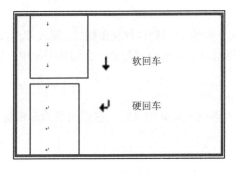

图 5-16　软回车与硬回车

（2）文档的标注——分隔符

分隔符是将文档内容分散成多个部分的标识，它不仅仅是一种效果，也是一种功能。在文字中插入分隔符，强行达到一种效果有利于排版，如分栏符。分隔符包括分页符和分栏符等。

① 分页符是指人为插入把文本内容强行转入下一页显示的标识，其作用是把从鼠标定位之后的文字强行划分为下一页，页面会重新排版。当文档超过一页的有效页面高度时系统也会自动分页，分页符，但没有文字标注。自动分页会随着文档内容的插入和删除处理而动态变化。

② 分栏符是指人为把文本内容强行转入下一栏显示的标识。在 Word 中，当文档中有文本已设置为两栏或多个分栏时，用户可以在已分栏的文本中任意位置插入分栏符，使插入点以后的文本内容强制转入下一栏显示。一般的文字分栏方法就是按先左后右的方法，把左面的栏排满后才排右面的栏。但是有时会在既定位置强迫以下文字分栏至下一栏，这时就可以用分栏符。

（3）文档的标记——分节符

分节符是指为表示节的结尾插入的标记。分节符包含节的格式设置元素，如页边距、页面的方向、页眉和页脚，以及页码的顺序。分节符用一条横贯屏幕的虚双线表示。

分节符不仅可以将文档内容划分为不同的页面，而且还可以分别针对不同的节，进行页面设置操作。

①　一般在文档中，包括封面、目录和正文几部分（还有可能包括扉页、摘要等部分）。若文档作为一个整体设置页码，那么页码必须从第 1 页开始计算（可能是封面），到了正文部分，页码就不会是从"1"开始计数和显示。而正文部分的页码编号一般都从 1 开始。此时，可以通过插入分节符，将文档分成若干节，设置每节单独的页面格式，包括页面方向和页码信息等。

②　在长文档中，可能会有不同的内容结构，一般采用分章节的形式实现。每一章的页眉可能会有不同的设计需求。这种情况，也可以使用分节操作来实现，对每一节分别设置页面页眉。

分节符中的下一页与分页符的区别在于，前者分页又分节，而后者仅仅起到分页的效果。

5.2.3　Word 2016 的文档制作

在 Word 2016 中，一篇文档的编辑和排版，主要步骤如下：

①　新建文档：启动 Word，默认新建的文档为空白文档，进行页面设置。工具："文件"菜单或"页面布局"选项卡（设置纸张大小和页边距）。

②　输入文字内容和编辑：将所有文字内容输入完成，并进行拼写和语法检查。全选文档，按正文要求设置文本的字体格式（字体、字号、字形、字体颜色、文本效果、字符间距）、段落格式（段落对齐方式、段落缩进、行距和段落间距、换行和分页设置）、使用主题快速调整文档外观、调整页面布局（设置页边距、纸张大小和方向、设置页面背景、设置文档网格）等。工具："开始"选项卡。

③　按要求插入分节符：在"草稿视图"中，插入并检查分节符，将文档分隔成若干个"节"。一般封面为第一节，目录为第二节，各章节均为后续连续的节，包括参考文献和附件等。依据要求可插入"下一页"或"奇数页"或"偶数页"分节符。工具："页面布局"选项卡的"页面设置"功能区中的分隔符。

④　按要求用样式设置各级标题：一般为 3～5 级标题，即用标题 1、标题 2……标题 5 样式来分别设置标题，并按要求进行必要的字体和段落修改。可用格式刷工具复制同类标题样式。工具："开始"选项卡。

⑤　封面设置：采用封面模板或自制封面。工具："插入"和"开始"选项卡。

⑥　制作表格：按要求制作表格和表格标题（即时预览创建表格、使用"插入表格"命令创建表格、手动绘制表格、插入快速表格、将文本转换成表格、调整表格布局）。一般表格和表格标题都是水平居中。工具："插入"主选项卡。

⑦　插入各种常规对象：绘制或插入各种组合图、图片、公式等常规对象（在文档中插入图片、设置图片格式、绘制图形、使用智能图形 SmartArt），进行编辑和布局（版式）；创建超链接和交叉引用。工具："插入"选项卡。

⑧　插入各种特殊对象：制作脚注或尾注。按"节"分别插入页眉、页脚和页码。工具："插入"和"引用"选项卡。

⑨　生成动态对象和 ActiveX 控件：制作索引，先标记索引项（选定关键词，操作按键：【Alt+Shift+X】），然后在指定位置插入索引；在目录页生成目录或更改目录（前提是标题已由标题样式设置）；其他动态对象和 ActiveX 控件制作。工具："引用"和"开发工具"选项卡。

⑩　检查、校验和打印文档。

5.2.4　Word 2016 长文档的编辑与管理

制作专业的文档除了使用常规的页面内容和美化操作外，还需要注重文档的结构以及排版方式。Word 2016 提供了诸多简便的功能，使长文档的编辑、排版、阅读和管理更加轻松自如。

1. 定义并使用样式

样式是指一组已经命名的字符和段落格式，它规定了文档中标题、正文以及要点等各个文本元素的格式。在文档中可以将一种样式应用于某个选定的段落或字符，以使所选定的段落或字符具有这种样式所定义的格式。

通过在文档中使用样式，可以迅速、轻松地统一文档的格式；辅助构建文档大纲以使内容更有条理；简化格式的编辑和修改操作等，并且借助样式还可以自动生成文档目录。

在编辑文档时，使用样式可以省去一些格式设置上的重复性操作。利用 Word 2016 提供的"快速样式库"，可以为文本快速应用某种样式。

（1）快速样式库

利用"快速样式库"应用样式的操作步骤如下：

① 在文档中选择要应用样式的文本段落，或将光标定位于某一段落中。

② 单击"开始"选项卡的"样式"功能区下拉按钮，打开如图 5-17 所示的"快速样式库"下拉列表。

图 5-17 "快速样式库"下拉列表

③ 在"快速样式库"下拉列表中的各种样式之间轻松滑动鼠标，所选文本就会自动呈现出当前样式应用后的视觉效果。单击某一样式，该样式所包含的格式就会应用到当前所选文本中。

（2）"样式"任务窗格

通过使用"样式"任务窗格也可以将样式应用于选中文本段落，操作步骤如下：

① 在文档中选择要应用样式的文本段落，或将光标定位于某一段落中。

② 在"开始"选项卡的"样式"功能区中，单击右下角的"对话框启动器"按钮，打开如图 5-18 所示的"样式"任务窗格。

③ 在"样式"任务窗格的列表框中选择某一样式，即可将该样式应用到当前段落中。

在"样式"任务窗格中选中下方的"显示预览"复选框可看到样式的预览效果，否则所有样式只以文字描述的形式列举出来。在 Word

图 5-18 "样式"任务窗格

提供的内置样式中，标题 1、标题 2、标题 3 等标题样式在创建目录、按大纲级别组织和管理文档时非常有用。通常情况下，在编辑一篇长文档时，建议将各级标题分别赋予内置标题样式，然后可对标题样式进行适当修改以适应格式需求。

2．文档分页、分节

分页和分节操作，可以使得文档的版面更加多样化，布局更加合理有效。文档的不同部分通常会另起一页开始，很多人习惯用加入多个空行的方法使新的部分另起一页，这种做法会导致修改文档时重复排版，从而增加了工作量，降低了工作效率。借助 Word 的分页或分节操作，可以有效划分文档内容的布局，而且使文档排版工作简洁高效。

（1）手动分页

一般情况下，Word 文档是自动分页的，文档内容到页尾时会自动排布到下一页。但如果为了排版布局需要，可能会单纯地将文档内容从中间划分为上下两页，这时可在文档中插入分页符。操作步骤如下：

① 将光标置于需要分页的位置。

② 在"页面布局"选项卡的"页面设置"功能区中，单击"分隔符"按钮，打开如图 5-19 所示的分隔符选项列表。

③ 单击"分页符"命令集中的"分页符"按钮，即可将光标后的内容布局到一个新页面中，分页符前后页面设置的属性及参数均保持一致。

（2）文档分节

在文档中插入分节符，不仅可以将文档内容划分为不同的页面，而且还可以分别针对不同的节进行页面设置。插入分节符的操作步骤如下：

① 将光标置于需要分节的位置。

② 在"页面布局"选项卡的"页面设置"功能区中，单击"分隔符"按钮，打开分隔符选项列表。分节符的类型共有 4 种，其中：

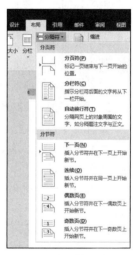

图 5-19　分页符和分节符

- 下一页：分节符后的文本从新的一页开始，也就是分节的同时分页。
- 连续：新节与其前面一节同处于当前页中，也就是只分节不分页，两节处于同一页中。
- 偶数页：分节符后面的内容转入下一个偶数页，也就是分节的同时分页，且下一页从偶数页码开始。
- 奇数页：分节符后面的内容转入下一个奇数页，也就是分节的同时分页，且下一页从奇数页码开始。

③ 选择其中的一类分节符后，在当前光标位置处插入一个分节符。

分节在 Word 中是个非常重要的功能，如果缺少了"节"的参与，许多排版效果将无法实现。默认方式下，Word 将整个文档视为一节，所有对文档的设置都是应用于整篇文档的。当插入"分节符"将文档分成几"节"后，可以根据需要设置每"节"的页面格式。例如，当一部书稿分为不同的章节时，将每一章分为一个节后，就可以为每一章设置不同的页眉和页脚，并可使得每一章都从奇数页开始。

例如，在一篇 Word 文档中，一般情况下会将所有页面均设置为"横向"或"纵向"。但有时也需要将其中的某些页面与其他页面设置为不同方向。例如，对于一个包含较大表格的文档，如果采用纵向排版，那么无法将表格完整打印，于是就需要将表格部分采取横向排版，如图 5-20 所示。

图 5-20　页面方向的纵横混排

但是，如果直接通过页面设置中的相关命令来改变其纸张方向，就会引起整个文档所有页面方向的改变。有的人会将该文档拆分为 A 和 B 两个文档。文档 A 是文字部分，使用纵向排版；文档 B 用于放置表格，采用横向排版。

其实通过分节功能就可以轻松实现页面方向的横纵混排，具体的方法如下：

在表格所在页面的前后分别插入分节符，只将表格所在页面的纸张方向设为"横向"即可。

3．设置页眉、页脚和页码

页眉和页脚是文档中每个页面的顶部、底部和两侧页边距中的区域。在页眉和页脚中可以插入文本、图形图片以及文档部件，例如页码、时间和日期、公司徽标、文档标题、文件名、文档路径或作者姓名等。

页码一般插入到文档的页眉和页脚位置。当然，如果有必要，也可以将其插入到文档中。Word提供有一组预设的页码格式，另外还可以自定义页码。利用插入页码功能插入的实际是一个域而非单纯数码，因为是可以自动变化和更新的。

（1）插入预设页码

① 在"插入"选项卡中，单击"页眉和页脚"功能区中的"页码"按钮，打开可选位置下拉列表。

② 光标指向希望页码出现的位置，如"页边距"，右侧出现预置页码格式列表，如图 5-21所示。

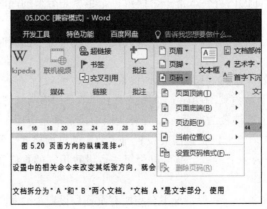

图 5-21　插入页码

③ 从中选择某一页码格式，页码即可以指定格式插入到指定位置。

（2）自定义页码格式

① 在文档中插入页码，将光标定位在需要修改页码格式的节中。

② 在"插入"选项卡中单击"页眉和页脚"功能区中的"页码"按钮，打开下拉列表。

③ 选择"设置页码格式"命令，打开如图 5-22 所示的"页码格式"对话框。

④ 在"编号格式"下拉列表中更改页码的格式，在"页码编号"选项组中可以修改某一节的起始页码。

设置完毕，单击"确定"按钮。

在 Word 2016 中，不仅可以在文档中轻松地插入、修改预设的页眉或页脚样式，还可以创建自定义外观的页眉或页脚，并将新的页眉或页脚保存到样式库中以便在其他文档中使用。

（3）创建首页不同的页眉或页脚

如果希望将文档首页页面的页眉和页脚设置得与众不同，可以按照如下方法操作：

① 双击文档中的页眉和页脚，功能区自动出现"页眉和页脚工具–设计"选项卡，如图 5-23 所示。

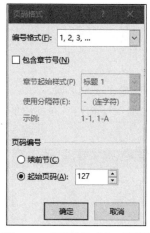

图 5-22　"页码格式"对话框

图 5-23　"页眉和页脚工具–设计"选项卡

② 在"选项"功能区中选中"首页不同"复选框，此时文档首页中原先定义的页眉和页脚就被删除了，可以根据需要另行设置首页页眉或页脚。

（4）为奇偶页创建不同的页眉或页脚

有时一个文档中的奇偶页上需要使用不同的页眉或页脚。例如，在制作书籍资料时可选择在奇数页上显示书籍名称，而在偶数页上显示章节标题。

令奇偶页具有不同的页眉或页脚的操作步骤如下：

① 双击文档中的页眉或页脚区域，出现"页眉和页脚工具–设计"选项卡。

② 在"选项"功能区中选中"奇偶页不同"复选框。

③ 分别在奇数页和偶数页的页眉或页脚上输入内容并格式化，以创建不同的页眉或页脚。

"页眉和页脚工具–设计"选项卡上提供了"导航"功能区，单击"转至页眉"按钮或"转至页脚"按钮可以在页眉区域和页脚区域之间切换。如果文档已分节或者选中了"奇偶页不同"复选框，则单击"上一节"按钮或"下一节"按钮可以在不同节之间、奇数页和偶数页之间切换。

（5）为文档各节创建不同的页眉或页脚

当文档分为若干节时，可以为文档的各节创建不同的页眉或页脚，例如可以在一个长篇文档的"目录"与"内容"两部分应用不同的页脚样式。为不同节创建不同的页眉或页脚的操作步骤如下：

① 先将文档分节，然后将鼠标光标定位在某一节中的某一页上。

② 在该页的页眉或页脚区域中双击，进入页眉和页脚编辑状态。

③ 插入页眉或页脚内容并进行相应的格式化。

④ 在"页眉和页脚工具–设计"选项卡的"导航"功能区中，单击"上一节"或"下一节"按钮进入其他节的页眉或页脚中。

⑤ 默认情况下，下一节自动接受上一节的页眉页脚信息，如图 5-24 所示。在"导航"功能区中单击"链接到前一条页眉"按钮，可以断开当前节与前一节中的页眉（或页脚）之间的链接，页眉和页脚区域将不再显示"与上一节相同"的提示信息，此时修改本节页眉和页脚信息不会再影响前一节的内容。

⑥ 编辑修改新节的页眉或页脚信息。在文档正文区域中双击即可退出页眉页脚编辑状态。

（6）删除页眉或页脚

删除文档中页眉或页脚的方法很简单，操作步骤如下：

① 单击文档中的任意位置定位光标，在打开"插入"选项卡。

② 在"页眉和页脚"功能区中，单击"页眉"按钮。

③ 在弹出的下拉列表中选择"删除页眉"命令，即可将当前节的页眉删除。

④ 在"插入"选项卡的"页眉和页脚"功能区中，单击"页脚"按钮，在弹出的下拉列表中选择"删除页脚"命令即可将当前节的页脚删除。

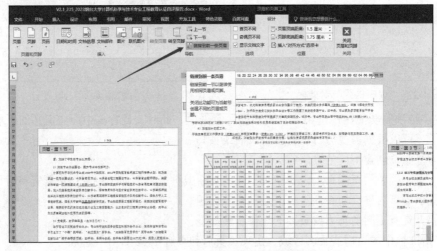

图 5-24　页眉和页脚在文档的不同节中的显示

4．在文档中添加引用内容

（1）插入脚注和尾注

脚注和尾注一般用于在文档和书籍中显示引用资料的来源，或者用于输入说明性或补充性的信息。脚注位于当前页面的底部或指定文字的下方，而尾注则位于文档的结尾处或者指定节的结尾。脚注和尾注均通过一条短横线与正文分隔开。二者均包含注释文本，该注释文本位于页面的结尾处或者文档的结尾处，且都比正文文本的字号小一些。

在文档中插入脚注或尾注的操作步骤如下：

① 在文档中选择需要添加脚注或尾注的文本，或者将光标置于文本的右侧。

② 在"引用"选项卡中单击"脚注"功能区中的"插入脚注"按钮，即可在该页面的底端加入脚注区域；单击"插入尾注"按钮，即可在文档的结尾加入尾注区域。

③ 在脚注或尾注区域中输入注释文本，如图 5-25 所示。

④ 单击"脚注"功能区右下角的"对话框启动器"按钮，打开如图 5-26 所示的"脚注和尾注"对话框，可对脚注或尾注的位置、格式及应用范围等进行设置。

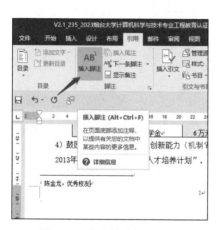

图 5-25 在文档中插入脚注

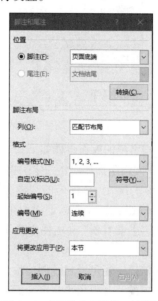

图 5-26 "脚注和尾注"对话框

当插入脚注或尾注后，不必向下滚到页面底部或文档结尾处，只需将鼠标指针停留在文档中的脚注或尾注引用标记上，注释文本就会出现在屏幕提示中。

（2）插入题注并在文中引用

在文档中定义并插入题注的操作步骤如下：

① 在文档中定位光标到需要添加题注的位置，例如一张图片下方的说明文字之前。

② 在"引用"选项卡中，单击"题注"功能区中的"插入题注"按钮，打开如图 5-27 所示的"题注"对话框。

③ 在"标签"下拉列表中，根据添加题注的不同对象选择不同的标签类型。

④ 单击"编号"按钮，打开如图 5-28 所示的"题注编号"对话框，在"格式"下拉列表中可以重新指定题注编号的格式。如果选中"包含章节号"复选框，则可以在题注前自动增加标题序号。单击"确定"按钮完成编号设置。

（3）标记并创建索引

索引用于列出一篇文档中讨论的术语和主题以及它们出现的页码。要创建索引，可以通过提供文档中主索引项的名称和交叉引用来标记索引项，然后生成索引。

可以为某个单词、短语或符号创建索引项，也可以为包含延续数页的主题创建索引项。除此之外，还可以创建引用其他索引项的索引。

在文档中加入索引之前，应当先标记出组成文档索引的诸如单词、短语和符号之类的全部索引项。索引项用于标记索引中的特定文字的域代码。当选择文本并将其标记为索引项时，Word将会添加一个特殊的 XE（索引项）域，该域包括标记好了的主索引项以及所选择的任何交叉引用信息。

图 5-27　"题注"对话框

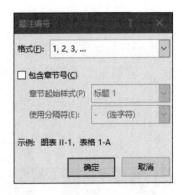

图 5-28　"题注编号"对话框

标记索引项的操作步骤如下：

① 在文档中选择要作为索引项的文本。

② 在"引用"选项卡的"索引"功能区中，单击"标记索引项"按钮，打开"标记索引项"对话框。在"索引"选项组中的"主索引项"文本框中显示已选定的文本，如图 5-29所示。

根据需要，还可以通过创建次索引项、第三级索引项或另一个索引项的交叉引用来自定义索引项：要创建次索引项，可在"索引"选项组中的"次索引项"文本框中输入文本。次索引项是对索引对象的更深一层限制。要包括第三级索引项，可在次索引项文本后输入冒号"："，然后在文本框中输入第三级索引项文本。要创建对另一个索引项的交叉引用，可以在"选项"选项组中选中"交叉引用"单选按钮，然后在文本框中输入另一个索引项的文本。

图 5-29　"标记索引项"对话框

③ 单击"标记"按钮即可标记索引项，单击"标记全部"按钮即可标记文档中与此文本相同的所有文本。

④ 在标记了一个索引项之后，可以在不关闭"标记索引项"对话框的情况下，继续标记其他多个索引项。

⑤ 标记索引项之后，对话框中的"取消"按钮变为"关闭"按钮。单击"关闭"按钮即可完成标记索引项的工作。

插入到文档中的索引项实际上也是域代码，通常情况下该索引标记域代码只用于显示不会被打印。

标记索引项之后，就可以选择一种索引设计并生成最终的索引。Word 会收集索引项，并将它们按字母顺序排序，同时引用其页码，找到并删除同一页上的重复索引项，然后在文档中显示该索引。

为文档中的索引项创建索引的操作步骤如下：

① 将鼠标光标定位在需要建立索引的位置，通常是文档的末尾。

② 在"引用"选项卡的"索引"功能区中，单击"插入索引"按钮，打开如图 5-30 所示的"索引"对话框。

图 5-30　"索引"对话框

③ 在该对话框的"索引"选项卡中进行索引格式设置，可从"格式"下拉列表中选择索引的风格，选择的结果可以在"打印预览"列表框中进行查看。若选中"页码右对齐"复选框，索引页码将靠右排列，而不是紧跟在索引项的后面，然后可在"制表符前导符"下拉列表中选择一种页码前导符号。在"类型"选项组中有 2 种索引类型可供选择，分别是"缩进式"和"接排式"。如果选中"缩进式"单选按钮，次索引项将相对于主索引项缩进；如果选中"接排式"单选按钮，主索引项和次索引项将排在一行中。在"栏数"文本框中指定分栏数以编排索引，如果索引比较短，一般选择两栏。在"语言"下拉列表中可以选择索引使用的语言，语言决定排序的规则。如果选择"中文"，则可以在"排序依据"下拉列表中指定排序方式。

④ 设置完成后，单击"确定"按钮，创建的索引就会出现在文档中，如图 5-31 所示。

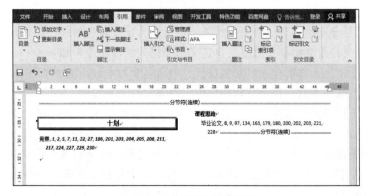

图 5-31　在文档中创建索引

5．创建文档目录

目录通常是长篇幅文档不可缺少的一项内容，它列出了文档中各级标题及其所在的页码，便于文档阅读者快速检索、查阅到相关内容。自动生成目录时，最重要的准备工作是为文档的各级标题应用样式，最好是内置标题样式。

（1）利用目录库样式创建目录

Word 2016 提供的内置"目录库"中包含多种目录样式可供选择，可代替编制者完成大部分工作，使得插入目录的操作变得异常快捷、简便。

在文档中使用"目录库"创建目录的操作步骤如下：

① 将鼠标光标定位于需要建立目录的位置，通常是文档的最前面。

② 在"引用"选项卡的"目录"功能区中，单击"目录"按钮，打开目录库下拉列表，系统内置的"目录库"以可视化的方式展示了许多目录的编排方式和显示效果。

③ 如果事先为文档的标题应用了内置的标题样式，则可从列表中选择某一种"自动目录"样式，Word 2016 就会自动根据所标记的标题在指定位置创建目录，如图 5-32 所示。如果未使用标题样式，则可通过单击"手动目录"样式自行填写目录内容。

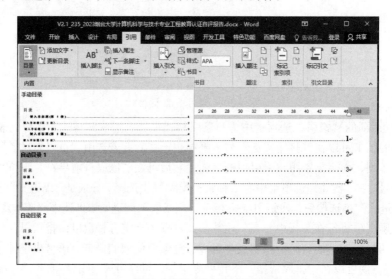

图 5-32　通过"目录库"在文档中插入目录

（2）自定义目录

除了直接调用目录库中的现成目录样式外，还可以自定义目录格式，特别是在文档标题应用了自定义后，自定义目录变得更加重要。自定义目录格式的操作步骤如下：

① 将鼠标光标定位于需要建立目录的位置，通常是文档的最前面。

② 在"引用"选项卡的"目录"功能区中，单击"目录"按钮。

③ 在弹出的下拉列表中选择"插入目录"命令，打开如图 5-33 所示的"目录"对话框。在该对话框中可以设置页码格式、目录格式以及目录中的标题显示级别，默认显示 3 级标题。

④ 在"目录"选项卡中单击"选项"按钮，打开如图 5-34 所示的"目录选项"对话框，在"有效样式"区域中列出了文档中使用的样式，包括内置样式和自定义样式。在样式名称旁边的"目录级别"文本框中输入目录的级别（可以输入 1~9 中的一个数字），以指定样式所代表的目录级别。如果希望仅使用自定义样式，则可删除内置样式的目录级别数字，例如删除"标题 1"、"标题 2"和"标题 3"样式名称旁边代表目录级别的数字。

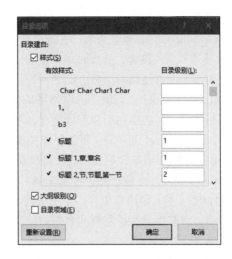

图 5-33　"目录"对话框　　　　　　图 5-34　"目录选项"对话框

⑤ 当有效样式和目录级别设置完成后，单击"确定"按钮，关闭"目录选项"对话框。

⑥ 返回到"目录"对话框后，可以在"打印预览"和"Web 预览"区域中看到创建目录时使用的新样式设置。如果正在创建的文档将用于在打印页上阅读，在创建目录时应包括标题和标题所在页面的页码，即选中"显示页码"复选框，以便快速翻到特定页面。如果创建的是用于联机阅读的文档，则可以将目录各项的格式设置为超链接，即选中"使用超链接而不使用页码"复选框，以便读者可以通过单击目录中的某项标题转到对应的内容。最后，单击"确定"按钮完成所有设置。

5.2.5　通过邮件合并批量处理文档

Word 2016 提供了强大的邮件合并功能，该功能具有极佳的实用性和便捷性。如果希望批量创建一组文档，例如寄给多个客户的套用信函，就可以使用邮件合并功能来实现。利用"邮件合并"功能可以批量创建信函、电子邮件、传真、信封、标签、目录（打印出来或保存在单个 Word 文档中的姓名、地址或其他信息的列表）等文档。

1. 邮件合并基础

邮件合并过程比较复杂，需要首先了解与之相关的一些基本概念以及基本的操作流程。

Word 的邮件合并可以将一个主文档与一个数据源结合起来，最终生成一系列输出文档。一般要完成一个邮件合并任务，需要包含主文档、数据源、合并文档几部分。因此，在进行邮件合并之前，首先需要明确以下几个基本概念。

（1）主文档

主文档是经过特殊标记的 Word 文档，它是用于创建输出文档的"蓝图"。其中包含了基本的文本内容，这些文本内容在所有输出文档中都是相同的，如信件的信头、主体以及落款等。另外，还有一系列指令（称为合并域），用于插入在每个输出文档中都要发生变化的文本，如收件人的姓名和地址等。

（2）数据源

数据源实际上是一个数据列表，其中包含了用户希望合并到输出文档的数据。通常它保存了姓名、通信地址、电子邮件地址、电话号码等数据字段。Word 的邮件合并功能支持很多类型的数据源，主要包括下列几类：

① Microsoft Office 地址列表：在邮件合并过程中，"邮件合并"任务窗格提供了创建简单的"Office 地址列表"的机会，必要时可以在新建的列表中填写收件人的姓名和地址等相关信息。此方法最适用于不经常使用的小型、简单列表。

② Microsoft Word 数据源：可以使用某个 Word 文档作为数据源。该文档应该只包含 1 个表格，该表格的第一行必须用于存放标题行，其他行必须包含邮件合并所需要的数据记录。

③ Microsoft Excel 工作表：可以从工作簿内的任意工作表或命名区域选择数据。

④ Microsoft Outlook 联系人列表：可以在"Outlook 联系人列表"中直接检索联系人信息。

⑤ Microsoft Access 数据库：在 Access 中创建的数据库。

⑥ HTML 文件：使用只包含 1 个表格的 HTML 文件。表格的第一行必须用于存放标题行，其他行则必须包含邮件合并所需要的数据记录。

（3）邮件合并的最终文档

邮件合并的最终文档是一份可以独立存储或输出的 Word 文档，其中包含了所有的输出结果。最终文档中有些文本内容在每份输出文档中都是相同的，这些相同的内容来自主文档；而有些会随着收件人的不同而发生变化，这些变化的内容来自数据源。

2．邮件合并的基本方法

邮件合并功能将主文档和数据源合并在一起，形成一系列的最终文档。数据源中有多少条记录，就可以生成多少份最终结果。

邮件合并的基本流程：创建主文档→选择数据源→插入域→合并生成结果。通常可以通过 Word 提供的邮件合并向导来完成这一流程，熟悉该功能的人也可以直接创建邮件合并文档，后者更具灵活性。

（1）通过邮件合并向导创建

具体操作步骤如下：

① 启动 Word，或者打开一个空白的 Word 文档作为主文档。

② 打开功能区的"邮件"选项卡，单击"开始邮件合并"功能区中的"开始邮件合并"按钮。

③ 从弹出的下拉列表中选择"邮件合并分步向导"命令，打开"邮件合并"任务窗格，同时进入"邮件合并分步向导"的第一步，如图 5-35 所示。邮件合并向导共包含 6 步。

④ 在"选择文档类型"区域中，选择一个希望创建的输出文档的类型。这里默认选择 "信函"。

⑤ 单击"下一步：开始文档"超链接，进入"邮件合并分步向导"的第 2 步，在"选择开始文档"选项组中确定邮件合并的主文档，可以使用当前打开的文档，也可以选择一个已有的文档或根据模板新建一个文档。这里选择一个设置好的录取通知书主文档。

⑥ 单击"下一步：选择收件人"超链接，进入"邮件合并分步向导"的第 3 步，在"选择收件人"选项组中确定邮件合并的数据源，可以使用事先准备好的列表，也可

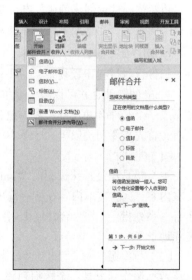

图 5-35　打开"邮件合并"任务窗格

以新建一个数据源列表，如图 5-36 所示。这里选择一个事先建立好的包含录取信息的 Excel 文档数据源。

图 5-36 邮件合并第 3 步，使用现有列表-选择 Excel 数据源

⑦ 确定了数据源之后，单击"下一步：撰写信函"超链接，进入"邮件合并分步向导"的第 4 步。对主文档进行编辑修改，并通过插入合并域的方式向主文档中适当的位置插入数据源中的信息。单击"其他项目"超链接可打开"插入合并域"对话框，如图 5-37 所示。

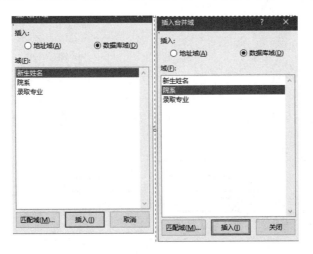

图 5-37 在主文档中插入合并域

⑧ 单击"下一步：预览信函"超链接，进入"邮件合并分步向导"的第 5 步。此处可以查看最终输出的合并结果，如图 5-38 所示。

⑨ 预览并处理输出文档后，单击"下一步：完成合并"超链接，进入"邮件合并分步向导"的最后一步。在"合并"选项组中，可以根据实际需要选择单击"打印"或"编辑单个信函"超链接，进行最后的合并工作，如图 5-39 所示。一般情况下，可先行选择"编辑单个信函"超链接以文件形式生成并保存合并结果，然后再确定是否打印，如图 5-40 所示。

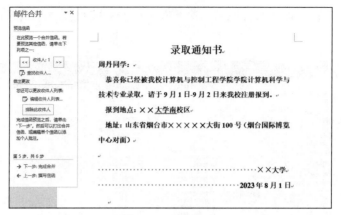

图 5-38　预览信函

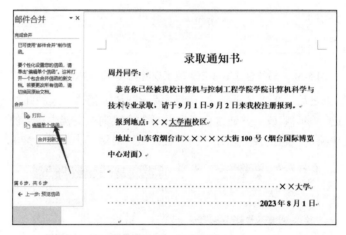

图 5-39　完成合并

⑩ 对主文档和合并结果文档分别进行保存，需要时可对合并结果文档进行打印，如图 5-38 所示。

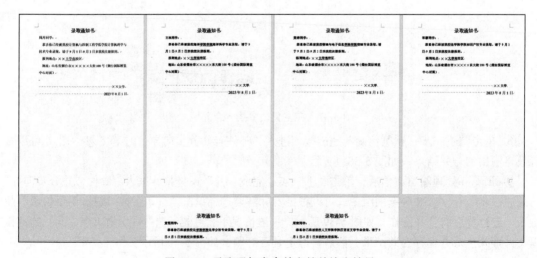

图 5-40　录取通知书合并文档并输出结果

（2）直接进行邮件合并

利用向导进行邮件合并的过程比较烦琐，适合不太熟悉邮件合并程序的新手使用。当对邮件合并流程熟练掌握后，可以直接进行邮件合并。

① 准备好数据源文件，编辑完成主文档中的固定内容并进行保存。

② 在 Word 中打开主文档，从"邮件"选项卡的"开始邮件合并"中单击"选择收件人"按钮。

③ 从"选择收件人"下拉列表中选择"使用现有列表"命令，在打开的"选择取数据源"对话框中选择数据源文件。也可以选择"键入新列表"命令重新创建数据源。

④ 单击"开始邮件合并"功能区中的"编辑收件人列表"按钮，打开如图 5-41 所示的"邮件合并收件人"对话框。在该对话框中可以对数据源列表进行排序、筛选等操作，以确定最后参与合并的收件人记录。设置完毕后单击"确定"按钮退出。

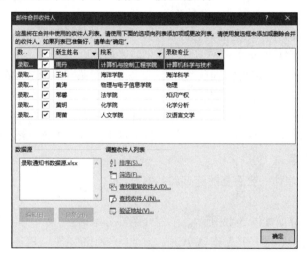

图 5-41 "邮件合并收件人"对话框

⑤ 在主文档中定位光标到需要插入数据源信息的位置。

⑥ 在"邮件"选项卡中单击"编写和插入域"功能区中的"插入合并域"按钮，从下拉列表中选择需要插入的域名。生成如图 5-42 所示的文档。

⑦ 如果选择了"编辑单个文档"，则可对形成的合并结果文档进行保存，同时需要保存主文档。

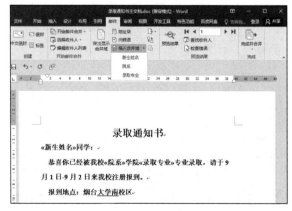

图 5-42 插入合并域并完成合并

⑧ 在"邮件"选项卡中选择"完成并合并"命令，从打开的下拉列表中选择合并结果输出方式（一般选择"编辑单个文档"），完成邮件合并操作，生成合并结果文档，如图 5-40 所示。可以对该文档进行保存，同时需要保存主文档。

5.3　电子表格软件 Excel

5.3.1　Excel 制表基础

电子表格软件是指能够将数据表格化显示，并且对数据进行计算与统计分析以及图表化分析的计算机应用软件。常见的电子表格有微软 Microsoft Office 家族中的 Excel，金山 WPS Office 家族中的 WPS 表格，永中科技 Office 家族中的永中表格。在众多的电子表格中，Microsoft Office 家族的重要成员 Excel 是用途比较广泛的办公软件之一。

Excel 之所以有较多的用户，是因为它被设计成为一个数据计算与分析平台，集成了最优秀的数据计算与分析功能，用户完全可以按照自己的思路来创建电子表格，并在 Excel 的帮助下出色地完成工作任务。Excel 的主要功能是能够方便地制作出各种表格和报表。在电子表格中可使用公式对数据进行复杂的运算，用各种统计图表的形式直观、明了地表现数据，可直接进行数据的统计分析工作。Excel 具有十分友好的人机界面和强大的计算功能，已成为国内外广大用户管理公司和个人财务、统计数据、绘制各种专业化表格的得力助手。本节重点介绍 Excel 2016。

1. 输入和编辑数据

输入和编辑数据是制作一张表格的起点和基础。

（1）Excel 表格术语

Excel 2016 的窗口界面如图 5-43 所示。下面介绍部分术语：

① 工作簿与工作表：一个工作簿就是一个电子表格文件，Excel 2016 的文件扩展名为.xlsx（Excel 2003 以前的版本的扩展名为.xls）。一个工作簿可以包含多张工作表，默认情况下为 1 个（Excel 2010 以前默认为 3 个，分别以 Sheet1、Sheet2、Sheet3 命名）。一张工作表就是一张规整的表格，由若干行和若干列构成。

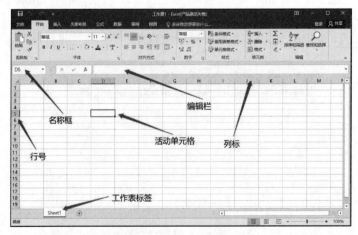

图 5-43　Excel 2016 的窗口界面

② 工作表标签：一般位于工作表的下方，用于显示工作表名称。单击工作表标签，可以在不同的工作表间切换，当前可以编辑的工作表称为活动工作表。

③ 行号：每一行左侧的阿拉伯数字为行号，表示该行的行数，对应称为第 1 行、第 2 行等。

④ 列标：每一列上方的大写英文字母为列标，代表该列的列名，对应称为 A 列、B 列等。

⑤ 单元格、单元格地址与活动单元格：每一行和每一列交叉处的长方形区域称为单元格，单元格为 Excel 操作的最小对象。单元格所在行列的列标和行号形成单元格地址，犹如单元格的内在名称，如 A1 单元格、C3 单元格等。在工作表中将光标指向某个单元格后单击，该单元格被粗黑框标出（如图 5-43 中的 D5 单元格），称为活动单元格，活动单元格是当前可以操作的单元格。

⑥ 名称框：名称框一般位于工作表的左上方，其中显示活动单元格的地址或已命名的活动单元格或区域的名称。

⑦ 编辑栏：位于名称框右侧，用于显示、输入、编辑、修改当前活动单元格中的内容。

（2）输入简单数据

在 Excel 中，可以方便地输入数值、文本、日期等各种类型的数据，如图 5-44 所示。

图 5-44　输入各种类型的数据

① 输入数据的基本方法：在需要输入数据的单元格中单击，输入数据，然后按【Enter】键或【Tab】键或方向键。

② 输入数值和文本：在 Excel 中数值与文本是存在区别的，数值可以直接参与四则运算，而文本不可以。在单元格中直接输入数字如"23"或文字如"中国"后按【Enter】键，Excel 自动识别其为数值或文本，数值默认居右显示，文本默认居左显示。

③ 输入文本型数值：有一类文本，形式上看起来是数字，但实质上是文本，如电话号码、18 位的身份证号。在单元格中首先输入西文撇号，再输入数字，如"13326388860"、"370108196612120129"，按【Enter】键后即显示为正确的文本型数值。

④ 输入日期：Excel 支持多种日期格式，在单元格中直接输入类似 2023 年 8 月 5 日、2023/8/5、8/5、2023-8-5、2023-8 的格式，按【Enter】键后均可以显示为日期型数据，日期默认会自动居右显示。

（3）自动填充数据

在 Excel 中，利用自动填充数据功能可以有效提高输入数据的速度和质量，减少重复劳动。序列填充是 Excel 提供的最常用的快速输入技术之一。

在 Excel 中可以通过下述途径进行数据的自动填充。拖动填充柄：活动单元格右下角的黑色小方块被称为填充柄，如图 5-45（a）所示。首先在活动单元格中输入序列的第一个数据，然后用鼠标向不同的方向拖动该单元格的填充柄，放开鼠标完成填充，所填充区域右下角显示"自动填充选项"的图标，单击该图标，可以从下拉列表中更改选定区域的填充方式。

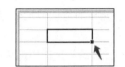

（a）活动单元格右下角的填充柄　（b）从"编辑"功能区中打开"填充"列表　（c）右键快捷菜单

图 5-45　可以通过不同方法实现自动填充

① 使用"填充"命令：首先在某个单元格中输入序列的第一个数据，从该单元格开始向某一方向选择与该数据相邻的空白单元格或区域（例如，准备向下填充，则选择其下方的单元格），在"开始"选项卡的"编辑"功能区中，单击"填充"按钮，从下拉列表中选择"序列"命令如图 5-45（b）所示，在打开的"序列"对话框中选择填充方式。

若要快速在单元格中填充相邻单元格的内容，可以通过按【Ctrl+D】组合键填充来自上方单元格中的内容，或按【Ctrl+R】组合键填充来自左侧单元格的内容。

② 利用右键快捷菜单：用鼠标右键拖动含有第一个数据的活动单元格右下角的填充柄到最末一个单元格后放开鼠标，从弹出的快捷菜单中选择"填充序列"命令，如图 5-45（c）所示。

Excel 提供一些常用的内置序列，可以运用不同的方法自动填充下列数据：

① 数字序列：如 1、2、3，2、4、6，在前两个单元格中分别输入序列的第一个、第二个数字，然后同时选中这两个单元格，再拖动填充柄即可完成不同步长的数字序列的填充。

② 日期序列：如 2021 年、2022 年、2023 年，1 月、2 月、3 月，1 日、2 日、3 日，等等。

③ 文本序列：如 01、02、03，一、二、三，等等。

④ 其他 Excel 内置序列，如英文日期 JAN、FEB、MAR，星期序列星期日、星期一、星期二，子、丑、寅、卯，等等。

（4）控制数据的有效性

在 Excel 中，为了避免在输入数据时出现过多错误，可以通过在单元格中设置数据有效性来进行相关的控制，从而保证数据输入的准确性，提高工作效率。

数据有效性用于定义可以在单元格中输入或应该在单元格中输入的数据类型、范围、格式等。可以通过配置数据有效性以防止输入无效数据，或者在输入无效数据时自动发出警告。

数据有效性可以实现以下常用功能：

将数据输入限制为指定序列的值，以实现大量数据的快速、准确输入；将数据输入限制为指定的数值范围，如指定最大值最小值、指定整数、指定小数、限制为某时段内的日期、限制为某时段内的时间等；将数据输入限制为指定长度的文本，如身份证号只能是 18 位文本；限制重复数据的出现，如学生的学号不能相同。

设置数据有效性的基本方法：

① 选择需要进行数据有效性控制的单元格或区域。

② 在"数据"选项卡的"数据工具"功能区中单击"数据验证"按钮，从下拉列表中选择

"数据验证"命令，打开"数据验证"对话框进行设置。

③ 如需取消数据有效性控制，在"数据验证"对话框中单击左下角的"全部清除"按钮即可。

5.3.2　Excel 公式和函数

在 Excel 中，不仅可以输入数据并进行格式化，更重要的是可以通过公式和函数方便地进行统计、计算、分析，如求总和、求平均值、计数等。为此，Excel 提供数量多、类型丰富的实用函数，可以通过各种运算符及函数构造出各种公式以满足各类计算的需要。通过公式和函数计算的结果不但正确率有保证，而且在原始数据发生改变后，计算结果能够自动更新，这将极大地提高工作效率和效果。

1．公式

公式就是一组表达式，由单元格引用、常量、运算符、括号组成，复杂的公式还可以包括函数，用于计算生成新的值。

在 Excel 中，公式总是以等号"="开始。默认情况下，公式的计算结果显示在单元格中，公式本身则可以通过编辑栏查看。公式是用户按语法格式，手工在单元格中写出来的。默认状态下，由公式计算获得的数据在单元格中显示，同时均右对齐。

公式的语法格式："= 操作数和运算符和函数"。

操作数：单元格或单元格名、数字、字符、区域或区域名、函数。

运算符：有以下几类。

① 算术运算符：%（百分比）、∧（乘方）、*（乘）、/（除）、+、−，优先级从左到右。

② 比较运算符：=、>、<、>=、<=、<>（不等于）。比较运算符可以比较的数据有数字型、文字型、日期型。运算结果是一个逻辑型的量，要么是 True，要么是 False。

③ 文本运算符：&，文本的加法运算，也是文本的唯一运算符。即将两个字符串连接成一个字符串。例如，A3 单元格内容为 ABCD，B3 单元格内容为 XYZ，C3 单元格内公式为"=A3&B3"，则公式运算结果为 ABCDXYZ。

④ 引用运算符：冒号（:）、逗号（,）、空格（" "）或（□）。

- 冒号（:）：定义一个单元格区域。例如，A1:B3，共 2 列 3 行 6 个单元格；使用时，对两个引用之间，包括两个引用在内的所有单元格进行引用。例如，B6:D15 表示选取 B6:D15 之间的所有（30 个）单元格区域的引用。
- 逗号（,）：并集运算。例如，(A1:A4, E1:E2)，共 6 个单元格。使用时，将多个引用合并为一个引用。例如，公式"=SUM (B6:B15, D6:D15)"，表示对 B6:B15 和 D6:D15 两个不同区域的所有（10+10=20 个）单元格求和。
- 空格（" "）或（□）：交集运算。例如，(A1:C2　C1:D2)，共 10 个单元格，等价于 C1:C2；使用时，对两个引用的单元格区域的重叠部分的引用。例如：公式"=SUM(B5:B15 A6:D7)"、B5:B15 和 A6:D7 两个区域交叉的部分是 B6 和 B7 两个单元格，则公式只对 B6 和 B7 求和。

注意：以上 3 个引用运算符均为英文字符，否则会出错。

2．函数

函数实际上是一类特殊的、事先编辑好的公式。函数主要用于处理简单的四则运算不能处理的算法，是为解决复杂计算需求而提供的一种预置算法。这些函数使用一些称为参数的特定数值按特定的顺序或结构进行计算，并且能够得到确切的计算结果。

函数的出现大大方便了数据计算，也拓宽了公式的功能。因此，很多成熟的计算和算法都可以开发成函数以便用户使用，并且可以不断地积累。在 Excel 中，函数共分 11 类，积累了 350 多个函数。

从理论上看，一个完整的函数由 3 部分组成：函数名、参数和结果。函数语法格式为：函数名称(参数 1,参数 2,…)，其最明显的特点是有一对圆括号，参数在其中。

函数名是唯一的命名，以便通过函数的名字被引用。

函数结果为：结果=函数名称(参数 1，参数 2,…)，即调用函数后的返回值或运算结果。

函数参数是函数使用的数据，可以没有，也可以有多个。函数参数类型分为数字、文本、逻辑值（如 True 或 False）、数组、地址引用、函数和表达式等。给定的参数必须能使函数产生有效的值。函数本身也可以作为参数使用。

3．函数类型和功能

Excel 的数据计算和数据处理功能主要在公式中大量使用函数来体现，即要实现某一功能，要用对和会用函数。Excel 的函数库中函数一共分为 11 类，分别是数据库函数、日期和时间函数、工程函数、财务函数、信息函数、逻辑函数、查找与引用函数、数学和三角函数、统计函数、文本函数以及用户自定义函数。各类别中部分函数及功能见表 5-1。

要求掌握的常用函数有 AVERAGE（平均值）、SUM（求和）、MAX（最大值）、MIN（最小值）、MOD（取余）、RANK（获取排位名次）、LEFT（获取左侧指定长度字符）、MID（返回指定位置和长度的字符）、IF（条件判断）、SUMIF（条件求和）、COUNTIF（条件计数）、COUNT（数值计数）、COUNTA（文本计数）、DATE（日期）、YEAR（获取日期中的年份）、MONTH（获取日期中的月份）和 DAY（获取日期中的天数）、VLOOKUP（纵向查找函数）等。

表 5-1　Excel 部分函数及功能

分 类	名 称	功 能	名 称	功 能
统计函数	AVERAGE	返回选定数据项的平均值	MAX	返回选定数据项的最大值
	RANK	返回某数据在一列数据中的大小排名	MIN	返回选定数据项的最小值
	COUNT	返回选定数据项中数值型单元格的个数（数值型计数）	COUNTA	返回选定数据项中非空单元格的个数（数值型和文本型计数）
	COUNTIF	返回满足条件的单元格的个数	STDEV	基于样本估算标准偏差
数学和三角函数	SUM	返回选定数据项的和	SUMIF	返回满足条件的数据项的求和
	SIN	返回给定角度（弧度值）的正弦值	MOD	返回两数相除的余数
	COS	返回给定角度（弧度值）的余弦值	ABS	返回给定值的绝对值
	TAN	返回给定角度（弧度值）的正切值	INT	返回不大于给定值的最大整数
文本函数	MID	从一个字符串指定位置起，截取指定数目的字符	TEXT	根据指定的数值格式将相应的数字转换为文本形式
	LEFT	从一个文本字符串的第一个字符开始，截取指定数目的字符	CHAR	返回指定字符码（ASCII 码）所代表的字符
	RIGHT	从一个文本字符串的最后一个字符开始，截取指定数目的字符	LEN	返回文本字符串中的字符数
逻辑函数	IF	根据对指定条件的逻辑判断的真假结果，返回相对应的内容	OR（或）	仅当所有参数值均为逻辑"假（False）"时，返回函数值为"假（False）"，否则都返回逻辑"真（True）"

续表

分　类	名　称	功　　能	名　称	功　　能
逻辑函数	AND（与）	如果所有参数值均为逻辑"真（True）"，则返回逻辑"真（True）"，否则返回逻辑"假（False）"	NOT（非）	对参数值求反。当参数值为 True 时，返回结果为 False；当参数值为 False 时，返回结果为 True
查找与引用函数	VLOOKUP	在查找范围中查询指定的值，并返回另一个范围中对应的值	MATCH	返回指定方式下与指定数值匹配的数组中元素的相对应的位置
	ADDRESS	根据给定的行号和列号，返回某一个具体的单元格地址	INDEX	①（数组形式）根据给定的行号和列号，返回指定行列交叉处的单元格的值；②（引用形式）返回指定行列交叉处的单元格的引用
数据库函数	DAVERAGE	返回选定数据库项的平均值	DMAX	返回选定数据库项中的最大值
	DSUM	对数据库中满足条件的记录的字段列中的数字求和	DGET	从数据库中提取满足指定条件的单个记录
日期和时间函数	DATE	返回代表特定日期的序列号	DAY	返回用序列号表示的某日期的天数
	MONTH	返回以序列号表示的日期中的月份	YEAR	返回对应于某个日期的年份
工程函数	BIN2DEC	将二进制数转换为十进制数	DELTA	测试两个数值是否相等
	IMSIN	返回以 x+yi 或 x+yj 文本格式表示的复数的正弦值	BESSELI	返回修正 BESSEL 函数值，它与用纯虚数参数运算时的 BESSEL 函数值相等
财务函数	EFFECT	计算实际年利息率	FV	计算投资的未来值
	PMT	计算固定利率下的等额分期还贷		
信息函数	ISBLANK	判断参数引用的单元格是否是空白单元格。如果是空白单元格，返回逻辑值 True，否则返回逻辑值 False	ISEVEN	判断参数是否是偶数。如果是偶数，返回逻辑值 True，否则返回逻辑值 False
用户自定义函数	使用 VBA 自定义函数	① 选择"开发工具"→"Visual Basic"命令，打开 VBA 编辑器；② 选择"插入"→"模块"命令，插入一个新的模块；③ 在代码窗口中输入代码，自定义函数		

4．Excel 中常用函数简介

以下所列是 Excel 中的常用函数，应该很好地掌握其语法规则和实际用法。熟练掌握这些应知应会函数的用法可以极大地提高工作效率。

（1）求和函数 SUM (number1,[number2],…)

功能：将指定的参数 number1、number2 等相加求和。

参数说明：至少需要包含一个参数 number1。每个参数都可以是区域、单元格引用、数组、常量、公式或另一个函数的结果。

例如，"= SUM (A1:A5)"是将单元格 A1 至 A5 中的所有数值相加，"= SUM (A1,A3,A5)"是将单元格 A1、A3 和 A5 中的数字相加。

（2）条件求和函数 SUMIF (range , criteria ,[sum_range])

功能：对指定单元格区域中符合指定条件的值求和。

参数说明：

① range：必需的参数，用于条件计算的单元格区域。

② criteria：必需的参数，求和的条件，其形式可以为数字、表达式、单元格引用、文本或函数。例如，条件可以表示为 32、">32"、B5、32、"32"、"苹果"或 TODAY ()。

提示：在函数中任何文本条件或任何含有逻辑或数学符号的条件都必须使用双引号括起来。

如果条件为数字，则无须使用双引号。

③ sum_range 可选参数，要求和的实际单元格。如果 sum_range 参数被省略，则 Excel 会对在 range 参数中指定的单元格求和。

例如，"= SUMIF (B2:B25,">5")" 表示对 B2:B25 区域大于 5 的数值进行相加，"= SUMIF (B2:B5, "John",C2:C5)" 表示对单元格区域 C2:C5 中与单元格区域 B2:B5 中等于"John"的单元格对应的单元格中的值求和。

（3）绝对值函数 ABS (number)

功能：返回数值 number 的绝对值，number 为必需的参数。

例如，"= ABS (–2)"表示求–2 的绝对值，"= ABS (A2)"表示对单元格 A2 中的数值求取绝对值。

（4）向下取整函数 INT (number)

功能：将数值 number 向下舍入到最接近的整数，number 为必需的参数。

例如，"= INT (8.9)"表示将 8.9 向下舍入到最接近的整数，结果为 8;"= INT (–8.9)"表示将–8.9 向下舍入到最接近的整数，结果为-9。

（5）四舍五入函数 ROUND (number , num_digits)

功能：将指定数值 number 按指定的位数 num_digits 进行四舍五入。

例如，"= ROUND (25.7825,2)"表示将数值 25.7825 四舍五入为小数点后两位，结果为 25.78。

（6）取整函数 TRUNC (number ,[num_digits])

功能：将指定数值 number 的小数部分截去，返回整数。num_digits 为取整精度，默认为 0。

例如，"= TRUNC (8.9)"表示取 8.9 的整数部分，结果为 8;"= TRUNC (–8.9)"表示取–8.9 的整数部分，结果为-8。

（7）垂直查询函数 VLOOKUP (lookup_value , table_array,col_index_num,[range_lookup])

功能：搜索指定单元格区域的第一列，然后返回该区域相同行上任何指定单元格中的值。

参数说明：

① lookup_value：必需，要在表格或区域的第一列中搜索到的值。

② table_array：必需，要查找的数据所在的单元格区域，table_array 第一列中的值就是 lookup_value 要搜索的值。

③ col_index_num：必需，最终返回数据所在的列号。col_index_num 为 1 时，返回 table_array 第一列中的值；col_index_num 为 2 时，返回 table_array 第二列中的值，依此类推。如果 col_index_num 参数小于 1，则 VLOOKUP 返回错误值 # VALUE !；如果 col_index_num 大于 table_ array 的列数，则 VLOOKUP 返回错误值#REF!。

④ range_lookup：可选，一个逻辑值，取值为 TRUE 或 FALSE，指定希望 VLOOKUP 查找精确匹配值还是近似匹配值。如果 range_lookup 为 TRUE 或被省略，则返回近似匹配值；如果找不到精确匹配值，则返回小于 lookup_value 的最大值；如果 range_lookup 参数为 FALSE，VLOOKUP 将只查找精确匹配值。如果 table_array 的第一列中有两个或更多值与 lookup_value 匹配，则使用第一个找到的值。如果找不到精确匹配值，则返回错误值 # N/A。

提示：如果 range_lookup 为 TRUE 或被省略，则必须按升序排列 table_array 第一列中的值；LOOKUP 可能无法返回正确的值；如果 range_lookup 为 FALSE，则不需要对 table_array 第一列中的值进行排序。

例如，"= VLOOKUP (1,A2:C10,2)"要查找的区域为 A2:C10，因此 A 列为第 1 列，B 列为第 2 列，C 列则为第 3 列。表示使用近似匹配搜索 A 列（第 1 列）中的值 1，如果在 A 列中没有 1，则近似找到 A 列中与 1 最接近的值，然后返回同一行中 B 列（第 2 列）的值。

"= VLOOKUP (0.7,A2:C10,3, FALSE)"表示使用精确匹配在 A 列中搜索值 0.7。如果 A 列中没有 0.7 这个值，则返回一个错误 # N/A。

（8）逻辑判断函数 IF (logical_test ,[value _if_ true],[value_if_false])

功能：如果指定条件的计算结果为 TRUE，则 IF 函数将返回某个值；如果该条件的计算结果为 FALSE，则返回另一个值。

提示：在 Excel 2016 中，最多可以使用 64 个 IF 函数进行嵌套，以构建更复杂的测试条件。也就是说，IF 函数也可以作为 value_if_true 和 value_if_false 参数包含在另一个 IF 函数中。

参数说明：

① logical_test：必需，作为判断条件的任意值或表达式。例如，A2=100 就是一个逻辑表达式，其含义是如果单元格 A2 中的值等于 100，表达式的计算结果为 TRUE，否则为 FALSE。该参数中可使用比较运算符。

② value_if_true：可选，logical_test 参数的计算结果为 TRUE 时所要返回的值。

③ value_if_false：可选，logical_test 参数的计算结果为 FALSE 时所要返回的值。

例如，"= IF (A2>=60,"及格","不及格")"表示，如果单元格 A2 中的值大于等于 60，则显示"及格"字样，否则显示"不及格"字样。

（9）当前日期和时间函数 NOW()

功能：返回当前日期和时间。当将数据格式设置为数值时，将返回当前日期和时间所对应的序列号，该序列号的整数部分表明其与 1900 年 1 月 1 日之间的天数。当需要在工作表上显示当前日期和时间或者需要根据当前日期和时间计算一个值并在每次打开工作表时更新该值时，该函数很有用。

参数说明：该函数没有参数，所返回的是当前计算机系统的日期和时间。

（10）函数 YEAR (serial_number)

功能：返回指定日期对应的年份。返回值为 1900～9999 之间的整数。

参数说明：serial_number 必需，是一个日期值，其中包含要查找的年份。

例如，"= YEAR (A2)"当在 A2 单元格中输入日期 2018/12/27 时，该函数返回年份 2018。

注意：公式所在的单元格不能是日期格式。

（11）当前日期函数 TODAY ()

功能：返回今天的日期。当将数据格式设置为数值时，将返回今天日期所对应的序列号，该序列号的整数部分表明其与 1900 年 1 月 1 日之间的天数。通过该函数，可以实现无论何时打开工作簿时工作表上都能显示当前日期；该函数也可以用于计算时间间隔，可以用来计算一个人的年龄。

参数说明：该函数没有参数，所返回的是当前计算机系统的日期。

例如，"=YEAR(TODAY())−1963"。假设一个人出生在 1963 年，该公式使用 TODAY 函数作为 YEAR 函数的参数来获取当前年份，然后减去 1963，最终返回对方的大约年龄。

（12）平均值函数 AVERAGE (number1,[number2],...)

功能：求指定参数 number1、number2......的算术平均值。

参数说明：至少需要包含一个参数 number，最多可包含 255 个。

例如，"=AVERAGE(A2:A6)"表示对单元格区域 A2 到 A6 中的数值求平均值；"=AVERAGE (A2:A6,C6)"表示对单元格区域 A2 到 A6 中数值与 C6 中的数值求平均值。

（13）计数函数 COUNT (value1,[value2],…)

功能：统计指定区域中包含数值的个数。只对包含数字的单元格进行计数。

参数说明：至少包含一个参数，最多可包含 255 个。

例如，"= COUNT (A2:A8)" 表示统计单元格区域 A2 到 A8 中包含数值的单元格的个数。

（14）计数函数 COUNTA (value1,[value2],…)

功能：统计指定区域中不为空的单元格的个数。可对包含任何类型信息的单元格进行计数。

参数说明：至少包含一个参数，最多可包含 255 个。

例如，"= COUNTA (A2:A8)" 表示统计单元格区域 A2 到 A8 中非空单元格的个数。

（15）条件计数函数 COUNTIF (range , criteria)

功能：统计指定区域中满足单个指定条件的单元格的个数。

参数说明：

① range：必需，计数的单元格区域。

② criteria：必需，计数的条件。条件的形式可以为数字、表达式、单元格地址或文本。

例如，"= COUNTIF (B2:B5,">55")" 表示统计单元格区域 B2 到 B5 中值大于 55 的单元格的个数。

（16）最大值函数 MAX (number1,[number2],…)

功能：返回一组值或指定区域中的最大值。

参数说明：参数至少有一个，且必须是数值，最多可以有 255 个。

例如，"= MAX (A2:A6)" 表示从单元格区域 A2:A6 中查找并返回最大值。

（17）最小值函数 MIN (number1,[number2],…)

功能：返回一组值或指定区域中的最小值。

参数说明：参数至少有一个，且必须是数值，最多可以有 255 个。

例如，"= MIN (A2:A6)" 表示从单元格区域 A2:A6 中查找并返回最小值。

（18）排位函数 RANK.EQ (number,ref,[order]) 和 RANK.AVG(number,ref,[order])

功能：返回一个数值在指定数值列表中的排位；如果多个值具有相同的排位，使用函数 RANK.AVG 将返回平均排位；使用函数 RANK.EQ 则返回实际排位。

参数说明：

① number：必需，要确定其排位的数值。

② ref：必需，要查找的数值列表所在的位置。

③ order：可选，指定数值列表的排序方式。其中，如果 order 为 0（零）或忽略，对数值的排位就会基于 ref 是按照降序排序的列表；如果 order 不为零，对数值的排位就会基于 ref 是按照升序排序的列表。

例如，"= RANK . EQ ("3.5",A2:A6,1)" 表示求取数值 3.5 在单元格区域 A2:A6 的数值列表中的升序排位。

（19）文本合并函数 CONCATENATE (text1,[text2],…)

功能：将几个文本项合并为一个文本项。可将最多 255 个文本字符串连接成一个文本字符串。连接项可以是文本、数字、单元格地址或这些项目的组合。

参数说明：至少有一个文本项，最多可有 255 个，文本项之间以逗号分隔。

例如，"= CONCATENATE (B2,"",C2)" 表示将单元格 B2 中的字符串、空格字符以及单元格 C2 中的值相连接，构成一个新的字符串。

提示：也可以用文本连接运算符 "&" 代替 CONCATENATE 函数来连接文本项。例如，"= A1

&B1"与 " = "CONCATENATE (AI ,B1)"" 返回的值相同。

（20）截取字符串函数 MID (text,start_num,num_chars)

功能：从文本字符串中的指定位置开始返回特定个数的字符。

参数说明：

① text：必需，包含要提取字符的文本字符串。

② start_num：必需，文本中要提取的第一个字符的位置。文本中第一个字符的位置为 1，依此类推。

③ num_chars：必需，指定希望从文本串中提取并返回字符的个数。

例如，"= MID (A2,7,4)"表示从单元格 A2 中的文本字符串中的第 7 个字符开始提取 4 个字符。

（21）左侧截取字符串函数 LEFT (text ,[num_chars])

功能：从文本字符串最左边开始返回指定个数的字符，也就是最前面的一个或几个字符。

参数说明：

① text：必需，包含要提取字符的文本字符串。

② num_chars：可选，指定要提取的字符的数量。num_chars 必须大于等于零，如果省略该参数，则默认其值为 1。

例如，"= LEFT (A2,4)"表示从单元格 A2 中的文本字符串中提取前 4 个字符。

（22）右侧截取字符串函数 RIGHT (text ,[num_chars])

功能：从文本字符串最右边开始返回指定个数的字符，也就是最后面的一个或几个字符。

参数说明：

① text：必需，包含要提取字符的文本字符串。

② num_chars：可选，指定要提取的字符的数量。num_chars 必须大于等于零，如果省略该参数，则默认其值为 1。

例如，"= RIGHT (A2,4)"表示从单元格 A2 中的文本字符串中提取后 4 个字符。

（23）删除空格函数 TRIM(text)

功能：删除指定文本或区域中的空格。除了单词之间的单个空格外，该函数将会清除文本中所有的空格。在从其他应用程序中获取带有不规则空格的文本时，可以使用函数 TRIM。

例如，"= TRIM ("第 1 季度")"表示删除中文文本的前导空格、尾部空格以及字间空格。

（24）字符个数函数 LEN (text)

功能：统计并返回指定文本字符串中的字符个数。

参数说明：text 为必需的参数，代表要统计其长度的文本。空格也将作为字符进行计数。例如，"= LEN (A2)"表示统计位于单元格 A2 中的字符串的长度。

5. Excel 图表化

图表以图形形式显示数值数据系列，通过更加形象化的工作结果使人们更容易理解大量数据以及不同数据系列之间的关系。

图表作为表格中的嵌入对象，可用类型更丰富、创建更灵活、功能更全面、数据展示作用也更加强大。

Excel 提供以下几大类图表，其中每个大类下又包含若干个子类型，其中常用的有柱形图、折线图、饼图、条形图等。

① 柱形图：用于显示一段时间内的数据变化或说明各项之间的比较情况。在柱形图中，通

常沿横坐标轴组织类别，沿纵坐标轴组织数值。

② 折线图：可以显示随时间变化的连续数据，通常适用于显示在相等时间间隔下数据的趋势。在折线图中，通常类别沿水平轴均匀分布，所有的数值沿垂直轴均匀分布。

③ 饼图：显示一个数据系列中各项数值的大小、各项数值占总和的比例。饼图中的数据点显示为整个饼图的百分比。

④ 条形图：显示各持续型数值之间的比较情况。

⑤ 面积图：显示数值随时间或其他类别数据变化的趋势线。面积图强调数量随时间而变化的程度，也可用于引起人们对总值趋势的注意。

⑥ XY 散点图：显示若干数据系列中各数值之间的关系，或者将两组数字绘制为 xy 坐标的一个系列。散点图有两个数值轴，沿横坐标轴（x 轴）方向显示一组数值数据，沿纵坐标轴（y 轴）方向显示另一组数值数据。散点图通常用于显示和比较数值，例如科学数据、统计数据和工程数据。

⑦ 股价图：通常用来显示股价的波动，也可用于其他科学数据。例如，可以使用股价图来说明每天或每年温度的波动。必须按正确的顺序来组织数据才能创建股价图。

⑧ 曲面图：可以找到两组数据之间的最佳组合。当类别和数据系列都是数值时，可以使用曲面图。

⑨ 圆环图：像饼图一样，圆环图显示各个部分与整体之间的关系，但是它可以包含多个数据系列。

⑩ 气泡图：用于比较成组的三个值而非两个值。第三个值确定气泡数据点的大小。

⑪ 雷达图：用于比较几个数据系列的聚合值。

创建图表前，应先组织和排列数据，并依据数据性质确定相应图表类型。对于创建图表所依据的数据，应按照行或列的形式组织数据，并在数据的左侧和上方分别设置行标题和列标题。行列标题最好是文本，这样 Excel 会自动根据所选数据区域确定在图表中绘制数据的最佳方式。某些图表类型（如饼图和气泡图）则需要特定的数据排列方式。

5.3.3　Excel 数据分析与处理

在工作表中输入基础数据后需要对这些数据进行组织、整理、排列、分析，从中获取更加实用的信息。为了实现这一目的，Excel 提供了丰富的数据处理功能，可以对大量、无序的数据资料进行深入地处理与分析。

数据列表的构建规则如下：

① 数据列表一般是一个矩形区域，应与周围的非数据列表内容用空白行列分隔开，即一组数据列表中没有空白的行或列。

② 数据列表应有一个标题行。作为每列数据的标志，列标题应便于理解数据的含义。一般不能使用纯数值，不能重复，也不能分置于两行中。

③ 数据列表中不能包含合并单元格，标题行单元格一般不插入斜线表头。

④ 每一列中的数据格式一般应该统一。

1. 分类汇总

分类汇总是将数据列表中的数据先依据一定的标准分组，然后对同组数据应用分类汇总函数得出相应的统计或计算结果。分类汇总的结果可以按分组明细进行分级显示，以便于显示或隐藏每个分类汇总的明细行。

方法如下：

① 选择要进行分类汇总的数据区域。

② 对作为分组依据的数据列进行排序，升序降序均可。

③ 保证当前单元格在数据列表中，在"数据"选项卡的"分级显示"功能区中单击"分类汇总"按钮，打开如图 5-46 所示的"分类汇总"对话框。

④ 在"分类字段"下拉列表中，单击要作为分组依据的列标题。

⑤ 在"汇总方式"下拉列表中，单击用于计算的汇总函数。

⑥ 在"选定汇总项"列表框中，选中要进行汇总计算的列。

⑦ 其他设置。选中"每组数据分页"复选框，将对每个分类汇总自动分页；取消选中"汇总结果显示在数据下方"复选框，汇总行将位于明细行的上面。

⑧ 单击"确定"按钮，数据列表按指定方式显示分类汇总结果。

⑨ 如果需要，还可以重复步骤③～⑦，再次使用"分类汇总"命令，添加更多分类汇总。为了避免覆盖现有分类汇总，应取消选中"替换当前分类汇总"复选框。

2. 通过数据透视表分析数据

数据透视表是一种可以从源数据列表中快速提取并汇总大量数据的交互式表格。使用数据透视表可以汇总、分析、浏览数据以及呈现汇总数据，达到深入分析数值数据、从不同的角度查看数据，并对相似数据的数值进行比较的目的。

若要创建数据透视表，必须先创建其源数据。数据透视表是根据源数据列表生成的，源数据列表中每一列都成为汇总多行信息的数据透视表字段，列名称为数据透视表的字段名。创建数据透视表步骤如下：

① 打开一个空白工作簿，在工作表中创建数据透视表所依据的源数据列表。该源数据区域必须具有列标题，并且该区域中没有空行。

② 单击用作数据源区域中的任意一个单元格。

③ 在"插入"选项卡的"表格"功能区中单击"数据透视表"按钮，打开"创建数据透视表"对话框，如图 5-47 所示。

图 5-46　"分类汇总"对话框

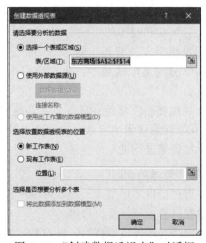

图 5-47　"创建数据透视表"对话框

④ 指定数据来源。在"选择一个表或区域"的"表/区域"文本框中显示当前已选择的数据

源区域，可以根据需要重新选择数据源。

提示：选中"使用外部数据源"单选按钮，单击"选择连接"按钮，可以选择外部的数据库、文本文件等作为创建透视表的源数据。

⑤ 指定数据透视表存放的位置。选中"新工作表"，数据透视表将放置在新插入的工作表中；选择"现有工作表"，然后在"位置"文本框中指定放置数据透视表的区域的第一个单元格，数据透视表将放置到已有工作表的指定位置。

⑥ 单击"确定"按钮，Excel 会将空的数据透视表添加至指定位置并在右侧显示"数据透视表字段"窗格，如图 5-48 所示。该窗口上半部分为字段列表，显示可以使用的字段名，也就是源数据区域的列标题；下半部分为布局部分，包含"筛选器"区域、"列"区域、"行"区域和"值"区域。

图 5-48　插入空白的透视表并显示"数据透视表字段"窗格

⑦ 按照下列提示向数据透视表中添加字段：

● 若要将字段放置到布局部分的默认区域中，可在字段列表中选中相应字段名复选框。默认情况下，非数值字段将会自动添加到"行"区域，数值字段会添加到"值"区域，格式为日期和时间的字段则会添加到"列"区域。

● 若要将字段放置到布局部分的特定区域中，可以直接将字段名从字段列表中拖动到布局部分的某个区域中；也可以右击字段列表的字段名称，从弹出的快捷菜单中选择相应命令。

● 如果想要删除字段，只需要在字段列表中取消选择该字段名复选框即可。

⑧ 在数据透视表中筛选字段。加入数据透视表中的字段名右侧均会显示筛选箭头，通过该箭头可以对数据进行进一步遴选。

3. 创建数据透视图

数据透视图以图形形式呈现数据透视表中的汇总数据，其作用与普通图表一样，可以更加形象地对数据进行比较、反映趋势。

为数据透视图提供源数据的是相关联的数据透视表。在相关联的数据透视表中对字段布局和数据所做的更改，会立即反映在数据透视图中。数据透视图及其相关联的数据透视表必须始终位于同一个工作簿中。

除了数据源来自数据透视表以外，数据透视图与标准图表的组成元素基本相同，包括数据系列、类别、数据标记和坐标轴，以及图表标题、图例等。与普通图表的区别在于，当创建数据透视图时，数据透视图的图表区中将显示字段筛选器，以便对基本数据进行排序和筛选。

创建数据透视图的步骤如下：

① 在已创建好的数据透视表中单击，该表将作为数据透视图的数据来源。

② 在"数据透视表工具–选项"选项卡上，单击"工具"功能区中的"数据透视图"按钮，打开"插入图表"对话框。

③ 与创建普通图表一样，选择相应的图表类型和图表子类型。

④ 单击"确定"按钮，数据透视图插入到当前数据透视表中，类似图 5-49 所示。单击图表区中的字段筛选器，可更改图表中显示的数据。

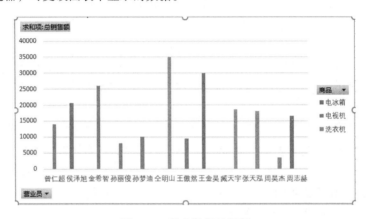

图 5-49　插入数据透视图

⑤ 在数据透视图中单击，出现"数据透视图工具"中的"设计"、"布局"、"格式"和"分析"4 个选项卡。通过这 4 个选项卡，可以对透视图进行修饰和设置，方法与普通图表相同。

5.4　演示文稿软件 PowerPoint

演示文稿由一系列的幻灯片组成，可根据软件提供的功能自行设计、制作和放映，具有动态性、交互性和可视性，广泛应用于演讲、报告、产品演示和课件制作等场合，借助演示文稿，可以更有效地进行表达与交流。常用的制作演示文稿的软件主要有微软公司的 PowerPoint、金山公司的 WPS 演示和永中科技的永中 Office 演示等。

5.4.1　演示文稿概述

PowerPoint 2016 是微软公司推出的 Office 2016 中的重要组件，主要用来制作演示文稿（俗称幻灯片），用于各种工作汇报、企业宣传、产品推介、婚礼庆典、项目竞标、管理咨询、学术交流、课件制作等一系列活动。通过嵌入对象（如文本框、表格、公式、艺术字、图形、图像、动画、音频、视频等多媒体信息），对对象进行主题的设置和内容的美化、添加动画和超链接，可以使演示文稿具有炫目的视觉效果、动态的交互功能和强烈的感染力。演示文稿可以联机播放，也可以投影胶片、打印讲义、网页发布等形式输出。随着办公自动化的普及，PowerPoint 的应用越来越广泛。

由于 Office 2016 组件的窗口界面、操作细节有很多相似之处，所以有些内容不再详细叙述。

5.4.2　演示文稿的基本概念

1．制作演示文稿的基础知识

幻灯片是视觉形象页，通过添加文本、图形、图像等对象向观众传递静态信息，通过动画、音频、视频等对象向观众传递过程性信息。

幻灯片是演示文稿的一个个单独的部分。一个演示文稿文档由若干张幻灯片组成，每张幻灯片是背景与对象的组合体，每张幻灯片上可以存放许多对象元素，如占位符、图片、文本框、音频、视频等。可以通过切换视图对幻灯片进行编辑或操作，可以使用模板、主题、母版、配色方案和幻灯片版式等方法来设计幻灯片外观。

如果演示文稿用计算机演示，每张幻灯片就是一个单独的屏幕显示。如果演示文稿用投影机放映，每张幻灯片可以充满整个投影屏幕（或者投影机设置的尺寸大小）。

2．内容

（1）占位符

占位符是指创建新幻灯片时出现的虚线方框。这些方框作为放置幻灯片标题、文本、图片、图表、表格等对象的位置，实际上它们是预设了格式、字形、颜色、图形、图表位置的文本框。

（2）其他对象

幻灯片中可以根据需要插入一些对象，如文本框、图形、图像、剪贴画、艺术字、页眉和页脚、OLE 对象等。另外，还可以根据需要插入一些多媒体对象，如音频、视频、Flash 动画等。

3．视图

演示文稿软件提供了多种视图，分别用于突出编辑过程的不同部分。改变视图可用"视图"功能区，或使用屏幕下方状态栏右侧的视图按钮。

（1）普通视图

普通视图由左窗格、幻灯片窗格和备注窗格组成。幻灯片窗格可以编辑幻灯片中的对象，如文本、图形、表格等。备注窗格中可以输入备注文字。左窗格中有两个选项卡，分别为"幻灯片"和"大纲"。"幻灯片"选项卡中以缩略图方式显示多张幻灯片，并可选择多张幻灯片进行移动、删除等操作；"大纲"选项卡主要显示并可编辑各张幻灯片中大纲形式的文字，不包含图形等其他对象。

（2）幻灯片浏览视图

在主窗口中，以缩略图显示演示文稿中的多张幻灯片，并可以对幻灯片进行删除、移动等重新排列和组织，但不能对幻灯片中的具体内容进行编辑。

（3）阅读视图

阅读视图在方便审阅的窗口中查看演示文稿，而不是使用全屏的幻灯片放映视图。此时，如果要更改演示文稿，可以随时从阅读视图切换至其他某个视图。

（4）幻灯片放映视图

观看放映效果，从当前幻灯片开始放映。

4．格式

设计幻灯片格式可以使用模板、主题、母版和幻灯片版式等方法。

（1）模板

模板是指预先设计了外观、标题、文本图形格式、位置、颜色及演示动画的幻灯片的待用文档。"Office.com 模板"为 Office 用户免费提供了多种实用的模板资源，用户可以在 Office.com 模板库中自由下载。

（2）主题

主题是一组统一的设计元素，可以作为一套独立的选择方案应用于文件中，是颜色、字体和图形背景效果三者的组合。使用主题可以简化演示文稿的设计过程，使演示文稿具有某种风格。所以主题也是模板，但它更突出体现的是用主题来表示一种类型的内容含义（如环保、财务报告、项目汇报等）。。

（3）母版

母版用来设计幻灯片的共有信息和版面。母版分为幻灯片母版、备注母版和讲义母版。幻灯片母版是特殊的幻灯片，是幻灯片层次结构中的顶层幻灯片，存储着有关演示文稿的主题和幻灯片版式的信息，包括背景、颜色、字体、效果、占位符大小和位置等。每个演示文稿至少包含一个幻灯片母版，修改幻灯片母版，可以实现对演示文稿中的每张幻灯片进行统一的样式更改。用户也可以自己在母版中添加占位符。

（4）幻灯片版式

幻灯片版式是演示文稿软件预先设计好的，创建新幻灯片时，用户可以从中选择需要的版式，不同的版式对标题和副标题文本、列表、图片、表格、图表、自选图形和视频等元素有不同的排列方式。有的版式有两项元素，有的版式有三项或更多的项。每一项属于一个占位符，用户可以移动或重置占位符的大小和格式，使它与幻灯片母版不同。应用一个新版式时，所有的文本和对象仍都保留在幻灯片中，但是要重新排列它们，以适应新的版式。

5.4.3 PowerPoint 2016 的交互与优化

PowerPoint 应用程序提供了幻灯片演示者与观众或听众之间的交互功能，制作者不仅可以在幻灯片中嵌入声音和视频，还可以为幻灯片的各种对象（包括组合图形等）设置放映动画效果，可以为每张幻灯片设置放映时的切换效果，甚至可以规划动画路径。设置了幻灯片交互性效果的演示文稿，放映演示时将会更加生动和富有感染力。

在幻灯片中除了可以添加文本、图形图像、表格等对象外，还可以插入一些简单的声音和视频，使得演示文稿的表现更加丰富。

为了突出演示重点，可以在幻灯片中添加音频剪辑，如音乐、旁白、原声摘要等。

在进行演讲时，可以将音频剪辑设置为在显示幻灯片时自动开始播放、在单击鼠标时开始播放，甚至可以循环连续播放直至停止放映。

1. 添加音频剪辑

将音频剪辑嵌入演示文稿幻灯片中的方法如下。

① 选择需要添加音频剪辑的幻灯片。

② 在"插入"选项卡的"媒体"功能区中，单击"音频"下拉按钮。

③ 从打开的下拉列表中选择音频来源：

● 选择"文件中的音频"，在"插入音频"对话框中找到并双击要添加的音频文件。

● 选择"剪贴画音频"，在"剪贴画"任务窗格中找到所需的音频剪辑并单击。

● 单击"录制音频"，打开"录音"对话框。在"名称"文本框中输入音频名称，音击"录制"按钮开始录音，单击"停止"按钮结束录音，单击"确定"按钮退出对话框。

④ 插入幻灯片中的音频剪辑以图标的形式显示，拖动该声音图标可移动其位置。

⑤ 选择声音图标，单击图标下方的"播放／暂停"按钮，可在幻灯片上预览音频剪辑。

2. 设置音频剪辑的播放方式

① 在幻灯片上选择声音图标。

② 在"音频工具–播放"选项卡的"音频选项"功能区中，打开"开始"下拉列表，从中设置音频播放的开始方式。

③ 选中"循环播放，指导停止"复选框，将会在放映当前幻灯片时连续播放同一音频剪辑直到手动停止播放或者转到下一张幻灯片为止。如果将"开始"方式设为"跨幻灯片播放"，同时选中"循环播放，直到停止"复选框，则声音将会伴随演示文稿的放映过程直到结束。

小　结

办公软件使传统的办公方式发生了深刻变化，工作效率大幅提高，并且使用办公软件解决日常工作学习中的文字编辑、表格计算、内容展示已成为必须掌握的基本技能。

办公软件包是为办公自动化服务的系列套装软件，常用的软件包有微软公司的 Microsoft Office、金山公司的 WPS Office 和永中科技的永中 Office。这些办公软件都具有很强的办公处理能力和方便实用的界面设计，深受广大用户的喜爱。本章以 Microsoft Office 2016 办公软件为基础，重点介绍了文字处理、表格制作和数据统计分析、幻灯片制作等软件的基本概念、功能设计及操作原理。软件的使用和操作技巧将在配套实验教程中详细讲解。

文字处理软件是指在计算机上辅助人们制作文档的计算机应用程序。Word 是一款文档编辑和排版应用软件，功能强大。重点归纳出制作文档的基础知识，包括文本和表格内容、对象、视图、格式（装饰）、布局（排版或版式）和标记等；重点讲解了 Word 文件设计、内容设计和版式、功能设计和面板操作原理；针对长文档和短文档的撰稿、编辑和排版流程进行了讲解；最后是实际案例的分析。基本要求是按专业水准掌握编辑排版、图文表格一体的长文档所具备的知识和操作。

电子表格软件是指能够将数据表格化显示，并且对数据进行计算与统计分析以及图表化分析的计算机应用软件。Excel 是一个数据计算与分析的平台，已成为国内外广大用户管理公司和个人财务、统计数据、绘制各种专业化表格的重要工具。重点归纳出制作电子表格的基础知识，包括表格内容、视图、标记和布局（排版）等；重点讲解了 Excel 文件设计、内容设计、功能界面设计和主要功能；最后是实际案例的分析。基本要求是掌握制作表格、公式和常用函数的正确使用、数据计算和分析、图表绘制所具备的知识和操作。

PowerPoint 软件主要用来制作演示文稿，一个演示文稿由若干张幻灯片组成，每张幻灯片是背景与对象的组合体，可以存放许多对象元素。通过切换视图可以对幻灯片进行编辑或操作，通过使用模板、主题、母版、配色方案和幻灯片版式等方法可以设计幻灯片的外观，通过动画、幻灯片切换、超链接、动作按钮等可以实现对幻灯片及片内对象的动态效果设置。PowerPoint 2016 面向"服务"划分类别，以"主选项卡"为类别和"面板"为功能区的方式向用户提供服务。

习　题

一、综合题

1. 办公软件包有哪些特点？

2. 在 Word 中，设计有 5 个视图：草稿视图、页面视图、阅读版式视图、Web 版式视图和大纲视图，试分析其功能和主要区别。

3. 在 Word 中，格式（装饰）是指对内容进行统一的装饰或修饰的规范管理方式，分为模板、样式和格式化 3 种方式。这 3 种方式有何区别？

4. 在 Word 中，格式刷、样式和模板分别用于什么格式的设置？

5. 在 Word 中，如何生成一个目录？关键要先对文档做什么格式的设置？

6. 在 Word 中，如何插入页眉页脚？如何实现奇偶页的页眉页脚不同？如何实现不同节的页眉页脚不同？

7. 简述 Excel 中文件、工作簿、工作表、单元格之间的关系。

8. Excel 在对单元格的引用时默认采用的是相对引用还是绝对引用？两者有何差别？

9. 在 Excel 中，若有学生成绩工作表，要按专业、性别进行分类统计人数，是用"分类汇总"功能还是"数据透视表"功能实现？

10. 要将 Word、Excel 文档转换成 PDF 文档，最方便的方法是什么？

11. 如何正确理解及使用 Excel 电子表格中的相对引用、绝对引用和混合引用？

12. 如何正确理解及使用 Excel 电子表格中的透视表？

13. 设计一份自己学院简介的演示文稿。内容可包含学院组织结构图、图片资料、视频资料等，通过主题、母版等设置幻灯片的外观，设置幻灯片内的动画，设置幻灯片的切换方式，每张幻灯片的放映时间设计为 10 s，并且将幻灯片的放映方式设计成自动切换且循环放映。

14. 个人简历演示文稿的制作。内容可包含个人情况说明、图片资料、视频资料等，通过主题、母版等设置幻灯片的外观，设置幻灯片内动画，设置幻灯片的切换方式，为演示文稿录制旁白，将幻灯片的放映方式设计成自动切换且循环放映。

二、网上信息检索

1. 了解微软公司的 Microsoft Office 办公软件包。

2. 了解金山公司的 WPS Office 办公软件包

3. 了解永中科技的永中 Office 办公软件包。

4. 用百度中文搜索引擎搜索 Word 的图文混排高级排版实例。

5. 用百度中文搜索引擎搜索 Excel 公式函数的应用实例。

6. 如何在演示文稿中插入分节符？

7. 如何在幻灯片中插入 Flash 动画？

8. 如何在幻灯片中插入音频与视频？

第6章 数据库技术基础

数据库是数据管理的有效技术，是计算机科学的重要分支。从 20 世纪 60 年代末开始，随着各企业、行政部门对数据处理的需求，研发出了数据库技术。而今天，信息资源更是各部门的重要资源，建立一个满足各级部门信息处理要求且行之有效的信息系统已成为企业或组织生存和发展的重要条件。随着互联网的发展，广大用户可直接访问并使用各类数据库，如通过网络检索信息、网络购物等。可见，数据库已经成为人们生活中不可缺少的部分。

本章介绍数据库技术基础，包含数据库基本概念、常见的数据模型、数据库系统的三级模式结构、关系数据库、关系数据库语言 SQL 和数据库设计，以及数据库新技术。

6.1 数据管理技术概述

数据库系统是对数据进行存储、管理、处理和维护的软件系统。1963 年，Honeywell 公司的 IDS 系统投入运行，揭开了数据库技术的序幕。20 世纪 70 年代，数据库蓬勃发展，主要使用了层次系统和网状系统。20 世纪 80 年代，关系系统逐步占领市场，并在 90 年代成为主流。进入 21 世纪，面向对象数据库、Web 数据库等获得推广和普及。经过 60 年的发展，数据库系统已经形成了比较完整的理论体系和实用技术。

6.1.1 数据管理技术的由来和发展

数据管理是对数据进行分类、组织、编码、存储、检索和维护，是数据处理的中心问题。而数据处理是对各种数据进行收集、存储、加工和传播。随着计算机硬件、系统软件的不断发展和应用领域的扩大，数据管理技术的发展经历了人工管理、文件系统、数据库系统等几个阶段。

1. 人工管理阶段

20 世纪 50 年代中期以前，计算机主要用于科学计算。外部存储器只有磁带、卡片和纸带等，没有磁盘等可以直接存取的存储设备。软件只有汇编语言，还没有专门管理数据的软件，数据处理的方式是批处理。这个阶段的数据管理具有以下特点：

① 数据不保存。计算机主要进行科学计算，一般不需要长期保存数据，只在计算时将数据输入，计算结束后即将结果数据输出。

② 数据不共享。数据是面向应用的，一组数据只对应一个程序。当多个程序涉及某些相同数据时必须各自定义、输入，因此程序与程序之间存在大量的重复数据，称为数据冗余。

③ 数据不具有独立性。数据面向程序，依赖于程序。依靠应用程序来管理数据。

在人工管理阶段，应用程序和数据的关系如图 6-1 所示。

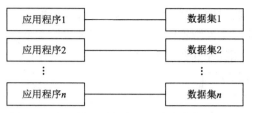

图 6-1　人工管理阶段应用程序与数据的关系

2. 文件系统阶段

20 世纪 50 年代后期到 60 年代中后期，计算机不仅用于科学计算，还用于信息管理。这时外部存储器有了可以直接存取的磁盘、磁鼓；在软件方面，出现了高级语言和操作系统，而操作系统中的文件系统是专门的数据管理软件，数据处理的方式有批处理和联机实时处理。

这个阶段的数据管理具有以下特点：

① 数据以"文件"形式长期保存。可保存在外部存储器上被多次存取。

② 数据共享性差，冗余度大。文件系统中的数据文件是为了特定业务需要而设计的，服务于某一特定应用程序。当多个程序涉及某些相同数据时，也需要建立各自的数据文件，而不能共享相同的数据，导致数据冗余度大，不仅浪费存储空间，而且由于不能统一存储和管理，容易造成数据的不一致。

③ 数据独立性差。在文件系统的支持下，程序只需要用文件名就可以访问数据文件，程序员不必关心数据在外存储器上的地址以及内外存之间交换数据的具体过程。但数据文件结构的设计仍然基于特定应用，当数据结构改变时，应用程序中对数据的使用也要改变，因此数据在一定程度上依赖于应用程序，缺乏独立性。

在文件管理阶段，应用程序和数据之间的关系如图 6-2 所示。

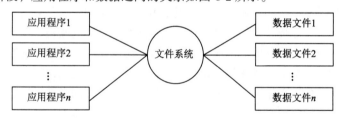

图 6-2　文件系统阶段应用程序与数据的关系

3. 数据库系统阶段

20 世纪 60 年代后期以来，计算机管理的对象规模越来越大，应用范围越来越广泛，需要计算机管理的数据量急剧增长。

这时，外部存储器已有大容量磁盘，硬件价格下降；而软件价格则上升，为编制和维护系统软件及应用程序所需的成本相对增加。在数据处理的方式上，联机实时处理要求更多，并开始提出和考虑分布处理。在这种背景下，以文件系统作为数据管理手段已经不能满足应用的需求，于是为解决多用户、多应用共享数据的需求，使数据为尽可能多的应用提供服务，数据库技术应运而生，并出现了统一管理数据的专门软件系统——数据库管理系统。

1968 年，IBM 公司研制成功层次模型的信息管理系统（information management system, IMS）标志着数据管理技术进入了数据库系统阶段。1969 年，CODASYL（conference on data system languages，数据系统语言协会）组织发布了数据库任务组（data base task group, DBTG）报告，提

出了网状模型。自 1970 年起，IBM 公司的 E.F.Codd 连续发表论文，提出了关系模型，奠定了关系数据库的理论基础。目前，关系数据库系统是当今最流行的商用数据库系统。

在数据库系统阶段，应用程序和数据之间的关系如图 6-3 所示。

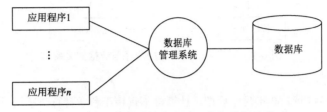

图 6-3　数据库系统阶段应用程序与数据的关系

拓展阅读：20 世纪 80 年代，萨师煊起草了国内第一个计算机专业本科"数据库系统概论"课程的教学大纲，培养了中国数据库的第一代人才；90 年代后，Oracle 占据了中国很大的市场，但是国内数据库企业如雨后春笋蓬勃而出；进入 21 世纪后，国家的 863 计划设立了数据库重大专项，有了国家政策的扶持，达梦数据库、人大金仓、南大通用等公司开始发展；2010 年后的云计算时代和开源社区的兴起，使国产数据库开始了弯道超车，国产数据库领域真正进入了蓬勃发展的时代，诞生了一系列优秀的数据库和数据库公司，如 TiDB、openGauss、OceanBase、华为 GaussDB、阿里 PolarDB、SequoiaDB、南大通用 GBase、腾讯云等。目前的国产数据库应用覆盖了银行、国企、政务等众多领域。

6.1.2　数据库系统的特点

与人工管理阶段和文件系统阶段相比，数据库系统阶段数据管理的主要特点如下：

1. 数据管理结构化

数据库中的数据是有结构的，通过数据模型来表示数据结构，这是数据库系统与文件系统的本质区别。数据模型不仅能描述数据本身，还可以描述数据之间的联系，这样，不仅数据内容是结构化的，而且整体也是结构化的。也就是说，不仅要考虑某个应用的数据结构，还要考虑整个组织的数据结构。例如，某学校管理信息系统中不仅要考虑教务处的课程管理、选课管理、成绩管理，还要考虑后勤处的宿舍管理、学生处的学籍管理、财务部的学费管理等。因此，学校管理信息系统中的学生数据就要面向各个部门而不仅仅是教务处的一个学生选课。因此，任何数据库管理系统都支持一种抽象的数据模型。

2. 数据共享性高，数据冗余减少

数据库系统通过数据模型从整体角度看待和描述数据，数据不再面向某个特定应用而是面向整个系统，因此数据可以被多个用户、多个应用共享使用。数据共享可以大幅减少数据冗余，节约存储空间。数据共享还可以避免数据之间的不一致性和不相容性。所谓数据的不一致性是指同一数据的不同副本的值不一致。

3. 数据处理独立性高

数据独立性是指应用程序与数据库的数据结构之间相互独立，包括物理独立性和逻辑独立性。

物理独立性是指用户的应用程序与数据库中数据的物理存储是相互独立的。数据在数据库中的存储是由数据库管理系统（database management system, DBMS）管理的，和应用程序无关。数据的物理存储的改变不会影响数据的整体逻辑结构、用户的逻辑结构以及应用程序的运行。

逻辑独立性是指用户的应用程序与数据库的逻辑结构之间相互独立，也就是说，数据的逻辑

结构改变时，不影响用户程序。

数据独立性由 DBMS 的三级模式与两级映射来实现，将在 6.3 节详细介绍。

4．数据统一管理和控制

数据的共享往往是并发的，即多个用户同时使用数据库中的数据，这又会带来不同用户间相互干扰的隐患。所以，数据库管理系统必须提供必要的数据控制功能，才能保证数据库中数据的正确性与一致性。

① 数据的完整性检查：保证数据库中数据的正确，并保证数据之间满足一定的关系。

② 数据的安全性保护：检查每个用户以确保其只按规定对某些数据进行使用和处理。

③ 并发控制：控制多个应用的并发访问所产生的相互干扰以保证其正确性。

④ 数据库恢复：在数据库被破坏或数据不可靠时，系统有能力将数据库恢复到某一个已知的正确状态。

6.1.3　数据库常用概念

1．数据库

数据库（database, DB）是指长期存储在计算机内的、有组织的、可共享的数据的集合。数据库中的数据按一定的数据模型组织、描述和存储，具有较小的冗余度、较高的数据独立性，能为各种用户共享。

2．数据库管理系统

数据库管理系统是位于用户与操作系统之间的一层数据管理软件。它是数据库系统的核心，其主要工作是管理数据库，为用户或应用程序提供访问数据库的方法。

数据库管理系统的主要功能包括以下几方面：

① 数据定义功能：数据库管理系统提供数据定义语言，用户通过它可以方便地为数据库构建数据框架。

② 数据操纵功能：数据库管理系统提供数据操纵语言，用户通过它实现对数据库的基本操作，如查询、插入、修改和删除等。

③ 数据组织、存储和管理功能：数据库管理系统分类组织、存储和管理各种数据，包括数据字典（data dictionary, DD）、用户数据、数据的存取路径等。要确定以何种文件结构和存取方式在存储级上组织这些数据，如何实现数据之间的联系。

④ 数据库的事务管理和运行管理：数据库在建立、运行和维护过程中由数据库管理系统统一管理和控制，以保证事物的正确运行，从而保证数据的完整性、安全性、共享性、多用户对数据的并发使用以及发送故障后的系统恢复。

目前，常见的数据库管理系统有 Access、Oracle、SQL Server、MySQL、Sybase、DB2 等。

3．数据库应用系统

数据库应用系统（database application system, DBAS）是指系统开发人员利用数据库系统进行开发的面向某一类实际应用的软件系统，例如，教务管理系统、图书管理系统、财务管理系统、人事管理系统、生产管理系统等。

4．数据库系统相关人员

数据库系统相关人员是数据库系统的重要组成部分，包括三类人员：数据库管理员、应用程序开发人员和用户。

数据库管理员（database administrator, DBA）是数据库系统中的专门人员或者管理机构，负责全面监督和管理数据库系统，参与在数据库的建立、使用和维护等过程。

应用程序开发人员是开发数据库应用系统的人员，可以使用数据库管理系统的所有功能。

用户指通过数据库应用系统的用户接口使用数据库的最终用户。

5．数据库系统

数据库系统（database system, DBS）是实现有组织、动态存储大量关联数据、方便多用户访问的计算机硬件、软件和数据资源组成的人–机系统，由硬件系统、数据库、数据库管理系统、数据库应用系统和数据库相关人员等构成。

其中，硬件系统要有足够大的存储空间来存放各类软件（操作系统、数据库管理系统、数据库应用系统）和数据资源；数据库提供数据的存储功能；数据库管理系统提供数据的组织、存取、管理和维护功能；数据库应用系统根据应用需求使用数据库；数据库管理员负责全面管理数据库系统。

实际应用中，在不引起混淆的情况下，人们通常把数据库系统简称为数据库。

6.2　数　据　模　型

模型是对现实世界中某个对象的模拟和抽象，如军事沙盘、汽车模型等都是具体的模型，通过模型可以使人们直观地联想到现实生活。

数据模型（data model）也是一种模型，是对现实世界数据特征的抽象，也可以说是对现实世界的模拟。也就是说，数据模型是用来描述数据、组织数据和操纵数据的。由于计算机不可能直接处理现实世界中的具体事物，所以人们必须事先把具体事物转换成计算机能够处理的数据，也就是先要数字化，把现实世界中具体的人、物、活动、概念用数据模型这个工具来抽象、表示和处理。

数据模型是数据库系统的核心和基础，了解数据模型的基本概念是学习数据库的基础。目前广泛使用的数据库系统大多是基于某种数据模型的。

6.2.1　数据模型的基本概念

从现实世界的具体信息抽象到数据库存储中的数据以及用户使用的数据，这是一个逐步抽象的过程，首先将现实世界抽象为信息世界，再将信息世界转换为机器世界。也就是，首先将现实世界中的具体对象抽象为概念模型，再把概念模型转换为计算机上某一数据库管理系统所支持的数据模型。这一过程如图 6-4 所示。

图 6-4　数据抽象过程

数据是现实世界符号的抽象，而数据模型是数据特征的抽象，描述了系统的静态特性、动态行为和完整性约束条件，因此数据模型由数据结构、数据操作与数据约束三部分组成。

① 数据结构：描述数据库的组成对象以及对象之间的联系，以及数据的类型、内容、性质及数据间的联系等。

② 数据操作：描述数据结构上的操作类型与操作方式。

③ 数据约束：描述数据结构内数据间的语法、语义联系，它们之间的制约与依赖关系，以及数据动态变化的规则，以保证数据的正确、有效与相容。

根据模型应用的目的不同，数据模型可分为 3 种：

1. 概念数据模型

概念数据模型（conceptual data model, CDM）简称概念模型，是整个数据模型的基础。通俗地说，概念模型是从现实世界中抽取出对于目标应用系统来说最有用的事物特征以及事物之间的联系，通过各种概念精确地加以描述。它是一种面向客观世界、面向用户的模型，与具体的数据库管理系统和计算机平台无关。

概念模型一般采用实体–联系模型，即 E-R 模型来描述。此外，还有扩充的 E-R 模型、面向对象模型及谓词模型等。

2. 逻辑数据模型

逻辑数据模型（logic data model, LDM）又称数据模型，它按照计算机系统对数据建模，是概念模型的数据化。数据模型提供了表示和组织数据的方法，描述的是数据的逻辑结构。

DBMS 是基于某种数据模型或是支持某种数据模型的。常见的有层次模型、网状模型、关系模型、面向对象模型等。

3. 物理数据模型

物理数据模型（physical data model, PDM）又称物理模型，是对最底层数据的抽象，描述数据在计算机系统内部的表示方法和存储方法。

物理模型是面向计算机系统的，由 DBMS 具体实现。

6.2.2　E-R 模型

E-R 模型（entity-relationship model, 实体–联系模型）是概念数据模型的高层描述所使用的数据模型或模式图。它提供了一种描述现实世界中数据组织和关联的图形化方法。用于表示实体、属性和联系之间的关系。

1. 基本概念

（1）实体

实体（entity）表示现实世界中的一个独立对象，它们客观存在并可相互区别。实体可以是实际的人、事、物，也可以是抽象的概念或联系。例如，银行客户、学生、老师，这些属于具体事物实体；银行账户、学生借阅图书等属于抽象事物实体。

具有共性的实体可组成一个集合称为实体集（entity set）。例如，某位学生是实体，全体学生就是一个实体集。

（2）属性

实体所具有的某一特性称为属性（attribute）。一个实体可以由若干个属性来描述，每个属性都可以有值，一个属性的取值范围称为属性的值域或值集。例如，学生实体用学号、姓名、性别、出生日期、班级、入学时间等属性来描述，其中王娟同学"入学时间"属性取值为 2023。

唯一标识实体的属性集称为码（key）。例如，学号是学生实体的码，课程号是课程实体的码。

具有相同属性的实体必然具有共同的特征和性质。用实体名及其属性名集合来抽象和描述同类实体，称为实体型。例如，学生（学号，姓名，性别，出生日期、班级，入学时间）就是一个实体型，则（202312341101，王娟，女，200501，01，2023）表示某位学生。

（3）联系

现实世界中事物之间是有联系（relationship）的，这些联系在信息世界中反映为实体集之间的联系。实体间的联系有以下3种类型：

① 一对一联系，简记为 1:1。对于实体集 R 中的每一个实体，实体集 S 中至多有一个（也可以没有）实体与之联系，反之亦然，则称实体集 R 和实体集 S 具有一对一联系。如果班级和班级导师之间的联系，一个班级和一个班级导师相互是一一对应的。

② 一对多或多对一联系，简记为 $1:N$ 或 $N:1$。对于实体集 R 中的每一个实体，实体集 S 中有多个实体与之联系，反之，对于实体集 S 中的每一个实体，实体集 R 中至多有一个实体与之联系，则称实体集 R 和实体集 S 具有一对多联系。例如，班级与班内学生之间的联系，一个班级内有多位学生。

③ 多对多联系，简记为 $M:N$。对于实体集 R 中的每一个实体，实体集 S 中有多个实体与之联系，反之，对于实体集 S 中的每一个实体，实体集 R 中也有多个实体与之联系，则称实体集 R 和实体集 S 具有多对多联系。例如，学生和课程之间的联系，一个学生可以选修多门课程，一门课程可以被多个学生选修。

2. E-R 图

E-R 图可以用图示化方式描述实体、属性和联系：

① 矩形框：表示实体型，实体名写在矩形框内。

② 椭圆形框：表示属性，属性名写在椭圆形框内，并用无向线段将其与对应的实体型连接起来。

③ 菱形框：表示实体之间的联系，联系名写在菱形框内，并用无向线段分别与有关的实体型连接起来，同时在无向线段旁边标上联系的类型（$1:1$、$1:N$、$M:N$）。

例如，学校教务管理系统中有"学生"实体型、"课程"实体型，两者通过学生选课建立了"选课"联系。

① "学生"实体型：属性有学号、姓名、性别、出生日期、班级、入学时间。

② "课程"实体型：属性有课程号、课程名、学分、先修课号。

③ 两实体型之间为多对多联系，"选课"联系的属性有学号、课程号和课程成绩（"选课"的自有属性）。

它们构成的 E-R 图如图 6-5 所示。

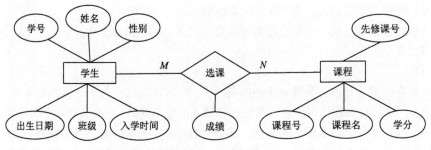

图 6-5　E-R 图实例

E-R 图常用于信息系统设计中，例如，在概念结构设计阶段用来描述信息需求和要存储在数据库中的信息的类型。在基于数据库的信息系统设计过程中，在逻辑设计阶段，概念模型要映射到逻辑模型，如关系模型上。

6.2.3　逻辑数据模型

E-R 图只能说明实体间语义的联系，还不能进一步说明详细的数据结构，所以需要再将其转换为计算机能实现的逻辑数据模型。数据库管理系统所支持的传统逻辑数据模型分为 3 种基本类型：层次模型、网状模型和关系模型。因此，使用支持某种特定数据模型的数据库管理系统开发出来的应用系统相应地称为层次数据库系统、网状数据库系统和关系数据库系统。

1. 层次模型

层次模型是数据库系统中最早出现的数据模型，它用树状结构表示各类实体及实体间的联系。现实世界中许多实体型之间的联系本来就出现这种结构关系，如家族关系、行政结构等，它们自顶向下、层次分明。层次数据库管理系统的典型代表是 1968 年 IBM 公司推出的 IMS，曾被广泛使用。

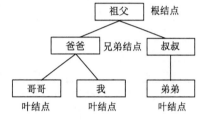

图 6-6　层次模型示例

在层次模型中（见图 6-6），结点层次从根开始定义，根为第一层，根的子结点为第二层，根称为其子结点的父结点，同一父结点的子结点称为兄弟结点，没有子结点的结点称为叶结点。可见，层次模型具有如下特征：

① 有且仅有一个结点没有父结点，该结点就是根结点。

② 除了根结点外的其他结点有且仅有一个父结点。

层次模型中，结点之间的联系用有向线段表示，可以表示一对一和一对多的层次关系，且容易理解，但不能直接表示出多对多联系。

任何一个给定的结点只能按其层次路径查看，没有一个子结点可以脱离父结点而独立存在。所以，在对层次模型进行插入、删除和更新时，必须要满足层次模型的完整性约束条件：不能插入无父结点的子结点；删除父结点时相应的子结点也被删除。

2. 网状模型

现实世界中实物之间的联系更多的是非层次关系，用层次模型表示非树状结构很不直接，网状模型则可以克服这一弊病。网状数据库管理系统的典型代表是 DBTG 系统，又称 CODASYL 系统，它于 20 世纪 70 年代由数据系统语言协会下属的数据库任务组提出。

用网状结构表示各类实体以及实体间联系的数据模型称为网状模型，如图 6-7 所示。其特征如下：

① 一个结点可以有多于一个的父结点。

② 可以有一个以上的结点没有父结点。

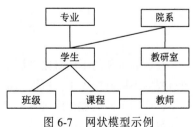

图 6-7　网状模型示例

网状模型去掉了层次模型的两个限制，允许多个结点没有父结点，允许结点有多个父结点；它还允许两个结点之间有多种联系。因此，网状模型可以更直接描述现实世界。图 6-7 中，"专业"和"院系"结点都没有父结点，而"学生"结点有 2 个父结点："专业"和"院系"。

网状模型一般来说没有层次模型那么严格的完整性约束条件，但具体的网状数据库系统对数据操纵都加了一些限制，不仅需要说明做什么，还需要说明怎么做，以提供一定的完整性约束。例如，进行查询时，不但要说明查找对象，还要规定存取路径。所以，网状模型在使用时涉及系统内部的物理因素较多，用户操作并不方便。

3. 关系模型

网状数据库和层次数据库已经很好地解决了数据的集中和共享问题，但是在数据独立性和抽象级别上仍有很大欠缺。用户在对这两种数据库进行存取时，仍然需要明确数据的存储结构，指出存取路径。20 世纪 60 年代末到 70 年代初出现的关系数据库较好地解决了这些问题。1970 年，IBM 公司的研究员 E.F.Codd 发表了题为《大型共享系统的关系数据库的关系模型》论文，首次提出了关系模型。

关系模型是目前应用最广泛的一种数据模型。20 世纪 80 年代以来，计算机厂商推出的数据库管理系统几乎都支持关系模型，非关系模型的产品也大多加上了关系接口。

简单来说，关系模型就是用二维表的形式表示实体和实体间联系的数据模型，如表 6-1 所示。

表 6-1 符合要求示例——学生表

学 号	姓 名	性 别	出生日期	班 号
202312341101	王娟	女	2005-1-30	01
202212561105	刘硕	男	2004-1-15	02
202132341210	周鹏	男	2003-5-06	03

不是所有的二维表都可以成为关系。需要满足以下条件：

① 二维表中的每个属性值是不可再分的最小数据项，即表中不允许有子表。

② 二维表中的每一列（属性）是类型相同的数据。

③ 二维表中不允许出现相同的属性名。

④ 二维表中不允许出现相同的行（元组）。

⑤ 二维表中的行、列顺序可以任意交换。

表 6-1 所示的学生表满足上述性质要求，就可以作为关系模型中的关系。而表 6-2 的成绩表不符合上述要求，因为它的分项成绩又再分为了 3 个小的数据项，所以它不是一个关系。

表 6-2 不符合要求示例——成绩表

学 号	姓 名	分项成绩			总 成 绩
		平时成绩	上机成绩	期末成绩	
202312341101	王娟	85	90	90	89

关系模型中的数据操纵是集合操作，操作对象和操作结果也都是关系，而不像层次模型和网状模型中那样是单个记录的操作，从而大幅提高了数据的独立性，提高用户生产率。关系数据库以其完备的理论基础、简单的模型、说明性的查询语言和使用灵活方便等优点得到最广泛的应用，发展也十分迅速，目前已成为占据主导地位的数据库管理系统。

6.3 数据库系统的体系结构

在数据抽象的不同阶段采用不同的数据模型，可见考察数据库系统的内部体系结构可以从抽象过程的不同阶段入手。所以，虽然实际的数据库管理系统产品种类很多，它们支持不同的数据模型，使用不同的数据库语言，建立在不同的操作系统之上，数据的存储结构也各不相同，但它们在数据库系统内部的体系结构上通常都具有相同的特征，即采用三级模式结构并提供两级映射功能，以此构成了数据库系统内部的抽象体系结构，如图 6-8 所示。

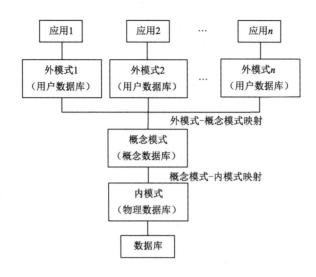

图 6-8　三级模式、两级映射关系图

6.3.1　三级模式

数据模式是数据库系统中数据的结构及其联系的描述，具有不同的层次与结构方式，不涉及具体的值。数据库系统的数据模式分为三级：外模式、概念模式和内模式。

1. 外模式

外模式（external schema）又称子模式（subschema）或用户模式（user's schema），是用户与数据库系统的接口。它是数据库用户（包括应用程序员和最终用户）能够看见和使用的局部数据的逻辑结构和特征的描述，是数据库用户的数据视图，是与某一应用有关的数据的逻辑表示。

由于外模式是各个用户的数据视图，不同用户在应用需求、看待数据的方式、对数据的保密要求等方面存在差异，则其外模式就不同。所以，一个数据库可以有多个外模式。例如，教务管理系统中的学生用户模式和教师用户模式。

外模式是保证数据安全性的一个有力措施。每个用户智能看到和访问所对应的外模式中的数据，数据库中的其他数据不可见，从而有利于保护数据。

数据库管理系统提供外模式数据定义语言（外模式 DDL）来定义外模式。

2. 概念模式

概念模式（conceptual schema）也称为逻辑模式，是数据库系统中全体数据的逻辑结构和特征的描述，是所有用户的公共数据视图。它是数据库系统模式结构的中间层，既不涉及数据的物理存储细节和硬件环境，又与具体的应用程序、所使用的应用开发工具及高级程序设计语言无关。

概念模式以某种数据模型为基础，综合考虑了所有用户的需求，并将这些需求组合为一个逻辑整体。所以，一个数据库只有一个概念模式。概念模式为全局模式，而外模式为局部模式。

数据库管理系统提供概念模式数据定义语言（概念模式 DDL）来定义概念模式。

3. 内模式

内模式（internal schema）又称物理模式（physical schema），一个数据库只有一个内模式，是数据物理结构和存储方式的描述，是数据在数据库内部的组织方式。例如，数据的存储方式、索引的组织、数据是否压缩或加密等。内模式对一般用户是透明的，但它的设计直接影响数据库系统的性能。

数据库管理系统一般提供相关的内模式数据定义语言（内模式 DDL）来定义内模式。

模式的 3 个级别层次反映了模式的 3 个不同抽象级别以及它们的不同要求。其中内模式处于最底层，它反映了数据在计算机物理结构中的实际存储形式；概念模式处于中层，它反映了设计者的数据全局逻辑要求；而外模式处于最外层，它反映了用户对数据的要求。

6.3.2　两级映射

数据库系统的三级模式是对数据的 3 个级别的抽象，它把数据的具体组织留给数据库管理系统，使用户能逻辑地、抽象地处理数据，而不必关心数据在计算机中的具体表示方式与存储方式。为了能够在系统内部实现这 3 个抽象层次的联系和转换，数据库管理系统在三级模式之间提供了两级映射。此外，两级映射也保证了数据库系统中数据具有较高的逻辑独立性和物理独立性。

1.　外模式到概念模式的映射

外模式是用户的局部模式，而概念模式是全局模式。对应一个概念模式可以定义多个外模式，而每个外模式只是概念模式的一个视图。外模式到概念模式的映射给出了外模式与概念模式的对应关系，这种映射一般是由数据库管理系统实现的。

当概念模式改变时（如增加新的关系、新的属性、改变属性的数据类型等），由数据库管理员对各外模式/概念模式的映射做相应改变，就可以使外模式保持不变。而应用程序是依据数据的外模式编写的，因而应用程序也不必修改，这就保证了数据与程序的逻辑独立性，简称为数据的逻辑独立性。

2.　概念模式到内模式的映射

数据库中只有一个概念模式，也只有一个内模式，所以概念模式到内模式的映射是唯一的。它给出了数据的全局逻辑结构到物理存储结构间的对应关系，此种映射一般也是由数据库管理系统实现的。

当数据库的存储结构改变时，由数据库管理员对概念模式/内模式映射做相应改变，可以使概念模式保持不变，从而应用程序也不必修改。保证了数据与程序的物理独立性，简称数据的物理独立性。

数据与程序之间的独立性使得数据的定义和描述可以从应用程序中分离出去。另外，由于数据的存取由数据库管理系统管理，从而简化了应用程序的编写，大幅减少了应用程序的维护和修改。

6.4　关系数据库

关系数据库系统是支持关系模型的数据库系统，关系模型已经成为当今主流的数据模型。关系模型的基本数据结构是"关系"，即二维表格。本节深入介绍关系模型。按照数据模型的 3 个组成部分，关系模型由关系数据结构、关系运算和关系的完整性三部分组成，

6.4.1　关系数据结构

关系模型采用二维表格来表示实体集，该二维表格称为关系。在用户看来，关系模型中数据的逻辑结构就是一张二维表。也就是说，在关系模型中，现实世界的实体及实体间的各种联系均用单一的结构类型（即关系）来表示。

1．关系

一个关系（relation）就是一张二维表，每个关系有一个关系名，也称为表名。表 6-3～表 6-6 分别对应"学生""班级""课程""成绩"4 个关系表。在计算机中，数据存储在数据库文件的表中，一个文件中可以有多张表，一张表就是一个关系。

<table>
<tr><th colspan="4">表 6-3　学生</th></tr>
<tr><th>学　号</th><th>姓　名</th><th>性　别</th><th>班　号</th></tr>
<tr><td>202312341101</td><td>王娟</td><td>女</td><td>01</td></tr>
<tr><td>202212561105</td><td>刘硕</td><td>男</td><td>02</td></tr>
<tr><td>201132341210</td><td>周鹏</td><td>男</td><td>03</td></tr>
</table>

<table>
<tr><th colspan="3">表 6-4　班级</th></tr>
<tr><th>班　号</th><th>班级名</th><th>班级导师</th></tr>
<tr><td>01</td><td>计 231-1</td><td>陈建国</td></tr>
<tr><td>02</td><td>数 221-1</td><td>刘鹏</td></tr>
<tr><td>03</td><td>机 211-2</td><td>邓志勇</td></tr>
<tr><td>04</td><td>外 222-1</td><td>赵静</td></tr>
</table>

<table>
<tr><th colspan="3">表 6-5　课程</th></tr>
<tr><th>课程号</th><th>课程名</th><th>学　分</th></tr>
<tr><td>1201</td><td>计算机基础</td><td>2</td></tr>
<tr><td>3452</td><td>高等数学</td><td>5</td></tr>
<tr><td>1302</td><td>体育（一）</td><td>2</td></tr>
<tr><td>2561</td><td>英语（A）</td><td>2</td></tr>
</table>

<table>
<tr><th colspan="3">表 6-6　成绩</th></tr>
<tr><th>学　号</th><th>课程号</th><th>成　绩</th></tr>
<tr><td>202312341101</td><td>1201</td><td>89</td></tr>
<tr><td>202312341101</td><td>3452</td><td>85</td></tr>
<tr><td>202212561105</td><td>1302</td><td>59</td></tr>
<tr><td>202212561105</td><td>2561</td><td>80</td></tr>
</table>

2．属性

关系中的一列就是一个属性（attribute），也称为字段，给每个属性起一个名称即属性名。例如，表 6-3 所示的"学生"关系表中包含"学号""姓名""性别""班号"4 个属性。

属性的取值称为属性值。例如，表 6-3 中第一位学生的"姓名"属性值为"王娟"。

3．域

每个属性有一个取值范围，称为域（domain）。例如，"性别"的域是{男，女}，"成绩"（百分制）的域是 0～100 的正整数。

4．元组

关系中的一行数据就是一个元组（tuple），也称为一条记录。例如，表 6-3 中的"学生"关系表中包含 3 个元组，其中第一个元组是（202312341101，王娟，女，01）。

5．分量

元组中的每一个值称为元组的一个分量（component）。

6．关系模式

对关系的描述称为关系模式，也称为记录类型，它对应一个关系的结构。其格式如下：

关系名（属性 1，属性 2，…，属性 n）

例如，表 6-3 所示的"学生"关系表的关系模式为：学生（学号，姓名，性别，班号）。

7．主关键字

若关系某一最小属性组的值能够唯一标识一个元组，则称该属性组为候选码或候选关键字。若一个关系中有多个候选码，则从中选择一个作为主码或主关键字（primary key），简称主键。一般如果不加说明，键就是指主键。因为关系中的每一个元组一定是唯一的，所以关系中一定要有主键。

例如，表 6-3 所示的"学生"关系表中的"学号"属性的每个值都是唯一的，因此"学号"就是主键。而在表 6-6 所示的"成绩"关系表中，"学号"和"课程号"两个属性的组合构成一个主键。

8．外部关键字

如果关系 R 中的属性 A 是关系 S 中是的主键，那么属性 A 在关系 R 中就称为外部关键字（foreign key），简称外键。

例如，表 6-3 所示的"学生"关系表中都有"班号"属性，且"班号"是表 6-4 "班级"关系表的主键，则"班号"在"学生"关系表中就是外键。

在关系数据库中，主键和外键表示了两个关系之间的联系。例如，表 6-3 所示的"学生"关系表和表 6-4 所示的"班级"关系表中的数据可以通过公共的"班号"属性进行联系。若要查找某个学生所在班级的班级导师，可以先在"学生"关系表中找出相应的"班号"，然后再到"班级"关系表中找出该班号所对应的班级导师。

6.4.2　关系运算

关系模型中常用的关系操作有查询、插入、删除和修改等，而这些操作需要对一个关系或多个关系进行关系运算。关系运算分为两类：传统的集合运算和专门的关系运算。关系运算的操作对象是关系（表），运算结果仍是关系（表）。

1．传统的集合运算

传统的集合运算包括并、差、交和广义笛卡儿积等。

设关系表 R 和 S 有相同的属性，并且对应属性有相同的域。

（1）并运算

关系表 R 和 S 的并运算将产生一个包含 R、S 中所有不同元组的新关系表（消除重复元组），记作 R∪S。例如，表 6-7 中的 R∪S 关系表。

（2）差运算

关系表 R 和 S 的差运算将产生一个包含所有属于 R 但不属于 S 的元组成的新关系表，记作 R–S。例如，表 6-7 中的 R–S 关系表。

（3）交运算

关系表 R 和 S 的交运算将产生一个包含属于 R 而且也属于 S 的元组组成的新关系表，记作 R∩S。交运算可以由其他运算推导得出 R∩S=R–(R–S)。例如，表 6-7 中的 R∩S 关系表。

（4）广义笛卡儿积

关系表 R 和 S 的笛卡儿积将产生一个包含 R 中每个元组与 S 中每个元组连接组成的新关系表，记作 R×S。例如，表 6-7 中的 R×S 关系表。

表 6-7　传统集合运算举例

R A	B	C	S A	B	C	R∪S A	B	C
a	1	2	d	3	2	a	1	2
b	2	1	a	1	2	b	2	1
c	3	1				c	3	1
						d	3	2

续表

R-S

A	B	C
b	2	1
c	3	1

R×S

R.A	R.B	R.C	S.A	S.B	S.C
a	1	2	d	3	2
a	1	2	a	1	2
b	2	1	d	3	2
b	2	1	a	1	2
c	3	1	d	3	2
c	3	1	a	1	2

R∩S

A	B	C
a	1	2

2．专门的关系运算

专门的关系运算包括选择、投影、连接和除运算等。

（1）选择

从一个关系表 R 中找出满足条件 F 的元组的操作称为选择（selection），记作 $\sigma_F(R)$。其中，F 是选择条件，它是一个逻辑表达式，取值为逻辑值"真"或"假"。选择是从一个关系表中行的角度进行的运算，其结果是原关系表的一个子集，元组个数会减少。例如，从表 6-3 所示的"学生"关系表中选择所有男生，$\sigma_{性别='男'}(学生)$，其结果见表 6-8。

表 6-8　选择运算

学　号	姓　名	性　别	班　号
202212561105	刘硕	男	02
201132341210	周鹏	男	03

（2）投影

从一个关系表 R 中选出若干属性列组成新的关系表称为投影（projection），记作 $\Pi_A(R)$，其中 A 为关系表 R 的属性列组合，各个属性以逗号分隔。投影是从一个关系表中列的角度进行的运算，属性个数会减少。例如，从表 6-3 所示的"学生"关系表中找出所有学生的学号、姓名和性别，$\Pi_{学号,姓名,性别}(学生)$，结果见表 6-9（a）。

进行投影运算后不仅会取消原关系中的某些属性列，而且还可能取消某些元组，因为取消某些属性列后，就可能出现重复行，需要取消这些完全相同的行。例如，从表 6-3 所示的"学生"关系表中找出性别，$\Pi_{性别}(学生)$，结果见表 6-9（b）。

表 6-9　投影运算

学　号	姓　名	性　别
202312341101	王娟	女
202212561105	刘硕	男
201132341210	周鹏	男

（a）

性　别
女
男

（b）

（3）连接

连接（join）也称为 θ 连接，从两个关系表的笛卡儿积中选取属性间满足一定条件的元组，记作 $R\underset{A\theta B}{\bowtie}S$。其中，$A$ 和 B 分别为 R 和 S 上列数相等且可比的属性组，θ 是比较运算符。

在连接操作中，以两个关系表的属性值对应相等为条件进行的连接称为等值连接，记作 $R\underset{A=B}{\bowtie}S$。去掉重复属性的等值连接称为自然连接，记作 $R\bowtie S$，它利用两个关系中的公共属性（或语义相同的属性），把属性值相等的元组连接起来，并去掉重复属性列。一般的连接是从行的角度进行运算，但自然连接还需要去掉重复属性列，所以是同时从行和列的角度进行运算。自然连接是最常用的连接运算。例如，将表 6-3 所示的"学生"关系表和表 6-4 所示的"班级"关系表进行等值连接"学生$_{学生.班号}\bowtie_{班级.班号}$班级"和自然连接"学生$\bowtie$班级"，结果见表 6-10。

表 6-10　等值连接和自然连接

学号	姓名	性别	学生.班号	班级.班号	班级	班级导师
202312341101	王娟	女	01	01	计 231-1	陈建国
202212561105	刘硕	男	02	02	数 221-1	刘鹏
202132341210	周鹏	男	03	03	机 211-2	邓志勇

（a）等值连接

学号	姓名	性别	班号	班级	班级导师
202312341101	王娟	女	01	计 231-1	陈建国
202212561105	刘硕	男	02	数 221-1	刘鹏
202132341210	周鹏	男	03	机 211-2	邓志勇

（b）自然连接

（4）除运算

如果将笛儿积运算看作乘运算，那么除运算那就是它的逆运算。设关系表 R 除以关系表 S 的结果为关系表 T，则 T 包含所有存在于 R 中但不存在于 S 中的属性及其值，且 T 的元组和 S 的元组的所有组合都在 R 中。记作 $R\div S=T$ 或 $R/S=T$。

在表 6-11 所示的示例中，可以看到 R 中包含 S 取值的是第一行和第四行，则 T 表的取值为存在于 R 中但不存在于 S 中的属性及其取值。

表 6-11　除运算

	R		
A	B	C	D
a	1	2	2
b	2	1	3
c	3	1	1
d	1	2	5

S	
B	C
1	2

$R\div S$	
A	B
a	2
d	5

6.4.3　关系的完整性

关系模型的完整性规则是对关系的某种约束条件，也就是说关系随时间变化时必须满足这些约束条件。为了维护数据库中的数据与现实世界需求的一致性，关系模型中有三类完整性约束：实体完整性、参照完整性和用户定义的完整性。其中，前两种是关系模型必须满足的完整性约束条件，称为关系的两个不变性，由关系数据库系统自动支持。用户定义的完整性是应用领域需要遵循的约束条件，体现了具体领域中的语义约束。

1. 实体完整性

关系数据库中每个元组代表了现实世界中的一个实体，应该是唯一的、可区分的，这种约束条件用实体完整性（entity integrity）来保证。实体完整性指对关系中的主键及其取值的约束，如主键不能取空值或重复的值，否则主键值就不能起到唯一标识元组的作用。所谓空值（NULL）就是"不知道"或"不存在"的值，不是 0 值。

例如，在表 6-3 所示的"学生"关系表中，"学号"为主键，则学号就不能取空值，也不能有重复值。在表 6-6 所示的"成绩"关系表中，"学号，课程号"组合构成主键，则这两个属性都不能取空值，也不允许表中任何两个元组的学号和课程号的值完全相同。

2．参照完整性

在关系模型中实体及实体间的联系都是用关系来描述的，这样就存在关系与关系间的引用。参照完整性（referential integrity）是指关系中的外键和主键之间依赖关系的完整性约束，主要是对外键的取值约束。若关系 R 有主键 K 和外键 A，A 是关系 S 的主键；依据关系 R 外键 A 对主键 K 的依赖或约束，外键 A 可以取空值或关系 S 的主键值域。

例如，"班号"在"学生"关系表中为外键，在"班级"关系表中为主键，则"学生"关系表中的"班号"可以取空值（表示学生尚未选择某个班），或者取"班级"表中已有的一个班号值，如 01～04 之中的一个值（表示学生已属于某个班级），不能取没有的班号（如 05），因为学生不可能被分配到一个不存在的班级中。

3．用户定义的完整性

具体的数据库系统根据其应用环境的不同，往往需要满足一些特殊的约束条件。用户定义的完整性（user-defined integrity）是针对某一具体应用所涉及的数据必须满足的语义要求，也就是某一具体应用的属性值必须满足一定要求，如某个属性必须取唯一值、某属性的取值范围是什么等。此完整性约束是应用领域需要遵循的约束，由用户根据应用需求自行定义。

例如，表 6-3 所示的"学生"关系表中，如果要求"学号"为 12 位文本型数据，则用户可将该属性定义为文本型数据，长度为 12 位。表 6-6 所示的"成绩"关系表中的"成绩"采用百分制整数表示，则用户就可以在表中定义成绩字段为数值型数据，取值范围为 0～100。

6.5　关系数据库语言 SQL

结构化查询语言（structured query language, SQL）是关系数据库的标准语言，是一个通用的、功能极强的关系数据库语言。其功能包含查询、数据库模式创建、数据库数据的插入与修改、数据库安全性完整性定义与控制等。

6.5.1　SQL 的产生和发展

1974 年，Boyce 和 Chamberlin 提出 SEQUEL，后来简称为 SQL。由于 SQL 简单易学、功能多样，因此很快被数据库厂商所采用。1986 年 10 月，美国国家标准学会（ANSI）批准 SQL 作为关系数据库语言的美国标准。1987 年国际标准化组织将 SQL 采纳为国际标准。

自 SQL 成为国际标准后，各个数据库厂家纷纷推出各自的 SQL 软件或与 SQL 的接口软件。这就使大多数数据库均用 SQL 作为其数据存取语言和标准接口，使不同数据库系统之间的互操作有了共同的基础。

现在 SQL 标准的影响已超出了数据库领域，把 SQL 的数据检索功能和图形功能、软件开发工具相结合的产品也越来越多。在大数据、人工智能、软件工程等领域，SQL 已展现出其巨大的发展潜力。

6.5.2　SQL 的组成

核心 SQL 主要包含以下 4 部分：

① 数据定义语言（DDL）：用于定义数据库的模式、基本表、视图等结构。

② 数据操纵语言（DML）：用于实现对数据的查询、插入、删除和修改等操作。

③ 数据控制语言（DCL）：用于对基本表和视图的授权、完整性规则的描述、事务控制等。

④ 嵌入式 SQL 语言的使用规定：确定将 SQL 语句嵌入主语言程序中的规则。

6.5.3　SQL 的特点

SQL 之所以能够为用户和业界所接受并成为国际标准，是因为它是一个综合的、通用的、功能极强同时又简洁易学的语言。其主要特点如下：

1．综合统一

SQL 集数据定义语言、数据操纵语言、数据控制语言功能于一体，语言风格统一，可以独立完成数据库生命周期中的全部活动。这就为数据库应用系统的开发提供了良好的环境，特别是数据库系统投入运行后用户还可以根据需求随时修改模式，并不影响数据库的运行，从而使系统具有更好的可扩展性。

2．高度非过程化

非关系模型的数据操纵语言是"面向过程"的语言，不仅要说明"做什么"，还要说明"怎么做"，即用"过程化"语言完成某项请求必须指定存取路径。而用 SQL 进行数据操作时，只需要告诉计算机"做什么"，而不需要告诉它"怎么做"，因此无须了解存取路径。存取路径的选择以及 SQL 的操作过程由系统自动完成，从而大幅减轻了用户负担，而且有利于提高数据独立性。

3．面向集合的操作方式

非关系模型采用面向记录的操作方式，操作对象是一条记录。而 SQL 采用面向集合的操作方式，不仅操作对象、操作结果可以是元组的集合，而且一次插入、删除和修改操作的对象也可以是元组的集合。

4．以同一种语法结构提供多种使用方式

SQL 既是独立的语言，又是嵌入式语言。作为独立的语言，SQL 能够独立地直接用命令方式进行联机交互使用，用户可以在终端键盘上直接输入 SQL 语句对数据库进行操作。作为嵌入式语言，SQL 能够嵌入高级语言程序中，供程序员设计程序时使用。这使它具有极大的灵活性和方便性。而 SQL 在两种不同使用方式中的语法结构基本上是一致的。

5．语言简洁，易学易用

SQL 的词汇不多，其语法结构接近自然语言中的英语，因此容易学习和使用。完成核心功能只用 9 个命令即可，如表 6-12 所示。

表 6-12　SQL 的核心功能和命令

SQL 功能	命　　　令
数据定义	CREATE、DROP、ALTER
数据查询	SELECT
数据操纵	INSERT、DELECT、UPDATE
数据控制	GRANT、REVOKE

6.5.4　SQL 示例

本节以某学校教务管理系统的数据库 st 为例讲解 SQL 的数据定义、数据查询、数据操纵和数据控制语句。该数据库中有 3 个基本表：

学生表：学生（<u>学号</u>，姓名，性别，出生日期，班号）

课程表：课程（<u>课程号</u>，课程名，学分）

成绩表：成绩（<u>学号，课程号</u>，成绩）

关系的主键加下画线表示。

视频

SQL 示例

1. 数据定义

先使用 SQL 的定义语句完成数据库和基本表的创建：

```
//1.创建数据库 st
CREATE DATABASE st;
//2.创建学生表
CREATE TABLE 学生( 学号 CHAR(12) PRIMARY KEY, 姓名 CHAR(10) UNIQUE, 性别 CHAR(2),
出生日期 DATE,  班号 CHAR(2) );
//3.创建课程表
CREATE TABLE 课程( 课程号 CHAR(2) PRIMARY KEY,课程名 CHAR(20),学分 SMALLINT);
//4.创建成绩表
CREATE TABLE 成绩( 学号 CHAR(12), 课程号 CHAR(2), 成绩 INT, PRIMARY KEY (学号,课
程号), FOREIGN KEY (学号) REFERENCES 学生(学号), FOREIGN KEY(课程号) REFERENCES
课程(课程号) );
```

上述代码中，第 1 条语句用 CREATE DATABASE 完成数据库的创建，第 2～4 条语句用 CREATE TABLE 完成了 3 张基本表的创建。创建基本表时，除了需要定义各属性列的列名、数据类型之外，通常还需要定义与该表有关的完整性约束条件。例如，"学号"属性是长度为 12 的文本，作为主键。另外，每条语句必须用分号";"表示结束。

如果要修改基本表，可以用 ALTER 语句。例如，给成绩表添加"备注"列，其数据类型为文本型，长度为 2，语句如下：

```
ALTER TABLE 成绩 ADD 备注 CHAR(2);
```

如果要删除基本表，可以用 DROP 语句。例如，删除成绩表，语句如下：

```
DROP TABLE 成绩;
```

2. 数据操作

SQL 的数据操作包括数据插入、删除和修改 3 种操作。例如，插入元组的代码如下：

```
//1.向学生表插入 3 个元组
INSERT INTO 学生 VALUES
('202312341101','王娟','女',#2005-1-30#,'01'),
('202212561105','刘硕','男',#2004-1-15#,'02'),
('202132341210','周鹏','男',#2003-5-06#,'03');
//2.向课程表课程插入 4 个元组
INSERT INTO 课程 VALUES
('1201','计算机基础',2),
('3452','高等数学' ,5),
('1302','体育（一）',2),
('2561','英语（A）',2);
//3.向成绩表插入 4 个元组
```

```
INSERT INTO 成绩 VALUES
('202312341101', '1201',89),
('202312341101', '3452',85),
('202212561105', '1302',59),
('202212561105', '2561',80);
```

上述代码用 INSERT INTO…VALUES…语句完成了向 3 张基本表中插入元组（数据）的功能。插入需要给出表名以及新元组的各属性值。表名放在 INTO 子句中，而各元组的数据内容放在 VALUES 子句中，各值的数据类型必须与创建表时的数据类型一致。运行上述代码后，学生表、课程表和成绩表中的内容分别见表 6-1、表 6-5 和表 6-6。

修改操作也称为更新操作，用 UPDATE 语句可以修改表中满足某些条件的那些元组中的部分属性值，将新的属性值放在 SET 子句中，而需要满足的条件放在 WHERE 子句中。例如，将 58～59 分之间的成绩增加 2 分，则执行下面的代码：

```
//为 58～59 分之间的成绩增加 2 分
UPDATE 成绩  SET 成绩=成绩+2  WHERE 成绩 BETWEEN 58 AND 59;
```

DELETE 语句可以从指定表中删除满足 WHERE 子句中的条件的所有元组。例如，删除成绩表中课程号为 1302 的所有元组，执行下面代码：

```
//删除课程号为 1302 的所有元组
DELETE  FROM 成绩  WHERE 课程号='1302';
```

3. 数据查询

数据查询是数据库的核心操作，它是关系运算理论在 SQL 中的具体实现。SQL 提供了 SELECT 语句进行数据查询，从 FROM 子句指定的基本表、视图或派生表中找到满足 WHERE 子句中所指定条件的元组，再按 SELECT 子句中的目标属性列选出元组中的相应属性值，从而形成结果表。

```
//1.查询所有女生的学号、姓名和性别信息
SELECT 学号,姓名,性别  FROM 学生  WHERE 性别='女';
//2.查询王娟所选的所有课程的课程名，成绩
SELECT 学生.姓名,课程.课程名,成绩.成绩  FROM 学生,课程,成绩  WHERE 学生.姓名='王娟'
AND 学生.学号=成绩.学号 AND 课程.课程号=成绩.课程号;
```

SELECT 语句既可以完成简单的单表查询，也可以完成复杂的连接查询和嵌套查询。第 1 条语句完成了单表内的简单条件查询；而第 2 条语句的查询涉及学生表、课程表和成绩表 3 个表的数据，称为连接查询。

4. 授权

前面曾介绍，数据库中存放大量数据，并且为多个用户直接共享使用，存在安全性问题，需要进行安全性保护。SQL 中使用 GRANT 语句和 REVOKE 语句向用户授予或收回对数据的操作权限。

GRANT 语句向用户授予权限。例如，学期末，把查询和修改成绩表中的成绩的权限授予教师用户 TEACHER，代码如下：

```
GRANT UPDATE(成绩),SELECT ON TABLE 成绩 TO TEACHER;
```

REVOKE 语句收回已授权用户的权限。例如，成绩登录结束后，把教师用户 TEACHER 修改成绩表中的成绩的权限收回，代码如下：

```
REVOKE UPDATE(成绩) ON TABLE 成绩 FROM TEACHER;
```

SQL 还可以嵌入程序设计语言中使用，如 C、C++、Java 等，这些语言称为主语言。在主语言

中使用的 SQL 结构称为嵌入式 SQL。由于篇幅有限，在此不再深入介绍。

6.6　数据库设计

数据库设计[①]（database design）是指对于一个给定的应用环境，设计优化的数据库逻辑模式和物理结构，并据此建立数据库及其应用系统，使之能够有效地存储和管理数据，满足各种用户的应用需求，包括信息管理要求和数据操作要求。信息管理要求是指数据库中应该有哪些数据对象及其结构；而数据操作要求是指对数据对象进行哪些操作，如查询、插入、删除、修改等。简单地说，数据库设计是指数据库及其应用系统的设计。

数据库的设计和开发是指数据库应用系统从设计、实施到运行和维护的全过程，也属于一个软件系统的设计开发过程，所以，与一般的软件系统的设计、开发、运行和维护有许多类似之处，另外也有其自身的特点。仿照软件生存期的概念，数据库系统的生存期划分为以下几个阶段：需求分析阶段、概念结构设计阶段、逻辑结构设计阶段、物理结构设计阶段、数据库实施阶段、数据库运行和维护阶段。

本节以基于关系数据库管理系统的关系数据库的设计为例，讨论数据库设计（即前 4 个阶段）的设计内容、设计方法和工具等。

6.6.1　需求分析

数据库设计的目的是为各类用户和应用系统提供满足需要、性能良好的数据库。所以，设计数据库必须先准确了解并分析用户需要，这是整个设计的起点，需求分析结果是否能准确反映用户的实际需求直接影响到后续各阶段的设计，进而影响到整个数据库设计的可用性和合理性。

需求分析的主要任务包括：

① 数据结构分析：分析各种数据的结构，主要是指用户方的业务数据。
② 数据定义分析：针对需求，确定需要定义哪些数据库主要内容。
③ 数据操纵分析：确定用户的哪些数据需要增删查改（数据完整性控制）。
④ 数据安全分析：　哪些数据可以被哪些角色用户操作、数据加密存储等。
⑤ 数据完整性分析：数据的约束、数据之间、用户表关系之间的约束等。
⑥ 并发处理分析：分析数据并发处理的需求和可能性。

调查用户需求后，还需要进一步分析和表达用户的需求。常用的分析方法是结构化分析方法（structured analysis, SA），这是一种简单实用的方法，从最上层的系统组织架构开始，采用自顶向下、逐层分解的方式分析系统。用数据流图表达数据的流向和对数据进行的处理，用数据字典对系统中的数据进行详细描述，给出各类数据属性的清单。

对数据库设计来讲，数据字典（data dictionary, DD）是进行详细的数据收集和数据分析所获得主要结果的手段。数据字典是各类数据描述的集合，即元数据，而不是数据本身。它通常包括以下 5 部分：

① 数据项：不可再分的最小数据单位。
② 数据结构：反映数据之间的组合关系，可以由若干数据项和数据结构组成。
③ 数据流：数据结构在数据库系统中传输的路径。
④ 数据存储：数据结构停留或保存的地方，也是数据流的来源和去向之一，可以是手工文

---

① 王珊，萨师煊.数据库系统概论[M]. 5 版. 北京：高等教育出版社，2014.

档、手工凭证或计算机文档。

⑤ 处理过程：描述处理过程的具体处理逻辑。

数据字典在需求分析阶段建立，在数据库设计过程中不断修改、充实、完善。

分析和表达用户需求后，需求分析报告需要提交给用户确认。

6.6.2 概念结构设计

概念结构设计就是将需求分析得到的用户需求抽象为概念模型的过程，是整个数据库设计的关键。

概念结构设计阶段，首先要对需求分析阶段收集到的数据进行分类，确定实体及其属性、实体间的联系，形成局部 E-R 图，然后将它们综合集成，得到全局 E-R 图。

实体和属性是相对而言的，在给定应用环境中，属性必须是不可分割的最小数据项，不能与其他实体有联系，联系只存在于实体之间。例如，某学校教务管理系统中，学生是一个实体，其属性有学号、姓名、性别、出生日期、班级、入学时间、某门课程的成绩，而课程本身可能还需要其他描述信息，如学分、先修课等，所以课程可以作为一个实体考虑，如图 6-9 所示。

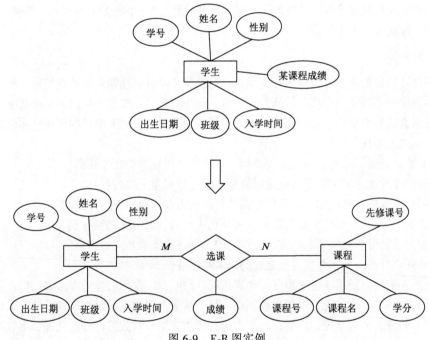

图 6-9　E-R 图实例

在 E-R 图的综合集成过程中，主要是合并各局部 E-R 图，并消除不必要的冗余。

合并局部 E-R 图并不是简单地将它们组合在一起，而是必须消除各局部 E-R 图中的冲突。各局部 E-R 图之间的冲突主要有 3 类：命名冲突、属性冲突和结构冲突。

命名冲突有同名异义和同义异名（一义多名）两种。例如，对学生实体的属性"入学时间"和"何时入学"属于同义异名。

属性冲突有属性域冲突和属性取值单位冲突两种。例如，学生实体的属性"学号"，在某个局部 E-R 图中为文本型，而在另一个局部 E-R 图中为整数，这属于属性域冲突。相同的属性采用不同度量单位，如身高，有的以 cm 为单位，有的以 m 为单位，这属于属性取值单位冲突。

结构冲突如同一个对象在某子系统中当作实体，而在另一个子系统中则被当作属性或联系。

合并后生成的初步 E-R 图中可能存在冗余数据和实体间的冗余联系。冗余数据指可由其他数据导出的数据；冗余联系指可由其他联系导出的联系。冗余数据和冗余联系会破坏数据库的完整性，增加数据库维护的困难，应该消除。例如，学生实体中的入学时间可以由学号推算出来，属于冗余数据。

但并非所有的冗余都必须消除，访问频率高的冗余数据应适当保留，同时加强数据完整性约束。消除冗余后可得到基本的 E-R 图。

6.6.3　逻辑结构设计

逻辑结构设计的任务就是把概念结构设计阶段设计好的基本 E-R 图转换为与选用数据库管理系统产品所支持的数据模型相符合的逻辑结构。目前的数据库应用系统都采用支持关系模型的关系数据库管理系统，所以这里介绍 E-R 图向关系模型的转换。

1. 从 E-R 图向关系模式转换

E-R 图由实体、属性和联系组成。E-R 图向关系模型的转换就是将实体、属性和联系转换为关系模式，原则如下：

（1）实体转换为关系模型

关系模型可直接表示实体，实体的名称就是关系的名称，实体的属性就是关系的属性，实体的主键就是关系的主键。

（2）联系转换为关系模型

① 一对一联系的转换：若实体间的联系是 1∶1，则可以与任意一端对应的关系模式合并。在被合并的关系中增加联系本身的属性和与联系相关的另一端实体对应关系的主键，被合并关系的主键保持不变。

例如，图 6-10 中 E-R 图的实体有：教师、班级；教师和班级的联系为：负责（教师号，班级名），是 1∶1 联系。如果将负责联系转换合并到教师端实体，则合并关系模式：

教师 (<u>教师号</u>,姓名,性别,班级号)
班级 (<u>班级号</u>, 班级名,专业,人数)

或者，将负责联系转换合并到班级端实体，则合并关系模式：

教师 (<u>教师号</u>,姓名,性别)
班级 (<u>班级号</u>, 班级名,专业,人数,教师号)

② 一对多联系的转换：若实体间的联系是 1∶N，则可以与 N 端对应的关系模式合并。在 N 端实体类型转换成的关系模式中，加入"1"端实体类型的主键和联系类型的属性，N 端实体对应关系的主键保持不变。

例如，图 6-11 中 E-R 图的实体有：班级、学生；班级和学生之间的联系为：包含（班级名，学号，班内职务），是 1∶N 联系。按一对多联系的转换原则，将包含联系转换合并到 N 端的学生实体，则转换为两个关系模式为：

学生 (<u>学号</u>,姓名,性别,班级号,班内职务)
班级 (<u>班级号</u>, 班级名,专业,人数)

③ 多对多联系的转换：若实体间的联系是 M∶N，则可以把联系类型也转换成关系模式。与该联系相连的各实体的主键以及联系本身的属性均转换为该关系的属性，各实体的主键组成该关系的主键或该关系主键的一部分。

例如，图 6-9 中 E-R 图的实体有：学生和课程，联系为：选课（学号，课程号，成绩），是 M：N 联系。按多对多联系的转换原则，可以转换成 3 个关系模式：

学生（<u>学号</u>,姓名,性别,出生日期,班级,入学时间）
课程（<u>课程号</u>,课程名,学分,先修课号）
选课（<u>学号,课程号</u>,成绩）

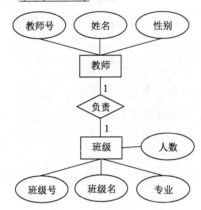

图 6-10　E-R 图的 1：1 联系

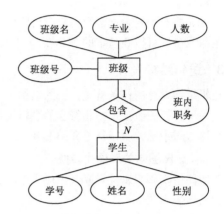

图 6-11　E-R 图的 1：N 联系

2. 数据模型的优化

数据库逻辑结构设计的结果并不一定是最优解，也不一定是唯一的。可能会存在数据修改异常、数据冗余等现象，需要进一步进行数据模型优化，以最大限度地提高数据库应用系统的性能。下面以关系数据模型为例，说明关系数据模型的优化过程。

关系数据模型的优化以规范化理论作为指导。

满足一定条件的关系模式称为范式（normal form, NF）。根据满足规范条件的不同，可分为第一范式（1NF）、第二范式（2NF）、第三范式（3NF）、BC 范式（BCNF）、第四范式（4NF）和第五范式（5NF）。常用的是前 3 种范式，级别越高，满足的要求越高。一个低一级范式的关系模式通过模式分解可以转换为若干个高一级范式的关系模式的集合，这种过程就称为规范化。

进行规范化的依据是关系属性之间的函数依赖。函数依赖就是一个属性集依赖于其他的属性集，或者一个属性集决定其他的属性集。属性集 Y 依赖于属性集 X，记为 $X \rightarrow Y$。

（1）第一范式（1NF）

如果关系模式中的每个属性都是不可再分的最小数据项（称为原子属性），就称为满足第一范式。

本质上所有关系都满足第一范式。例如，学生（<u>学号</u>,姓名,出生日期,班级,班级导师,课程号,课程名,成绩）满足第一范式。

（2）第二范式（2NF）

如果关系模式 R 为第一范式，且 R 中每个非主属性完全函数依赖于 R 的某个候选键，则称其满足第二范式。任何满足第二范式的关系一定满足第一范式。

例如，学生（<u>学号</u>,姓名,出生日期,班级,班级导师,课程号,课程名,成绩）中，学号为主键，主键中包含的所有属性为主属性。学号→姓名，学号→出生日期，但有课程号→课程名等，即存在非主属性（课程名）不完全函数依赖于主键（学号）的情况，则可以进行以下分解规范化到 2NF：

学生（<u>学号</u>,姓名,出生日期,班级,班级导师）
课程（<u>课程号</u>,课程名）
选课（<u>学号,课程号</u>,成绩）

（3）第三范式（3NF）

如果满足 2NF 的关系模式 R 中，不存在非主属性对主键的传递函数依赖，则称满足第三范式。

如上述学生（学号,姓名,出生日期,班级,班级导师）中，学号→班级，而班级→班级导师，即班级导师传递函数依赖于学号，则可以进一步分解规范化到 3NF：

学生（学号,姓名,出生日期,班级）

班级（班级，班级导师）

满足 3NF 要求的数据库设计，基本上解决了数据冗余过大、插入异常、修改异常、删除异常的问题。

关系模式进行规范化的原则是：遵从"一事一地"原则，即一个关系模式只描述一个实体或实体间的一种联系。规范化的实质就是概念的单一化。

3．设计用户子模式

将概念模型转换为全局逻辑模型后，还应该根据局部应用需求，结合具体关系数据库管理系统（RDBMS）的特点设计用户的外模式。目前 RDBMS 一般都提供了视图概念，可以利用这一功能设计更符合局部用户需要的外模式。

6.6.4　物理结构设计

对给定的逻辑数据模型选取最适合于应用要求的物理结构的过程，称为物理结构设计。其主要目标是确定数据库在物理设备上的存储结构和存取方法，并对其进行评价，以提高数据库访问速度及有效利用存储空间。显然，物理结构设计是依赖于给定的硬件环境和数据库产品，在此不再详述。

6.7　数据库新技术

党的二十大报告中指出："推动战略性新兴产业融合集群发展，构建新一代信息技术、人工智能、生物技术、新能源、新材料、高端装备、绿色环保等一批新的增长引擎"。在信息时代，具有海量的需要处理的信息，信息的种类也千变万化，要求处理信息数据的技术必须飞速发展。相关的数据库技术从理论研究到原型开发与技术攻关，再到应用，形成了良好循环，成为计算机领域的成功典范，新数据库研究日新月异。数据模型丰富多样；数据库技术与其他计算机技术相结合，新技术内容层出不穷；数据库技术广泛应用到各类特定领域中，使数据库领域的应用范围不断扩大。

6.7.1　新数据库系统

1．分布式数据库

分布式数据库系统是在集中式数据库系统的基础上发展起来的，是计算机技术和网络技术相结合的产物。分布式数据库系统与集中式数据库系统相比具有可扩展性，通过增加适当的数据冗余，提高系统的可靠性。

在集中式数据库中，尽量减少冗余度是系统的主要目标。因为冗余数据除了会浪费存储空间外，还容易造成各副本之间的不一致性。而为了保证数据的一致性，系统要付出一定的维护代价。在分布式数据库中却希望增加冗余数据，在不同的场地存储同一数据的多个副本，其原因有两点：一是可以提高系统的可靠性和可用性。当某一场地出现故障时，系统可以对另一场地上的相同副本进行操作，不会因此造成整个系统瘫痪；二是可以提高系统性能。根据距离选择离用户最近的数据副本进行操作，减少通信代价，改善整体系统性能。

分布式数据库的主要特点有 3 个：

① 独立透明性：用户不必关心数据的逻辑分区，以及数据物理位置分布的细节。

② 复制透明性：用户不必关心数据库在网络中各个结点的复制情况，被复制的数据的更新都由系统自动完成。在分布式数据库系统中，可以把一个场地的数据复制到其他场地存放，应用程序可以使用复制到本地的数据在本地完成分布式操作，避免通过网络传输数据，提高了系统运行效率。

③ 易于扩展性：在目前的网络环境中，单个数据库服务器基本不能满足用户需求。分布式数据库可以通过水平扩展，增加多个服务器，实现进一步分布数据和分担处理任务。

从数据模型角度可以将分布式数据库分为关系型和非关系型两类，分布式关系型数据库按照使用场景又可以分为面向事务和面向分析两类。

随着社会发展与产业升级对数据规模提出了更高要求，分布式数据库的优势逐步凸显。国家工业信息安全发展研究中心发布的国家工业信息安全发展研究中心、中国电子学会、北京国家金融科技认证中心等共同编制的《分布式数据库发展趋势研究报告》指出，传统集中式数据库面对数据量高速增长时难以维持性能，数据分析能力缺失，扩展容量成本较高；而分布式数据库具有透明性、数据冗余性、易于扩展性等特点，还具备高可靠、高可用、低成本等方面的优势，在各行业数据量都在不断膨胀的今天，更能够突破传统数据库的瓶颈。

近年来，国产分布式数据库快速发展，在各行业核心业务场景均有部署，影响力不断提升。2023 年 10 月，蚂蚁集团推出的分布式数据库 OceanBase 在"墨天轮国产数据库流行度排行"中稳居第一，成为国产分布式数据库受市场广泛接受和认可的鲜明写照。除了 OceanBase，PingCAP 公司推出的 TiDB、武汉达梦推出的 DMDPC 等国产数据库产品受认可度也在不断提升。

2. 面向对象数据库

面向对象数据库是一种新型的数据库类型，它以面向对象编程的思想为基础，将数据表示为对象，并通过对象之间的关系来表达数据间的联系。

面向对象数据库将数据存储为对象，而不是关系型数据库中的表格。在面向对象数据库中，一个对象可以包含多个属性和方法，并且可以通过继承、封装等机制进行组织和管理。面向对象数据库也支持对数据的查询、排序、过滤等操作，可以使用各种编程语言进行交互。

在面向对象数据库中，对象是数据的基本单位，每个对象都有一个唯一的标识符。对象的属性是其状态信息，具有多种数据类型，包括整数、字符串、日期、布尔值等。对象的方法是其行为信息，用于描述对象的操作和处理过程。

面向对象数据库具有数据模型灵活、数据操作简便等优点，被广泛应用于企业级应用、互联网应用和嵌入式系统等领域。

3. 空间数据库

空间数据库是一种专门用于存储和管理地理空间数据的数据库。地理空间数据包括地图、卫星图像、气象数据、遥感数据等，这些数据通常与地理位置、空间关系和地球坐标系相关。

空间数据库能够存储和管理大量的地理空间数据，并提供高效的数据查询和分析功能。它可以帮助用户在地图上标注位置、搜索地点、测量距离、计算面积、绘制路径等操作。

空间数据库与普通数据库最主要的区别在于其能够存储和处理空间数据。相比于普通数据库，空间数据库提供了更多的空间数据类型和功能，可以更方便地进行空间数据的存储、查询和分析。

空间数据库提供了多种空间数据类型，如点、线、面、多边形等，可以直接存储和操作空间数据。而普通数据库只支持基本的数据类型，如整型、字符串等，无法直接存储和操作空间数据。

空间数据库提供了丰富的空间分析功能，如缓冲区分析、叠加分析、距离计算等，可以方便地进行空间数据的处理和分析。而 MySQL 普通数据库不支持空间分析功能。

空间数据库可以处理大规模的空间数据，如卫星遥感数据、全球地形数据等。而 MySQL 等普通数据库在处理大规模数据时会出现性能问题。

空间数据库在地理信息系统（GIS）、地理空间分析、城市规划、环境保护等领域具有广泛的应用。

新型数据库除了以上 3 种，还有专家数据库、多媒体数据库、工程数据库等新型数据库技术，有兴趣的读者可以自行了解和学习。

6.7.2　大数据处理技术

对于大数据（big data），研究机构 Gartner 给出了这样的定义：大数据是需要新处理模式才能具有更强的决策力、洞察发现力和流程优化能力来适应海量、高增长率和多样化的信息资产。

过去 10 年，数据规模呈指数级增长，数据处理的时效性问题成为大数据处理系统面临的核心问题。同时数据应用蓬勃发展，数据深度价值挖掘、数据实时处理等新型处理需求进一步提高了数据处理复杂度，大规模数据处理系统中数据动态倾斜、稀疏关联、超大容量等特征给系统带来资源效率低、时空开销大、扩展困难等严重问题。作为大数据领域典型关联关系的图数据，由于其不规则数据访问、计算-访存比小、依赖关系复杂等特点，给现有大数据处理架构带来了并行流水执行效率低、访存局部性低、内外存通道利用率低和锁同步开销大等技术挑战。[1]

大数据可以应用在许多领域，如商业、医疗、金融等。以商业领域为例，大数据的价值体现在以下几方面：

① 对大量消费者提供产品或服务的企业可以利用大数据进行精准营销。

② 做小而美模式的中小微企业可以利用大数据做服务转型。

③ 面临互联网压力之下必须转型的传统企业需要与时俱进充分利用大数据的价值。

小　　结

数据库技术是现代信息技术的重要组成部分，是计算机数据处理的核心。利用数据库技术，能够对数据进行统一的组织和管理，能够按照指定的数据结构建立相应的数据库，能够对数据库中的数据进行处理、分析和使用，能让数据做到更好地共享。数据库技术已经深入到各行各业中。

本章介绍了数据库技术的基础知识、数据模型、关系数据库、SQL 语言、数据库设计方法和数据库新技术等相关内容，为进一步深入学习数据库技术打下了基础。

习　　题

一、综合题

1. 简述数据管理技术的发展过程。

---

① 梅宏, 杜小勇, 金海, 等. 大数据技术前瞻[J]. 大数据, 2023, 9(1): 1–20.

2. 常用的逻辑数据模型有哪些？

3. 关系运算有哪些？

4. 简述关系模型的完整性规则。

5. 简述数据库设计过程。

二、网上练习

1. 通过网络搜索嵌入式 SQL 的使用。

2. 通过网络搜索数据库新技术。

第 7 章 ┃ 计算机网络基础

　　网络的诞生和发展推动了社会的进步，改变了人们的工作、生活方式，使人们可以不受时空限制地进行工作、学习、交流和娱乐。网络已经成为现代信息社会的重要基础，对社会生活的很多方面以及社会经济的发展都产生了不可估量的影响。二十大报告中指出："强化经济、重大基础设施、金融、网络、数据、生物、资源、核、太空、海洋等安全保障体系建设"。

　　本章主要介绍计算机网络的发展、基本概念及网络组建，具体包括计算机网络的形成与发展、定义、组成、功能、分类，网络通信、网络工作模式、网络硬件、网络软件、网络协议和体系结构等基础知识。

7.1　计算机网络概述

　　当今社会主要有三大网络：电信网络、有线电视网络和计算机网络，它们向用户提供的服务不同。电信网络主要提供电话和传真服务；有线电视网络主要提供各种电视节目；而计算机网络则可以为用户传送数据文件，提供各种资料和数据。这 3 种网络在信息社会中都有非常重要的作用，但其中起核心作用、发展最快的是计算机网络。

7.1.1　计算机网络的产生与发展

　　计算机网络始于 20 世纪 50 年代，其发展经历了一个从简单到复杂，从低级到高级的过程，大致可分为 4 个阶段。

1. 以数据通信为主的第一代计算机网络

　　1954 年，美国军方的半自动地面防空系统将远距离的雷达和测控仪器所探测到的信息，通过通信线路汇集到某个基地的一台 IBM 计算机上进行信息集中处理，再将处理好的数据通过通信线路送回各自的终端设备。终端是一台简单的计算机，简单到不具有独立处理数据的能力，只提供输入和输出的功能。这类简单的"终端—通信线路—计算机"系统除了一台中心计算机外，其余的终端设备都没有自主处理的功能。这种以单个计算机为中心和控制者，面向终端的网络结构，严格地讲，是一种联机系统，是计算机网络的雏形，一般称为第一代计算机网络，如图 7-1 所示。前端处理机（FEP）或通信控制器（CCU）专门负责通信控制，这样可以减轻主机负担，使其专注于数据处理。

2. 以资源共享为主的第二代计算机网络

　　20 世纪 60 年代中期，出现了将若干台计算机互联起来，进行计算机之间的通信和资源共享的系统，这是真正意义上的计算机网络。最具代表性的是美国国防部高级研究计划署（advanced research projects agency, ARPA）协助开发的 ARPANet 网。ARPANet 网的建成标志着计算机网络的发展进入了第二代，该网络也是 Internet 的前身。第二代计算机网络以分组交换网为中心，与第一代计算机网络相比，第二代计算机网络中通信双方都是具有自主处理能力的计算机，而不是终端机；而且第二代计算机网络不再以数据通信为主，而是以资源共享为主。

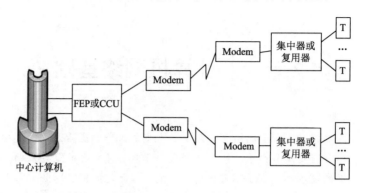

图 7-1　面向终端的计算机网络

3．体系结构标准化的第三代计算机网络

到了 20 世纪 70 年代，不少公司推出了自己的计算机网络的实现标准——网络体系结构。最著名的有 IBM 公司的 SNA（system network architecture）和 DEC 公司的 DNA（digital network architecture）。不同的体系结构出现后，使用同一个公司生产的网络产品可以容易地互联成网。但是不同公司的产品进行互联就比较困难，因为它们基于的体系结构不同。所以，国际标准化组织（ISO）在 1977 年设立了一个分委员会，专门研究这个问题。1983 年，该委员会提出了著名的开放系统互连参考模型（open systems interconnection reference，OSI），给网络的发展提供了一个可共同遵守的规则。OSI 是开放的，并非某一公司独家垄断的。因此，只要遵循 OSI 标准，一个系统就可以和世界上任何地方、也遵循这一标准的其他任何系统进行通信。从此，计算机网络的发展走上了标准化的道路。OSI 取得了一些理论的研究成果，但在市场化方面却失败了。现在规模最大的、覆盖全球的因特网使用的是 TCP/IP 标准，并非 OSI 标准。TCP/IP 常被称为事实上的工业标准。体系结构的标准化为网络互联和高速发展奠定了基础。

4．以 Internet 为核心的第四代计算机网络

进入 20 世纪 90 年代，Internet 将分散在世界各地的计算机和网络连接起来，形成了覆盖全球的大网络。随着信息高速公路计划的提出和实施，Internet 迅猛发展起来，网速成倍提升，将世界带入了以网络为核心的信息时代。通过网络传输多媒体信息，并且能进行各种电子商务活动。计算机网络已经成为人们日常生活、学习、娱乐不可或缺的部分。该阶段计算机网络发展的特点为高速互联、智能及更广泛的应用。

7.1.2　未来的计算机网络

计算机网络的发展与计算机技术和通信技术的进步密切相关。未来计算机网络的发展方向是 IP 技术+光网络。从网络的服务层面上看，将是一个 IP 的世界，通信网络、计算机网络和有线电视网络将通过 IP 三网合一；从传送层面上看，将是一个光的世界；从接入层面上看，将是一个有线和无线的多元化世界。

1．三网合一

随着技术的不断发展、新旧业务的不断融合，目前广泛使用的电信网络、计算机网络和有线电视网络正逐渐向单一的统一 IP 网络发展，即所谓的三网合一。

IP 网络可将数据、语音、图像、视频均封装到 IP 数据包，通过分组交换和路由技术，采用 IP 地址全球性寻址，使各种网络无缝连接。IP 协议将成为各种网络、各种业务的"共享语音"。三网合一形成统一的 IP 网络，会大幅节约开支、简化管理、方便用户。三网合一是网络发展的一个最重要的趋势。

2. 光通信技术

随着光纤、各种光复用技术和光网络协议的发展，光传输系统的速度已从 Mbit/s 级发展到 Tbit/s 级，提高了近 10 万倍。光通信技术主要有两个发展方向：一是主干光传输向高速率、大容量的光传送网发展，最终实现全光网络。全光网络是指光信息流在网络中的传输及交换始终以光的形式实现，不再需要经过光/电、电/光转换。全光网络可以极大地加快数据传输的速度。二是接入向低成本、综合接入、宽带化光纤接入网发展，最终实现光纤到户和光纤到桌面。

3. IPv6 协议

TCP/IP 协议族是互联网的基石之一。目前广泛使用的 IP 协议的版本为 IPv4，其地址位数为 32 位，即理论上约有 43 亿（2^{32}）个地址可使用。随着网络的发展和用户数量的增多，IPv4 的问题逐渐显露出来，主要有地址资源不够用、路由表急剧膨胀、网络安全架构危机和多媒体应用的支持不够等。最后的 IPv4 地址已于 2019 年 11 月 25 日完全耗尽。

IPv6 作为下一代的 IP 协议，采用了 128 位地址长度，即理论上约有 2^{128} 个地址，几乎可以不受限制地提供地址。而且相比 IPv4，IPv6 更安全提供了诸如自动加密功能、源地址认证技术等。

4. 宽带接入技术与移动通信技术

用户要连接到互联网，必须先连接到某个 ISP（因特网服务提供商），以便获得上网所需的 IP 地址。在因特网发展的初期，用户都是通过电话线连接到 ISP，通过电话线接入 ISP 的网速最高只能达到 56 kbit/s。为了提高用户上网速度，又出现了很多宽带接入技术，可更高速率地接入因特网。目前没有统一标准规定宽带的带宽应达到多少，但依据网络多媒体数据流量考虑，一般把传输速率超过 1 Mbit/s 的接入称为宽带接入。

移动通信是指通信双方有一方或两方处于运动中的通信。移动通信经过第一代（1G）、第二代（2G）、第三代（3G）、第四代技术（4G）的发展，目前，已经迈入了第五代——5G 移动通信技术发展的时代。

现在，光纤到小区、到楼、到户为主的宽带接入技术和 4G 及 5G 移动通信系统技术的广泛应用，使得不同的网络无缝衔接，可以为用户提供更满意的上网体验。

7.1.3　计算机网络的定义和功能

计算机网络是计算机技术与通信技术紧密结合的产物，关于它的定义迄今并没有形成统一。比较简单合理、常用的定义是：计算机网络把若干台地理位置不同，且具有独立功能的多台计算机，借助于通信线路和通信设备连接在一起；在通信软件的支持下，实现计算机之间的通信和资源共享。图 7-2 所示为一个具有三台计算机的简单计算机网络。其中连接各计算机的节点一般是集线器或交换机。

网络和网络还可以通过路由器相互连接起来，构成一个覆盖范围更大的网络，即互联网，如图 7-3 所示。而因特网就是世界上最大的互联网。有时会把路由器、计算机、交换机等节点省略，用很多朵相互重叠的云表示互相连接的网络。

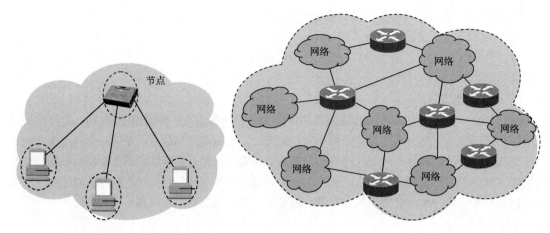

图 7-2　简单的计算机网络　　　　　　图 7-3　网络和网络的互联

联网最重要的目的就是为了能够进行快速的通信和方便的资源共享，除此之外，还有一些其他的优点。归纳起来，计算机网络提供的功能主要有以下几个：

1. 通信

计算机网络通过提供电子邮件、网络聊天软件、远程登录、网页浏览等功能，使上网用户之间可以收发文字、图像、声音、视频等信息，实现不同地域的计算机之间的通信和数据传输。数据通信是计算机网络的基本功能之一。

2. 资源共享

资源共享是组建计算机网络的驱动力之一。资源共享可以是硬件共享、软件共享和信息共享，它使得凡是在网络上的用户均能享受网络中各个计算机系统的全部或部分计算机资源，而不受地理位置的限制。共享硬件资源可以避免贵重硬件设备的重复购置，提高硬件设备的利用率；共享软件资源可以避免软件开发的重复劳动与大型软件的重复购置，进而实现分布式计算的目标；共享数据资源可以促进人们相互交流，达到充分利用信息资源的目的。

3. 提高计算机系统的可靠性

可靠性对于军事、金融和工业过程控制等部门的应用极为重要。计算机通过网络中的冗余部件，或者借助虚拟化技术可大大提高可靠性。例如，网络中的每台计算机都可以通过网络相互成为后备机，一旦某台计算机出现故障，它的任务就可以由其他计算机代为完成。网络中的一条通信线路出了故障，可以取道另一条线路，从而提高了网络系统的整体可靠性。同样，当网络中某台计算机负担过重时，网络又可以将新的任务交给较为空闲的计算机完成，均衡负载，从而提高每台计算机的可用性。

4. 分布式处理

对于综合性的大型科学计算、商业和金融数据计算、社会数据计算、城市大脑数据计算和信息处理等，可以采用一定的算法，将任务分给网络中不同的计算机处理，以达到均衡使用网络资源，实现数据或任务的分布式处理的目的。由此，用户可以根据需要合理选择网络资源，就近快速地进行处理。

7.1.4　计算机网络的组成

计算机网络是计算机应用的一种高级形式，由硬件、软件和网络中的数据资源组成。

1. 硬件

从硬件上讲，计算机网络由终端设备、通信链路和网络互联设备组成。

① 终端设备：一般指计算机（大型计算机或微机），主要担负数据处理工作，其任务是进行信息的采集、存储和加工。但是，随着家用电器的智能化以及物联网的发展，打印机、大型存储设备、手机、电视机、报警设备等都可以接入网络，也都属于网络终端设备。

② 通信链路：用于连接两个节点之间的通信信道，可以是有线的，如双绞线、光缆、同轴电缆；也可以是无线的，如红外线、微波、卫星等。

③ 网络互联设备：将网络或网络中的设备相互连接起来还需要使用一些中间设备，如网卡、调制解调器、路由器、交换机、中继器等。

通信链路和网络互联设备将在 7.3 节详细介绍。

2. 软件

网络软件包括网络协议、网络操作系统和应用软件等。

① 网络协议：协议是网络终端设备之间进行通信时必须遵守的一套规则和约定。发送的信息要遵守该规则，收到的信息要按照规则或约定进行理解。目前，互联网广泛使用的网络协议是TCP/IP 协议族，包含了网络互联所需要的 100 多个协议。

② 网络操作系统：网络用户与计算机网络之间的接口，是计算机网络中管理一台或多台主机的软硬件资源、支持网络通信、提供网络服务的程序集合。

③ 网络应用软件：用户为了更好地使用网络，需要在自己的网络终端设备（如计算机）上安装相应的网络应用软件，以实现相应的功能，如 QQ、浏览器等。

7.1.5　计算机网络的分类

根据不同的分类标准，计算机网络可以分为不同的类型。下面介绍几种常见的计算机网络分类方式。

1. 按网络覆盖范围分类

这是最常见的一种分类方法。按网络覆盖范围的大小，可以将计算机网络分为广域网、城域网、局域网和个人区域网 4 种。

① 广域网（wide area network, WAN）：覆盖范围广阔，跨接很大的地理范围，通常为几十到几千千米，如一个城市、一个地区或国家，有时也称为远程网。广域网是因特网的核心部分，连接广域网各节点的链路一般多是高速链路，具有比较大的通信容量。广域网提供的资源丰富，可以实现远程计算机通信，更能发挥计算机网络的优势。

② 城域网 MAN（metropolitan area network）：覆盖范围从几千米到几十千米不等，一般是在一个城市范围之内。通过城域网可将位于同一城市内不同地点的主机、数据库及局域网等互相连接起来。城域网通常使用与局域网相似的技术，所以城域网也经常并入局域网的范围讨论。

③ 局域网（local area network, LAN）：一般为一个单位所拥有，且地理位置和站点数目均有限。例如，一个房间内的所有主机、一栋楼里的所有主机都可以是一个局域网。在局域网发展的早期，一个单位往往只拥有一个局域网，但现在一个单位，如学校或企业往往拥有很多个互联的局域网，一般把这种网络称为校园网或企业网。局域网一般不对外提供公共服务，其特点是组建和管理方便，结构灵活、成本低廉、运行可靠、传输速度快，安全保密性好等。

④ 个人区域网（personal area network, PAN）：就是在个人工作的地方将属于个人使用的电子设备（如手机、IPAD）用无线技术连接起来的网络，也常称为无线个人区域网（WPAN），范围大

约在 10 m 左右。像蓝牙系统就是常用的个人区域网。

2．按网络拓扑结构分类

把网络中的计算机等设备简化成点，通信媒体抽象成线，这样就形成了由点和线组成的几何图形，这个几何图形就称为网络的拓扑结构。按照拓扑结构来划分，计算机网络可分为总线结构、环状结构、星状结构、树状结构和分布式结构 5 种。图 7-4 和图 7-5 所示为几种典型的网络连接示意图和对应的拓扑结构图。根据网络拓扑结构图，可以从图论的角度来探讨每种网络的优缺点。

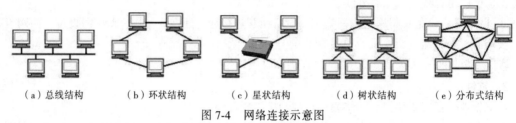

（a）总线结构　　（b）环状结构　　（c）星状结构　　（d）树状结构　　（e）分布式结构

图 7-4　网络连接示意图

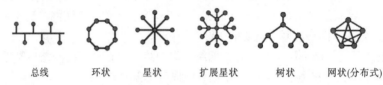

总线　　　环状　　　星状　　　扩展星状　　　树状　　　网状(分布式)

图 7-5　对应的网络拓扑结构图

① 总线结构：所有站点通过专门的连接器连接到称为总线（线路或电缆）的公共信道上，总线是一条开环、无源的双绞线或同轴电缆。任何一台主机发送的信号都沿着总线向两个方向扩散或广播，并且总能被总线上的其他所有主机接收。总线网络也称为广播网。

总线结构的优点：结构简单，布线容易，增减设备方便，可靠性高，常用于局域网。缺点是：故障检测和隔离较困难，总线负载能力较低。另外，一旦线缆中出现断路，就会使主机之间造成分离，使整个网段通信终止。传统的以太网就是总线结构（现在所用的局域网绝大部分都是以太网）。

② 环状结构：所有站点首尾相连形成一个单一封闭环。在环状结构中，信息在环路中按某一方向传输，依次通过每台主机。各主机识别信息中的目的地址，如果与本地地址相符，则信息被接收下来，否则转发到下一个站点。信息环绕一周后由发送主机将其从环上删除。

环状结构的优点：容易安装和监控，传输控制机制简单，传输最大延迟时间是固定的，实时性强。缺点：网络中任何节点或线路的故障都会影响到全网络正常工作，故障检测比较困难、站点增删不方便。

③ 星状结构：各站点通过某个中央节点相互连接，任意两个站点之间的通信都必须经过中央节点。在早期，中央节点一般为集线器，使用集线器的星状网络和总线网的工作原理是一样的，一台计算机发送信息，其他计算机都能收到。现在局域网中的中央节点多是交换机，交换机可以根据数据的目的地址有针对性地转发数据。这样，只有地址和数据中的目的地址一样的计算机才会收到该数据。

星状结构的优点：传输速度快，误差小，在网络中增删节点比较方便，网络中的某台计算机或者某条线路的故障不会影响整个网络的运行，易于管理和维护，故障的检测和隔离也很方便，数据的安全性和优先级容易控制。缺点：中央节点是整个网络的瓶颈，必须具有很高的可靠性。中央节点一旦发生故障，整个网络就会瘫痪。另外，每个节点都要和中央节点相连，需要耗费大量的电缆。现在的局域网多是星状结构的以太网。

④ 树状结构：由总线结构和星状结构演变而来。其拓扑结构看上去像一棵倒置的树，各个节点发送的信息通过根节点向全网广播，是一种分层的网络结构，便于分级管理和控制。但是，整个网络性能对根节点依赖性很强，如果根节点出现了故障，则整个网络会瘫痪。

树状结构的网络在扩容和容错方面都有很大的优势，很容易将错误隔离在小范围内。现在的广播电视网就采用的这种拓扑结构。

⑤ 网状结构：也称为分布式结构。上述的其他拓扑结构中，任意两站点之间的链路有且只有一条，而网状结构中每个节点都有一条链路或几条链路同其他节点相连。

网状结构中节点间路径多，局部的故障不会影响整个网络的正常工作，可靠性高，网络扩充和主机入网比较灵活、简单。但其结构和协议比较复杂，建网成本高，不易管理和维护，常用于广域网中。

3．按传输介质分类

计算机网络按照传输介质的不同，可以分为有线网和无线网。有线网采用双绞线、同轴电缆、光纤做传输介质。用双绞线和同轴电缆组网经济且安装简便，但传输距离相对较短。以光纤为介质的网络传输距离远，传输速率高，抗干扰能力强，安全好用，但成本稍高。无线网主要以微波或红外线为传输介质，联网灵活方便，但网速、可靠性和安全性还有待提高和完善。卫星数据通信网就是使用微波通信的一种网络。

4．按使用性质分类

计算机网络按照网络用途的不同，可以分为公用网络和专用网络。其中，公用网（Public Network）是一种大众使用的付费网络，属于经营性网络，由电信部门或其他提供通信服务的经营部门组建、管理和控制，任何单位和个人都可付费租用一定带宽的数据信道，如我国的电信网、广电网、联通网等。专用网（private network）是某个部门根据本系统的特殊业务需要而建造的网络，这种网络一般不对外提供服务。例如，军队、政府、金融、电力等系统的网络就属于专用网。

7.1.6　网络协议与体系结构

网络协议与网络体系结构是网络中两个最基本的概念，只有掌握这些基本内容，才能对计算机网络有更深刻的认识和了解。

1．网络协议

（1）协议概念

建立计算机网络的目的是数据交换、资源共享。由于网内的计算机系统及设备各不相同，彼此间要进行通信，就必须遵守共同的规则和约定，这种规则和约定的集合就是网络协议（Protocol）。网络协议是事先约定好的一整套通信规程，包括要交换的数据格式、控制信息的格式和控制功能以及通信过程中执行的顺序等。

为了实现人与人交互，通信规约无处不在。例如，在邮政系统发送信件时，信封必须按照一定格式和要求书写，包括收件人和发件人地址格式及所在位置。否则，信件无法投递，也不可能到达目的地。同时，信件的内容也必须遵守一定的规则：什么语言对方能看懂、语言内容格式等，否则，收件人不可能理解信件内容。最后，邮政网络还必须要有投递规则，保证投递畅通和可靠，如投递路线和出错纠错规则等。

计算机网络的数据交换过程与上述邮政系统发送信件过程非常相似，但是要复杂得多。一般来说，网络协议由语法、语义和时序 3 个要素组成。

① 语法：规定用户数据与控制信息的结构或格式，即确定通信双方之间"怎么做"。具体来说，明确通信时采用的数据格式、编码、信号电平及应答方式等。

② 语义：需要发出何种控制信息，以及完成何种动作与做出的响应，即确定双方之间"做什么"。具体来说，由通信过程的说明构成，要对发布请求、执行动作及返回应答予以解释，并确定用于协调和差错处理的控制信息。

③ 时序：对事件实现顺序的详细说明，即确定"何时做"。例如，采用同步传输或异步传输方式来实现通信先后顺序和速度匹配。

计算机网络是一个庞大、复杂的系统，网络的通信规则也不是一个协议可以描述清楚的。因此，在计算机网络中存在多种协议，每一种都有其设计目的和需要解决的问题。现在使用的协议多是由国际组织制定的，生产厂商按照协议开发产品，把协议转化成具体的硬件或软件，网络的建设者则根据协议选择适当的产品组建自己的网络。对用户来讲，协议软件是一种无须用户编写的操作系统组件，用户根据通信需要选择安装相应的协议即可。像登录互联网所需的 TCP/IP 协议通常是默认安装的。

（2）协议分层

网络中的计算机要能够正确地相互通信，这是一个非常复杂的问题，对于复杂问题的有效解决办法就是划分成若干个小规模的问题，然后分别解决。对于网络也是如此，将网络中需要解决的问题划分为若干个层次，每层解决一部分问题，各层相互合作完成计算机之间的通信。每层需要解决的问题或实现的功能就是本层的协议，有的层需要解决的问题多，相应的协议也多；有的层需要解决的问题少，相应的协议也少。像因特网中的协议就有一百多个，这些协议相互合作，一起完成了因特网所需要的所有功能。所以，计算机网络的协议是分层的，层与层之间相对独立，各层完成特定的功能，每一层都为上一层提供某种服务，最高层为用户提供诸如文件传输、电子邮件、打印等网络服务。网络协议分层的原因有以下几点：

① 分层有助于网络的实现和维护。这种层次结构将一个复杂的大系统分割成若干个易于实现的小系统，使实现和维护变得更简单。

② 分层有助于技术发展。只要保证相邻层的接口不变，就可以用最先进的技术对某层进行改进，而不至于影响其他部分的工作。

③ 分层有助于网络产品的生产。分层后，各个公司都可以根据自己的情况提供某个层次的协议产品，为组建网络提供丰富的软硬件选择。

④ 分层能促进标准化工作。分层后，每一层提供的服务及所需要的条件都有了精确的说明；反过来看，也能暴露出每层协议中不恰当的部分，促进协议的进一步发展。

2. 网络体系结构

计算机网络的协议是按照层次结构模型来组织的，将计算机网络的层次结构模型与网络各层协议的集合称为网络的体系结构或参考模型。

如何划分计算机网络的层次结构，计算机网络理论研究界和应用界提出了很多方案，制定了各自的协议体系，其中最著名的是 OSI 参考模型（理论模型）和 TCP/IP 体系结构（商业模型或结构）。1983 年，国际标准化组织提出了开放系统互连参考模型（OSI）的概念，1984 年 10 月正式发布了整套 OSI 国际标准。

（1）OSI 参考模型

OSI 参考模型采用分层描述方法，将整个网络的功能划分为 7 个层次。自底层到高层分别为物理层、数据链路层、网络层、传输层、会话层、表示层和应用层，如图 7-6 所示。

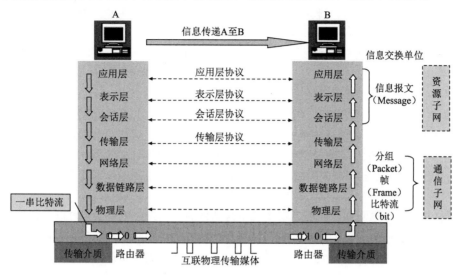

图 7-6　OSI 参考模型

在 OSI 参考模型中，每层完成明确定义的功能并按协议相互通信。每层使用下层提供的服务，向上层提供所需服务。各层的服务是互相独立的，层间的相互通信通过层接口实现。只要保证层接口不变，那么任何一层实现技术的变更均不影响其余各层。

在通信过程中，当发送方 A 要发送数据时，A 的应用进程将要发送的数据交给应用层的某一个协议（应用层的协议很多，如 HTTP、Telnet、DNS、FTP 等。若用户使用浏览器访问万维网，则用户把数据交给 HTTP 协议即可）。应用层的这个协议按照这个协议规定的语法格式对数据进行包装（即封装），然后将封装好的数据向下交给表示层的某个协议。同样，表示层的这个协议按照自己的语法格式对上面交下来的数据再次封装（现在经过了两次封装），然后继续向下递交。下面的每个层次都做类似的处理。最后在物理层，将二进制数据表示成一连串的高低电平（或者光信号）后发到传输介质上，最后到达接收方 B。接收方每层所做的工作与发送方正好相反。接收方每层的协议都把发送方相应层次的协议所做的封装拆除（如接收方的 PPP 协议把发送方的 PPP 协议所做的封装拆除），然后上交给上层的协议，依次类推。最终，接收方应用层协议也将发送方应用层协议所做的封装拆除，将发送方 A 要发送的原始数据交给接收方应用进程。至此，网络各层协议共同合作，完成了数据的发送、传输和接收工作。

在这 7 层中，1～4 层为低层，面向通信；5～7 为高层，面向信息处理。各层的基本功能说明如下：

① 物理层：位于 OSI 参考模型的最底层，规定了计算机及网络设备物理接口的机械、电气、功能和过程特性。例如，规定设备间的接头的类型（包括尺寸、形状）、传送信号的电压等。物理层所传数据的单位是比特流 0 和 1 的电/光信号。物理层对上层屏蔽传输媒体的区别，提供比特流传输服务。也就是说，有了物理层后，数据链路层以及以上各层都不需要考虑使用的是什么传输媒体，无论是用双绞线、光纤还是用微波，都被看成是一个比特流管道。

② 数据链路层：建立和拆除数据链路，将数据按一定格式组装成帧（frame），以便无差错地传送。数据链路层对物理层传输的比特流进行校验，并采用检错重发等技术，使本来可能出错的数据链路变成不出错的数据链路，从而为上层提供无差错的数据传输服务。换句话说，数据链路

层能完整无误地把数据传给相邻节点的数据链路层。数据链路层传送的基本单位是帧，帧首使接收方明确来了数据，可以开始接收；而帧尾使接收方知道数据到此为止。帧结构示意图如图 7-7 所示。soh 为帧的开始符，eot 为帧的结束符。当然，不同数据链路层协议的帧首和帧尾是不一样的，但都有标明数据开始和结束的作用。

| soh | 帧格式数据 | eot |

图 7-7　帧结构示意图

③ 网络层：解决网络与网络之间，即网际的通信问题，其主要功能是提供路由选择，即选择到达目标主机的最佳路径，并沿该路径传送数据包。网络层将传输层生成的数据分段封装成分组或包（Packet）。包或分组是网络层数据传送的基本单位。包中封装网络层首部和传输层交下来的数据，首部含有源站点和目的站点的网络层逻辑地址（IP 地址）。网络互联设备路由器根据该地址实现网络间的路由选择，将数据包从一个网络传送到另一个网络，直至目标地。

④ 传输层：网络层可以将数据从源主机发送到目的主机，而传输层则可以将数据交给主机上某个具体的应用进程（主机上可以有多个应用进程同时使用网络功能，如 QQ 客户端和浏览器）。传输层在发送端和接收端（两个进程）之间建立一条不会出错的逻辑连接，为上层提供可靠的报文传输服务。与数据链路层提供的相邻节点间比特流的无差错传输不同，传输层主要控制的是包的丢失、错序、重复等问题，保证的是发送端和接收端之间的无差错传输。

⑤ 会话层：会话层虽然不参与具体的数据传输，但可以解决控制会话和数据传输方面的管理，如建立、维护和结束会话连接的管理。会话层建立在两个互相通信的应用进程之间，组织并协调其交互。例如，在半双工通信中，确定在某段时间谁有权发送，谁有权接收；或当发生意外时（如已建立的连接突然中断），确定应从何处开始重新恢复会话，而不必重传全部数据。

⑥ 表示层：负责提供通用的数据格式（编码方法），以便在不同系统的数据格式之间进行转换，保证通信双方数据的可识别性。具体看，为上层用户解决用户信息的语法表示问题，完成数据转换、数据加密和解密、数据压缩和恢复。表示层将欲交换的数据从适合于某一用户的抽象语法变换为适合于 OSI 系统内部使用的传送语法。有了这样的表示层，用户就可以把精力集中在要交谈的问题本身，而不必过多地考虑对方的某些特性。

⑦ 应用层：负责应用程序与网络操作系统之间的联系，为用户提供各种服务，包括 WWW 浏览服务、文件传送、远程登录、电子邮件及网络管理、NEWS 新闻组讨论、DNS 域名服务、NFS 网络文件系统等。应用层是 OSI 模型的最高层，传送的是用户信息报文。

由上可见，OSI 参考模型的网络功能可分为三组：下面两层解决信道问题；第三、四层解决传输服务问题；上三层处理应用进程的访问，解决应用进程的通信问题。这样就保证了网络和设备之间的互联和通信。OSI 只是一个开放的理论模型，现实中几乎找不到什么厂家生产出符合 OSI 标准的商用产品，所以 OSI 在市场化方面失败了。但这种分层思想给了人们很多启示，包括工业标准化问题、复杂问题求解思想和网络协议的思想等。

（2）Internet 的 TCP/IP 模型

Internet 采用的 TCP/IP 是 1974 年 Vinton Cerf 和 Robert Kahn 开发的。由于 OSI 参考模型仅仅是理论模型，随着 Internet 的飞速发展，Internet 使用的 TCP/IP 成为事实上的实现网络互联的国际标准。TCP/IP 因其两个著名的协议 TCP（transmission control protocol，传输控制协议）和 IP（internet protocol，网际协议）而得名，实际上 TCP/IP 包含一百多个协议。TCP/IP 模型也是一种分层结构：即网络接口层、网际层、传输层和应用层。图 7-8 所示为 TCP/IP 与 OSI 参考模型的对应关系。

OSI 模型		TCP/IP 模型	信息单位
应用层 表示层 会话层	各种应用层协议，如 Telnet、SMTP、FTP、DNS、RIP、NFS、SNMP、HTTP等	应用层 （应用程序）	报文流
传输层	TCP、UDP	传输层	分组
网络层	IP、ARP、ICMP、IGMP	网际层	IP 数据报
数据链路层 物理层	SLIP、PPP	网络接口层	帧

图 7-8　TCP/IP 与 OSI 参考模型的对应关系

TCP/IP 模型中的网络接口层相当于 OSI 中的数据链路层和物理层，可以使用各种现有的数据链路层、物理层协议。目前，用户连接 Internet 最常用的数据链路层协议是 SLIP（serial line internet protocol，串行线路网际协议）和 PPP（point to point protocol，点对点协议）。

TCP/IP 模型的网际层对应 OSI 模型的网络层，包括 IP（网际协议）、ICMP（网际控制报文协议）、IGMP（网际组管理协议）以及 ARP（地址解析协议）等协议，这些协议完成路由选择和分组转发的任务。

传输层对应于 OSI 模型的传输层，包括 TCP（传输控制协议）和 UDP（用户数据报协议），这些协议负责提供流控制、错误校验和排序服务，完成端到端的传输任务。传输层有一个很重要的概念——端口。IP 地址可以定位主机，而端口可以定位主机上的具体应用进程，所以传输层才能实现端到端的通信（端即进程）。端口是一个 16 位的二进制数，所以共有 65 536（0~65 535）个不同的端口号。0~1 023 的端口号一般分给一些服务器程序使用，称为熟知端口，如 HTTP 协议使用的 80 端口；HTTPS 协议使用的 443 端口。剩下的端口号可以被临时运行的一般进程（即客户进程）使用。端口只有本地意义，即只要保证在同一台主机上运行的若干个进程的端口号不重复即可，跟别的主机上的端口号是否重复没有关系。

TCP/IP 的应用层对应 OSI 模型的应用层、表示层和会话层，像现在常用的 HTTP、HTTPS 和 DNS 都是这一层的协议。随着技术的发展和应用的变化，这一层协议也在不断地变化，某些协议逐渐被淘汰（如 FTP），而新的协议在产生和加入。

常用的应用层协议主要有以下几种：

① 超文本传输协议（HTTP）：用于传递制作的万维网（WWW）网页文件。

② 文件传输协议（FTP）：用于实现互联网中交互式文件传输功能。

③ 电子邮件协议（SMTP）：用于实现互联网中电子邮件传送功能。

④ 网络终端协议（Telnet）：用于实现互联网中远程登录功能。

⑤ 域名服务（DNS）：用于实现网络设备名称到 IP 地址映射的网络服务。

⑥ 路由信息协议（RIP）：用于网络设备之间交换路由信息。

⑦ 简单网络管理协议（SNMP）：用来收集和交换网络管理信息。

⑧ 网络文件系统（NFS）：用于网络中不同主机间的文件共享。

OSI 参考模型与 TCP/IP 模型都采用了层次模型的概念，但二者在层次划分与使用的协议上是有很大区别的。OSI 参考模型概念清晰，但结构复杂，实现起来比较困难，特别适合用来解释其他网络体系结构；TCP/IP 模型的服务、接口与协议的区别尚不够清楚，这就不能把功能与实现方法有效地分开，增加了 TCP/IP 利用新技术的难度。但伴随着 Internet 发展，TCP/IP 模型赢得了大量的用户和投资，成为目前公认的商业使用的国际标准。

7.2　计算机网络通信基础

数据通信是指数据信息的端到端传输或交换，它是计算机网络的基础，没有数据通信技术的发展，就没有计算机网络的飞速发展。本节将介绍有关数据通信的一些基础知识，包括通信系统中的一些基本概念、数据通信方式、复用技术和交换技术，以及计算机网络的工作模式等。

7.2.1　通信系统模型

通信的基本任务是传递信息，因此一个通信系统要有 3 个基本要素：信息的发送者、信息的接收者、传输信息的通道，分别称为信源、信宿和信道（可传输光信号或电信号），如图 7-9 所示。

图 7-9　数据通信系统模型

一次通信中产生和发送信息的一端称为信源，也称为源点或源站。接收信息的一端称为信宿，又称为目的站或终点。信息如果是双向传输，信源也可以是信宿。

信源和信宿之间通过信道进行信息的交互。信道是以通信线路为物质基础的，信道所使用的物理介质和传输技术的不同，对通信的速率和传输质量的影响也不同。在信源和信宿之间的信道可以是一条简单的传输线，也可以是复杂的网络系统。

信道上传输的信息称为信号，是数据的电气或电磁的表示，如电信号、光信号、声音信号等。信号一般以时间为自变量，其幅度（或频率、或相位）可以随时间或空间变化。从时间自变量是否连续取值，信号可分为模拟信号和数字信号，如图 7-10 所示。模拟信号是指在连续时间范围内，其信号的幅度或频率或相位随时间进行连续变化，如图 7-10（a）所示。例如，固定电话线上传送的按照声音强弱幅度连续变化的电信号、电视图像信号、语音信号、温度压力传感器的输出信号等都是模拟信号，它们在一定的时间范围内可以有无限多个不同的取值。而数字信号是指自变量时间的取值是离散的，因变量幅度、频率或相位的取值也是离散的，例如计算机、数字电话、数字传真机发出的信号都是数字信号。对于传输数字信号来说，最容易的办法就是用两个电压来表示两个二进制数字 0 和 1，例如，无电压（也就是无电流）常用来表示 0，而恒定的正电压表示1，如图 7-10（b）所示。

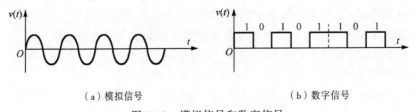

（a）模拟信号　　　　　　　　　　　　（b）数字信号

图 7-10　模拟信号和数字信号

模拟信号在传输过程中容易受噪声信号的干扰，传输质量不稳定。而数字信号抗干扰能力强，差错可控制，加密方便，可靠性好。

虽然数字通信技术已经得到了很大发展，但模拟信号和数字信号在目前的通信系统中仍然并存，因此在信息传输中可能需要进行信号的变换。把数字信号转换成模拟信号称为调制；而把模拟信号转换成数字信号称为解调。能完成上述功能的设备称为信号变换器（见图 7-9），最常见的信号变换器就是调制解调器（modem）。

在通信系统中，传输信息的通道称为信道，信道和线路不一样。信道表示向某一个方向传送信息的媒体，可以通俗地理解为道路上的汽车行车道。而一条通信线路往往包含两条信道：一条发送信道和一条接收信道。用于传输模拟信号的信道称为模拟信道，用以传输数字信号的信道称为数字信道。

7.2.2　速率、带宽与时延

1．速率

在网络中有两种不同的速率：一是信号（即电磁波）在传输媒体上的传播速率（m/s，km/s）；二是计算机网络中每秒发送或接收比特的速率（bit/s），也称为传输速率。这两种速率的意义和单位完全不同。

传播速率只跟传输介质本身有关，如电磁波在空气中的传播速率为光速 3×10^8 m/s；而在铜线中的传播速率约为 2.3×10^8 m/s。

而随着技术进步不断提高的网速则是第二种速率——传输速率。数据的传输速率是描述数据传输系统的重要技术指标之一。传输速率指信道在单位时间内能传输的二进制位数，单位为 bit/s，称为比特率。更高的传输速率用 kbit/s、Mbit/s、Gbit/s 表示。它们之间的换算关系如下：

$$1 \text{ Gbit/s}=10^3 \text{ Mbit/s}=10^6 \text{ kbit/s}=10^9 \text{ bit/s}$$

2．带宽

带宽本来是指某个信号具有的频带宽度，单位为赫[兹]（Hz）。但在现代网络技术中，人们总是以"带宽"来表示信道单位时间能通过的数据量，即数据传输速率，单位为 bit/s。

3．信噪比

信息在传输过程中可能会受到外界的干扰，这种干扰称为噪声。噪声存在于所有的电子设备和通信信道中。噪声会影响接收端对数据的识别，如 1 可能被识别为 0 或 0 被识别为 1。但噪声的影响是相对的，如果信号较强，噪声的影响就相对较小。在 1948 年，信息论的创始人香农推导出了著名的香农公式：$C=W\log_2\left(1+S/N\right)$（bit/s）。

公式中，C 指信道的极限信息传输速率，单位为 bit/s；W 为信道的带宽，单位是 Hz；S 是信道内所传信号的平均功率；N 为信道内的高斯噪声的功率。S/N 称为信噪比，单位为 dB，也就是分贝。

根据香农公式可知，信道的带宽或信道中的信噪比越大，信道的极限传输速率就越高。香农公式的意义在于：只要信息传输速率低于信道的极限传输速率，就一定可以找到某种方法来实现无差错的传输，这种方法有待于研究通信的专家去探索。

4．时延

时延，也称为延迟或迟延，是指数据从网络或链路的一端传送到另外一端所需的时间。时延是衡量网络性能的一个很重要的指标。

网络中的时延一般由发送时延、传播时延、处理时延和排队时延组成。

（1）发送时延

发送时延是指数据从节点（如主机、路由器）发送到链路上所用的时间。

发送时延=发送数据位数÷发送速率

其中，发送速率就是网速，也称为传输速率。

（2）传播时延

传播时延是指电磁波在信道中传播一定距离需要花费的时间。

传播时延=传播的距离÷传播速率

注意：其中的传播速率只与介质有关。

（3）处理时延

数据在经过中间结点传输时也需要花费一定的时间，例如，中间节点要进行差错检查或路由选择，这个时间就是处理时延。

（4）排队时延

数据在经过中间节点时，若中间节点上等待处理的数据很多，则这些数据要按照先后顺序排队等待处理，排队等待所花费的时间就是排队时延。

数据在网络中经历的总时延就是上述 4 种时延之和。但是 4 种时延中，哪一种占主导地位要具体情况具体分析。例如，在长度为 1 000 km，带宽为 1Mbit/s 的链路上，发送 100 bit 的数据，则：

传播时延=1 000 km÷（2×10^8 m/s）=5 ms；　假设传播速率为 2×10^8 m/s。

发送时延=100 bit÷1 Mbit/s=0.1 ms

这时传播时延占比就较大。

现在假设发送数据量为 1 000 000 bit 数据，则发送时延为 1 000 ms，这种情况下发送时延决定了总时延。

7.2.3　数据通信方式

对于数据通信技术来说，要研究的是如何将表示各类信息的二进制比特序列通过传输介质，在不同计算机之间进行传送。

1. 串行通信与并行通信

在计算机中，通常是用 8 位二进制代码表示一个字符。根据组成字符的各个二进制位是否同时传输，可以分为串行通信和并行通信两种方式。

在数据通信中，可以按图 7-11（a）所示的方式，将待传送的每个字符的二进制代码按由低位到高位的顺序，在一条通信信道中依次发送，这种通信方式称为串行通信。串行通信的优点是采用单一的通信信道，节省传输线费用，但数据传送效率低。在远程通信中，一般采用串行通信方式。

在数据通信中，也可以按图 7-11（b）所示的方式，将表示一个字符的 8 位二进制代码同时通过 8 条并行的通信信道发送，每次发送一个字符代码，这种通信方式称为并行通信。并行通信数据传送效率高（在图 7-11 中，并行通信的传输速率是串行通信的 8 倍），但建立多个通信信道造价较高。所以，并行通信一般用于近距离的通信，如计算机内部的总线。

2. 数据传输方向

数据通信按照信号传送方向与时间的关系，可以分为 3 种：单工通信、半双工通信、全双工通信。

① 单工通信，又称单向通信，是指数据信号只能单方向传输而没有反方向交互，如图 7-12（a）

所示。在这种通信方式中，数据只能从一端发往另外一端，发送方永远只能发送，而接收方永远只能接收。例如，无线电广播、电视广播、遥控等，都是典型的单工通信的实例。

②　半双工通信，又称双向交替通信，是指通信双方都可以发送和接收，但不能同时发送（或接收），如图 7-12（b）所示。这种通信方式是一方发送另一方接收，过一段时间再反过来。由一方发送变为另一方发送时必须改换信道方向，此时可以用开关进行转换，分别实现 A 到 B 与 B 到 A 两个方向的通信。半双工由于在信道中频繁调换信道方向，所以效率低，但可节省传输线路，因此在早期的局域网中取得了广泛的应用，例如，对讲机就是典型的半双工通信的设备。

③　全双工通信，又称双向同时通信，是指通信的双方可以同时发送和接收信息，如图 7-12（c）所示。全双工通信需要两条信道，每个方向一条，相当于把两个相反方向的单工通信信道组合在一起，同时进行信号传输。全双工通信效率高、控制简单，但结构复杂，成本较高。像计算机上网就是全双工通信。

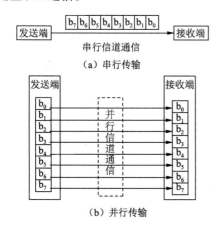

图 7-11　串行传输与并行传输

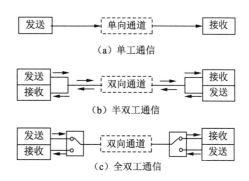

图 7-12　数据传输方向

7.2.4　数据交换技术

交换技术是网络核心部分最重要的功能。如果没有交换技术，任意两台主机要相互通信，必须通过一对电线（一根发送，一根接收）直接连接起来，如图 7-13（a）所示。而 4 台主机要两两相互通信，则需 6 对电线，如图 7-13（b）所示。显然，若有 N 台主机两两相互通信，则需要 $N(N-1)/2$ 对电线。可以看到，当主机的数量很多时，这种连接方法需要的电线数量就太多了，与主机数量的平方（N^2）成正比，这基本上是不可能的，而且绝大部分电线处于闲置状态，这是一种极大的浪费。此时，交换设备应运而生，每一部主机都直接连接到交换机上，当主机间需要通信时，发送方先将数据发送到交换机，交换机再将数据转发到接收方主机的线路上，这种方法就是交换，如图 7-13（c）所示。可以看到，有了交换技术以后，任意主机只需要使用一对电线连接交换机，在交换机的帮助下，可以和世界上的任何其他主机进行通信。当主机的数量很多或相距很远时，就需要使用很多彼此连接起来的交换机完成全网的交换任务。如何在这种网络中，长距离、高效、畅通地传输大量的不同发送端和接收端的信息，是数据交换技术要讨论的问题。

数据交换技术主要有 3 种类型：电路交换、分组交换和报文交换。

1．电路交换

电路交换（circuit exchanging）主要应用在电信网络中，是面向连接的。面

视　频

电路交换

向连接的通信有 3 个基本步骤：建立连接—通信—拆除连接。使用电路交换的两部话机在交换信息之前，首先主叫方要先拨号请求建立连接，被叫方接听后，连接建立成功。建立连接就是要在网络中选择一条从主叫方到被叫方的专用物理线路。通信双方传输的数据都通过这条专用物理线路，而且这条物理线路在整个通信过程中不会被其他用户占用，这是电路交换的一个重要特点。通话完毕后，任何一方都可以挂机，释放刚才占用的专用物理线路（也就是归还给电信网，其他用户若有需要则可以使用）。如果用户在拨号时，电信网络中的资源不足以建立这条专用物理线路（比如，从主叫方到被叫方的某段必需的线路被别的用户占用），则主叫方会听到忙音，必须挂机，等待一段时间再重新拨号。电路交换方式如图 7-14 所示。两部话机中间的若干节点表示交换机；粗线表示的是两部话机通话时选择的专用物理线路；而线路中的虚线则表示交换机在转发数据时，只是将数据从入口送到了出口，并没有将出入口物理地连接起来。公众固定电话网（PSTN 网）和移动网（包括 GSM 网和 CDMA 网）采用的都是电路交换技术。

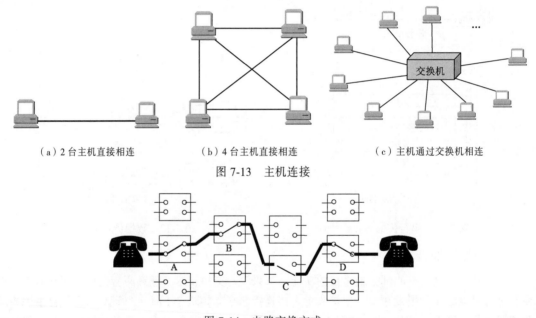

（a）2 台主机直接相连   （b）4 台主机直接相连   （c）主机通过交换机相连

图 7-13   主机连接

图 7-14   电路交换方式

电路交换因使用专用物理线路传输信息，所以延迟小，实时性好、可靠性高。但是，电路连接建立通信链路时间较长，所以短报文通信效率低；而且专用线路费用高。电路交换多用于传输连续的大量的数据，数字话音和传真等业务。

计算机之间的数据传输是突发式的，因此线路上真正用来传输数据的时间往往很少。如果使用电路交换这种独占线路方式，那么通信线路资源在绝大部分时间是空闲的，所以计算机之间的通信采用了分组交换方式。

2. 分组交换

分组交换（packet switching）采用存储–转发技术。首先，将要传输的报文（即要发送的整块数据）划分成多个更小的等长数据段（一般为 1 024 bit），在每个数据段的前面加上源地址、目的地址、编号、校验等必要的控制信息作为数据段的首部。每个带有首部的数据段就构成了一个分组（packet），也称为包。然后以分组为单位，将一个个分组依次交给网络中的交换设备（一般是路由器）。交换设备先接收分组再将其暂存到内存（可以加快交换速度），然后检查首部，根据首部中的目的地址选择一条合适的空闲输出线路将分组转发给下一个交换设备。特别要注意的是，分组交换在传送分组之前，不需要像电路交换那样，先占用一条从源到目的地的专用物理线路。分组在哪一段链路上传送，就占用哪一段链路的通信资源。分组就这样经过一个个交换设备和一段段链路，直至到达目的节点。

交换设备为每个分组独立地选择路由，也就是说，到达同一个目的地的分组经过的交换设备和链路不一定是一样的，所以分组到达目的地的顺序和发出的顺序也不一定一样。所以，当各分组都到达目的地后，目的主机要按分组编号，排列分组，重组报文。

综上所述，分组交换的主要优点总结如下：

① 以较小的分组为单位进行传输和交换，交换速度比较快；而且分组长度较短，传输过程中检错容易并且出错重发分组花费的时间较少。

② 分组逐段地占用链路资源，省去了建立连接和释放连接的开销，传输效率更高。

③ 分组交换网采用网状拓扑结构，当某段链路或某个交换设备出故障时，可以为下一个分组选择另外的路由，更灵活可靠。

当然，分组交换也带来了一些新的问题。例如：

① 分组在交换设备中存储转发时，需要排队等待，造成了一定的时延，且时延长度不定，不适宜传送实时性要求高的数据。

② 分组首部必须携带的控制信息也造成了一定的开销。

著名的因特网就采用了分组交换技术。

3. 报文交换

报文交换（message exchanging）的原理和分组交换是一样的，也采用了存储转发技术。不同的是，报文交换把要发送的整个报文加上首部，形成一个报文段发送出去。由于报文段比较大，导致报文交换的时延比较长，从几分钟到几小时不等，所以现在报文交换已经很少使用。20 世纪40 年代的电报通信就采用了报文交换技术。

7.2.5 复用技术

交换技术使主机只使用一根电线就可以和世界上任意地点的联网主机进行通信，而复用技术则可以使一根电线能够为多个用户服务。复用技术是通信技术中的基本概念，在计算机网络中广泛地使用了各种复用技术。

复用技术可以分为频分复用、时分复用和码分复用。因篇幅所限，这里不再展开叙述，有兴趣的读者可以进一步进行探索学习。

7.2.6 计算机网络的工作模式

计算机网络的发展也推动了计算机工作模式的更新。由初期的无网络单个主机工作模式（称单机工作模式）发展到计算机网络中多台主机相互依赖和协助的工作模式。根据网络中计算机的角色和工作性质的不同，可以分为客户/服务器模式、浏览器/服务器模式和对等模式。另外，要特别明确一点，网络中两台主机之间的关系实际上是主机上进程之间的关系。

1. 客户/服务器模式

客户/服务器（client/server，C/S）模式，是网络中最常用的模式。在这种模式中，运行客户程序的主机称为客户机，运行服务器程序的主机称为服务器。服务器的功能比较强大、资源丰富，集中进行共享数据的管理和存取，能同时给多个客户机提供服务。而客户机功能比较简单，不需要特殊的硬件和很复杂的操作系统。

服务器在网络服务中处于中心地位。客户机通过网络把用户请求发送给服务器，即向服务器提出服务请求。服务器收到请求，完成请求相应的数据处理后，把结果通过网络返回给客户机（具体执行都是由双方进程完成的）。在这种工作模式下，服务器控制所有软硬件资源，客户机要访问资源必须事先提出请求并获得服务器批准。客户/服务器模式一个很重要的特点就是，客户机处于主动提出请求享用服务的角色，而服务器处于被动的接收请求提供服务的角色。C/S 模式示意图如图 7-15 所示。

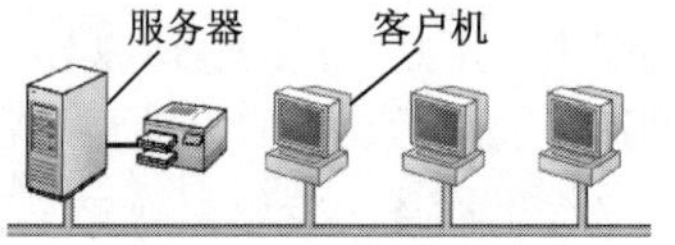

图 7-15　C/S 模式示意图

要实现这种模式，无论是客户端还是服务器端都需要特定的软件支持。像 QQ 即时通信工具（电脑版和手机 App）、淘宝电脑版、各银行客户端软件等都是特定的客户端软件。

客户机/服务器模式的优点是网络功能的分布式应用，将任务合理分配到客户端和服务器端来实现，可以快速进行信息处理，能更好地保护网络资源，降低系统的各种开销；而且客户机与服务器的网络连接是固定的，对信息安全的控制能力很强。缺点是不同客户机上的客户端软件因操作系统和硬件的不同而不同，维护和升级相对复杂。

2．浏览器/服务器模式

浏览器/服务器（browser/server，B/S）模式本质上也是一种 C/S 模式。由于因特网的发展，现在 B/S 模式已经成为一种主流工作模式。在这种模式中，客户端软件是统一的 WWW 浏览器（C/S 模式中，客户端软件多种多样），这也是与 C/S 模式的最大区别。

B/S 模式中，客户端的工作界面是通过 WWW 浏览器来实现的（即网页方式），极少部分功能在前端（browser）实现，主要工作在服务器实现。用户仅通过浏览器就可以向服务器发出请求，服务器接收并处理用户的请求，将结果返回给用户。客户机使用统一的浏览器软件，简化了管理工作，系统维护与升级零成本，并且不受操作系统的限制；另外，浏览器易学易用，方便客户。但是，服务器负担很重，当用户访问量超出服务器负荷时，系统可能会出现"崩溃"，因此要考虑数据备份；另外，在开放的因特网上对信息安全的控制能力相对 C/S 模式要弱。

3．对等模式

对等模式（Peer to Peer，P2P）是指网络中的每台主机没有主次之分，既可以作为客户机，也可以作为服务器，彼此之间是对等关系的工作模式。对等模式中没有专用的服务器，主机都运行 P2P 软件，可以对等地相互通信，还可以共享彼此的软硬件资源。实际上，对等连接模式从本质上看仍然是客户/服务器模式，只是对等连接中的每一台主机既是客户也是服务器。对等连接方式可以支持大量对等用户同时工作，现在这种模式主要用于文件下载和游戏更新。

7.3　搭建网络：硬件、软件、协议

搭建网络在绝大多数情况下是专业人士的职责，但是了解一些组网的基础知识对于更好地使用网络有很大的帮助。本节简单介绍搭建计算机网络所需的硬件、软件和协议。

7.3.1　网络硬件

网络硬件是计算机网络系统的物质基础，由主体设备、传输介质和互联设备三部分组成。随着计算机技术和网络技术的发展，网络硬件日趋多样化和复杂化，且功能更强。

1. 网络主体设备

计算机网络中的主体设备是计算机，也称为主机（host），根据其在网络中的服务特性，一般划分为中心站（又称服务器）和工作站（客户机）两类。

服务器（server）是指在计算机网络中担负一定数据处理任务和提供资源的计算机，是网络控制的核心，直接影响着网络的整体性能。服务器一般选用高档次的机型，如大型机、中型机和小型机。根据服务器提供的服务不同，又可划分为文件服务器、数据库服务器、通信服务器、邮件服务器、备份服务器和打印服务器等。

客户机（client）又称用户工作站，一般是微机或移动终端（智能手机、笔记本计算机和平板计算机），是网络用户入网操作的节点。用户既可以通过运行工作站上的网络软件向服务器提出请求或共享网络资源，也可以不上网，独立工作。工作站若要参加网络活动，必须要先通过传输介质和互联设备连上网络，与相关服务器建立连接，并进行登录（访问公共网站可以不登录，如绝大部分的万维网网站），按照被授予的一定权限访问服务器资源。

2. 网络传输介质

在计算机网络中，必须要有一条通路使包括计算机在内的网络设备能够互相通信。而传输介质就是提供网络通信的信号线路，它提供了连接收发双方的物理通路，是通信中实际传送信息的载体，属于物理层设备。

通常，衡量一种传输介质的优劣主要有以下几个指标：

① 传输距离：在不加放大器或中继器的情况下信号的最大传输距离。信号在传输过程中能量会逐渐衰减。衰减越小，传输距离就越长。

② 抗干扰性：指传输介质防止噪声干扰的能力。噪声能使传输的信号变形，某些类型的介质更容易受到噪声影响，例如，双绞线的抗干扰性就比光纤差。

③ 带宽：指信道所能传送的信号的频率宽度。信道的带宽由传输介质、接口部件、传输协议以及传输信息的特性等因素所决定。它在一定程度上体现了信道的传输性能，是衡量传输系统的重要指标。通常，信道的宽带越大，信道的容量也越大，其传输速率相应也越高。

④ 性价比：性价比对于降低网络建设的整体成本很重要，性价比越高说明投入越值得。

不同的传输介质，其特性也各不相同，它们不同的特性对网络中数据通信的质量和速度有很大的影响。在组网时，要根据需求，综合考虑传输介质的性能，选择性价比较高的传输介质。

根据传输介质形态的不同，常把传输介质分为有线传输介质和无线传输介质两大类。

（1）有线传输介质

在有线传输介质中，电信号或光信号沿着固体媒体传播，主要有双绞线、同轴电缆和光纤等。有线介质技术成熟，性能稳定，成本较低，是目前网络中使用最多的介质。

① 双绞线：双绞线是局域网中最常用的传输介质，它是把彼此绝缘的两根铜导线绞合在一起，采用绞合结构可以降低相邻导线的电磁对信号的干扰。实际使用时的双绞线是由多对双绞线一起包在一个绝缘电缆套管里。双绞线分为非屏蔽双绞线（unshielded twisted pair, UTP）和屏蔽双绞线（shielded twisted pair, STP）两种，如图 7-16 所示。屏蔽双绞线性能更好一些，但价格稍高。屏蔽双绞线比非屏蔽双绞线增加了一层金属丝网，这层丝网的主要作用是增强其抗干扰性能，同时可以在一定程度上改善带宽特性。

EIA/TIA-568 标准规定了用于室内传输的非屏蔽和屏蔽双绞线的标准，从 1 类线到 7 类线，现在最常用的是 5 类线、超 5 类线和 6 类线。

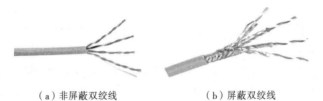

（a）非屏蔽双绞线　　　　　　（b）屏蔽双绞线

图 7-16　非屏蔽双绞线与屏蔽双绞线

一般常用的双绞线数据传输速率为 10～100 Mbit/s，传输距离<100 m。双绞线安装方便，成本低廉，数据传输速率较高，因此性价比高；但是数据传输距离有局限性，且抗干扰性较差。现在局域网中最常见的网线就采用双绞线。

使用双绞线制作网线的标准主要有 EIA/TIA-568A 标准和 EIA/TIA–568B 标准。这两个标准最主要的不同就是芯线序列的不同：

568A 标准的线序依次为白绿、绿、白橙、蓝、白蓝、橙、白棕、棕。

568B 标准的线序依次为白橙、橙、白绿、蓝、白蓝、绿、白棕、棕。

在制作网线时，将双绞线按照上面的线序排列，然后插入 RJ-45 水晶头中即可，如图 7-17 所示。如果网线的两端采用的是同一种线序，则称为直通双绞线，在实际的网络工程施工中较多采用 568B 标准。如果网线的两端采用的是不同的线序（一端为 568A，一端为 568B），则称为交叉双绞线。交叉双绞线多用于同种设备的连接，如两台路由器的连接、两台计算机的连接等。

② 同轴电缆：由内导体铜芯、绝缘层、网状编织的外导体屏蔽层以及塑料绝缘保护层组成，如图 7-18 所示。由于屏蔽层的作用，同轴电缆有较好的抗干扰能力，衰减也比双绞线小，主要应用于速率较高的数据传输。在局域网发展的早期曾广泛使用同轴电缆作为传输介质，随着技术的发展，现在已经被双绞线所代替。

图 7-17　RJ-45 水晶头及线序　　　　　图 7-18　同轴电缆

目前比较常用的同轴电缆有两种：一种为 50 Ω 电缆，主要用于数字传输，也称为基带同轴电缆；另一种为 75 Ω 电缆，主要用于模拟传输，也称为宽带同轴电缆，是有线电视网（CATV）中的标准传输电缆。

③ 光纤：也称光缆，是一种由玻璃或塑料拉丝制成的非常细、透明的光导纤维。由于光纤非常细，难以提供足够的抗拉强度，因此通常加上抗拉纤维做成结实的光缆，如图 7-19（a）所示。光纤的纤芯直径为 2～125 μm，外面涂有一层低折射率的包层和保护层。光纤中的光信号利用光的全反射原理传播。如图 7-19（b）所示，当光从一种高折射率介质射向低折射率介质时，只要入射角足够大，就会产生全反射，这样一来，光就会不断在光纤中折射传播下去。如果要在光纤中实现多路光信号（多种频率）共存，可以采用多种入射角实现多频传输。由于光的全反射，光纤的衰减性非常小，可以实现远距离传输。

（a）光纤

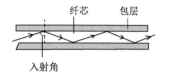

（b）光导原理

图 7-19　光纤

光纤的抗雷电和抗电磁干扰能力强；保密性好，不易被窃听；光信号衰减小，中继距离长（几十千米），对远距离的传输特别经济；体积小、重量轻；带宽高（约 10^8 MHz），传输速度快（可达 100 Gbit/s），是传输图像、声音等多媒体信息的理想介质。但光纤成本昂贵，安装需要专用设备，设置复杂，主要用于主干网。

拓展阅读：观天"巨眼"500 m 口径球面射电望远镜 FAST 是中国探索宇宙奥秘的利器，凝聚了中国科学家的智慧。FAST 动光缆就是"中国天眼"的视神经，承担高空馈源舱与地面控制室之间海量数据传输。FAST 动光缆的特殊之处在于其需要随着馈源舱高空位置的调整而不断反复弯曲扭转，并需经受风吹、雨淋、紫外辐照等恶劣自然环境。国家天文台和烽火通信科技股份有限公司联合攻关的 FAST 动光缆不仅保证了大跨度运动状态下信号的传输，也实现了运动状态下信号传输的超稳定性。该成果将光缆的静态使用推向运动应用这一个全新领域，带动了光通信整个产业链发展，有力地支持了国家重大科学基础设施的建设[①]。

（2）无线传输介质

无线传输介质是指自由空间，在自由空间中传输电磁波常称为无线传输。无线传输可使用的电磁波频段很广，为 30 kHz～3 THz，现在人们已经使用了好几个波段进行通信：无线电、微波、红外线、激光、ISM 频段。

① 无线电：这里的无线电主要指频率在 30 kHz～30 MHz 的电磁波。根据频率和波长的不同，可以分为 3 个波段：长波（低频）、中波（中频）、短波（高频）。

长波沿地球表面传播，传播距离远，稳定性和抗干扰性好，多用于潜艇、远洋航行的通信。

中波白天沿地球表面传播（因为白天会被电离层吸收），晚上靠电离层反射传播，信号昼夜强度差别较大，多用于城市广播，如收音机上的中波段 MV。

短波主要靠电离层反射传播，由于电离层的不稳定，使得短波通信的通信质量比较差，一般都是低速传输，要想获得比较高的速率，必须采用复杂的调制解调技术。短波多用于远距离广播通信，如收音机上的短波段 SW。

② 微波：微波的频率范围为 300 MHz～300 GHz，但通信主要使用 2～40 GHz 的频率段。因为工业和天气干扰的主要频谱成分比微波的频率低得多，所以微波受到的干扰比短波通信小得多，因此传输质量较高。另外，微波有较高的带宽，通信容量很大。微波与有线通信介质相比，投资小，可靠性高，但隐蔽性和保密性差。微波通信在数据通信中占据重要地位。

微波通信可分为地面微波通信和卫星通信。微波是沿直线传播的，收发双方必须直视，而地球表面是一个曲面，因此传播距离受到限制，一般只有 50 km 左右。为实现远距离传输，必须设立若干中继站。中继站把收到的信号放大后再发送到下一站。中继站设在地面，则称为地面微波通信；中继站采用卫星，则称为卫星通信。

---

① 数据来自中科院国家天文台网站。

卫星通信具有传输距离远、覆盖区域大、灵活、可靠、不受地理环境条件限制等独特优点。但由于卫星离地面较远，所以卫星通信有较大的传播时延。在地球赤道上空等距离放上三颗地球同步轨道卫星，就可以覆盖整个地球。除了地球同步轨道卫星外，现在低轨道卫星系统也开始使用。

③ 红外线：红外线是频率介于微波与可见光之间的电磁波。红外线采用<1μm 的波长作为传输媒体，具有较强的方向性（即直线传输）；传输距离短；不能透射非透明物体；通信成本低；但实现简单、设备便宜。主要用于短距离、无障碍通信，目前广泛应用于各种家电的遥控器。

④ 激光：激光是一种方向性极好的单色相干光。利用激光有效地传送信息，称为激光通信。激光通信和微波相似，要有发送站和接收站。激光设备通常都安装在固定位置（高山的铁塔上等），并且天线相互对应。由于激光束能在很长的距离得以聚焦，因此激光的传输距离比较远，可以达到几十千米，而且通信容量大、保密性强、设备结构轻便和经济。但是，它只能直线传输，任何障碍物都会阻碍正常的数据传输。2012 年 10 月，俄罗斯空间站首次使用激光技术将电子数据传送至地面接收站，传输数据量为 2.8 GB，传输速率达到 125 MB/s。大气层外的激光通信具有优势，传输损耗小，传输距离远，通信质量高，可用于卫星间通信和星际通信。

⑤ ISM 频段：现在无线移动通信应用得越来越广泛。要使用某一段无线电频谱进行通信，通常要得到本国政府有关无线电频谱管理机构的许可证。但是也有一段无线电频段是可以自由使用的，称为 ISM 频段（industrial scientific medical band），它是国际通信联盟（ITU）定义的，开放给工业、科学、医学等机构使用的频段。在该频段内无须授权许可，只需要遵守一定的发射功率要求、且不对其他频段造成干扰，即可使用。虽然各国家和地区对 ISM 频段具体范围的定义稍有差别，但大部分频段是通用的，常见的 Wi-Fi、蓝牙和 ZigBee 无线通信网就工作在此频段内。

Wi-Fi（wireless fidelity）是一种应用十分广泛的无线局域网（WLAN）标准。最快传输速率可达到 1 Gbit/s。蓝牙（bluetooth）是在固定设备、移动设备和局域网之间进行短距离数据交换的无线通信技术，传输速率不超过 3 Mbit/s。它比 Wi-Fi 传输速率慢，距离短，但更为节能。蓝牙常用于手机、平板计算机、计算机、便携式移动设备，以及各种需要无线连接的计算机外设、智能家电类设备等。ZigBee 无线通信技术是一种和蓝牙类似的超短距离、超低能耗、超低成本的低速无线通信技术，最高速率为 250 kbit/s，常用于物联网领域和各种工业自动化控制、智能家电类设备等。

3. 互联设备

网络互联设备主要完成信号的转换和恢复或继续传输工作，可以分为接口设备和网络连接设备两大类。

（1）接口设备

由于网络上传输数据的方式与计算机内部处理数据的方式不同（如网络中是串行传输，而计算机内部多是并行），因此在计算机和传输介质之间通常需要接口和转换设备，常用的有网卡和调制解调器。

① 网卡：又称网络适配器（NIC），是上网的必用设备。它是计算机与传输介质之间进行数据交互的中间部件和接口。网卡属于数据链路层的设备，主要作用是进行数据的串并转换和实现局域网的协议。网卡可以集成在计算机主板上，也可插入到计算机主板总线插槽内或某个外部接口的扩展卡上，如图 7-20 所示。

现在绝大部分的局域网都是以太网，每个以太网网卡都有一个固定的全球唯一的网卡地址，又称物理地址、MAC 地址或者硬件地址，此地址也是计算机在网络中的物理标识。以太网的网卡地址采用十六进制数表示，共 6 字节（48 位），如 "00-00-E8-51-0E-7C"。 其中，前 3 字节（左端高 24 位）是由 IEEE（电气电子工程师学会）统一分配，是生产厂商的标识，例如华为的厂商标识是 0x00e0fc。后 3 字节（右端低 24 位）由各厂家自行确定如何分配，称为扩展标识符。

（a）台式机常用的 PCI 网卡　　　　　（b）笔记本计算机常用的 PCMCIA 卡

图 7-20　网卡

随着技术的不断进步和最终用户应用需求的不断提高，网卡的类型也呈现出多层次、多标准的特点，如 PCI 网卡、USB 网卡、PCMCIA 网卡和 ISA 网卡等。

② 调制解调器（modem）：调制解调器是调制器和解调器的简称，俗称 "猫"，是通过电话线入网的必备设备，属于物理层设备，如图 7-21 所示。计算机处理的是数字信号，而电话线传输的是模拟信号，调制解调器在其中起到数模转换的作用。例如，当计算机发送信息时，将计算机数字信号转换成可以用电话线传输的模拟信号（称为调制），通过电话线发送出去；在接收信息时，把电话线上传来的模拟信号转换成计算机可以接收和处理的数字信号（称为解调）。

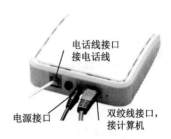

图 7-21　调制解调器

（2）网络连接设备

在计算机网络中，当计算机之间相距较远，或局域网和局域网、局域网和广域网互联时，需要用到网络连接设备。网络连接设备有中继器、集线器、网桥、交换机、路由器和网关等。这些设备在网络通信中起着放大信号、转发数据和寻找数据通信路径的作用，是建立计算机网络的重要组成部分。

① 中继器：主要作用是放大整形衰减的信号，延长网络传输距离，在模拟传输系统中称为放大器。中继器属于物理层设备。

② 集线器：本质上是一个多接口的中继器，它能将多台计算机和其他设备集中连接在一起，同时对收到的信号进行整形放大后再转发出去。集线器会把来自一个接口的数据转发到其他所有的接口，即广播。集线器也属于物理层的设备。

③ 网桥：能够将两个或多个网段连接起来，形成一个更大的局域网。网桥可以根据收到的数据帧的 MAC 地址对数据进行转发和过滤。也就是说，当网桥收到一个数据帧时，并不是向所有的接口转发此数据帧，而是根据帧的目的 MAC 地址，确定向哪一个接口转发，或者丢弃（即过滤）。

④ 交换机：使用 MAC 地址进行数据的转发，本质上是一个多接口的网桥。它发展迅猛，基本取代了集线器和网桥，是现在组建局域网最常用的核心设备。网桥和交换机都属于数据链路层的设备。

⑤ 路由器：用来连接不同的网络，是一种具有多个输入接口和多个输出接口的专用计算机。路由器属于网络层设备，主要功能是路由选择和分组转发。路由器根据一定的路由选择算法，按

照收到的分组中的目的 IP 地址，把该分组从合适的输出接口转发给下一个路由器。

⑥ 网关：它是不同网络之间连接的"关口"，即网间连接器或协议转换器，是软件和硬件的结合产品，属于高层（会话层、表示层和应用层）设备。在不同的通信协议、数据格式或语言，甚至体系结构完全不同的两种系统之间，网关是一个翻译器，要对收到的信息重新打包，以适应目的系统的需求。

网关用于类型不同且差别较大的网络系统间的互联，或用于不同体系结构的网络或者局域网与主机系统的连接，是最复杂的网络互联设备，可用软件实现。它没有通用的产品，必须是具体的某两种网络互联网关。

拓展阅读： 得益于国家对信息化建设的大力投入，国内网络设备市场发展迅猛。目前国内著名的网络设备生产厂商包括华三通信（H3C）、华为、中兴、锐捷等。

H3C 前身是华为和 3COM 的合资企业，主推企业网解决方案。华为是中国网络通信设备商中最知名的企业，创立于 1987 年，是全球领先的信息与通信基础设施和智能终端提供商。华为的企业网交换机、路由器、防火墙和 Wi-Fi 等产品都占据很大的市场份额。中兴通讯作为国内领先的综合性通信设备商，一直以来，在核心网、无线、承载领域优势明显。锐捷网络长期领跑中国教育行业，同时全面发力云计算、大数据、移动和智能设备市场。

7.3.2 网络软件

网络软件是一种在网络环境下使用和运行或者控制和管理网络工作的计算机软件。根据软件的功能，计算机网络软件可分为网络系统软件和网络应用软件两大类。

1．网络系统软件

网络系统软件是控制和管理网络运行、提供网络通信、分配和管理共享资源的网络软件，它包括网络操作系统、网络协议软件、通信控制软件和网络管理软件等。

网络操作系统是指能够对局域网范围内的资源进行统一调度和管理的程序，它是计算机网络软件的核心程序，是网络软件系统的基础。目前常用的网络操作系统有 Windows Server、UNIX、Linux、Solaris 等。

网络协议软件（如 HTTP、DNS、TCP、IP 等）是网络软件的核心部分，任何网络软件都要通过协议软件才能起作用。

通信控制软件使用户能够在不必详细了解通信控制规程的情况下完成计算机之间的通信，并对大量的通信数据进行加工管理，如 TeamViewer 能够使用户方便地控制远程计算机。

网络管理软件就是能够完成网络管理功能的网络管理系统，随着网络的日益普及和广泛使用，网络管理软件越来越重要，如 SugarNMS、LaneCat 都是知名的网络管理软件。

2．网络应用软件

网络应用软件是指为某一应用目的而开发的网络软件。应用软件一般可分为两类：一类是基于浏览器运行的电子邮件、搜索工具、网银、电子商务、新闻类、在线教育类等网站，不需要下载安装；另一类是独立运行的软件，如即时通信的 QQ、股票行情交易软件、网络银行 App、教育类 App、电信业务管理、数据库及办公自动化等客户机软件，用户只要下载、安装并使用即可。

实际上，大多数应用软件，即使不是为了网络应用专门设计的，也包含了一些网络功能。例如，Microsoft 公司的 Office 系列软件，包括 Word、Excel、PowerPoint 等，都具有强大的网络相关功能。比如，用户撰写的 Word 文档，可以直接作为电子邮件发送到网络上；Word 还支持多人协同完成文档的制作（通过网络）、支持超链接等，都是和网络相关的服务功能。

网络应用软件为用户访问网络、使用网络服务、进行资源共享和信息传输提供了方便快捷的手段。

综上所述，由计算机、网络设备、通信介质、网络协议组成的计算机网络是一个基础设施框架，它提供了网络资源共享和各种网络服务的平台。在这个平台上，丰富的网络应用程序方便了用户的使用。具体搭建过程见实验指导教材相应章节。

小　结

本章共分三部分介绍网络的基础知识，包括发展历史、基本概念和组网设备。第一部分是计算机网络概述，包括网络的产生和发展、网络的发展趋势、网络的定义和功能、网络的组成和分类、网络协议和体系结构。其中，要重点掌握和理解协议和体系结构，它们是网络的核心，任何网络的运行都离不开它们的支持。日常使用网络时要关注所使用的网络功能需要何种协议支持。第二部分介绍了计算机网络通信基础，首先是通信系统的基本模型；然后是速率、带宽、时延、串行、并行、单工、半双工、全双工、交换技术和复用技术等基本概念；最后是网络的工作模式，包括 C/S 模式、B/S 模式和 P2P 模式。如果是通过特定 App 访问网络，则使用的是 C/S 模式；如果是通过浏览器访问网络，则是 B/S 模式；文件下载经常用到 P2P 模式。第三部分介绍了组网所涉及的硬件、软件和协议，硬件包括主机、传输介质和互联设备，软件包括系统软件和应用软件。要求能够根据网络搭建要求选择合适的介质和互联设备，安装合适的软件。

习　题

一、综合题

1. 什么是计算机网络？计算机网络的功能有哪些？
2. 计算机网络由哪几部分组成？
3. 计算机网络按覆盖范围和网络拓扑结构如何分类？
4. 通信系统模型中要有哪 3 个要素？
5. 手机和对讲机通信的数据信号传输工作方式分别是哪一种？
6. 串行和并行通信的特点是什么？
7. 数据交换技术主要有哪几种类型？互联网采用哪种数据交换技术？
8. 计算机网络有哪几种工作模式？网站一般采用哪种工作模式？
9. 计算机网络中的主体设备有哪些，起什么作用？
10. 通过比较说明双绞线、同轴电缆与光纤 3 种常用传输介质的特点。
11. 什么是网络协议？简述对网络协议的理解。
12. 什么是 OSI 参考模型和 TCP/IP 体系结构，它们有哪些特点？

二、网上信息检索

1. 路由器是网络中重要的互联设备，通过百度搜索引擎查阅了解路由器的作用和功能。
2. 通过网络了解和学习各种类型的网络的应用场景。

第 8 章　网络的网络：因特网

Internet（因特网）可以说是人类历史上的一大奇迹，它让分散在世界各地的人们感到相聚不再遥远，使"地球村"成为可能。Internet 是世界上最大的互联网络，它将世界上各个国家和地区成千上万的同类和异类的网络连在一起，形成一个全球性的大型网络系统。因此，Internet 也是一个"计算机网络的网络"或"网间网"。从网络通信技术的角度来看，Internet 是以 TCP/IP 协议连接各个国家、各个地区及各个机构的计算机网络的数据通信网；从信息资源角度来看，Internet 是集各个部门、各个领域的各种信息资源为一体，供网上用户共享的信息资源网。

8.1　因特网概述

8.1.1　因特网的历史

Internet 包含了难以计数的信息资源，向全世界提供信息服务。Internet 已成为获取信息的一种方便、快捷、有效的手段，是信息社会的重要支柱。自 20 世纪 80 年代以来，它的应用已从军事、科研与学术领域进入商业、传播和娱乐等领域，并于 90 年代成为发展最快的传播媒介。

人们通过因特网完成学习过程，进行工作交流，观看各种多媒体信息，等等。因特网已经成为人们生活、学习、娱乐不可或缺的组成部分。

1．Internet 的起源和发展

Internet 是在美国较早的军用计算机网 ARPANet 的基础上经过不断发展变化而形成的，其发展主要可分为以下几个阶段：

① Internet 的雏形形成阶段：1969 年，为了能在爆发核战争时保障通信联络，美国国防部高级研究计划署（ARPA）开始建立一个命名为 ARPANet 的网络，当时建立这个网络只是为了将美国几个军事机构和研究所用计算机连接起来。人们普遍认为这就是 Internet 的雏形。

② Internet 的发展阶段：美国国家科学基金会（NSF）在 1985 年开始建立 NSFNet。NSFNet 是支持科研和教育的全国性规模的计算机网络，它包括 15 个超级计算机中心及国家教育科研网，并以此为基础，实现与同期其他网络的连接。NSFNet 成为 Internet 上主要用于科研和教育的主干部分，代替了 ARPANet 的主干地位。

1989 年，由 ARPANet 分离出来的 MILNet 实现了和 NSFNet 的连接后，开始采用 Internet 这个名称。此后，其他部门的计算机网络相继并入 Internet，ARPANet 宣告解散。同年，由欧洲原子能研究组织（CERN）开发了万维网（world wide web，WWW），并在 1993 年向全球免费开放。WWW 为 Internet 实现超媒体信息的获取和检索奠定了基础。

③ Internet 的商业化阶段：20 世纪 90 年代初，商业机构开始进入 Internet，成为 Internet 迅猛发展的强大推动力，这使得 Internet 开始了商业化的新进程。

1995 年，NSFNet 停止运作，Internet 彻底商业化。

2．Internet 在中国

1987 年 9 月 20 日，钱天白教授发出我国第一封电子邮件"越过长城，通向世界"，揭开了中国人使用 Internet 的序幕。

Internet 在中国的发展可以粗略地划分为 3 个阶段：第一阶段为 1987—1993 年，我国的一些科研部门通过 Internet 建立电子邮件系统，并在小范围内为国内少数重点高校和科研机构提供电子邮件服务。第二阶段为 1994—1995 年，这一阶段是教育科研网发展阶段。北京中关村地区及清华大学、北京大学组成的 NCFC 网于 1994 年 4 月开通了与 Internet 的 64 kbit/s 专线连接，同时还设立了中国最高域名（cn）服务器。这时中国才真正加入了 Internet 行列。此后又建成了中国教育和科研计算机网（CERNet）。第三阶段为 1995 年以后，该阶段开始了商业应用。

到目前为止，我国陆续建造了多个全国范围的公用计算机网络，其中规模最大的是以下 5 个：中国电信互联网（CHINANET）、中国联通互联网（UNINET）、中国移动互联网（CMNET）、中国教育和科研计算机网（CERNET）、中国科学技术网（CSTNET）。

其中，中国教育和科研计算机网（CERNET）是由国家投资建设，教育部负责管理，由我国的技术人员独立自主设计、建设和管理的计算机互联网，也是中国开展下一代互联网研究的试验网络。下一代互联网以 IPv6 为核心，而现在的互联网以 IPv4 为主。

中国互联网络信息中心（China Network Information Center，CNNIC）每年公布两次我国互联网的发展情况。截至 2020 年 3 月，我国网民规模为 9.04 亿，互联网普及率达 64.5%。而到 2022 年 10 月，互联网上网人数已达 10.3 亿人。庞大的网民构成了中国蓬勃发展的消费市场，也为数字经济发展打下了坚实的用户基础。

3．Internet 的发展趋势

从 1996 年起，世界各国陆续启动下一代高速互联网络及其关键技术的研究。下一代互联网络与现在使用的互联网络相比，具有以下特点：

① 规模更大：下一代互联网络启用 IPv6，地址空间由 IPv4 的 32 位扩大到 128 位，形成了一个巨大的地址空间 2^{128}。各种家电、工业设备等都可以拥有自己的 IP 地址，一切都可以通过网络来控制，把人类带进真正的数字化时代。基于 IPv6 的下一代互联网，将成为支撑前沿技术和产业快速发展的基石，有力支撑起人工智能、物联网、移动互联网、工业互联网、5G 等前沿技术的发展，现在世界各国都在加快部署 IPv6。

② 速度更快：下一代互联网络的传输速率比现在提高 1 000 倍以上，这与目前的"宽带网"是两个截然不同的概念，它强调的是端到端的绝对速度。在 2021 年 6 月的国际光纤通信会议上，宣布成功在超过 3 000 km 的光缆线路上实现了每秒 319 Tbit/s 的传输速率，这是一个非常惊人的网速，相当于一秒上传 1 万部高清电影。

③ 更安全：目前的因特网因为种种原因，在体系设计上有一些不完善的地方，存在大量安全隐患，下一代互联网将在建设之初就从体系设计上充分考虑安全问题，使网络的可控性、可管理性大大增强。例如，IPv6 具有很好的溯源性，有助于减少网络谣言和黑客攻击。此外，使用 IPv6 之后，用户可以对数据进行加密，从而保护个人数据安全。

④ 更智能：随着各种感知技术在互联网上的广泛应用，物联网技术飞速发展，使得互联网能够给人们提供更多、更智能、更易管理的应用，开启更加智慧的生活方式。得益于物联网技术、人脸识别技术和移动互联网的发展，无人驾驶、无人超市、无现金社会等曾经出现在科幻电影中的场景，如今已经变成现实。

8.1.2　IP 地址

Internet 是通过路由器将物理网络互联在一起的虚拟网络。在 Internet 中，为不同物理网络中的每台主机分配了一个统一格式的、全球唯一的 IP 地址，这样就使拥有 IP 地址的主机在 Internet 中的通信像连接在同一个网络中一样简单方便。

IP 地址是 Internet 上主机的一种数字型标识，又称网际地址。IP 协议使用该地址在主机之间传递信息，这是 Internet 能够运行的基础。IP 地址分为 IPv4 和 IPv6 两大类：IPv4 使用 32 位二进制数编址；而 IPv6 使用 128 位二进制数编址，提供了更大的地址空间。IP 地址可以是固定分配的（在未手动更改之前，主机每次上网使用的 IP 地址是一样的），也可以是主机动态获取的（主机每次上网的 IP 地址可能不一样）。要特别注意，IP 地址是分配给主机上的网络接口（即网卡）的，若主机有多个网络接口，则主机就可以拥有多个 IP 地址。

1．IPv4

目前使用最多的 IP 地址是 IP 协议的第四版，称为 IPv4。IPv4 地址由 32 位二进制数（4 字节）组成，为了便于识记和书写，每 8 位转换成一个十进制数，每个十进制数的范围为 0～255，4 个十进制数中间用小圆点"."隔开，称为点分十进制，如图 8-1 所示。

二进制表示法	点分十进制表示法
11001010.01110010.01100000.00000110	202.114.96.6

图 8-1　IP 地址的表示方法

IPv4 地址的编址方法共经历了 3 个阶段：

① 分类的 IP 地址：这是最基本的编址方法。

② 划分子网：这是对基本编址方法的改进。

③ 无分类域间路由（CIDR）：这是最新的 IP 地址编址方法。

（1）分类的 IP 地址

分类的 IP 地址就是将 IP 地址划分为若干个固定类，每一类地址由两个固定长度的字段组成：网络地址+主机地址。第一个字段是网络地址，它标识主机所连接的网络。处于同一网络内的各主机，其 IP 地址中的网络地址部分是相同的。第二个字段是主机地址，它标识主机在该网络中的顺序号，在同一个网络的不同主机的顺序号必须是不同的。

在这种编址方法中，IP 地址被分成 A、B、C 三个基本类和 D、E 两个扩展类，其中 A、B、C 为常用 IP 地址。为了区分类别，A、B、C 三类的最高位分别为 0、10、110，如图 8-2 所示。

0	1	2	3	4	7	8	15	16	23	24	31
A类	0	网络地址：1～126（2^7-2=126）				主机数量：2^{24}-2=16 777 214（主机地址24位）					
B类	1	0	网络地址：128.0～191.255（2^{14}=16 384）			主机数量：2^{16}-2=65 534（主机地址16位）					
C类	1	1	0	网络地址：192.0.0～223.255.255（2^{21}=2 097 152）				主机数量：2^8-2=254（主机地址8位）			
D类	1	1	1	0	网络地址：224.0.0.0～239.255.255.255，组播地址						
E类	1	1	1	1	网络地址：240.0.0.0～255.255.255.255，保留今后使用						

图 8-2　IP 地址的分类

① A 类地址：A 类 IP 地址前 8 位为网络地址，最高位固定为 0（网络类别位），余下的 7 位

可产生 $2^7-2=126$ 个 A 类网络[①]。后 24 位为主机地址，每个 A 类网络最大主机数量为 $2^{24}-2=$ 16 777 214。主机地址减 2 是因为主机地址全 0 和全 1 都有特殊的含义，不能分配给单台主机使用。主机地址全 0 表示某个网络，而主机地址全 1 表示某网络中的所有主机，主要用于广播。

例如，一台主机 A 类 IP 地址为 122.168.3.1（二进制形式的最高位为 0），则该主机所在的网络地址就是 122.0.0.0（主机地址全 0）；该主机在该网络中的顺序号，即主机地址为 168.3.1，广播地址为 122.255.255.255（主机地址全为 1）。

② B 类地址：B 类 IP 地址的前 16 位为网络地址，最高两位固定为 10，余下的 14 位可产生 $2^{14}=16\ 384$ 个网络（这里不存在减 2 问题，因为不可能出现网络地址全为 0 和全为 1）。后 16 位为主机地址，最大主机数量是 $2^{16}-2=65\ 534$（减 2 原因同上）。

③ C 类地址：C 类 IP 地址的前 24 位为网络地址，最高 3 位固定为 110，余下的 21 位可产生 $2^{21}=2\ 097\ 152$ 个网络数（同 B 类地址，也不存在减 2 问题）。后 8 位为主机地址，一个 C 类网络最大主机数量是 $2^8-2=254$（减 2 原因同上）。C 类 IP 地址一般适用于校园网等小型网络。

对于任意一个给定的 IP 地址，可以根据二进制形式的最高几位，即网络类别位判断该 IP 地址为 A、B 或 C 类的哪一类。但是，IP 地址经常以点分十进制的形式出现，这时可以根据第一个十进制数的范围来快速判断：

A 类地址：1～126（包含 1 和 126）。

B 类地址：128～191（包含 128 和 191）。

C 类地址：192～223（包含 192 和 223）。

例如，190.14.33.2 属于 B 类 IP 地址，因为第一个十进制数 190 在 128～191 之间。

（2）划分子网

传统的分类 IP 地址的设计不够合理，会造成 IP 地址的极大浪费。例如，某一单位有 10 000 台计算机，申请 IP 地址时获得了一个 B 类网络地址。而一个 B 类网络拥有 65 534 个可用的 IP 地址，可容纳 65 534 台主机。那剩下的 55 534 个 IP 地址可不可以给别的单位的网络使用呢？答案是不行，因为不同网络的 IP 地址的网络地址必须不同。为了能够更充分地利用 IP 地址，产生了划分子网的方法。划分子网是从主机地址中借用若干位作为子网地址，这样 IP 地址就变成了三级结构：网络地址+子网地址+主机地址。不同单位的网络只要保证网络地址+子网地址不一样即可。划分子网使网络的规模变小，有利于 IP 地址的充分使用。

划分子网后，IP 地址的位数、写法没有改变，仍然采用点分十进制，如 156.45.3.2，那如何判断这个 IP 地址所在的网络是否划分了子网呢？只根据 IP 地址无法判断，这时就需要子网掩码（Subnet Mask）的帮助。

子网掩码的格式与 IP 地址相同，长度也是 32 位。子网掩码中对应网络地址（包含子网地址）的二进制位为全 1；对应主机地址的二进制位为全 0。在不划分子网的情况下，子网掩码称为默认子网掩码。A、B、C 三类网络的默认子网掩码为：

A 类网络：11111111.00000000.00000000.00000000 或 255.0.0.0。

B 类网络：11111111.11111111.00000000.00000000 或 255.255.0.0。

C 类网络：11111111.11111111.11111111.00000000 或 255.255.255.0。

---

① 减 2 是因为全 0 和全 1 的网络号一般不使用。网络号全 0 的 IP 地址是保留地址，表示本网络。网络号全 1 的 IP 地址，即以 127（01111111）开头的 IP 地址用于本地软件的环回测试，如 127.0.0.1 就表示本机。若主机发送一个目的地址为 127 开头的 IP 数据报，则本机中的协议软件就处理数据报中的数据，而不会把数据报发送到任何网络中。

　　若子网掩码与对应的默认子网掩码不一样，就说明该网络划分了子网。可进一步使用子网掩码与 IP 地址进行简单的逻辑与运算，从中分离出网络地址（包含子网地址）和主机地址。

　　下面通过两个例子说明子网掩码的作用与用法。

　　实例 1：假定有一个 IP 地址为 166.9.200.3，其子网掩码为 255.255.255.0，判断该 IP 地址所在的网络是否划分了子网。如果划分了子网，则网络地址为多少？

　　首先可以判断 IP 地址 166.9.200.3 是一个 B 类 IP 地址。B 类 IP 地址的默认子网掩码是 255.255.0.0，与给定的子网掩码 255.255.255.0 不一样，所以划分了子网。而且可以很容易地判断是从主机地址中借了 8 位做子网地址，因为当前子网掩码中二进制 1 的位数为 24 位（1 个 255 对应 8 个二进制 1），比 B 类默认子网掩码多 8 位。下面可以把子网掩码和 IP 地址都转换为二进制，按位进行逻辑与运算，求出网络地址。过程如下：

IP 地址：	166	9	200	3
二进制 IP 地址：	10100110	00001001	11001000	00000011
二进制子网掩码：	11111111	11111111	11111111	00000000
IP 地址与子网掩码按位与运算：	10100110	00001001	11001000	00000000
运算结果的点分十进制：	166	9	200	0

　　根据与运算的结果，可得出划分子网后的网络地址为 166.9.200.0。实际上，对于本题而言，根本不需要转成二进制，就可以求出包含子网地址的网络地址。

　　实例 2：假定有一个 IP 地址为 166.9.200.3，其子网掩码为 255.255.192.0。判断该 IP 地址所在的网络是否划分了子网？如果划分了子网，则网络地址为多少？

　　首先可知划分了子网（判断方法见例 1），然后再判断网络地址为多少，方法与例 1 一样。如下所示：

IP 地址：	166	9	200	3
二进制 IP 地址：	10100110	00001001	11001000	00000011
二进制子网掩码：	11111111	11111111	11000000	00000000
IP 地址与子网掩码按位与运算：	10100110	00001001	11000000	00000000
运算结果的点分十进制：	166	9	192	0

　　根据与运算的结果，可得出划分子网后的网络地址为 166.9.192.0。例 2 的计算方法和例 1 是完全一样的，不过因为子网掩码不全是 255 和 0，所以计算上稍微麻烦一些，特别要注意子网地址和主机地址共存的字节，如上面的阴影部分的字节 11000000，网络地址占了 2 位，而主机地址占了 6 位。

　　实际上，通过子网掩码，还可以知道这个子网可以容纳多少台主机，这种划分子网的方法可以划分多少个这样的子网。例如，根据例 2 的子网掩码，可以知道从主机地址中借了 2 位做子网地址，则可以产生 $2^2=4$ 个同样大小的子网（全 0 和全 1 的子网地址可以使用）；而主机地址剩下 14 位，则每个子网能容纳的主机数量为 $2^{14}-2$ 台。

　　划分子网在一定程度上缓解了 IP 地址紧张的情况，但是因为一个网络可以再划分为多个小的子网，这导致网络的数量急剧增多，增加了路由查找的时间。假设把一个网络比喻成一栋楼，主机就是楼中的某个房间，则查找某房间（假设房间地址为 7-102，7 表示楼号，102 表示房间号）时，首先找到楼，再找具体房间号。划分子网后，楼多了，查找起来自然就慢了。为了解决这个问题，提出了 IP 地址的另一种用法——无分类域间路由（CIDR）。

（3）无分类域间路由

CIDR 是最新的 IP 地址用法，在 CIDR 中，又回归了两级 IP 地址用法：网络前缀+主机地址。网络前缀不再是固定的 8 位、16 位或 24 位，而可以是任意位数，如 6 位、12 位、25 位都可以。

CIDR 使用"斜线记法"表示 IP 地址和掩码，又称为 CIDR 记法，即在 IP 地址后面加上一个斜线"/"，然后写上网络前缀所占的位数。例如，100.78.168.0/6、200.3.4.150/25 都是 CIDR 记法，而斜线后面的 6 和 25 则是网络前缀所占的位数，它对应于上面三级结构中子网掩码中二进制 1 的个数，只不过现在不再叫子网掩码，而是称为掩码。/6 相当于 32 位子网掩码中，前面是连续 6 个 1，剩下 26 位是 0，转换为点分十进制写法是 252.0.0.0；同样，/25 相当于子网掩码为 255.255.255.128。

200.3.4.150/25 表示网络前缀占 25 位，主机号占 7 位，所以/25 共表示 2^7 个 IP 地址，这些 IP 地址有共同的前缀 200.3.4.128（按照前面介绍的方法把 IP 地址 200.3.4.150 和子网掩码 255.255.255.128 按位相与）。CIDR 把网络前缀相同的连续的 IP 地址称为"CIDR 地址块"。

200.3.4.150/25 地址块的地址范围为 200.3.4.10000000～200.3.4.11111111，对应十进制为 200.3.4.128～200.3.4.255（/25 表示网络前缀占 25 位，这 25 位固定，剩下的 7 位是主机号，可以从全 0 一直变化到全 1），而 200.3.4.150 是这个地址块中的一个 IP 地址。

一个 CIDR 地址块可以表示很多地址，如 100.78.168.0/6 地址块表示 2^{26} 个 IP 地址，相当于 4 个 A 类网络（一个 A 类网络有 2^{24} 个 IP 地址），这种地址的聚合称为路由聚合，即把多个网络聚合成一个地址块。路由聚合也称为构成超网。CIDR 使得网络的数量变少，减少了路由查找的时间，从而提高了整个互联网的性能。

传统的划分子网使网络变小，从而减少了 IP 地址的浪费；而 CIDR 则更灵活，不仅可以使网络变小，还可以使网络变大。CIDR 还有许多使用上的技巧，在此不再一一详述，读者可以根据需要自行搜索和学习。

2．IPv6

当前 Internet 上使用的 IPv4 是在 1978 年确立的，尽管在理论上大约有 43 亿个 IP 地址。但随着 Internet 技术的迅猛发展和规模的不断扩大，IPv4 已经暴露出了许多问题，其中最严重的问题就是 IP 地址资源短缺和网络安全问题。其间，也采用了很多方法缓解 IP 地址不够的问题，如划分子网和 CIDR，但这些方法都治标不治本，最根本的解决办法是扩大地址空间。

IPv6 是因特网工程任务组（Internet Engineering Task Force，IETF）设计的用于替代现行版本 IPv4 的下一代 IP 协议。IPv6 采用 128 位地址长度，每 16 位划分为一组，采用十六进制表示，共 8 组，组间用冒号隔开，称为冒号十六进制记法。例如：

1B56:AF01:B345:5789:7BC1:9F00:F345:2789

若 IPv6 地址中有连续的多个 0，可以用一对冒号表示，简化书写，称为零压缩。例如，1B56:AF01:0000:0000:0000:0000:F345:2789 可简写成 1B56:AF01: 0: 0: 0: 0:F345:2789，可进一步采用零压缩，简化为 1B56:AF01::F345:2789。

为了避免混淆，在一个 IPv6 地址中，只允许使用一次零压缩。例如，1B56:0:0:0:7BC1:0:0:2789 可以表示为 1B56::7BC1:0:0:2789 或 1B56:0:0:0:7BC1::2789。

到目前为止，IPv6 还不是因特网的正式标准。IPv6 对于 Internet 的发展是非常有帮助的，现在已经有一些 ISP（Internet 服务提供商）开始向 IPv6 过渡了。

拓展阅读：我国 IPv6 的发展[①]在世界上处于领先地位。1998 年 4 月，我国建立第一个 IPv6 试验网 CERNET-IPv6。2000 年 10 月，CERNET 首先在中国提供 IPv6 地址分配服务。2001 年 3 月，CERNET 首次实现了与国际下一代互联网络 Internet2 的互联。2001 年，CERNET 提出建设全国性下一代互联网 CERNET2 计划。CERNET2 是中国下一代互联网示范工程 CNGI 最大的核心网，是世界上规模最大的采用纯 IPv6 技术的下一代互联网主干网。CERNET2 主干网连接全国 20 个主要城市的 CERNET2 核心节点，实现全国 200 余所高校下一代互联网 IPv6 的高速接入，并为全国其他科研机构提供下一代互联网 IPv6 高速接入服务。

CERNET2 网络中心统一分配和管理 CERNET2 的 IPv6 地址。截至 2020 年 7 月，全国已有 12.17 亿用户获得 IPv6 地址，IPv6 活跃用户数达到 3.62 亿。国内用户量排名前 100 位的商业网站及移动应用、多数省部级政府网站和中央企业网站、双一流高校均可通过 IPv6 访问，覆盖教育、政务、新闻、社交、视频、电商、生活服务等主流互联网应用。在 2021 年 10 月 11 日中国 IPv6 创新发展大会上，工业和信息化部总工程师韩夏指出，下一步 IPv6 的发展要加快规模部署，提升服务能力；深化融合应用；着力创新突破。

3. 虚拟专用网

现在，全球 IPv4 地址的数量已经所剩不多了。由于 IP 地址的紧缺，一个单位能够申请到的

● 视频

虚拟专用网

IP 地址的数量往往远小于该单位所拥有的主机数量。而且，一个单位中大量的主机主要还是在单位内部相互通信，也不需要把所有主机都直接接入 Internet，但是它们仍然需要 IP 地址。为了解决这个问题，有一批 IP 地址被拿出来专门用于单位内部的通信。由于这些 IP 地址只能用于单位内部通信，所以也称为专用地址，本地地址。这批 IP 地址是：

① 10.0.0.0～10.255.255.255。
② 172.16.0.0～172.31.255.255。
③ 192.168.0.0～192.168.255.255。

对于使用专用地址的数据报，Internet 中的路由器一律不转发。现在假设有一个总公司和异地的子公司要相互通信，总公司内部的主机和子公司内部的主机都使用专用地址，具体怎么办？此时，可在总公司和子公司之间拉一根专用光纤，将两个公司的网络合在一起，既实现了通信的目的，又安全，但是造价较高，也不是最合理的解决方案。

能否通过已有的 Internet 使使用专用地址的主机相互通信？答案是可以，但是需要使用 VPN 技术。通过公用的 Internet 为使用专用地址的专用网之间架设通信通道就称为虚拟专用网（virtual private network, VPN）。VPN 使用了隧道技术和加密技术将使用专用地址的数据报进行再次包装，使它具有全球通用的 IP 地址（简称公网 IP 地址），由此可以在 Internet 中转发。具体过程如图 8-3 所示。

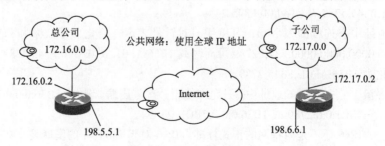

图 8-3　VPN 的工作原理

[①] 注：IPv6 在中国的发展部分数据主要参考《中国 IPv6 发展白皮书》。

总公司和子公司内部的主机使用专用 IP 地址, 网络中的两台路由器称为 VPN 路由器, 它们各具有两个 IP 地址: 一个专用 IP 地址 (连接公司内网); 一个全球 IP 地址 (连接公共网络)。假设子公司的某台主机 172.17.0.3 要访问总公司的服务器 172.16.0.100, 由于总公司的服务器使用专用地址, 所以承载该访问的数据报 (源 IP: 172.17.0.3; 目的 IP: 172.16.0.100) 不能在公用网络——Internet 中传输。因此, 当该数据报到达子公司的 VPN 路由器时, 该路由器对该数据报再次封装, 封装后的数据报的源 IP 地址为 198.6.6.1, 目的 IP 为 198.5.5.1。由于这些 IP 是全球承认的 IP 地址, 所以现在数据报可以通过 Internet 传输。当数据报到达总公司的 VPN 路由器后, 该路由器剥去具有全球 IP 地址的封装 (即解封), 将使用专用 IP 地址的数据报交给服务器, 至此顺利地完成了子公司和总公司的通信, 反之亦然。这就好比汽车不能在海上行驶, 但可以把汽车装到轮船上 (即封装), 到达岸边时再将汽车开下来 (解封), 这种方法就称为隧道技术。当然, 为了保证数据在公共网络中的安全, 数据还会进行加密处理。

属于同一个单位的处于不同地点的内部网络 (使用专用 IP 地址) 所构成的虚拟专用网 (VPN) 又称为内联网 (Intranet)。若一个单位和别的单位合作组成 VPN, 则称为外联网 (Extranet)。

VPN 技术现在应用得非常广泛, 它不仅可以让两个内部网络的主机相互访问, 还可以使具有公网 IP 地址的主机访问使用专用 IP 地址的主机。例如, 当公司员工出差在外想访问企业内网的服务器资源时, 也可以使用 VPN。

4. 网络地址转换

单位内部的主机多使用专用 IP 地址, 当这些使用专用 IP 地址的主机要访问 Internet 时, 该怎么办? 解决这个问题采用最多的方法是网络地址转换 (Network Address Translation, NAT)。

网络地址转换方法是 1994 年提出来的。这种方法需要在内部网络连接到 Internet 的路由器上安装 NAT 软件, 安装了 NAT 软件的路由器称为 NAT 路由器。NAT 路由同样既拥有专用 IP 地址, 也至少拥有一个全球 IP 地址。NAT 的工作原理如图 8-4 所示。

图 8-4 NAT 的工作原理

假设校园网中有一台计算机 (IP 地址为 172.16.0.100) 要访问 Internet 中的主机 (IP 为 198.6.6.1), 当访问数据报 (源 IP: 172.16.0.100; 目的 IP: 198.6.6.1) 到达 NAT 路由器时, NAT 路由器将源 IP 地址换成全球 IP 地址 198.5.5.1, 然后数据报就可以正常地访问 Internet 中的主机。当主机的回答 (源 IP: 198.6.6.1; 目的 IP: 198.5.5.1) 到达 NAT 路由器时, NAT 路由器查找记录, 发现本次是代替 172.16.0.100 访问的主机, 就将回答转交给内部计算机, 由此使用专用 IP 地址的内部计算机完成了对 Internet 中主机的访问。

通常一个 NAT 路由器同时拥有多个全球 IP 地址, 这样就可以同时为多个内部主机访问 Internet 提供服务。实际上 NAT 路由器使用一个全球 IP 地址也可以同时为多台内部主机提供服务, 虽然它们使用同一个 IP 地址, 但是可以通过端口将这多台内部主机区分开。例如, 内网的两台计算机（172.16.0.99 和 172.16.0.100）同时要访问主机 198.6.6.1，经过 NAT 路由器时，NAT 路由器转换后的数据报的源 IP 和源端口可以分别是 198.5.5.1:1000、198.5.5.1:2000（冒号后的 1000 和 2000 表示区分两台计算机的端口号）。回答报文也会携带这个端口号，NAT 路由器根据回答携带的端口号就知道该回答是哪台计算机的。使用端口的 NAT 称为 NAPT（P 表示端口 Port）。

8.1.3　Internet 域名系统

为了方便用户，Internet 在 IP 地址的基础上提供了一种面向用户的字符型主机命名机制如 www.×××.edu.cn，即域名系统，它是一种更高级的地址形式。

IP 地址可以唯一地识别网络中的某一台主机，但是数字编码（IPv4 二进制 32 位，十进制也有 12 位）不好记忆。为了便于使用和记忆，Internet 采用了域名系统（domain name system, DNS），即面向用户的字符型主机命名机制，简称域名系统。域名采用了层次结构，如图 8-5（a）所示。

1. 域名服务器

IP 地址和域名是一一对应的，例如：某大学的 IP 地址是 202.×××.116.96，对应域名为 www.×××.edu.cn。注意域名中的"."和 IP 地址中的"."没有对应关系。这个域名和 IP 地址的对应关系存放在一个称为域名服务器的主机内。网络是根据 IP 地址查找计算机的，所以当用户使用域名访问网络时，域名服务器 DNS 会根据用户输入的域名自动查找对应的 IP 地址，这个过程称为域名解析。

在 Internet 中，有很多分散在世界各地的域名服务器。根据它们的职责和负责范围的不同可以分为根域名服务器、顶级域名服务器、授权域名服务器和本地域名服务器。根域名服务器是最高级别的域名服务器，对所有的域名有最终解释权，它会把域名解析的任务分给相应的顶级域名服务器。授权域名服务器负责它所管辖范围内的域名的登记、管理和解析。而在配置网络时输入的域名服务器是本地域名服务器，也是进行域名解析时首先请求的服务器，如图 8-5（b）所示。这些域名服务器相互合作，完成域名解析的工作。

2. 域名系统的结构

从技术角度来看，域名是在 Internet 上由一行有层次的字符组成的字符型 IP 地址，采用层次树状结构分级，如图 8-5（a）所示，从右向左级别由高到低。每一级的域名都由英文字母和数字组成（不超过 63 个字符，不区分大小写），完整的域名不超过 255 个字符。如 www.×××.edu.cn 中，cn 代表顶级域名中国，edu 为二级域名中国教育科研网，×××代表单位名称，www 是其万维网服务器的名字。

① 顶级域名：包括地理顶级域名（也称国家或地区顶级域名）和通用顶级域名两种。国家或地区顶级域名表示国家或地区，由 2 个字母组成。例如，cn 表示中国，us 表示美国，uk 表示英国等。传统的通用顶级域名有 6 个，由 3 个字母组成，如表 8-1 所示。现在又增加了一些通用顶级域名，如 aero 表示航空运输企业，travel 表示旅游业，museum 表示博物馆，等等。

除此以外，还增加了"中国""公司""网络"等几个中文的顶级域名，这表明了中国的国际影响力日益强大。

② 二级域名：在国家或地区顶级域名下注册的二级域名均由该国家自行确定。我国的二级域名划分为两大类："类别域名"和"行政域名"。例如，中国的类别域名有 7 个：edu（教育）、com（企业）、ac（科研机构）、gov（政府）、net（互联网服务）、org（非营利性组织）、mil（国防机构）；行政域名如 bj、sh、tj、sd 等，代表北京、上海、天津、山东等。

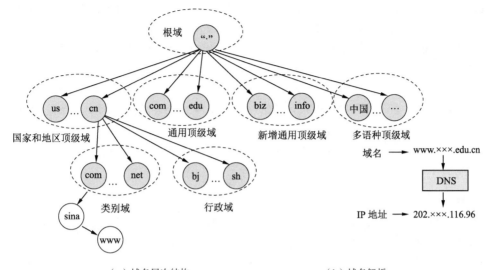

（a）域名层次结构　　　　　　　　　　　　　（b）域名解析

图 8-5　域名层次结构和解析

表 8-1　常见顶级域名（部分组织、国家和地区）

组织域名代码	用　　途	国家和地区域名代码	国家和地区
com	商业组织	cn	中国
edu	教育机构	de	德国
gov	政府部门	fr	法国
mil	军事部门	ru	俄罗斯
org	非营利性组织	jp	日本
net	网络服务机构	uk	英国
int	国际组织	us	美国

3. 域名注册

域名注册通常分为国内域名注册和国际域名注册。国内域名注册统一由 CNNIC（ China Internet Network Information Center，中国互联网络信息中心 ）进行管理。持有中国有效身份证明的组织或个人可以注册.CN 域名，注册时需要提供中国有效身份证明材料信息。国际域名注册现在由一个来自多国私营部门人员组成的非营利民间机构 ICANN（ The Internet Corporation for Assigned Names and Numbers，互联网名称与数字地址分配机构）统一管理。

目前，国际域名有效期在注册时可以选择一年或更长，国内域名注册有效期为一年。在域名到期之前用户必须缴纳下一个有效期的费用，否则域名会停止运行直至删除。

拓展阅读：1990 年 11 月 28 日，代表中国的顶级域 ".cn" 成功注册登记，并在国外建立了 cn 域名服务器。从此，中国的网络有了自己的网上标识。

1994 年 5 月 21 日，在钱天白教授和德国卡尔斯鲁厄大学的协助下，中国科学技术网（ CSTNET ）在国内完成我国顶级域名 cn 主域名服务器的设置，将 cn 域名服务器从德国移到 CSTNET 上运行，改变了中国的 cn 顶级域名服务器一直放在国外的历史。

2003 年 1 月 6 日中午 12 点整，随着 ".cn" 域名升级系统正式启动，全球首个正式 ".cn" 域名宣告诞生。

　　2003年3月17日，中国互联网信息中心（CNNIC）开放cn二级域名的注册。2007年，CNNIC启动"CN域名一元体验活动暨国家域名腾飞行动"，掀起了国内注册".cn"的热潮。截至2021年3月，我国域名注册市场规模约为3907.9万个[①]，其中，顶级域".cn"域名注册量约为2 000万个，排名全球前10。

　　2010年6月25日，互联网名称与数字地址分配机构ICANN宣布中国顶级域名还可以有简体".中国"和繁体".中國"两种中文形式。2021年1月，百度公司DNS负责人表示，百度搜索将全面支持中文域名。现在，百度搜索引擎已完成100多万个中文域名的收录[②]。

　　如今.cn域名已经成为中国人的互联网标识，随着国际上新gTLD计划的实施，在全球域名体系中的影响力不断提升。

8.1.4　接入因特网的方式

　　计算机只要配置了TCP/IP协议，就可以连入因特网。其实，除了计算机，还有很多其他设备，都可以连入因特网。例如，手机、平板计算机、PDA设备、数字电视等。只要做了正确的设置，就可以连入因特网。要接入因特网，必须要向提供接入服务的ISP（Internet service provider，因特网服务提供商）提出申请，也就是说要找一个网络高速公路的入口。例如，中国最大的ISP是国际出口的中国四大主干网，下面还有许多ISP代理。用户向当地的ISP申请，并填写相关信息，即可接入因特网。

　　连入因特网的方式有很多种，下面介绍几种常见的联网方式。

1. 局域网上网

　　局域网上网方式是指加入局域网中的计算机通过路由器连入因特网。这种连接方式一般被机构、企业、学院等单位用户使用。局域网接入因特网使用的网络设备包括网卡（现在的计算机都附带网卡）、网线、路由器、DDN专线（租用）等，现在也经常使用光缆连接，速度更快，网络性能更稳定。目前，各电信公司以及部分ISP都在推出宽带LAN接入方式上网，用户PC的上网速率可达100 Mbit/s。光纤到户（fiber to the home，FTTH）最高传输速率可以达到1Gbit/s。

　　局域网基本不受用户数量的限制，但网络安装和设备、网络维护均需要专业人员。

2. 宽带上网

　　这里的宽带上网方式指以更高的速度登录Internet。在Internet刚刚兴起时，一般个人用户只能采用拨号方式上网，速度很慢。随着通信技术和计算机网络技术的飞速发展。目前已经有了很多更高速的连入Internet的方式供用户自由选择。

　　（1）DSL方式

　　数字用户专线（digital subscriber line，DSL）是以普通电话线提供的宽带数据业务的技术，也是目前较常用的一种接入技术。它使用DSL Modem作为连接设备，利用频分复用技术划分电话线低频信号和高频信号，低频信号供电话使用，高频信号就可以供计算机、PAD等智能终端连入互联网。

　　目前使用较多的是非对称数字用户专线（asymmetric digital subscriber line，ADSL），如图8-6所示。非对称是指它的上行速率（从用户到ISP方向，如文件上传）和下行速率（从ISP到用户，如文件下载）不一样，上行速率低，下行速率高。ADSL因安装方便、无须缴纳电话费等特点而深受用户喜爱。ADSL采用频分复用技术把普通的电话线的带宽分成了电话（≤4 kHz）、上行（40～

---

① 数据来源于《互联网域名行业季报（2021年第二季度）》。
② 中国新闻网2020年1月17日：百度搜索将全面支持中文域名。

138 kHz）和下行（139～1 100 kHz）3 个独立的信道，分别传输不同的信号，避免了相互之间的干扰。通常 ADSL 在不影响正常电话通信的情况下可以提供最高 3.5 Mbit/s 的上行速度和最高 24 Mbit/s 的下行速度，其有效传输距离为 3～5 km。

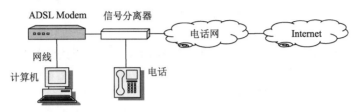

图 8-6　ADSL 安装和连接示意图

（2）cable modem 方式

有线电视 CATV 是最早进入家庭的有线系统，cable modem 方式就是利用有线电视网登录 Internet。cable modem 又称电缆调制解调器，串接在用户的有线电视电缆插座和上网设备之间。

有线电视电缆能够提供比电话线更高的带宽，大约为 1 000 MHz，而电话线只有 1.1 MHz。通过有线电视网上网可以获得更高的网速，上行速率可达 3 Mbit/s；下行速率可达 40 Mbit/s。目前，cable modem 接入技术在全球，尤其是北美的发展势头很猛，每年用户数以超过 100%的速度增长。我国许多省市也已开通了 cable modem 接入。

（3）无线局域网方式

在无线局域网（wireless local area networks, WLAN）发明之前，人们要想通过网络进行通信，必须先用物理线缆（双绞线、同轴电缆、光纤等）组建一个网络通路。当网络发展到一定规模后，人们又发现，这种有线网络无论组建、拆装还是在原有基础上进行重新布局和改建，都非常麻烦，且成本和代价也非常高，于是无线的组网方式应运而生。

WLAN就是通常所说的无线保真Wi-Fi（wireless fidelity）上网方式，它利用射频（radio frequency，RF）技术，使用无线电磁波，在自由空间中进行通信连接。Wi-Fi 技术使用的是 2.4 GHz 附近的频段。Wi-Fi 传输范围有限，属于在办公室和家庭中使用的短距离无线技术。目前的很多电子设备都具备了 Wi-Fi 上网的功能，如手机、平板计算机、PDA、智能手表等。

3．移动通信和蜂窝移动通信上网

移动通信（mobile communication）是在移动用户与固定点用户之间，或者移动用户与移动用户之间进行信息交流的通信方式。蜂窝移动通信（cellular mobile communication）是目前最常用的一种移动通信技术，它采用小区制蜂窝无线组网[①]的方式，在终端和网络设备之间通过无线通道连接起来，进而实现移动中的终端设备的通信功能。终端不仅可以移动上网，还可以跨区切换和跨网漫游。蜂窝移动通信网络由基站子系统、移动交换子系统等组成，可以用来传输语音、数据、视频图像等。

第一代蜂窝移动通信系统，即 1G，传输的是模拟语音信息，系统的用户容量和通信质量都比较差。

第二代蜂窝移动通信系统，即 2G，实现了语音的数字化，不仅系统容量和通话质量有了很大的提升，还可以在语音通话之外提供数据通信业务，如短信。后来经过改进，可以实现浏览网页

---

① 小区制就是把整个服务区域划分为若干个无线小区（Cell），每个小区分别设置一个基站，基站可负责以它为中心的一个圆形区域（即本小区）的通信的联络和控制，若干个小区相互接界形成蜂窝式结构，共同协作完成本服务区范围内的通信。小区制（蜂窝）是解决频率不足和用户容量问题的一个重大突破。它能在有限的频谱上提供较大的容量，而不需要做技术上的重大修改。

或者发送电子邮件等较为简单的互联网应用。

第三代蜂窝移动通信系统，即 3G，理论最大下载速率可以达到 7.2 Mbit/s，可以提供基本的宽带网络连接服务，能够传输影像和视频等多媒体数据，可支持各种主流的 Internet 应用，以多媒体通信为特征。3G 的迅速发展对通信设备制造业、移动通信终端制造业和移动信息服务业形成了强大的推动力。

第四代蜂窝移动通信系统，即 4G，它的理论最高下载速率可以达到 150 Mbit/s，可以完美地支持所有 Internet 应用，通信进入无线宽带时代，如网络视频可以在智能手机上流畅地播放。

目前，各国都在竞争第五代移动电话行动通信标准，又称第五代移动通信技术，即 5G 标准。5G 是 4G 的延伸，5G 网络的理论下行速度为 10 Gbit/s（相当于下载速度 1.25 GB/s）。这意味着手机用户在不到一秒时间内即可完成一部高清电影的下载。而且 5G 的功耗低于 4G，从而带来一系列新的无线产品，如更多智能家居设备和可穿戴计算设备。如果说 3G 和 4G 使人与人相连，那么5G 将使万物互联，5G 时代的到来将推动新一轮技术革命。

8.2   因特网的资源

因特网已经成为一个虚拟的世界，每天有数以亿计的用户在因特网上浏览、检索信息，观看视频，进行电子购物，网上交流，发送邮件等。本节介绍因特网的各种资源和应用。

8.2.1   WWW 和网站

WWW（world wide web, Web）译为万维网，是一个基于 Internet 的全球性多媒体信息系统，它通过遍布全球的 Web 服务器（网站形式）向配有浏览器的 Internet 用户提供信息服务，以超文本和超媒体技术将大量的信息连接起来。

WWW 系统的工作方式是采用客户机/服务器（C/S）模式，由三部分组成：客户机（client）、服务器（server）、HTTP 协议。信息资源以网页或网站的形式存储在 WWW 服务器中。用户通过客户端的浏览器向 WWW 服务器发出请求，请求可以通过在客户机的地址栏输入网页地址后回车或单击网页中的"超链接"产生。服务器根据客户机请求内容，将保存在 WWW 服务器中的某个页面发送给客户机。客户机与服务器之间使用 HTTP 协议传输请求和回答。浏览器在接收到该页面后对其进行解析，最终将图、文、声并茂的画面呈现给用户。WWW 的工作方式如图 8-7 所示。

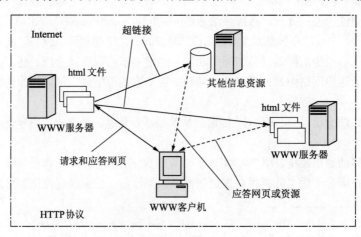

图 8-7   WWW 工作方式示意图

1．WWW 要解决的主要问题

从本质上讲，万维网是超媒体（超媒体=超文本+多媒体）思想在计算机网络上的实现，万维网要解决的问题主要包括以下几个：

① 如何标识 Internet 中成千上万的文档（即网页的 URL）。

② 用什么协议实现万维网上的信息传输（HTTP）。

③ 超链接如何标识以及怎样使不同作者、不同风格的文档共享（HTML）。

④ 万维网上的信息很多，如何快速找到需要的信息（搜索引擎）。

（1）统一资源定位符

万维网以网页的形式呈现信息，而万维网上的网页数以亿计，此时可以通过网址区分这些不同的网页。网址又称统一资源定位符（uniform resource location, URL），它是 WWW 上的一种准确定位机制，又称编址机制。WWW 的众多资源，不论以何种方式存储在服务器上，都有一个 URL 地址，URL 能够指出用什么方法、去什么地方、访问哪个资源。

URL 是一个简单的格式化字符串，由双斜线分成协议和文件存储的具体地址（服务器网络地址+存储器或硬盘上存放位置）两部分，可细分为：协议、主机名、端口和文件地址（存放位置）四部分。具体格式如下所示：

协议://主机名[:端口号]/路径/文件名

其中，"协议"指客户端访问服务器所使用的通信协议，可以是 HTTP、FTP、Telnet、NEWS 等。浏览器访问 WWW 服务器常用的协议是 HTTP 或 HTTPS。HTTPS 是安全的 HTTP 协议，如果浏览器使用 HTTPS 协议访问服务器，则浏览器和服务器之间传输的请求和回答会被加密，使用 HTTP 协议是不加密的。

"主机名"指服务器所在主机的 IP 地址或域名。如果客户端通过默认端口（HTTP 默认 80 端口，HTTPS 默认 443 端口）访问服务器，则端口号通常省略。

"路径"指文件在主机上的存储路径。

"文件名"指文件的名称，如果网页文件名为 "index.×××"，可以省略，例如 index.html、index.jsp、index.asp 和 index.php 等。

（2）超文本传输协议

超文本传输协议（hypertext transfer protocol, HTTP）定义了浏览器如何向 Web 服务器发送请求，以及 Web 服务器如何将回答返回给浏览器。HTTP 协议是应用层的协议，它是万维网上能够可靠地交换文本、声音、图像等多媒体文件的重要基础。至今为止，HTTP 有 0.9、1.0、1.1 和 2.0 四个版本，现在主要使用的是 1.1 和 2.0 版本。HTTP 2.0 是谷歌公司研发的 https 的一种协议的升级版，只用于访问 https://网址，目的是在互联网上使用加密技术，以提供强有力的安全保护。而 HTTP 1.1 则继续用于 http://网址的访问。

（3）超文本标记语言

超文本标记语言（hypertext markup language, HTML）是一种制作 WWW 页面的标准语言，它消除了不同计算机之间信息交流的障碍，使任何计算机都能显示 WWW 服务器上的页面。实际上，HTML 是一种用于制作排版网页格式的描述语言，用 HTML 编写的 WWW 页面以 ".html" 或 ".htm" 为文件扩展名。HTML 文档是一种可以用任何文本编辑器创建的纯文本文件（即 ASCII 码文件），即使用 Word 编辑了一个文件，只要另存时选择扩展名为 ".html" 或 ".htm"，就可以转换为浏览器能显示的 HTML 格式的文档。HTML 定义了许多用于排版的命令，即"标签"，包括文字、图形、动画、声音、表格、链接等，最新的版本是 HTML 5.0。例如，<H1>HTML 简单易学</H1>，其中<H1>是定义文本为 1 级标题的命令，</H1>表示 1 级标题排版到此结束。

（4）搜索引擎

因特网就是一个有着大量、无序、繁杂信息的资源库，搜索引擎可以帮助用户从这个庞大的资源库中检索出想要的内容。其核心思想是用人工智能的方法，按一定策略，在互联网中搜集、发现信息，并对信息进行理解、提取、分类、组织和处理，以便帮助人们快速查找想要的内容，摒弃无用的信息。这种为用户提供检索服务、起到信息导航作用的系统称为搜索引擎。

搜索引擎其入口也是一个网站，只不过该网站专门为用户提供信息检索服务。这个网站的主要任务就是在 Internet 上主动搜索 Web 服务器信息并自动索引，将其索引内容存储于可供查询的大型数据库汇总。图 8-8 所示为一般搜索引擎的搜索原理。

搜索引擎的工作过程，大致可以分为 3 个步骤：

① 搜索器从 Internet 上抓取网页（信息的采集）。

② 索引器建立索引数据库（信息的组织）。

③ 检索器在索引数据库中搜索并将结果排序输出（信息的输出）。

当前著名的搜索引擎有百度、雅虎、新浪、网易、搜狗、360 搜索等。

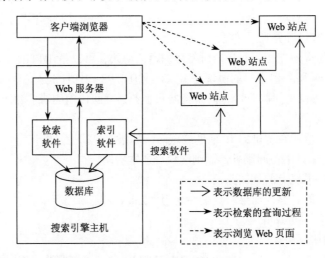

图 8-8　搜索引擎原理

在网上搜索首先要搞清楚待查信息的关键字。可以先输入一个主关键字进行搜索，如果发现搜索到的结果太多或者用处不大，说明这个关键字不明确，在"高级搜索"中输入第二个关键字，再次搜索，一般就能查到所需信息。百度中文搜索引擎提供了四类搜索技巧：

搜索方式一：搜索完整不可拆分关键词。

将关键词用双引号或者书名号括起来，这样，百度就不会将关键词拆分后去搜索，得到的结果也是完整的关键词。例如，搜索 "USB 接口"和《USB 接口》，这样"USB 接口"是不会被拆分成"USB"和"接口"两个词再检索的。

搜索方式二：指定命令搜索，命令有 intitle、site、inurl、filetype 等。

① 指定网站标题内容搜索命令：intitle。例如，"解说 intitle:足球"，会搜索出网站标题有"足球"和"解说"关键字的网站。

② 指定网址搜索命令：site。例如，"机器学习 site:www.×××.com"，指在 www.×××.com 中进行 "机器学习" 关键字内容搜索。

③ 指定链接内容搜索命令：inurl。例如，"篮球 inurl:ytu"，是指在链接中包含"ytu"的网站下进行"篮球"关键字内容搜索。

④ 指定文件类型搜索命令：filetype。例如，"工作 filetype:doc"，是指在"doc"文件类型中进行"工作"关键字内容搜索。

搜索方式三：排除"−"或包含"+"某个关键词搜索。

① 排除关键词搜索标识符为"−"：例如，搜索羽毛球的同时排除乒乓球"羽毛球 − 乒乓球"，这时，搜索结果不会出现有乒乓球的网站。

② 包含关键词搜索标识符为"+"：例如，搜索羽毛球的同时包含乒乓球"羽毛球 + 乒乓球"，这时，搜索结果为羽毛球和乒乓球同时存在的网站。

搜索方式四：高级搜索功能。

百度还提供了包含和不包含"高级搜索"功能，可以通过百度首页的"设置"进入百度的高级搜索功能。

如果需要搜索学术论文等专业文献资料，可以访问专业的学术搜索引擎，如百度学术搜索或者知网学术搜索等。有些学术搜索引擎还提供了论文查重服务，如百度学术搜索的主页面下方有"论文查重"按钮，如图 8-9 所示。

图 8-9　百度学术中的"论文查重"

2．WWW 的其他概念

（1）网页、主页和网站

网页（web page）简称 Web，是一个遵守超文本标记语言格式，包含 HTML 标签的纯文本文件，又称页面，标准的网页文件扩展名为".html"或".htm"。在 WWW（万维网）环境中，信息是以网页形式组织呈现的，通过单击一次超链接所打开的内容就是一页。在页面中，包含有文本信息和多媒体信息（如图形、图像、声音和视频等）。

主页（home page）又称首页，即网站的首页或入口网页，也就是打开网站后看到的第一个页面，也指打开浏览器时默认自动打开的第一个网页。一般情况下，主页的作用和内容类似书刊的序言和目录，提供网站内容的简要描述和索引，以便用户浏览网站。大多数作为首页的文件名是 index、default、main 或 portal 加上扩展名。

网站（web site）就是由若干网页组成的，用于展示特定内容网页的集合。网站可以存放在世界某个角落的某一台服务器中，网站内各个网页之间通过超链接建立联系，以便浏览阅读。人们通过网页浏览器打开网站主页进入网站。目前因特网的信息服务主要以网站的形式提供，例如，现在非常普遍的门户网站（如新浪网、搜狐网等）都能够给用户提供"一站式"的服务，类似于信息超市。

（2）超链接

超链接是万维网最具特色的功能之一，它是包含在每个页面中能够连到万维网上其他页面或文件资源的连接信息或连接关系，通过这种方法可以浏览相互链接的页面。超链接可以是文本超链接、图像超链接、E-mail 链接、多媒体文件链接等。如果单击超链接，则相当于指示浏览器移至同一网页内的某个位置，或打开一个新的网页，或打开某一个新的 WWW 网站中的网页，所以超链接可以分为以下 3 种类型：内部链接（网站内）、锚点链接（网页内）和外部链接（其他网站）。在一个网页中识别超链接的方法是，当鼠标移到超链接上时光标会变成手形。

（3）浏览器

在客户机上运行的，用来解释 Web 页面并完成相应转换和显示的 WWW 客户程序称为浏览器（Browser）。其功能包括：

① 执行 HTTP 协议，向 Web 服务器请求网页。

② 接收 Web 服务器下载的网页。

③ 解释网页（HTML 文档）的内容，并在窗口中进行展示。

④ 提供用户界面，进行人机交互。

浏览器是一种用于获取 Internet 上信息资源的应用程序，不仅是 HTML 文件的浏览软件，也是一个能实现 FTP、Mail、News 的全功能的客户软件。

常用的浏览器有 IE 浏览器、360 安全浏览器、谷歌浏览器、火狐浏览器等，其基本功能大致相同。

浏览器中有地址栏，在其中输入网址（URL 地址）即可浏览网页。用户还可以将喜欢的网址收藏，以便下次快速进入。

8.2.2　电子邮件服务

电子邮件服务（又称 E-mail 服务）是目前因特网上使用最频繁的服务之一，它为因特网用户之间发送和接收消息提供了一种快捷、廉价的现代化通信手段，在信息交流中发挥着重要作用。与传统邮件相比，电子邮件传递的信息可以包括文字、图形、图像、声音、视频或软件等。

1．电子邮件地址格式

收发电子邮件要拥有一个属于自己的"邮箱"，也就是 E-mail 账号。E-mail 账号可以向 ISP 申请，它是一个全球唯一的 E-mail 地址，基本格式如下：

用户名　@　电子邮件服务器名

它表示以用户名命名的邮箱是建立在符号"@"（读作 at）后面的电子邮件服务器上的，这个电子邮件服务器是 IMAP 服务器或者 POP 服务器。例如，changsheng@qq.com 就是一个合法的电子邮件地址，邮件服务器的域名是 qq.com（全球唯一），邮箱的用户名是 changsheng，该用户名在 qq.com 上是唯一的。几乎所有门户网站都提供免费电子邮箱服务。

2．电子邮件工作过程和协议

使用电子邮件有两种方式：

一种是通过客户端软件收发电子邮件，如 Outlook Express、Foxmail 等。这种情况需要先将这些软件安装在本地计算机上，并使用这些软件通过已申请的电子邮件账号连接到电子邮件服务器，配置好软件来使用电子邮件的各种功能。

另一种是采用各个门户网站提供的电子邮件服务。用户通过浏览器登录邮箱即可使用电子邮件的相关服务。这种方式不用安装和维护软件，邮箱使用方便，是使用电子邮件的主流方式，又称 Web 方式。

（1）通过电子邮件客户端软件收发电子邮件

假设小明要发送邮件给小李，他们的邮箱分别是 xiaoming@163.com 和 xiaoli@qq.com。首先，小明通过电子邮件客户端软件撰写邮件，然后通过 SMTP 协议发送到 163 的邮件发送服务器中排队。163 的邮件发送服务器再将邮件通过 SMTP 协议发送到 qq 的邮件接收服务器。SMTP（simple mail transfer protocol，简单邮件传输协议）属于 TCP/IP 协议族，用于在客户端软件和邮件服务器之间发送电子邮件。

小李可以在任意时间到邮箱查看信件。当小李也使用邮件客户端软件读取信件时，首先通过 POP 或者 IMAP 协议登录邮箱（根据配置软件时配置的是 POP 邮箱还是 IMAP 邮箱），然后就可以处理邮件。

POP（post office protocol）协议称为邮局协议，现在常用的是第三版，又称 POP3。POP3 协议是一个非常简单、功能有限的离线电子邮件接收协议。通过 POP3 协议，用户可以把存储在邮件服务器的电子邮箱中的邮件下载到本地计算机中阅读，同时会删除保存在 POP3 服务器上的邮件。现在 POP 协议做了一些改进，允许用户选择是否删除已下载邮件。

IMAP（Internet message access protocol，因特网消息访问协议）比 POP3 复杂得多，现在较新的版本是第四版，简称 IMAP4。IMAP 协议是一个联机协议，当用户需要打开某个邮件时，该邮件才会下载到本地计算机。在用户未发出删除邮件的命令之前，邮件会一直保留在邮件服务器的邮箱中。

具体过程如图 8-10 所示。

图 8-10　使用电子邮件客户端收发电子邮件

（2）通过浏览器收发电子邮件

当用户通过浏览器登录邮箱收发电子邮件时，用户通过 HTTP 协议将邮件发送到发送邮件服务器，接收方也是通过 HTTP 协议登录邮箱读取邮件的。用户可以在邮箱中存放很多邮件：已读取的、已发送的、已删除的但尚未彻底删除的等。具体过程如图 8-11 所示。

图 8-11　通过浏览器收发电子邮件

8.2.3　文件传输

1. 文件传输协议

文件传输协议（file transfer protocol, FTP）曾是因特网上使用最广泛的文件传输协议，它可以把任意格式的文件（包括文本、二进制、图像、数据压缩文件等）从一台计算机传送到另一台计算机中。FTP 包括文件上传（从客户到 FTP 服务器）和下载（从 FTP 服务器到客户）两部分功能。

FTP 采用客户机/服务器工作模式，提供交互式的访问，基本工作原理如下：用户启动 FTP 客户端应用程序，如 CuteFTP，与 FTP 服务器建立连接。用户也可以和登录万维网网站一样，打开浏览器输入 FTP 服务器的域名或 IP 地址登录 FTP 服务器。然后使用 FTP 工具或命令，将服务器中的文件传输到本地计算机中（下载）。在权限允许的情况下，还可以将本地计算机中的文件传送到 FTP 服务器中（上传）。

登录 FTP 服务器需要输入用户名和口令字，为了方便用户使用，用户可以使用 anonymous 作为用户名，以用户的电子邮件地址作为口令字。这种方式也称为匿名 FTP。这种方式登录的用户权限有限，只能下载，不能上传。

现在有很多 FTP 客户端软件，它们具有图形界面、操作简单（通过拖动可实现文件的上传和下载）、适合大文件传送，而且还有断点续传功能，CutFTP 就是非常有名的一款 FTP 客户端软件。

现在的网络资源下载多是在 WWW 浏览时，以 http 方式进行。FTP 现在应用得比较少，主要用于网站设计者将网站内容上传到他们的 Web 服务器。

2. 简单文件传输协议 TFTP

TCP/IP 协议族中还有一个简单文件传输协议（trivial file transfer protocol, TFTP），它是一个很小且易于实现的文件传输协议。TFTP 只支持文件传输不支持交互，没有庞大的命令集，也不能对用户进行身份鉴别，但是 TFTP 代码所占内存非常小，这对某些设备非常重要。

与 FTP 用于在互联网中传输文件不同，TFTP 主要用于在局域网内传输文件，经常用于网络设备中文件的上传和下载。TFTP 也使用客户/服务器方式，Cisco TFTP 是比较有名的 TFTP 客户端。

3. 网络文件系统 NFS

网络文件系统（network file system, NFS）是操作系统中提供的对共享文件的访问措施。NFS 可以使本地计算机访问别的计算机上的文件，就像这些文件在本地一样，这也称为透明存取。Windows 操作系统中的映射网络驱动器就属于这一类，可以将远地计算机上的共享文件夹映射为本地计算机上的某一个驱动器，如图 8-12 所示。

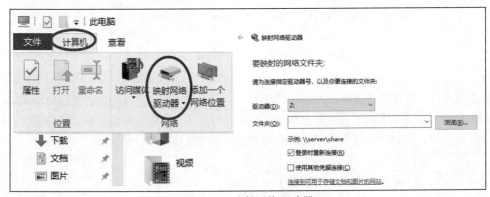

图 8-12 映射网络驱动器

4. 基于 BT 的下载技术

BT（BitTorrent）是一种互联网上的 P2P 传输协议，它是目前互联网最热门的应用之一。BT 服务是一个点对点的 P2P 下载软件，通过 torrent 文件来获取文件的下载信息进行下载。它克服了传统 FTP 软件下载方式的局限性。

在传统 FTP 软件下载方式中，采用客户/服务器模式，即所有客户端都从同一台服务器下载文件。服务器所提供的带宽是一定的，因而下载人数越多速度越慢，甚至 "死机"。所以，很多服务器都会有用户人数的限制、下载速度的限制，这就给用户造成了诸多不便。

BT 服务采用的是 P2P 对等方式服务，即所有参与下载的主机都既是客户也是服务器，所有主机可以通过下载别的主机（不一定非是文件所在的原始服务器）已经下载的文件实现文件共享。用 BT 下载，参与下载的用户越多，用户就可以从更多的主机获得下载内容，所以用户越多，下载速度越快。

BT 的基本工作过程是这样的：BT 服务器首先在上传端把文件分成若干个部分。如果有甲、乙、丙、丁四位用户同时下载，那么每个用户不会从 BT 服务器上下载所有部分，而是有选择地从其他用户的计算机上下载该用户已下载完成的部分。例如，丁用户的 BT 软件会从甲、乙、丙和 BT 服务器上有选择地同时下载文件的不同部分，这样不但减轻了 BT 服务器的下载负荷，也加快了丁用户的下载速度，其他用户也类似，即"我为人人，人人为我"。下载的人越多，下载速度也就越快。主机在享受别人提供的下载服务的同时，也在为别人提供下载服务。

5. 流媒体技术

在流媒体技术出现之前，人们要观看视频或者听音乐必须先完全下载这些多媒体内容到本地计算机，然后才可以看到或听到。流媒体技术出现之后，人们便无须再等待多媒体内容完全下载就可以观看或收听。

流媒体技术也称流式媒体技术，就是把连续的影像和声音信息经过压缩处理后放到网站服务器上，由视频服务器向用户计算机顺序或实时地传送各个压缩包，让用户一边下载一边观看/收听，而不用等整个压缩文件完全下载下来。

该技术先在使用者端的计算机上创建一个缓冲区，在播放前预先下载一段数据作为缓冲，播放程序会先播放缓冲区内的数据，然后边播放，边下载。只要下载速度大于播放速度，就可以避免播放的中断。多媒体文件一边下载一边播放，不仅使启动延时大大缩短，而且不需要太大的缓存容量。

流媒体技术不是一种单一的技术，它是网络技术及视频/音频技术的有机结合。在网络上实现流媒体技术，需要解决流媒体的制作、发布、传输及播放等方面的问题，而这些问题则需要利用视频/音频技术及网络技术来解决。

8.2.4 网络社交

网络社交指人与人的关系网络化，体现为互联网上人们彼此之间用来分享见解、经验和观点的工具和平台。在网络社交媒体中，众多的用户可以通过撰写、分享、评价、讨论等方式互动，然后自发地贡献、提取、创造、传播各种资讯。通过各种社交媒体传播的信息已成为当前人们浏览互联网的重要内容之一。根据社交目的或交流话题领域的不同，目前的网络社交主要分为 5 种类型：

1. 娱乐网站

国外知名的如 YouTube、Myspace，国内知名的有猫扑网、优酷网、爱奇艺等。

2. 消费网站

涉及各类产品消费、休闲消费等活动，比如国外比较知名的亚马逊网站（见图 8-13），国内比较知名的淘宝、天猫（见图 8-14）、京东等，都是耳熟能详的消费网站。另外，还有口碑网和大众点评网等，以餐饮、休闲娱乐、房地产交易、生活服务等为主要话题。

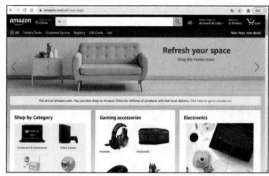

图 8-13　亚马逊网站首页

图 8-14　天猫网站首页

3．文化（评论）网站

主题涉及书籍、影视、音乐等，例如国内知名的豆瓣网，主要活动是书评、乐评、影评等。

4．综合（话题）网站

话题、活动都比较杂，广泛涉猎个人和社会的各个领域，公共性较强，如百度贴吧、知乎、天涯社区等网站。

5．点对点社交平台

点对点社交平台是指更能体现个人特点和点对点交流的网络平台，最早的电子邮件应用就属于这类网络社交。现在应用比较广泛的有博客、微博、微信、腾讯 QQ 等。

总的来说，所有网络社交都以休闲娱乐和言论交流为主要特征，帮助个人打造网络关系圈。这个关系圈越来越叠合于网民个人日常的人际关系圈。借助互联网这个社交大平台，网民体验到前所未有的"众"的氛围和集体的力量感。

8.3　发展中的因特网

因特网是全球性的，为全人类服务。现在，因特网虽然速度很快，但是还远远没有达到人们常说的"信息高速公路"的程度。这不仅因 Internet 的传输速率不够，更重要的是因特网还没有定型，还一直在发展、变化。与此同时，越来越多的人加入这个全球网络中，越来越多地使用各种网络应用的过程中，也会不断地从社会、文化的角度对因特网的意义、价值和本质提出新的理解。

8.3.1　Web 2.0 和 Web 3.0

Web 的发展，本质上是基于 Web 及其通信协议 HTTP 和超文本标识语言（HTML）的各种应用。

第一代互联网 Web（即 Web 1.0）是基于网站建设的。用户通过浏览网站得到信息，信息的流向基本是单向的：由网站到用户，普通用户只能使用网络上的信息。

Web 2.0 的核心是"分享与参与的架构"，其主要标志就是网络信息的流向发生了根本变化：普通用户可以在网络上发布博客、上传应用、上传文件等，使得 Web 网站和用户之间实现了真正的交互。博客是 Web 2.0 开始的主要标志。Web 2.0 的显著特点就是"去中心化"，任何因特网的参与者都可以成为信息源，为因特网其他用户提供服务。

Web 3.0 是一个非常前沿的话题，充满了不确定性，没有任何人能准确预测它何时到来，会以何种形式到来，但趋势已现。假如说 Web 1.0 的本质是联合，那么 Web 2.0 的本质就是互动，它让网民更多地参与信息产品的创造、传播和分享。Web 3.0 是在 Web 2.0 的基础上发展起来的能够更好地体现网民的劳动价值，并且能够实现价值均衡分配的一种互联网方式。例如电子商务领域不管是 B2C 还是 C2C，网民利用互联网提供的平台进行交易，在这个过程中，他们通过互联网进行劳动，并获得了财富，这就是 Web 3.0。它更强调的是用户拥有信息的所有权，是用户控制其在线身份和数字资产方式的一个巨变。

总体而言，Web 3.0 更多的不仅仅是一种技术上的革新，而是以统一的通信协议，通过更加简洁的方式为用户提供更为个性化的互联网信息资讯订制的一种技术整合。它是互联网发展中由技术创新走向用户理念创新的关键一步。

8.3.2　卫星导航系统和智能手机

目前世界上主要有五大卫星导航系统，分别是美国的 GPS 系统、印度的 IRNSS 系统、欧盟的伽利略系统、俄罗斯的 GLONASS 系统和中国的北斗系统。

美国的 GPS 系统于 20 世纪 70 年代开始进行研制，并于 1994 年全面建成。当时是为美国的军事行动提供定位支持，提供实时、全天候和全球性的导航服务，并用于情报收集、核爆监测和通信等军事目的。目前，美国 GPS 卫星定位系统已全部到位，共拥有在轨卫星 31 颗，可覆盖地球面积的 98%。GPS 系统正在为地球 95% 的用户提供导航和时间校准服务。

印度的 IRNSS 系统于 2016 年完成组网并正式开始使用，它由 7 颗卫星组成，整个导航信号覆盖印度所有国土、印度洋以及周边地区。

欧盟的伽利略系统是欧洲计划建设的新一代民用全球卫星导航系统。它是世界上第一个专门为民用目的设计的全球性卫星导航定位系统，系统计划由 30 颗卫星组成，目前在轨卫星 22 颗。该系统投入使用后为欧盟成员国的公路、铁路、空中和海洋运输，甚至徒步旅行者有保障地提供精度为 1m 的定位导航服务。

GLONASS（格洛纳斯）系统最早开发于苏联时期，后由俄罗斯继续该计划。该系统于 2007 年开始运营，当时只开放俄罗斯境内卫星定位及导航服务。到 2009 年，其服务范围已经拓展到全球。该系统主要服务内容包括确定陆地、海上及空中目标的坐标及运动速度信息等。目前格洛纳斯导航系统在轨运行的卫星已达 30 颗。

北斗卫星导航系统（BeiDou navigation satellite system, BDS）是中国自行研制的全球卫星导航系统，也是继 GPS、GLONASS 之后的第三个成熟的卫星导航系统。北斗系统自 1994 年北斗一号立项以来，历经 26 载，至 2020 年 7 月 31 日全面建成，共有在轨卫星 40 颗。北斗系统创新融合了导航与通信能力，具有实时导航、快速定位、精确授时、位置报告和短信服务五大功能。

党的二十大报告中指出"基础研究和原始创新不断加强，一些关键核心技术实现突破，战略性新兴产业发展壮大，载人航天、探月探火、深海深地探测、超级计算机、卫星导航、量子信息、核电技术、新能源技术、大飞机制造、生物医药等取得重大成果，进入创新型国家行列。"北斗卫星导航系统是其中的典型代表，是国家科技实力日益强大的体现。目前，北斗系统可提供全球服务，世界各地均可享受到北斗系统服务。

拓展阅读：北斗卫星导航系统标志由正圆形、北斗星、网格化地球和中英文文字等要素组成，如图 8-15 所示。

图 8-15　北斗卫星导航系统标志

圆形标志象征"圆满"。深蓝色太空和浅蓝色地球代表航天事业。图标中的北斗七星和司南相互辉映，既彰显了中国古代科学技术的成就，又象征着卫星导航系统星地一体，同时还蕴含着中国自主卫星导航系统的名字——"北斗"。图中网格化地球和上下的中英文文字则体现了北斗系统开放兼容、服务全球的愿景。

目前因特网和智能手机的结合已经成为广大用户应用的常态。而且，利用卫星导航系统可以将手机和网络更加有序地结合起来。人们现已使用卫星导航系统来进行智能手机的定位，以实现各种"定位服务"，包括获取用户的位置信息，以及该位置所在地区的天气、交通等情况，获取周边的各种商务、生活、娱乐、交通设施的信息。这就是基于位置的服务（location based service, LBS）。

8.3.3　电子商务和电子支付

1. 电子商务

电子商务（electronic commerce）是以信息网络技术为手段，以商品交换为中心的商务活动，是把传统商务活动各环节进行电子化、网络化、信息化之后的产物。在因特网开放的网络环境下，交易双方不谋面就可以实现网上购物、商户之间的网上交易和在线电子支付等。这是一种在互联网时代出现的新型商业运营模式。电子商务不仅仅是商业运营模式，还是由信息流、资金流、物流和商流形成的巨大的电子商务系统，主要有 B2B、B2C、C2C、O2O 等模式。

从技术层面来看，电子商务涉及计算机技术、网络技术和远程通信技术，以及支付技术、物流配送技术等。

2. 电子支付

2005 年 10 月 26 日，中国人民银行在《中国人民银行公告〔2005〕第 23 号》中发布了《电子支付指引（第一号）》，该"指引"规定："电子支付是指单位、个人（以下简称客户）直接或授权他人通过电子终端发出支付指令，实现货币支付与资金转移的行为。电子支付的类型按照电子支付指令发起方式分为网上支付、电话支付、移动支付、销售点终端交易、自动柜员机交易和其他电子支付。"简单来说，电子支付是指电子交易的当事人（包括消费者、商家和金融机构）之间使用安全电子手段把支付信息通过信息网络安全地传送到银行或相应的处理机构，用来实现货币支付或资金流转的行为。电子支付的最大特点是通过互联网及互联网终端实现，故又称网络支付。

随着国内互联网产业的发展，网上支付越来越广泛和便捷，各大银行都能实现网上支付。目前，国内主流的网络支付平台主要有支付宝和微信等。

电子商务中，银行是连接生产企业、商业企业和消费者的纽带，起着至关重要的作用，银行是否能有效地实现电子支付已成为电子商务成败的关键。2011 年，中国人民银行颁布了包括中国银联在内的 27 家企业的支付业务许可证，我国电子支付市场迅速发展。

小　　结

　　Internet（因特网）是世界上最大的互联网络，它提供了大量的资源，是现在应用最广、用户群体最多的网络。本章分三部分介绍了因特网：第一部分是因特网概述，首先介绍了因特网在国内外的发展以及未来发展趋势。其次，重点介绍了 IP 地址，包括 IP 地址的分类、使用及相关技术 VPN 和 NAT。IP 地址是主机的身份证号，任何登录因特网的主机都需要一个独一无二的 IP 地址。再次，介绍了域名服务系统 DNS，当使用域名访问因特网时，DNS 帮助我们找到域名对应的 IP 地址，从而找到对应的主机。最后介绍了接入因特网的方式，在工作单位登录因特网多是通过局域网，而在家里则多是使用宽带上网方式中的无线局域网（即 Wi-Fi），通过手机流量上网则是使用蜂窝移动通信；第二部分介绍了因特网的资源，也就是因特网提供的服务，包括使用最多的万维网、电子邮件、文件传输和下载等；第三部分简单介绍了因特网的发展，包括 Web 2.0 和 Web 3.0、卫星导航系统，电子商务和电子支付等。

习　　题

一、综合题

1. 简述因特网发展经历了哪几个阶段，描述一下你对未来因特网的展望。
2. 你认为现在的智能手机和平板计算机可以替代计算机吗？为什么？
3. C 类 IP 地址共 4 字节 32 位，其中前 24 位为网络地址，后 8 位为主机地址。问 C 类 IP 地址的第一个字节 8 位，十进制数为 192～223 是如何计算出来的？
4. 219.218.158.71 是哪一类 IP 地址？通过其子网掩码，进行简单的逻辑与运算得到网络号和主机号。
5. IP 地址与域名（地址）是什么关系？
6. 简述 WWW 的工作方式。
7. 网页、主页和网站有何不同？
8. 简述 Internet 具有的功能与服务。
9. 简述统一资源定位符（URL）的定义与组成。URL 与文件夹路径有何不同？
10. 电子邮件的收邮件和发邮件是独立分开的，有什么好处？

二、网上信息检索

1. 通过网络搜索电子商务的各种技术分类（如 B2C），列出各种技术的特点。
2. 尝试在新浪网或搜狐网建立自己的微博，并熟练使用微博进行网络社交的相关操作。
3. 通过百度搜索引擎查阅 IPv4 和 IPv6 资料，进一步了解 IPv4 和 IPv6。

第 9 章 信息社会与信息安全

计算机带给现代社会的变化之大，是人类历史上任何一门科学所没有过的，人们对计算机带来的深刻影响的讨论也从来没有停止过。本章重点介绍计算机时代所特有的社会问题，如计算机犯罪与相关法律，计算机对生活环境的影响，计算机安全问题以及相关专业人员的职业道德等，这些问题影响和改变着今天的社会。

9.1 社会影响

自第一台计算机诞生至今，计算机的广泛使用不仅为社会带来了巨大的经济效益，同时也对人类社会生活的诸多方面产生了深远的影响，它把社会及其成员带入了一个全新的生存与发展的技术和人文环境中。这些影响，无论是正面的还是负面的，都需要直接面对，是无法回避的。

9.1.1 社会问题

计算机和网络正在迅速地、不可逆转地改变着世界，人类进入了一个高度信息化的社会。计算机有助于人们处理信息社会中飞速增加的信息，同时也带来了一些重大的社会和道德问题，正视并认真思考这些问题是非常必要的。

1. 对个人隐私的威胁

现在银行开办账户、购买飞机票、办理包裹邮寄、就医、网上注册以及多种场合都需要使用包括身份证、电话号码等个人信息。在信息社会，信息交流加快了，个人信息被滥用或者盗用的风险也急剧增加，现已成为一个备受关注的社会问题。党的二十大报告中，也特别强调要"加强个人信息保护"。

2. 计算机犯罪

计算机犯罪的含义不仅仅是盗用他人的上网账号，还包括破坏他人的计算机系统，盗窃他人存放在计算机和网络上的信息等。使用计算机进行非法活动是信息时代的一种新的犯罪形式。

3. 知识产权保护

知识作为产权是信息时代的一项重要内容。软件和数据都可被认定为财产，需要得到法律的保护。软件的可复制性使得知识产权的保护更加困难。传统的音像制品、书籍和文献被转化为计算机及网络数据后，更容易被盗用，而且二次创作的侵权定义变得难以界定。

4. 新技术的发展威胁传统的就业

大量的计算机辅助制造系统进入传统的生产过程，代替传统的劳动力生产，这势必导致大量的产业工人将失去他们的工作。这就要求信息社会的人们要积极进行新技术的学习，以适应社会的发展和需求。

类似于上网成瘾、沉迷于计算机游戏、虚假网络信息等一些社会问题也都是在信息社会发展过程中产生的。

9.1.2　计算机与环境

在科技发展史上，人类文明的每一次进步对于环境保护而言都是利弊同在的，计算机的发展也不例外。计算机的发展使社会进入了信息化时代，给人类带来了巨大效益和便利，但同时对环境也造成了一定的危害。如何使人们在享受计算机文明的同时，尽可能少地付出环境污染的代价，创造一个真正的绿色计算机世界成了人们追求的目标。

计算机对环境最大的负面影响首先在于其高物耗。制造一台计算机需要 700 多种原材料和化学物质，制造一块芯片有 400 道工序，需用 284 g 液态化合物。据估算，制造一台微机需耗水约 3.3 万升、耗电 2 313 kW·h。更为严重的是，在生产芯片的过程中会有一些有毒物质，其中绝大多数是有机溶液及难以处理和安全清除的气体。

其次，高能耗也是计算机对环境的一大负面影响，一般个人计算机功率均在 100 W 以上。若长时间不使用或使用者忘记关机，耗电量会增长很多。美国微电子和计算机协会的研究报告曾指出，计算机的高物耗、高能耗及其对环境的影响是当今所有制造业中最大的。

再者，废弃的计算机本身以及辅助产品都会对环境造成影响，虽然某些部分可被循环利用，有些最终消失在垃圾埋放地。例如，金属过几十年被氧化了，玻璃几个世纪后会碎成沙子，但是塑料部分将会几千年保持本质不变。另外，还有些组成部分，如电池和显示器，则含有可融进沙子的有毒物质。

计算机的使用对环境的间接破坏作用也不可忽视，如打印机需要用到纸张、色带和其他物质，纸张作为计算机的主要"消费品"，消耗了大量的树木，而造纸行业又是污染最严重的工业之一。

为了进一步降低计算机使用能耗，制造商在新的计算机中还采用了节电装置，如果计算机在一段时间内没有任何操作会自动进入节电方式，其功率大约为 30 W。当更长的时间内机器仍无操作，主机会再次降低工作频率。若持续下去，则进入最低频率即休眠状态，此时其耗电量仅是计算机工作时的 1/4。

降低能耗不局限于省电这一项功能，还在于其生产方式的改变，例如，传统的电子清洗液和氟利昂一样，是一种会消耗臭氧层的物质。目前采用的新溶剂，其清洗线路板的效果比传统液体更出色，同时也更环保。

拓展阅读：国家一向重视环保，党的二十报告中特别提出："人与自然是生命共同体，无止境地向自然索取甚至破坏自然必然会遭到大自然的报复。我们坚持可持续发展，坚持节约优先、保护优先、自然恢复为主的方针，像保护眼睛一样保护自然和生态环境，坚定不移走生产发展、生活富裕、生态良好的文明发展道路，实现中华民族永续发展。"。我们要在党的号召和指引下，身体力行，为推行绿色低碳发展、创造良好的生态环境贡献自己的一份力量。

9.1.3　计算机与人类健康

计算机给人类的工作学习生活提供了大量便利的同时，也给人类的健康带来了一些负面的影响。"计算机病"引起了人们的广泛关注。和计算机有关的健康问题主要有以下几种：

① 肢体重复性劳损，是指当肌体组织受到高强度重复动作或者 10 万次以下低强度重复所造成的肌体组织劳损。这主要是长时间使用计算机导致的，如颈椎疾病、关节疾病等。

② 计算机视觉综合征，这是由于长时间在强光亮的显示器前工作所导致的眼睛损伤。

③ 技术压力，其症状包括易怒、对人的敌视、缺乏耐心和疲劳等。

④ 计算机荧屏辐射作用虽然还未得到论证，但计算机显示器辐射电离子和低频磁场，其射

线进入人体后可能造成影响，至今未能给出更多的证据表明这种作用的危害程度。不管结论如何，20世纪80年代以来，所有厂商已尽力减少屏幕辐射，而且低辐射的LCD显示屏也开始大量使用，基本上取代了传统的CRT显示器。

现在，并没有什么有效的方法可以克服上面这几个问题。在计算机结构设计上的调整能够适当缓解这些问题的发生或者减轻其程度，但不能从根本上解决问题。

任何事物都有其两面性，计算机对人类的健康也有有利的一面。例如，计算机促进了医疗的发展，包括使用计算机为医院管理和临床服务，改进医疗过程，研究和制造新的医疗设备，改善人类健康环境等积极因素。

现代社会的发展已经离不开计算机，人们能做的就是要合理使用计算机，尽可能地发挥其优势，减少其危害。

9.2　信息安全基础

当社会对计算机形成"依赖"的同时，计算机的安全问题也越来越突出。威胁计算机安全的因素主要有自然灾难、系统缺陷、病毒、黑客攻击等。针对计算机安全的研究使之成为计算机科学的重要分支，即计算机安全工程。

9.2.1　计算机安全工程

计算机是信息处理、存储、利用和传输控制的节点，计算机系统的安全是信息安全的关键环节。计算机系统的安全包括实体安全和信息安全。其中，实体安全是指计算机系统设备及相关设施的安全正常运行，是整个计算机系统安全的前提和基础。而信息安全是指系统中的数据受到保护，不受偶然的或者恶意的因素而遭到破坏、更改、泄露，确保系统连续、可靠、正常地运行，信息服务不中断。

信息安全一般包括信息的可用性、机密性、完整性、可控性和不可否认性等。

1. 可用性

可用性也称有效性，指保障信息资源随时可提供服务。在系统运行时正确存取所需信息，当系统发生故障或者突发事件时，可以迅速恢复并能投入使用。

2. 机密性

机密性也称保密性，指保证信息不被非法浏览，即使非授权用户得到信息也很难知晓信息内容。通过控制权限可以阻止非授权用户获得机密信息，通过对信息进行加密可以阻止非授权用户获知信息的内容。

3. 完整性

完整性指要保证被处理的信息自产生后不被非授权修改，并且通过相应的手段和机制能检测出信息是否被非授权修改过。完整性要求保持信息的原样，即信息的正确生成、正确存储和传输。

4. 可控性

可控性是对网络信息的传播及内容具有控制能力。在网络日益发达的今天，对信息可控性的要求也越来越高。

5．不可否认性

不可否认性又称为拒绝否认性、抗抵赖性，指通信双方在信息交互过程中，确信参与者本身和所提供的信息真实同一性，即所有参与者不可否认或抵赖本人的真实身份，以及提供信息的原样性和完成的操作与承诺。

目前，信息安全的主要威胁来自计算机病毒的感染和黑客的入侵，因此，建立基于网络环境的信息安全体系是保证信息安全的关键。安全体系的建立要考虑到计算机操作系统的安全性、各种安全协议（SSL 协议等）和安全机制（数据加密、数字签名、身份认证、防火墙等）等。

信息安全问题涉及很多方面，不仅涉及密码学、可靠性技术、鉴别、审计等专业技术问题，还涉及法律政策问题和管理问题。技术问题是最直接的保证信息安全的手段，而法律政策和管理是信息安全的保障。所以，信息安全是一门以人为主，涉及技术、管理和法律的综合学科，同时还与个人道德意识等方面紧密相关。

9.2.2　计算机网络面临的安全威胁

1．计算机网络的安全威胁

计算机网络面临的安全威胁可分为两种：一是对网络数据的威胁；二是对网络设备的威胁。这些威胁可能来源于各种各样的因素，大致包括：

① 非人为、自然力造成的数据丢失、设备失效、线路阻断。

② 人为但属于操作人员无意的失误造成的数据丢失。

③ 来自外部和内部人员的恶意攻击和入侵。

最后一种是当前计算机网络所面临的最大威胁，是电子商务、政府上网工程等顺利发展的最大障碍，也是企业网络安全策略最需要解决的问题。

2．攻击手段

最常见的攻击手段有 3 种：系统扫描、拒绝服务和系统渗透。

（1）系统扫描

攻击者通过发送不同类型的包来探查目标网络或系统，根据目标的响应，攻击者可以获知系统的特性和安全弱点。扫描本身并不会对系统造成破坏，通常应用在进行网络入侵的准备阶段。攻击者通过扫描，可以获取以下信息：目标网络的拓扑结构、防火墙允许通过的网络流量类型、网络中活动的主机、主机正在运行的操作系统和服务器软件、所检测到的软件版本号等。

目前，有许多种扫描工具可以帮助自动完成扫描过程，如网络扫描器、端口扫描器、漏洞扫描器等。其中，漏洞扫描器是一种特殊类型的扫描器，它能列出网络中所有活动的主机和服务器并提供每个系统可能遭受攻击的安全弱点和漏洞的详细描述。

（2）拒绝服务

拒绝服务攻击是指企图阻塞或关闭目标网络系统或者服务的攻击，攻击手段主要有两种：缺陷利用和洪流攻击。

缺陷利用是指通过对目标系统中软件缺陷的不当利用，以引起系统处理失败或者导致系统资源耗尽。这里的资源包括 CPU 时间、内存、磁盘空间、缓冲区空间或者网络带宽。ping of death 攻击（死亡 ping）就是引起系统处理失败的一个例子。正常的 ping 程序发出的数据段大小为 32 B 或 56 B，而死亡 ping 攻击使用特大的数据包，如 65 536 B。这种长度的数据包超出了单个 IP 数据包的大小。虽然 TCP/IP 协议可以对超大的数据报进行分片处理，即分成若干个小的数据报进行处理，但是在到达目的主机后需要再将它们合在一起组成原先的数据报。ping of death 攻击使系统在接收到全部分片并重组报文时总的长度超过了 65 535 B，导致系统内存溢出，这时主机就会出现内存分配错误而导致 TCP/IP 堆栈崩溃，导致死机。对于这类拒绝服务攻击，及时给系统打补丁就可以防止。

洪流攻击是指攻击者向网络中的某台主机不停地发送大量信息，直至超出其处理能力。即使发送的大量信息还不足以超出目标系统的处理能力，攻击者也可以独占到目标的网络连接，这样其他用户就会被系统拒绝访问。这类攻击也称为拒绝服务（denial of service, DoS）攻击、网络带宽攻击或者连通性攻击。对于这类攻击，不是给系统打补丁就能解决的。事实上，很少有防止洪流攻击的一般性方法。因此，这类攻击是使企业遭受损失的主要攻击手段。

（3）系统渗透

渗透攻击通过利用软件的种种缺陷获得对系统的控制，包括非法获得或者改变系统权限、资源及数据。黑客多是利用扫描攻击确定目标主机开机，然后再利用渗透攻击控制目标主机，为后续的信息窃取提供便利。对比前面提到的两类攻击，其中扫描攻击并不对系统产生直接的破坏，拒绝服务攻击破坏资源的可用性，而渗透攻击则破坏系统的完整性、保密性和可控制性。

9.2.3 常见网络安全技术

1. 数据加密技术

加密技术不仅能保障数据信息在公共网络传输过程中的安全性，同时也是实现其他安全机制的基础。数据加密是指将原始的信息进行重新编码。原始信息称为明文，明文经过加密算法和加密密钥的运算后得到密文。密文即便是在网络传输中被第三方获取，也很难从得到的密文中破译出原始的数据信息。而接收端则利用解密算法和解密密钥得到原始的数据信息。密钥是加密算法和解密算法运算过程中使用的参数，加密算法使用的密钥称为加密密钥，解密算法使用的密钥称为解密密钥。由于加密和解密算法一般是公开的，所以加密技术很关键的是要对密钥进行保密。

根据加密密钥和解密密钥是否相同，加密技术可以分为对称密钥密码体制和非对称密钥密码体制两大类。

在对称密钥密码体制中，加密过程和解密过程使用相同的密钥。所以，如果有第三方获取该密钥就会造成失密。对称密钥密码体制的典型代表是美国的数据加密标准（data encryption standard, DES）。DES 的算法是公开的，其保密性仅取决于对密钥的保密。而 DES 的密钥只有 56 位，现在已经设计出了专门搜索 DES 密钥的专用芯片。在 DES 之后安全性比较好的对称密钥算法是国际数据加密算法 IDEA，IDEA 使用 128 位的密钥，更不容易被攻破。

非对称密钥密码体制使用不同的加密密钥和解密密钥。每一个使用非对称密钥密码体制的用户都有一对密钥：加密密钥和解密密钥。加密密钥配合加密算法加密，而解密密钥则配合解密算法解密。加密密钥可以是公开的，也称为公开密钥或公钥；解密密钥只有解密人自己知道，称为私有密钥或私钥。用加密密钥加密的密文，只能用对应的解密密钥解开。所以，通信双方只需要向对方传递用于加密的公钥，而将解密使用的私钥安全地存放在本机内，即便是某人能获取公钥，也不会对使用该公钥加密的密文造成任何隐患，非对称加密算法克服了对称密钥传递过程中存在的安全隐患。非对称密钥密码体制的典型代表是 RSA 加密算法。

注意，任何加密算法的安全性都取决于密钥的长度，以及攻破密文所需的计算量，从这一点上来说，非对称密钥密码体制并不比对称密钥密码体制更安全。非对称密钥密码体制的产生主要有两方面的原因：一是由于对称密钥密码体制的密钥分配问题；二是数字签名的需求。

2．数字签名技术

现实生活中，亲笔签名是用来保证文件或资料真实性的一种方法。在网络环境中，通常使用数字签名技术来模拟日常生活中的亲笔签名。数字签名可以实现以下三点功能：

① 接收者能够确信该数据的确是发送者发送的，其他人无法伪造。

② 接收者能确信所收的数据和发送者发送的完全一样，没有被篡改过。

③ 发送者事后不能抵赖未发送。

目前，实现数字签名最常用的方法是利用非对称加密算法。例如，用户 A 有一对密钥 PK_A 和 SK_A。PK_A 是公钥，是公开的；而 SK_A 是私钥，是秘密的，只有 A 有。用 PK_A 加密的密文只能用 SK_A 解密。当用户 A 和 B 通信时，A 就可以把要发送给 B 的数据使用 SK_A 加密，如果接收方 B 能用 PK_A 解密，就可以证明该密文是用 SK_A 加密的。而 SK_A 只有 A 有，这就证明了发送方一定是 A，且 A 事后不能抵赖，因为第三方没有 SK_A，不可能产生能用 PK_A 解密的密文。同时，也可以证明该数据在网络传输过程中没有被更改过，因为更改必须先解密再加密，虽然第三方可以解开这个密文（因为 PK_A 是公开的），但是第三方没办法再产生使用 SK_A 加密的密文（因为第三方没有 SK_A）。

注意：加密和解密是相对而言的，用 SK_A 也可加密，且加密的密文只能用 PK_A 解密。

3．鉴别

鉴别是网络安全中很重要的一个问题。鉴别和加密不同，加密是保证信息不被非法的第三方知晓，而鉴别则是要验证通信的对方的确是自己所要通信的对象，而不是其他的冒充者。鉴别分为报文鉴别和实体鉴别。

报文鉴别指收到的报文（即数据）的确是报文的发送者所发送的，而不是其他人伪造的或篡改的。数字签名就可以实现报文鉴别，但是数字签名需要将发送方发送的报文进行加密，如果报文比较长，加密和解密是比较耗费时间的。而报文摘要算法 MD5 则提供了一种简单的鉴别报文真伪的方法。MD5 的基本思想是把很长的报文进行运算后，得出一段很短的代码，称为报文摘要，该报文摘要和报文中的每一个字符都息息相关。然后，再对很短的报文摘要进行数字签名即可。发送方将报文和数字签名后的报文摘要一起发送到接收方。接收方首先将收到的报文和签名后的报文摘要分开，再根据同样的算法将报文提取一遍摘要，把提取的摘要和解密后的报文摘要比较，如果一样就证明报文在传输过程中没有被更改。因为只要修改了报文中的一个字，提取出来的摘要就和原先的不一样。而原先的摘要如果被数字签名了，第三方没有发送方的密钥就没法伪造经过签名的摘要。

实体鉴别是指通信的对方确实是所标称的对象，而不是其他冒充者。实体鉴别还有一点和报文鉴别不同，报文鉴别需要对收到的每一个报文都进行鉴别，而实体鉴别在和对方通信的整个过程中只需要鉴别一次，鉴别通过就可以进行通信。最简单的鉴别可以通过用户名和口令字实现，但口令字在鉴别过程中容易被攻击者窃听或截获。利用非对称加密技术实现通信双方的身份鉴别也是目前比较广泛的鉴别机制。也就是说，如果发送方 A 用自己的私钥加密一段数据，接收方能用 A 的公钥解密，就可以证明发送方确实是 A。

拓展阅读：北京日报 2022 年 3 月 8 日发表题为《首都巾帼风采展示|构筑密码防御体系 守护人民信息安全——全国三八红旗手王小云》的文章，介绍了新时代优秀女性王小云的事迹。王小云是中国著名的密码学专家，多年从事密码理论及相关数学问题研究，在密码学中做出了开创性贡献。2004 年，王小云发表密码学论文，提出了密码哈希函数的碰撞攻击理论，并证明可以使用这种方法找出一对具有相同 MD5 摘要的报文，这颠覆了没有两篇不一样的报文，它们的 MD5 摘要

是一样的传统理论。随后，许多学者开发了对 MD5 的实际攻击。最终，MD5 被安全散列算法 SHA 所取代。2005 年，SHA-1 也被王小云教授的研究团队攻破。现在，SHA-1 已被 SHA-2 和 SHA-3 所代替。

王小云带领团队设计了我国哈希（HASH）函数标准 SM3，它在金融、交通、国家电网等重要经济领域广泛使用，并于 2018 年 10 月与 SHA-2、SHA-3 等国际哈希函数算法一起正式成为 ISO/IEC 国际标准。王小云还设计了多个密码算法与系统，为国家重要领域和重大信息系统安全发挥了极大作用。她还在国内率先启动了可以抵制量子计算机攻击的格密码算法研究，并取得了重要进展。

4. 防火墙技术

"防火墙"这个名称来源于建筑行业，现在被借用于计算机和网络系统中，是指为了防止非法访问而设置的"屏障"。防火墙技术是一个能将外部网络和内部网络隔离开的硬件和软件的组合，内部网络是可信赖的网络，而外部网络是不可信赖的网络，通过监测和控制外部网络与内部网络之间的数据传输，防火墙决定哪些外部系统有权使用相应的内部组件，从而达到保护内部网络资源不受外部非法用户的使用。

防火墙可以灵活控制所转发的数据包，使外界对内部的访问只限定在某些特定的服务器上，或服务器的特定服务上。另外，防火墙还能通过监控所通过的数据包，及时发现并阻止外部对内部网络系统的攻击行为。

9.2.4　计算机犯罪

1. 计算机犯罪

计算机犯罪是指各种利用计算机程序及其处理装置进行犯罪或者将计算机信息作为直接侵害目标的犯罪的总称，例如，利用计算机网络窃取国家或他人机密、盗用他人信用卡、复制和传播淫秽内容或病毒等。

2. 常见的计算机犯罪类型

① 非法入侵计算机信息系统。利用窃取密码等手段侵入计算机系统，篡改、窃取或破坏计算机上的信息。

② 利用计算机实施贪污、盗窃、诈骗和金融犯罪等活动。

③ 利用计算机传播反动和色情等有害信息。

④ 知识产权的侵权：主要是针对电子出版物和计算机软件。

⑤ 网上经济诈骗。

⑥ 网上诽谤，个人隐私和权益遭受侵犯。

⑦ 利用网络进行暴力犯罪。

⑧ 故意制作和传播计算机病毒等破坏程序，影响计算机系统正常运行。

3. 计算机犯罪的特点

计算机犯罪具有行为隐蔽性强、技术性强、作案距离远、作案速度快、危害巨大等特点，且具有社会化、国际化等发展趋势。

计算机和网络在发展过程中势必会有新的副作用出现，法律所固有的滞后效应会出现一些法律真空地带。但一般认为计算机犯罪是指使用计算机知识或技术实施的犯罪行为。

9.2.5 计算机病毒及其防治

1. 计算机病毒

计算机病毒是在计算机程序中插入的破坏计算机功能或者破坏数据，影响计算机使用并且能够自我复制的一组计算机指令或者程序代码。病毒能够破坏机器数据，具有可运行、可复制、传染性、潜伏性、欺骗性、精巧性、隐蔽性和顽固性等特点，对计算机和网络的安全与正常运行具有极大的危害。

早在 20 世纪 60 年代初，在美国贝尔实验室里，有几个程序员编写了一个名为"磁芯大战"的游戏，游戏中通过复制自身来摆脱对方的控制，这是计算机病毒最早的雏形。到了 20 世纪 70 年代，美国作家雷恩在其出版的图书中构思了一种能够自我复制的计算机程序，并第一次称之为计算机病毒。1983 年，计算机专家将病毒程序在计算机上进行了实验，第一个计算机病毒就这样诞生在实验室中。

目前，计算机病毒有成千上万种，对计算机和网络的安全带来了巨大的危害。常见的计算机病毒主要有宏病毒、寄生型病毒、蠕虫病毒和黑客病毒等。

宏病毒是一种寄生在 Office 文档或模板的宏中的计算机病毒，它是针对微软公司的字处理软件 Word 编写的一种病毒。一旦打开带有宏病毒的文档，宏病毒就会被激活，转移并驻留在 Normal 模板中。此后，所有自动保存的文档都会"感染"上这种宏病毒，文档的交换使病毒又会转移到其他计算机中。有一种恶劣的宏病毒甚至能删除 C 盘中的所有文件。

寄生型病毒是一种感染可执行文件的程序，感染后的文件以不同于原先的方式运行，从而造成不可预料的后果，如删除硬盘文件或破坏用户数据等。寄生型病毒具有"寄生"于可执行文件进行传播的能力，且只有在感染了的可执行文件执行之后，病毒才会发作。

蠕虫病毒是指能够自我复制的计算机病毒程序，其主要传染途径是通过网络和电子邮件。虽然它并不感染其他文件，但通过网络来扩散传播特定的信息或错误，使网络流量大大增加进而造成网络服务遭到拒绝并发生死锁。

特洛伊木马是黑客病毒中最有名的一种病毒类型。它是一种计算机程序，它本身不是病毒，但它携带病毒，能够散布蠕虫病毒或其他恶意程序，可能破坏机器中的数据，也可能窃取密码。

2. 计算机病毒的防治

有病毒就会有反病毒软件，如中国的金山、360 和腾讯电脑管家、俄罗斯的卡巴斯基、美国的迈克菲、德国的小红伞等都是优秀的反病毒软件。

反病毒软件基本上是建立在对已知病毒的捕获和消除上的，它能够检测机器中的文件是否被病毒感染。反病毒软件使用各种技术来检测文件是否感染了病毒。如果一个文件被感染了病毒，它往往会导致原文件的长度变大，所以早期的反病毒程序主要通过检查文件长度的变化来检测是否感染了病毒。在安装反病毒软件时，它会记录机器中所有可能被感染的那些类型的文件的长度，并定期检查它们的长度的变化。

反病毒软件的另一个主要技术是寻找病毒的特征码，也就是一组已知病毒的程序代码序列被记录下来，然后和机器中的软件的代码序列进行比较鉴别。特征码是病毒的一部分，目前绝大多数反病毒软件都通过病毒的特征码进行病毒识别。由于病毒的类型众多，而且每天都有新的类型产生，因此反病毒软件公司会定期发布这些病毒的特征码，用户需要更新数据以便在所使用的反病毒软件中加上新病毒的特征码。所有病毒特征码被组成一个数据库的形式，所以也把这些病毒特征码的数据库叫作病毒库。当反病毒软件运行时，需要把这些特征库中的数据与机器中那些可能被感染的文件中的代码进行比较，这个过程叫作"扫描病毒"。

由于病毒技术往往在设计时特意避开一种或几种检测技术，所以反病毒软件需要综合各种技术进行复杂的设计。

拓展阅读：腾讯电脑管家：腾讯电脑管家是腾讯公司推出的安全软件，集杀毒、修复漏洞、清理垃圾、加速系统等功能于一身。腾讯电脑管家永久免费，也在国内外的各种权威测评中多次获奖。

360 杀毒：国内安全厂商奇虎 360 旗下产品，永久免费。其结合了自家的云查杀引擎和国外的杀毒软件引擎，具有查杀率高、误杀率低、资源占用少、升级迅速等优点。

金山毒霸：金山毒霸是国内少有的拥有自研核心技术、自研杀毒引擎的杀毒软件。自研蓝芯 V 本地引擎，结合云引擎，毫秒响应，智能查杀。提供主动防御、隐私保护、电脑加速、弹窗拦截、垃圾清理、软件管理、超级隐私清理等诸多功能。

9.2.6　网络黑客及防范

黑客源于英文 Hacker 的音译，其原意是指那些独立思考、奉公守法的计算机迷以及热衷于设计与编制计算机程序的程序设计者和编程人员。然而，今天的黑客常指专门利用计算机犯罪的人，即凭借其所掌握的计算机技术，专门破坏计算机系统和网络系统，窃取政治、军事、商业秘密，或者转移资金账户，窃取金钱，秘密进行计算机犯罪的人。由于计算机黑客利用系统中的安全漏洞非法进入他人计算机系统，因此社会上普遍认为黑客的存在是计算机安全的一大隐患。

黑客一般使用黑客程序进行攻击。黑客程序是一种专门用于进行黑客攻击的应用程序，它们有的比较简单，有的功能较强，不需要高超的操作技巧和高深的专业计算机软件知识，只需要一些最基本的计算机知识便可操作，因此，其危害性非常大。比较有名的黑客程序有 BO、YAI 以及"拒绝服务"攻击工具等，而这些工具的获得只需要从网络上下载即可。

为了防御黑客入侵，需要对实体安全进行防范，包括机房、网络服务器、线路和主机等的安全检查和监护，对系统进行全天候的动态监控；还要加强基础安全防范，主要包括授权鉴别、数据加密和信息传输加密、防火墙设置等。

实际上，对黑客的这些防范措施并不能有效地阻止网络被攻击。但出于"防比不防好"的想法，一些措施至少能够使黑客的攻击被延缓或者能够有时间发现被攻击。网络和计算机安全工程不完全是为了防范黑客，还有其他许多原因需要建立防范体系。总之，为了各种原因综合起来的安全体系对保证计算机信息安全是必需的。例如，建立防火墙、设置物理隔离、设置访问控制、建立防病毒机制，以及建立信息安全的管理机制都是安全工程的内容。

9.2.7　信息安全政策与法规

互联网时代，人们在享受网络带来便利的同时，也要面临各种网络攻击，信息安全问题日趋多样化。正是在这样的背景下，信息安全被提到了空前的高度。

我国已经颁布了许多与计算机信息系统安全有关的法律法规。涉及网络与信息系统安全、信息内容安全、信息安全系统与产品、保密及密码管理、计算机病毒与危害性程序防治、金融等特定领域的信息安全、信息安全犯罪制裁等多个领域。在《刑法》中就有专门的条款，除此以外，还有：

1994 年 2 月发布的《中华人民共和国计算机信息系统安全保护条例》。

1996 年发布的《中国公用计算机互联网国际联网管理办法》。

1997 年 12 月发布的《计算机信息网络国际联网安全保护管理办法》。

2017 年 12 月发布的《信息安全技术个人信息安全规范》。

2019 年新增加的《密码法》《信息安全技术网络安全等级保护基本要求》《信息安全技术网络安全等级保护测评要求》《信息安全技术网络安全等级保护安全设计技术要求》等。

目前，国家对信息安全的监管与考核越来越严格，网络与信息安全保障体系正在逐步健全、完善。

拓展阅读：党的二十大报告中明确提出："全面依法治国是国家治理的一场深刻革命，关系党执政兴国，关系人民幸福安康，关系党和国家长治久安。必须更好发挥法治固根本、稳预期、利长远的保障作用，在法治轨道上全面建设社会主义现代化国家。"我们也要遵纪守法，知法懂法，善于用法律武器维护个人权益，保护个人信息安全。

9.3　信息安全技术的发展和应用

9.3.1　Windows 10 操作系统安全

与之前的 Windows 操作系统相比，Windows 10 在系统安全性方面做得尤为出色。Windows 10 通过生物特征识别登录和全面的病毒防护相结合，对计算机提供了更全面的保护。这些功能主要集中在 Windows 的安全中心。通过"开始"按钮→"设置"→"Windows 安全中心"可进入设置页面，如图 9-1 所示。

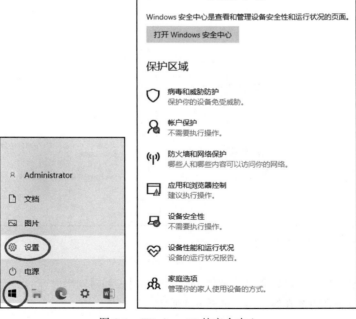

图 9-1　Windows 10 的安全中心

Windows 10 的安全措施主要有以下几种：

① 账号+密码：这是应用最普遍的一种验证方式。Windows 10 提供两种类别的账号和密码：仅限本机使用的普通账号和跨平台使用的 Windows Live 账号。后者最大的优点是可以在任何一台 Windows 10 设备中登录，并且可以同步配置其他个性化信息。

② PIN 密码：PIN 密码是用一套更为简单的账号来代替复杂的 Windows Live 账号，最少 4 个字符。

③ 画图解锁：主要为触屏用户设计，类似于 Android 的"锁屏图案"，但安全性更高。

④ Windows Hello：一种生物特征验证模式，包括指纹、人脸和虹膜，同如今的智能手机一样，能够在 Windows 10 设备上实现生物特征登录。Windows Hello 的登录速度比密码快 3 倍。

⑤ 安全密钥：一种实体化安全措施，类似于银行卡的 U 盾。例如，可以将一系列密码放置到 U 盘中，计算机开机时，U 盘插入计算机，Windows 10 自动解锁。

⑥ 动态锁：动态锁基于蓝牙设计，它可将用户的数字手环、智能手表、手机和其他配套设备变成一个动态锁，与计算机通过蓝牙相连。当这些设备离开计算机一段距离后，Windows 10 自动锁屏。

上述措施都可在"Windows 安全中心"→"账户保护"→"动态锁设置"中查看和设置，如图 9-2 所示。

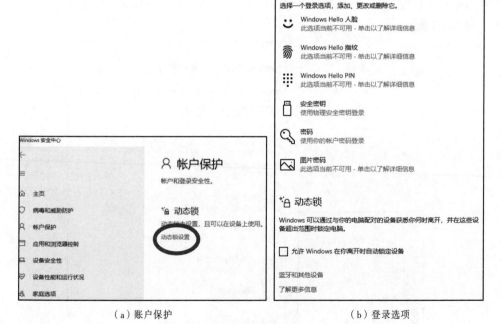

（a）账户保护　　　　　　　　　　（b）登录选项

图 9-2　账户保护和登录选项

⑦ 使用"家庭选项"，可以限制儿童使用计算机的时长和对网络内容的访问，并限制包括应用程序、游戏和电影在内的在线购买，如图 9-3 所示。

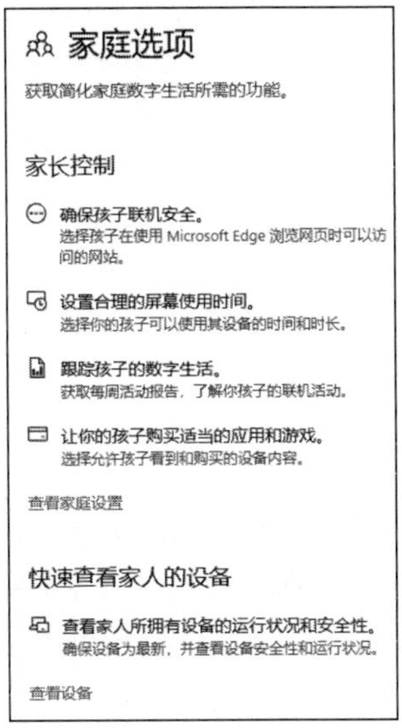

图 9-3　家庭选项

⑧ Windows Defender 是 Windows 10 系统自带的安全防护软件，提供全面、持续和实时的保护，可以抵御电子邮件、应用、云端和网络上的病毒、恶意软件和间谍软件的威胁。

9.3.2　大数据安全与隐私保护

大数据（Big Data）是指无法在一定时间范围内用常规软件工具进行捕捉、管理和处理的数据集合，是需要新处理模式才能具有更强的决策力、洞察发现力和流程优化能力的海量、高增长率和多样化的信息资产。大数据具有海量的数据规模、快速的数据流转、多样的数据类型和价值密度低四大特征。从"数据"到"大数据"，不仅仅是数量上的差别，更是质量上的提升，是一个量变到质变的过程。

毫无疑问，大数据时代已经到来，并在社会发展、科学研究、思维模式、个人生活等方面都产生了重要而深远的影响。但是，人们在享受大数据带来的便利的同时，也面临着信息安全堪忧和个人隐私泄露的严重挑战。

从个人隐私安全层面看，大数据将网络大众带入到开放透明的时代。大数据的支撑平台——云计算彻底打破了地域的概念，数据不再存放在某个确定的物理节点，而是可能分布在不同国家或区域或者虚拟节点上，这使用户不再对数据和环境拥有完全控制权。

大数据时代，开放数据和保护数据安全都需要通过立法来保证《中华人民共和国网络安全法》自 2017 年 6 月 1 日起施行，2020 年 5 月 1 日，《信息安全技术个人信息安全规范》也正式实施，其主要内容包括个人信息及其相关术语基本定义，个人信息安全基本原则，个人信息收集、保存、使用以及处理等流转环节以及个人信息安全事件处置和组织管理要求等。理清隐私保护的边界以及个人数据的归属权的问题，我国正在逐步建立起对隐私保护的三层立法模式：

第一层，自然人的姓名、身份证件号码、电话号码等敏感的身份信息是法律保护最高等级，任何人触犯都将受到刑事法律最严格的处罚。未经用户允许不得采集、使用和处理具有可识别性的身份信息。

第二层，对于除个人身份信息之外的不可识别的数据信息，按照商业规则和惯例，以"合法性、正当性和必要性"的基本原则进行处理。

第三层，明确个人数据控制权，保证用户充分享有对自己数据的知情权、退出权和控制权，《网络安全法》明确规定数据控制权是人格权的重要基础性权利。

在大数据时代，公民应该增强个人信息保护意识，依法保护个人信息。

9.3.3　可信计算和互联网金融安全

互联网金融是指传统金融机构与互联网企业利用互联网技术和信息通信技术实现资金融通、支付、投资和信息中介服务的新型金融业务模式。互联网金融不是互联网和金融业的简单结合，而是依托大数据和云计算在开放的互联网平台上形成的功能化金融业态及其服务体系。互联网与金融深度融合是大势所趋，将对金融产品、业务、组织和服务等方面产生更加深刻的影响。

互联网金融需要面对三大核心风险：一是互联网金融交易双方无法见面，无法面对面鉴别真实身份；二是如何保障在网络中传输的数据如电子合同等是可信的、未被篡改的；第三，如果发生纠纷，如何通过电子证据证明用户的交易行为，这些电子证据是否可以作为可靠的法律证据来使用。

一旦遭遇黑客攻击，互联网金融的正常运作就会受到影响，危及消费者的资金安全和个人信息安全。移动支付也向互联网金融安全提出了更高的要求。建立互联网金融可信网络体系是实现互联网金融安全的关键。可信计算就是其中的关键技术。

可信计算是在计算和通信系统中广泛使用的基于硬件安全模块支持下的可信计算平台，它以密码为基础，芯片为支柱，网络为纽带，软件为核心，可以有效提高系统整体的安全性。例如，可信计算的防止身份盗用、保护数据不受病毒和间谍软件危害、保护生物识别身份验证数据都对互联网金融安全至关重要。可信计算使得互联网金融行业抵御风险的能力不断增强，并助力金融业在经济新常态下，实现健康增长。

9.3.4　Web 安全和移动网络安全

随着 Web 2.0、社交网络、微博等一系列新型的互联网产品的诞生，基于 Web 环境的互联网应用越来越广泛，如网上银行、网络购物、网游等。很多恶意攻击者出于不良目的对 Web 服务器进行攻击，想方设法通过各种手段获取他人的个人账户信息谋取利益。对 Web 服务器的攻击可以说是形形色色、种类繁多，常见的有挂马、SQL 注入、缓冲区溢出、嗅探、利用 IIS 等针对 Web 服务器漏洞进行攻击，轻则篡改网页内容，重则窃取重要内部数据，更为严重的则是在网页中植入恶意代码，使得网站访问者受到侵害。

Web 应用安全问题本质上源于软件质量问题，但对软件代码的修改需要很长的周期。现在，Web 应用防火墙是保证 Web 安全的一种有效的防护工具。

随着移动互联网的不断发展，移动互联网端(简称移动终端)不管是在设备持有量，还是在用户数量上，都已经超越了传统 PC 端，成为第一大入口端。移动终端包括上网本、MID、手机等，其中，以手机为代表的移动终端正以不可阻挡的趋势广泛应用于个人及商务领域。由于移动终端更多地涉及个人信息，其隐私性更强，也面临诸多新的问题。因此，加强对移动安全领域的关注，提高移动终端的安全等级是很有必要的。

由于移动网络在移动设备和传输媒介方面的特殊性，使得一些攻击更容易实施。所有常规有线网络中存在的安全威胁和隐患都依然存在于移动网络中。除此以外，移动网络传输的信息更容易被窃取和篡改；移动网络的安全技术相对比较新，安全产品还比较少。

对于移动网络，在使用过程中可以采取以下措施以增加其安全性：

① 修改默认设置。像无线局域网中，移动节点、AP 等每一个实体都有可能是攻击对象或攻击者。修改默认设置包括设置 AP 数据传输加密功能、设置无线路由器的默认安全口令、禁用或修改 SNMP 设置、禁用 DHCP、隐藏 SSID、MAC 地址过滤等。

② 合理使用。包括在不使用时将其关闭、经常调整路由器或 AP 设备的位置、定期进行接入点的检查，删除非法接入用户等。

③ 增强安全意识，不随便接入公共无线网络，特别是现在很多公共的 Wi-Fi 缺少甚至毫无安全防护措施。

9.3.5　量子密码及其他密码技术

随着互联网的飞速发展，密码学也产生了很多新的技术和新的应用领域。像椭圆曲线密码 ECC 就是一种比 RSA 更安全的非对称密码加密算法，并且在电子护照和金融系统中得到广泛应用。现在，密码学在区块链、大数据、云计算环境和人工智能中都有新的进展。

量子密码与传统的密码系统不同，它依赖于量子力学而不是数学。量子密码是基于单个光子的应用和它们固有的量子属性开发的不可破解的密码系统。量子密码的安全性由海森堡测不准原理及单量子不可复制定理保证，已经被严格证明在物理原理上是绝对安全的，无论窃听者使用什么手段或仪器，量子密码通信都是不可破译的。

当前，量子密码研究的核心内容，就是如何利用量子技术在量子信道上安全可靠地分配密钥。量子密码在 IBM 的实验室中得到了证明，但仅适合应用于相对较短的距离，量子密码的应用需要进一步开发新技术来提高传输距离。

密码学是信息安全中非常重要的技术，量子计算机的到来将使得目前许多使用中的密码技术无效，后量子密码学的研究方兴未艾。

小　　结

计算机和网络的发展对人类社会的诸多方面产生了深远的影响，有正面的，也有负面的。本章共分三部分探讨了信息社会和信息安全：第一部分介绍了计算机和网络带来的社会问题以及对环境和人类健康的影响。第二部分首先介绍了以网络安全为主的信息安全所面临的威胁；然后又探讨了目前常见的网络安全相关技术，包括加密技术、数字签名、认证和鉴别、防火墙等；随后又介绍了计算机犯罪的类型、特点，计算机病毒和黑客的防治；最后介绍了信息安全方面的法律法规。第三部分介绍了安全技术的发展和应用，包括 Windows 10 采取的安全措施、大数据安全、互联网金融安全、Web 网络和移动网络安全以及量子密码等。

习　　题

一、综合题

1. 什么是计算机犯罪？有哪些特征？
2. 什么是网络信息安全？简述主要的网络信息安全威胁。
3. 网络入侵形式有哪些？各有何特点？
4. 加密系统有哪些形式？各有何特点？
5. 什么是数字签名？解释数字签名的基本原理。

6. 简要谈谈对计算机病毒防治的理解。

7. 什么是计算机病毒？它的危害性如何？

二、网上信息检索

1. 什么是黑客？如何防止计算机被非法入侵？试着在网络上查找有关黑客的更多信息，了解黑客对计算机进行非法入侵的情况。

2. 上网查看有关计算机病毒的情况，并了解目前最新病毒的情况，了解目前反病毒的技术发展。

3. 有关计算机犯罪的案例比较多，通过因特网了解最新案例或者查看经典案例，思考如何防止计算机犯罪的发生。

4. 数据备份是信息安全的一个重要方法，进行数据备份需要特殊的工具软件吗？如果需要，有多少工具软件可供选择？

5. 以"木马"为关键字进行搜索，了解一些"木马"程序的种类及其攻击方式。

6. 用搜索引擎搜索关于防火墙的资料，了解现有常用防火墙产品的功能及使用。

7. 用搜索引擎搜索关于 RSA 算法的资料，理解公钥加密体制的工作原理。

8. 用搜索引擎搜索关于数字签名技术的应用领域及形式。

第三部分 提 高 能 力

第 10 章 算法基础与程序设计

本章首先介绍用计算机求解问题的基本过程，然后介绍有关算法的基本知识，并对常见的算法进行举例，最后讲解程序设计的基础知识以及面向过程与面向对象程序设计思想。

10.1 问题求解过程

问题求解是计算科学的根本目的之一，计算科学也是在问题求解的实践中逐渐发展壮大的。既可用计算机来求解如数据处理、数值分析等问题，也可用计算机来求解如物理学、化学和心理学所提出的问题。当拿到问题之后，不能马上就动手编程，而是要经历一个思考、设计、编程以及调试的过程，编写程序解决问题的过程一般包括如图 10-1 所示的 5 个步骤。

① 分析问题：即确定计算机要做什么,实现自然语言的逻辑建模。
② 建立模型：即将原始问题转化为数学模型。
③ 设计算法：即形式化地描述解决问题的途径和方法。
④ 编写程序：即将算法翻译成计算机程序。
⑤ 调试测试：即发现和修改程序运行过程中存在的错误。

其中，前 3 个步骤在问题求解过程中具有非常重要的地位。只有当算法设计好之后，才可以很方便地用程序设计语言实现编程。下面详细介绍这 5 个基本步骤。

视 频

问题求解过程

1. 分析问题

通过分析题意，搞清楚问题的含义，明确问题的目标是什么，要求解的结果是什么，问题的已知条件和已知数据是什么，从而建立起逻辑模型，将一个看似很困难、很复杂的问题转化为基本逻辑（顺序、选择和循环等）。例如，要找到两个城市之间的最近路线，从逻辑上应该如何推理和计算？应该先利用图的方式将城市和交通路线表示出来，再从所有的路线中选择最近的。

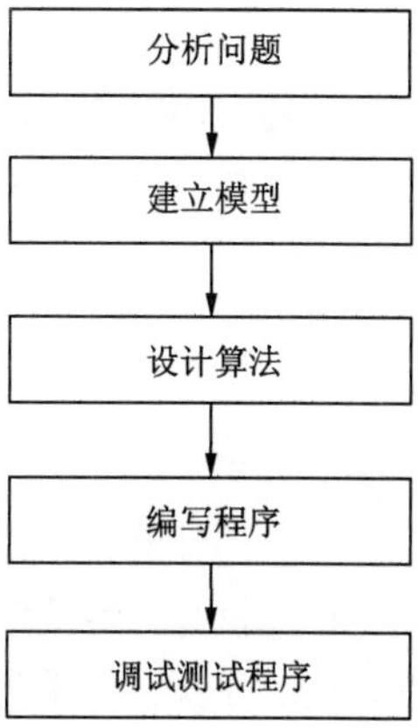

可以将问题简单地分为数值型问题和非数值型问题。非数值型问题可以通过模拟为数值型问题进行求解。人们已经将问题求解进行分类，设计了比较成熟的解决方案，不同类型的问题可以有针对性地进行处理。

图 10-1 问题求解过程图

2．建立模型

在分析问题的基础上，要建立计算机可实现的数学模型。确定数学模型就是把实际问题直接或间接转化为数学问题，直到得到求解问题的公式。例如，对求解一元二次方程 $ax^2+bx+c=0$（$a\neq0$）的根，如下所示的求根公式就是解本题的数学模型，可直接用求根公式求得。

$$x_{1,2}=\frac{-b\pm\sqrt{b^2-4ac}}{2a}$$

建模是计算机解题中的难点，也是计算机解题成败的关键。对于数值型问题，可以先建立数学模型，直接通过数学模型来描述问题。对于非数值型问题，可以先建立一个过程或者仿真模型，通过过程模型来描述问题，再设计算法解决。

3．设计算法

有了数学模型或者公式，需要将数学的思维方式转化为离散计算的模式。算法是求解问题的方法和步骤，通过设计算法，根据给定的输入得到期望的输出。

对于数值型的问题，一般采用离散数值分析的方法进行处理。在数值分析中有许多经典算法，当然也可以根据问题的实际情况自己设计解决方案。对于非数值型问题，可以通过数据结构或算法分析进行仿真。也可以选择一些成熟和典型的算法进行处理，如穷举法、递推法、递归法、分治法、回溯法等。

对于求解大问题、复杂问题，需要将大问题分解成若干个小问题，每个小问题将作为程序设计的一个功能模块。

算法确定之后，可进一步形式化伪代码或者流程图。算法可以理解为由基本运算及规定的运算顺序所构成的完整解题步骤，或者按照要求设计好的有限步骤的确切的计算序列。

4．编写程序

根据已经形式化的算法，选用一种程序设计语言进行编程，按照算法并根据语言的语法规则写出源程序。后面章节将介绍程序设计语言的概念及程序设计方法。

5．调试测试

程序编写的过程中需要不断地上机调试程序。证明和验证程序的正确性是一个极为困难的问题，比较实用的方法就是对于程序进行测试，看看运行结果是否符合预先的期望，如果不符合，要进行判断，找出问题出现的地方，对算法或程序进行修正，直到得到正确的结果。

10.2　算　法　基　础

10.2.1　算法的概念

算法是计算科学的最基本的概念，对算法的研究是计算机领域中的一个重要研究内容。

计算机是一种按照程序，高速、自动地进行计算的机器。用计算机解题时，任何答案的获取都是按顺序执行一系列指令的结果。因此，用计算机解题时，需要将解题方法转换成一系列具体的、在计算机上可执行的步骤，这些步骤能清楚地反映解题方法一步步"怎么做"的过程，这个过程就是通常所说的算法。

简单地说，算法就是解决问题的一系列步骤。广义地说，为解决问题而采用的方法和步骤就是算法。算法是程序设计的基础，算法的质量直接影响程序运行的效率。程序是与机器兼容的算法的实现，在软件开发中，核心工作就是进行算法的设计。

根据图灵理论，只要能够被分解为有限步骤的问题就可以被计算机执行。其中包含两层含义，一是算法必须是有限步骤的，二是能够将这些步骤设计为计算机所执行的程序。

根据以上理论，可以给出算法的正式定义：算法是求解问题步骤的有序集合，它能够产生结果并在有限时间内结束。

举一个简单的算法例子，假设求两个自然数 m 和 n 的最大公约数，通常使用辗转相除的欧几里得算法，算法描述如下：

① 输入两数 m、n。

② m 除以 n 得到余数 r。

③ 若 $r=0$，则 n 即为最大公约数，算法结束；否则继续进行下一步。

④ 令 $m \leftarrow n$，$n \leftarrow r$，转到第②步。

以上算法描述了求解两个自然数的最大公约数的解题步骤，经过多次辗转相除，总会达到余数为 0 的情况，所以说算法会在有限步骤、有限时间内完成，并能输出相应结果。

《九章算术》是我国古代最早的算学著作，以算法为主要内容，全书采用问题集的形式，收有 246 个与生产、生活实践有联系的应用问题，其中每道题有问(题目)、答(答案)、术(解题的步骤)，有的是一题一术，有的是多题一术或一题多术。这些问题依照性质和解法分别隶属于方田、粟米、衰(cuī)分、少广、商功、均输、盈不足、方程及勾股，共九章。《九章算术》对中国古代数学发展起了承前启后的作用，是世界古代数学名著之一，书中分数解算方法、联立一次方程解法、负数等，当时在世界上都属于杰出的研究成果。2020 年 12 月 4 日，中国科学技术大学宣布该校成功构建 76 个光子的量子计算原型机，该原型机的名字"九章"，意为纪念中国古代最早的数学专著《九章算术》。

扩展阅读：党的二十大报告中提出："坚守中华文化立场，提炼展示中华文明的精神标识和文化精髓，加快构建中国话语和中国叙事体系，讲好中国故事、传播好中国声音，展现可信、可爱、可敬的中国形象。"

10.2.2　算法的特性和评价

1．算法的特性

（1）确定性

一个算法中的每一个步骤必须是精确的定义、无二义性，不会使编程者对算法中的描述产生不同的理解。

（2）有穷性

一个算法必须在执行有穷步后结束，每一步必须在有穷的时间内完成。

（3）可行性

算法描述的步骤在计算机上是可行的，能在一个合理的范围内有效地执行，并应能得到一个明确的结果。

（4）输入

一般有零个或多个输入值。

（5）输出

一个算法的执行过程中或结束后要有输出结果，或者产生相应的动作指令。

程序设计者在编写程序之前，先要分析问题，形成自己的算法。对刚接触计算机程序设计的人员来说，可以先使用或借鉴别人设计好的算法来解决问题，编程实践多了，自然会较好、较快地设计自己的算法。

2．算法评价

解决某个问题的方法可能有很多种，这也就意味着会有很多种不同的算法。那么，采用哪个算法会比较好呢？通常可以从以下几方面来评价算法的优劣。

（1）算法的正确性

算法正确性是指算法应该满足具体问题的需求。其中"正确"的含义大体上可以分为4个层次。

① 算法所对应的程序没有语法错误。

② 算法所对应的程序对于几组输入数据能够得出满足要求的结果。

③ 算法所对应的程序对于精心选择的典型、苛刻而带有刁难性的几组输入数据能够得到满足要求的结果。

④ 算法所对应的程序对于一切合法的输入数据都能产生满足要求的结果。

达到第四层含义下的正确性是极为困难的，不少大型软件在使用多年后，仍然还能发现其中的错误。一般情况下，以第三层含义的正确性作为衡量一个算法是否正确的标准。

（2）可读性

一个好的算法首先应该便于人们理解和相互交流，其次才是机器可执行。可读性好的算法有助于人对算法的理解，难懂的算法容易隐藏错误且难于调试和修改。

（3）健壮性

作为一个好的算法，当输入非法数据时，能适当地做出正确反应或进行相应的处理，而不会产生一些莫名其妙的输出结果，或者毫无反应甚至崩溃。

（4）高效率和低存储量

算法的效率通常是指算法的执行时间，即根据算法编写的程序在运行过程中，从开始到结束所需要的时间。对于一个具体问题的解决通常可以有多个算法，执行时间短的算法效率比较高。所谓的存储量是指算法在执行过程中对存储空间的需求。一个算法对应的程序在执行时必须加载到计算机的内存中，程序本身、程序中用到的变量都要占用内存空间，除了这些内存消耗外，程序在执行过程中还可能动态地申请额外的内存空间。通常情况下，根据算法运行时所需要的时间和空间，即算法运行的时间复杂度和空间复杂度来评价算法的优劣。

10.2.3　算法的结构

20世纪70年代后，程序设计方法学开始得到发展。荷兰学者Dijkstra总结并提出了结构化程序设计思想，提出按照一定的结构进行程序设计。结构化程序设计思想包含两方面的内容：一是程序由3种基本的逻辑结构组成；二是程序设计要自顶向下进行。

3种结构分别是顺序、分支和循环，其中分支也称选择或判断。事实证明，使用这3种结构可以使得程序或算法很容易地被理解。结构化程序要求任何程序只有一个入口或出口，程序中没有执行不到的语句，且没有无限循环发生。

算法是程序的基础，程序是算法的实现，因此程序的逻辑结构也就是进行算法设计的3种结构。

1．顺序结构

顺序结构是算法设计中最简单的一种结构，它使求解问题的过程按照顺序由上至下进行。图10-2所示为顺序结构，其中有两个框代表算法的步骤，执行了A后接下来执行B指定的操作。

事实上，无论哪一类算法，它的主结构都是顺序结构的，从一个入口开始，到一个出口结束。

2．分支结构

分支结构也称条件结构、选择结构或判断结构，在算法设计过程中，可能会出现判断，如判断某门功课的成绩，大于或等于 60 分为"及格"，否则为"不及格"，这时就必须采用分支结构实现。图 10-3 所示为分支结构。若条件成立，则执行分支 A，否则执行分支 B。

如果在 A 或 B 中，又需要根据判断设计分支结构，就会出现嵌套的分支结构（多分支结构）。

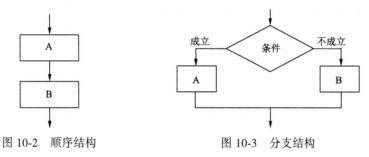

图 10-2　顺序结构　　　　　　　　图 10-3　分支结构

3．循环结构

在算法设计过程中可能会出现重复执行一组工作步骤的情况，可以通过循环结构来控制。有两类循环结构：当型（while）循环结构和直到型（until）循环结构。

当型循环的结构如图 10-4 所示，当条件成立时执行 A，执行完 A 后再判断条件是否成立，若成立则继续执行 A，如此反复，直至条件不成立循环结束。

直到型循环的结构如图 10-5 所示，先执行 A，再判断条件是否成立，如果条件不成立则继续执行 A，如此反复，直至条件成立才结束循环。

这两种循环结构的区别在于循环体 A 的执行顺序：对 while 结构，如果一开始循环条件就不成立，则 A 将不会被执行；而对 until 结构，无论循环条件成立与否，A 至少被执行一次。

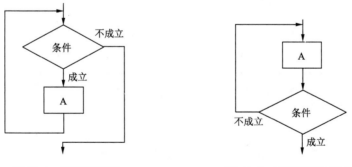

图 10-4　当型循环结　　　　　　　图 10-5　直到型循环结构

如果在循环体中包含了分支结构，就构成了循环加条件判断的处理结构。同样，在分支结构的任何一个分支里都可以出现循环结构。

10.2.4　算法的表示

算法的表示是为了把算法以某种形式加以描述，同一个算法可以通过多种形式来表达，常用的有自然语言、传统流程图、N-S 图、伪代码、计算机语言等。

1．自然语言

自然语言是人们日常使用的语言，是人类交流信息的工具，因此最常用的表达问题的方法也就是自然语言。10.2.1 节中的算法步骤就是用自然语言方式描述的。用自然语言表示，通俗易懂，但存在以下缺陷：

① 易产生歧义性，往往根据上下文才能判别其含义，不太严格。

② 语句比较烦琐、文字冗长，并且很难清楚地表达算法的逻辑流程，尤其当描述有选择、循环结构的算法时，不太方便和直观。

所以，除了简单的问题以外，一般不用自然语言描述算法。对于一些需要有背景知识进行推理的表达，也许自然语言是最好的选择。在表达复杂问题求解的算法上，也许它只是一种选择，而且并不是最好的选择。

2. 流程图

流程图是算法表示的常用方法，它采用一些图框、线条以及文字说明来形象、直观地描述从算法开始到结束的流程，而不考虑其实现过程的细节。美国国家标准化协会规定了一些常用的流程图符号，如表 10-1 所示。

表 10-1　流程图的常用符号

符 号 名 称	图 形	功 能
起止框		表示算法的开始和结束
输入/输出框		表示算法的输入/输出操作
处理框		表示算法中的各种处理操作
判断框		表示算法中的条件判断操作
流程线		表示算法的执行方向
连接点		表示流程图的延续

10.2.1 节中的关于求最大公约数的算法可以按如图 10-6 所示的流程图方式进行描述，该算法描述采用当型循环结构。

3. N-S 图

N-S 图是美国学者 I.Nassi 和 B.Shneideman 提出的一种新的流程图形式，并以他们的姓名的第一个字母命名。N-S 图中去掉了传统流程图中带箭头的流程线，全部算法以一个大的矩形框表示，该框内还可以嵌套一些从属于它的小矩形框，适合结构化程序设计。图 10-7 所示为结构化程序设计的几种基本结构的 N-S 图。

4. 伪代码

伪代码是一种算法的表达方法，产生于 20 世纪 70 年代，它是在程序开发过程中表达算法的一种非正式的符号系统，它不考虑实现算法的计算机语言，是一种与程序设计过程一致的、表达简明扼要的语义结构的方法。伪代码使用介于自然语言和计算机语言之间的文字和符号来描述算法，有如下简单约定：

① 每个算法用 Begin 开始、End 结束；若仅表示部分实现代码可省略。

② 每一条指令占一行，指令后不跟任何符号。

③ "//"标志表示注释的开始，一直到行尾。

④ 算法的输入/输出以 Input/Output 后加参数表的形式表示。

⑤ 用 "←" 表示赋值。

⑥ 用缩进表示代码块结构，包括 while 和 for 循环、if 分支判断等；块中多条语句用一对{ }括起来。

⑦ 数组形式：数组名[下界…上界]；数组元素：数组名[序号]。

⑧ 一些函数调用或处理简单任务可以用一句自然语言代替。

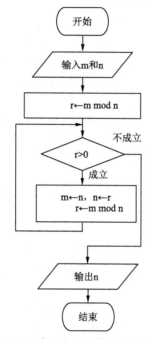

图 10-6　求最大公约数算法流程图

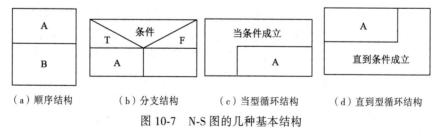

（a）顺序结构　　　（b）分支结构　　　（c）当型循环结构　　　（d）直到型循环结构

图 10-7　N-S 图的几种基本结构

10.2.1 节中的关于求最大公约数的算法可以采用如下的伪代码方式进行描述，该算法描述采用当型循环结构。

```
Begin
    Input m,n              //输入 m 和 n
    使 m>n
    r←0                   //变量赋初值
    r←m mod n
    while(r>0)
    {
```

```
            m←n
            n←r
            r←m mod n
         }
      Output  n                    //输出最大公约数
   End
```

10.2.5　算法举例

设计一个问题的求解方案需要经过理解问题、找出重点、设计方案、执行方案、在执行过程中修正设计方案的过程，还需要掌握更多的数学知识，包括图论、组合学等。下面举一个"求100~1 000以内的水仙花数"的例子，来说明如何理解问题并设计方案。

所谓的水仙花数是，一个 n 位的正整数的每一位数的 n 次幂之和等于这个数本身。例如，$153=1^3+5^3+3^3$，因此153是水仙花数。100~1 000之间的水仙花数还有370、371和407等。理解这个问题不难，但要设计能够让计算机进行计算的算法就需要解决以下几个问题：

① 要遍历全部的3位正整数。

② 分解每一个3位正整数，分别得到该正整数的3个整数位。

③ 检查它们的立方和是否与原数相等，如果相等，则是水仙花数。

用伪代码表示求3位水仙花数的算法如下：

```
Begin
   n←100                      //给正整数n赋初值
   while n<1000 do
   {
      a←n mod 10              //取出n的个位上的整数值，mod是取余数运算
      b←(n/10) mod 10         //取出n的十位上的整数值
      c←n/100                 //取出n的百位上的整数值
      if  n=a*a*a+ b*b*b+ c*c*c
         Output  n            // n是水仙花数
      n←n+1                   // 准备下一个数
   }
End
```

通过理解常用的算法来体会算法的发现与设计，是大多数学习计算机程序设计的人所采用的学习方法。本节将介绍几种最为典型的算法的例子，也是在计算机程序设计中最常见的几种算法。这里只讨论其一般的概念，以帮助大家理解算法，它们的具体实现则需要使用程序设计语言。

1．基本算法

算法有很多，同一个问题也有多种算法，例如，最常见的排序算法，就有选择法、冒泡法、快速排序、堆排序、希尔排序、桶排序、合并排序、计数排序、基数排序等。其原因是，对不同的数据类型及数据表达，一种方法是有效的，但另一种方法则效果不佳。

（1）求和

求和是学习计算机程序设计首先遇到的算法问题。两个数求和不需要算法，需要算法的是一组数的求和，例如，在一定范围内的奇数和或者偶数和，或一个数列之和等。适合计算机求和的算法是在循环中使用加法求和。例如，计算 $n\sim m$ 之间的整数之和。

假设使用sum存放求和结果，使用i作为循环控制变量，则求和算法可以通过以下伪代码方式进行描述。

```
Begin
   sum←0                      //定义求和结果变量，初始值为0
```

```
   i←n                          //将 n 赋值给循环控制变量 i
   while i<=m  do
   {
      sum←sum+i                 //将循环控制变量 i 的值累加到 sum 中
      i←i+1                     //准备下一个数
   }
End
```

这个算法的循环过程完成两个操作，将一个整数加到 sum 中，并准备下一次循环操作。其中，i 既是加数，也是循环控制变量。

（2）累积

累积是将一组数连续相乘求其积，类似于求和计算，把求和计算的加号变为乘号即可。典型的例子就是计算整数 N 的阶乘。

（3）求最大值和最小值

判断两个数大小的算法是许多算法的基础，求最大值和最小值的算法，使用分支结构就可以实现，这里以求最大值为例进行讲解。

```
Begin                          Begin
   Input a,b                      Input a,b
   max←a                          max←a
   if a>b                         if max<b
      max←a                          max←b
   else                           output  max
      max←b                    End
   output  max
End
```

上面分别使用两种方法实现了求最大值的求解，可以比较这两种算法的特点。以上算法只是简单地对两个数值进行比较，如果要在一组数中找出其中最大的，就需要使用循环结构去判断。从一组数中得到最大或最小的那个数，需要考虑数据组织及表达，例如，使用数组。

（4）求数的位数

给定一个整数 n，如何计算得到它的位数呢？可以考虑的算法是，将该数循环除以 10 直到结果为 0 结束，把循环次数记录下来就是这个数的位数。

```
Begin
   count←1                      //count 为计数变量，初值为 1
   input  n
   n←n/10
   while n≠0 do
   {
      count←count +1
      n←n/10                    //将 n 除以 10 的结果重新赋值给 n
   }
   output  count
End
```

需要注意的是，这个算法对数 n 是破坏性操作，即经过这个算法后，n 的值已经变为 0 了。如果程序或算法在之后还需要用到这个数，则应考虑将 n 赋给另一个变量保存，例如在代码 Input n 后面插入一条语句 m←n，将变量 n 的值存储到变量 m 中。

2. 递归

为了获得大型问题的解决方案，常用的方法就是把该大型问题化解为一个或几个相似的、规模更小的子问题。对子问题可以采用同样的方法。这样，一直递归下去，直到子问题足够小，成为一个基本情况，可以直接给出子问题的解答。

递归是算法的自我调用。有关求 n 的阶乘的计算就是最典型的递归结构。为了说明递归算法的结构，把这个问题从定义的角度进行展开。

假设阶乘函数的定义为：

$$f(n) = \begin{cases} 1 & ,n=0 \\ n \times f(n-1) & ,n>0 \end{cases}$$

仔细研究这个定义就会发现，解决递归问题包括两个途径，先从高到低进行分解，然后再从低到高解决它。用图 10-8 表示这两个途径，这里假设 n=5。

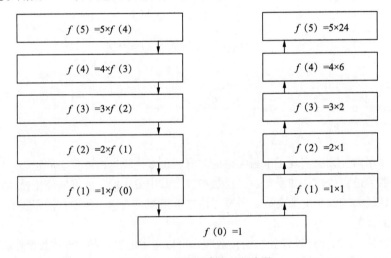

图 10-8　计算阶乘的递归步骤

递归是一个重复调用的过程，把它对自身的调用看作是产生了一个副本，每次调用都有一个副本产生并等待处理，当结束条件满足时将停止产生副本。如图 10-8 所示的递归过程的结束条件是 $f(0)$=1，当递归进入这个步骤后，副本将停止产生，算法将处于等待状态的副本按照后进先出（FILO）的原则依次处理（返回），最后得到运算结果。

从表面上看，这个过程需要花费较长时间或者更难。但用计算机处理，这个过程则相对人工的处理过程更加简单，而且能够实现输入不同的 n 值进行阶乘的计算。另外一方面，递归使得编程人员或者程序阅读人员在概念上更加容易理解。

每个递归过程都包含如下两个步骤：

① 定义一个能够不使用递归方法就可以直接处理的基本情况作为出口，即定义一个终止递归的条件。

② 不断调用递归方法本身，将一种特殊的情况化解为规模较小的情况，持续下去，最终到达对基本情况的求解。

上面的计算阶乘示例，可以写成下面的 $f()$ 函数：

```
int  f(int  n)
{
    if (n==0)
        return 1;
    else
        return  n*f(n-1);
}
```

视　频

排序

3．排序

排序是将一组原始数据按照递增或递减的规律进行重新排列的算法。常用排序算法分类参见 10.2.5 节，这里介绍选择排序。选择排序算法的主要思想是，扫描数据序列，找到最小的数据，将该数据交换到序列最前面的位置，然后对其余数据序列重复前面的步骤直到数据全部排序为止（默认从小到大排序）。

对一组数的排序算法涉及数据形式和组织结构，为了简便，下面举例说明。假设有一组 6 个数：12、6、1、15、3、19，现在希望将该数组中的数据采用选择排序方法从小到大排列。图 10-9 所示为 6 个数的排序过程，图中的阴影方框表示未排序数据。

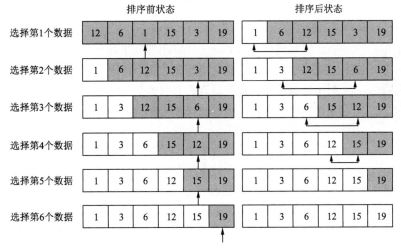

图 10-9　选择排序算法排序过程

选择排序算法的伪代码如下：

```
selectionSort(array A)
{
    for (int i=0; i<A.length-1; i++){
        //外循环变量 i，控制循环次数，扫描 n-1 次找最小数并交换到数组前方
        int  min=i
        for (int j=i+1; j<A.length; j++){  //内循环找最小数的位置
            if (A[j]<A[min]) {
                min=j
            }
        }
        if (i!=min) {        //最小数与序列最前面位置 i 的元素 A[i]交换
            int swap=A[i]
            A[i]=A[min]
            A[min]=swap
        }
```

```
        }
    }
```

那么对 n 个数的排序需要 $n-1$ 次扫描过程：第一次扫描过程将比较 n 个数，得到最小的那个数的位置，和第一个数的位置互换，比较次数为 $n-1$ 次；第二次扫描将从第二个数开始，得到次小的数与第二个数的位置互换，比较次数为 $n-2$ 次；最后一次比较最后的两个数，比较次数为 1 次。可以得到，对 n 个数选择法排序的比较次数为：$(n-1)+(n-2)+\cdots+2+1$，即 $n(n-1)/2$ 次。图 10-9 所示 6 个数的排序的比较次数为 15 次。

以算法的概念，扫描过程为外循环，扫描次数为 $n-1$ 次，每次扫描的过程为内循环，每次扫描中进行比较的次数为 $n-i$ 次，i 为外循环的次数。每次比较得到的结果是记录较小的那个数的位置，内循环结束，再进行位置的互换。

由图 10-9 可以看出，排序算法将整个序列（数组）分成已经被排序的数和未排序的数两部分，已经被排序过的数将不再对其扫描。

在计算机科学中，排序算法是常用算法，也是简单问题，但是仍然有大量的新的排序算法。排序不仅用在数值方面，也用在文本处理中。排序规则是递增或递减，其输出是原数据的一种重新排列。

● 视 频

查找

4．查找

在计算机科学中，另外一种常用的算法是查找，即把一个特定的数据从数组或序列中找到并提供它所在的位置，即索引（下标）。

对于数组或序列数据的查找有两种基本方法：顺序查找和折半查找。数组或序列无序或有序，顺序查找都可实现，而折半查找必须使用在已经排序的数组或序列中。

顺序查找从列表的第一个数据开始，当给定的数据与表中的数据匹配时，查找过程结束，给出这个数据所在数组或序列的位置。

对数据量较小的数组或序列，顺序查找是没有什么问题的。对大量数据的数组或序列，这个算法的查找速度就变得非常慢了。如果数组或序列是无序的，则顺序查找是唯一的算法。对已经排序了的数组或序列可以使用折半查找。当然，无序的数组或序列也可以先进行排序再使用折半查找。

折半查找算法是指在一个有序数据集中（假设数据元素递增排列），将搜索项与数据集的中间位置的数据元素进行比较，如果搜索项小于中间位置的数据元素，则只搜索数据集的前半部分；否则，搜索数据集的后半部分。

如果搜索项等于中间位置的数据元素，则返回该中间位置的数据元素的地址，搜索成功结束。折半查找算法的伪代码如下：

```
Func binarySearch(list[0…N-1], searchItem)  //参数为需要查找的数据，返回数据位置
{
    int  left=0;                      //定义查找范围的左边界
    int  right=length-1;              //定义查找范围的右边界
    int  mid=-1;                      //定义查找范围的中间位置
    boolean  found=false;             //定义查找结果标志
    while(left<=right  and  !found)   //如果左边界小于等于右边界且未找到，就继续折半
    {
        mid=(left+right)/2;           //以折半方式计算新的查找范围中间位置
        if(list[mid]=searchItem)      //如果中间位置的值等于要查找的值，就设置为已找到
            found=true;
```

```
    else
        if(list[mid]>searchItem)
        //如果中间位置的值大于要查找的数据，则重新设置查找范围的右边界
            right=mid-1;
        else
        //如果中间位置的值小于要查找的数据，则重新设置查找范围的左边界
            left=mid+1;
    }
    if(found)   //如果查找结果标志为已找到，则返回中间位置，否则返回-1
        return  mid;
    else
        return  -1;
}
```

如果采用递归方式，折半查找算法的伪代码如下：

```
binarySearch(list[0..N-1], searchValue,left,right)
    {//参数为数据序列、要查找的值、左边界、右边界
    if (right<left)                        //如果右边界小于左边界，说明未找到
        return  -1;
    mid=left+((right-left)/2);   //计算查找范围的中间位置
    if (list[mid]>searchValue)
    //如果中间位置的值大于要查找的值，则递归查找左半部分
        binarySearch(list,searchValue,left,mid-1);
    else if (list[mid]<searchValue)
    //如果中间位置的值小于要查找的值，则递归查找右半部分
        binarySearch(list, searchValue, mid+1, right);
    else
        return  mid;
}
```

假设要从一个有序数组或序列中查找值为 75 的数据位置，折半查找的计算过程如图 10-10 所示。

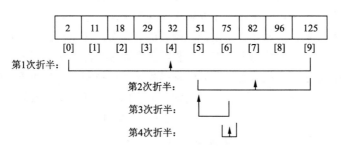

图 10-10　折半查找过程示意图

10.3　程序设计基础

10.3.1　计算机语言概述

为了有效地实现人与计算机之间的通信，人们设计出多种词汇少、语法简单、意义明确的适合于计算机使用的语言，这样的语言称为计算机语言。计算机语言从狭义的角度来看是计算机可以执行的机器语言。从广义角度看是一切用于人与计算机通信的语言，包括程序设计语言，各种专用的或通用的命令语言、查询语言、定义语言等。

程序设计语言泛指一切用于书写计算机程序的语言，包括汇编语言、机器语言以及高级语言。可以看出，程序设计语言是计算机语言的一个子集，可分为低级语言与高级语言两大类。低级语言是与机器有关的语言，包括机器语言和汇编语言。高级语言是与机器无关的语言。

1. 机器语言

机器语言是以 0、1 二进制代码形式表示的机器基本指令的集合，是计算机硬件唯一可以直接识别的语言。

机器语言是最早出现的计算机语言，属于第一代程序设计语言。使用机器语言编写程序是十分痛苦的，因为这种语言直观性较差、难阅读、难修改。而且，由于每台计算机的指令系统往往各不相同，所以，在一台计算机上执行的程序，要想在中一台不同的计算机上执行，必须重新编写程序，造成了重复工作。但是，由于使用的是针对特定型号计算机的语言，因此运算效率是所有语言中最高的。

2. 汇编语言

汇编语言是为了解决机器语言难于理解和记忆的缺点，用易于理解和记忆的名称和符号表示机器指令。例如，用 ADD 代表加法，MOV 代表数据移动等。

汇编语言比机器语言直观，使得程序的编写、纠错和维护变得相对简单。汇编语言源程序需要由汇编程序翻译成机器语言程序才能执行。由于汇编语言还是针对特定硬件的一种程序设计语言，因此效率仍十分高，能准确发挥计算机硬件的功能和特长，程序精练且质量高，所以至今仍是一种常用而强有力的软件开发工具。但汇编语言基本上还是一条指令对应一种基本操作，对机器硬件十分依赖，移植性不好。

不论是机器语言还是汇编语言都是面向硬件具体操作的，要求用户必须对硬件结构及其工作原理都十分熟悉，这对非计算机专业人员是难以做到的，对于计算机的推广应用是不利的。

3. 高级语言

高级语言是人们为了解决低级语言的不足而设计的程序设计语言。它是一些接近于自然语言和数学语言的语句组成。因此，更接近于要解决问题的表示方法，并在一定程度上与机器无关。用高级语言编写的程序易学、易用、易维护。高级语言是有语法结构的，有着接近自然语意的指令集，高级语言编写出的程序称为源程序，该程序需要通过翻译系统编译或解释后才能被计算机执行。高级语言不依赖于计算机系统，不同的翻译程序可以把相同的高级语言程序翻译成不同计算机可执行的机器语言。这些机器语言是不同的，但它们的意义和执行效果是一样的。常见的高级语言有 FORTRAN、BASIC、Pascal、C、C++、Java、C#、Python 等。

● 视 频

程序设计基本元素

10.3.2 程序设计基本元素

程序设计语言的基本元素是指大多数高级程序设计语言的必不可少的组成元素。一般包括语句、表达式、注释、数据类型、程序控制结构、子例程等。

语句是组成语言的最小的独立元素，程序是计算机指令的序列，因此可以说程序是一条或多条计算机语句组成的序列。

语句本身是由许多语言元素组成的。在语句中，常用的语言元素包括变量、常量、运算符、表达式、函数、赋值等。

变量的名称应该遵循程序设计语言的标识符命名规则。不同的程序设计语言，标识符命名规则也不尽相同。为了增强程序源代码的可读性，变量的名称建议采用大小写字母结合的描述性名称。例如，用来存储学生姓名的 studentName 变量名称比 x 变量名称的可读性要高。

表达式是构成语句的重要元素。在程序设计语言中，表达式是常量、变量、运算符、函数调用等按照优先级规则组成的序列。一般来说，表达式的运算结果就是计算出一个值。

注释是程序中的有助于理解代码的提示和说明。在处理注释时，任何编译程序或解释程序都会忽略注释。

注释是对代码或算法的详细描述。有专家认为，注释不是对代码的简单重复或解释，而应该是从更高层次上对代码的详细描述和说明。在程序诊断过程中，也经常会用到注释，可以对错误代码行进行注释，而不必真正地删除这些代码行，以方便对代码进行诊断和修改。

在程序设计语言中，基本数据类型是由程序设计语言提供的语法元素。基本数据类型通过组合可以构成复杂的复合数据类型。一般来说，基本数据类型包括：整数类型、浮点数据类型、字符类型和字符串类型、布尔类型、枚举类型等。

如果程序只能顺序执行，那么程序的功能和效率将会受到极大影响。实际上，程序在执行过程中，可以根据需要改变程序的执行顺序。程序有 3 种基本结构类型，即顺序结构、分支结构和循环结构。除此以外，还有其他一些程序控制结构，如异常处理等。

一般认为，子例程是某个主程序的一部分代码，该代码执行特定的任务并且与主程序中的其他代码相对独立。子例程又称为子程序、过程、方法、函数等。在主程序中可以调用子例程来执行。

使用子例程有如下优点：可以降低开发和维护大型复杂程序的成本、提高程序的质量和可靠性，子例程可以集中成库，方便软件的共享和交易，缩短程序的开发时间。

10.3.3 面向过程的程序设计思想

视频 ●……

面向过程编程思想

高级语言分为面向过程的语言和面向对象的语言。其中，面向过程是一种以过程为中心的编程思想。面向过程也可称为面向记录编程思想，就是分析出解决问题所需要的步骤，然后定义函数来实现每一个步骤，工作时只需要依次调用各个函数即可。

假设需要编程控制一部智能手机，面向过程的编程思想是先定义开机、打电话、上网、关机等过程，接下来只需要在主程序中调用每个过程即可。以下伪代码表达了面向过程的程序设计思想。

```
void main()
{
    char number="13411112222";
    start();                    //调用开机方法（过程函数）
    call(number);               //调用打电话方法（过程函数）
    internet();                 //调用上网方法（过程函数）
    close();                    //调用关机方法（过程函数）
    …
}
start(){...}                    //开机方法（过程函数）具体实现
call(char[ ] number){...}       //打电话方法（过程函数）具体实现
internet(){...}                 //上网方法（过程函数）具体实现
close(){...}                    //关机方法（过程函数）具体实现
…
```

10.3.4　面向对象的程序设计思想

视 频

面向对象编程
思想

面向对象是一种以事物为中心的编程思想，将抽象出的数据和方法（函数）封装到一个类（class）中，供程序设计者使用。

假设需要编程控制一部智能手机，面向对象的编程方法首先需要将手机实体抽象成类，需要定义类的静态属性，如品牌、颜色、手机号码等；还要定义类的动态方法，如设置手机属性、获取手机属性、开机、打电话等。以下伪代码表达了对手机实体类的定义。

```
        public class TelePhone
{
    String brand="";
    String color="";
    String number="";
    void setBrand(String brand){…}
    void setColor(String color){…}
    void setNumber(String number){…}
    String getBrand(String brand){…}
    String getColor(String color){…}
    String getNumber(String number){…}
    void  start( ){…}
    void  call(String number ){…}
    void  internet( ){…}
    void  close( ){…}
    …
}
```

定义了实体类之后，在编写面向对象的程序过程中，需要在主程序中通过类产生对象，然后调用对象提供的相应方法（函数）来实现相应的任务。以下伪代码表达了面向对象的程序设计思想。

```
void  main()
{
    TelePhone phone=new TelePhone();      //产生手机对象
    phone.setBrand("iPhone");             //设置手机的品牌属性
    phone.setNumber("13800001234");       //设置手机的号码属性
    phone.start( ){…}                     //调用手机对象的开机方法
    phone.call("13411112222"){……}         //调用手机对象的打电话方法
    phone.close( ){…}                     //调用手机的关机方法
    …
}
```

面向过程编程思想是比较常见的思考方式，即使是面向对象的编程也含有面向过程编程的思想，因此可以说面向过程编程是一种基础的方法。面向过程设计程序遵循模块化、自顶向下、逐步求精的解决问题步骤。而面向对象首先把事物对象化，然后设计对象的属性与行为。这两种方法各有优点，当程序规模不是很大时，面向过程的方法体现出简单的优势。因为程序的流程很清楚，模块与函数可以很好地表现过程的顺序。

小　　结

利用计算机实现问题求解一般包括 5 个步骤：分析问题、建立模型、设计算法、编写程序、调试测试。算法就是解决问题的一系列步骤，是为解决问题而采用的方法和步骤。算法是程序设计的基础，算法的质量直接影响程序运行的效率。算法通常采用顺序、分支和循环 3 种控制结构。算法的表示可以通过多种形式，常用的有自然语言、传统流程图、N-S 图、伪代码等。本章介绍了几种最为典型的算法的例子，也是在计算机程序设计中最为常见的几种算法。程序设计语言包括汇编语言、机器语言以及高级语言。程序设计语言的基本元素一般包括语句、表达式、注释、数据类型、程序控制结构、子例程等。高级语言分为面向过程的语言和面向对象的语言，面向过程是一种以过程为中心的编程思想。面向对象是一种以事物为中心的编程思想，将抽象出的数据和方法封装到一个类中，供程序设计者使用。

习　题

一、综合题

1. 问题求解的一般过程是什么？
2. 阐述算法的定义和 5 个特征。
3. 为何要对算法进行评价？算法的复杂度如何衡量？
4. 算法的描述方法有哪些？
5. 分别用伪代码和流程图描述一个算法，要求重复输入 10 个数，求最小值和最大值。
6. 求解 $1+2+3+\cdots+n$ 的结果，请用伪代码描述该问题求解的递归算法。
7. 试用高级语言 C 编程实现 10.2.5 节中的求 100～1 000 以内的水仙花数算法。

二、网上信息检索

1. 排序算法有哪些种类？分别在什么情况下适用？
2. 如何理解机器语言、汇编语言和高级语言的不同，以及各自的优缺点和适用情况？
3. 高级语言为什么必须有翻译程序？翻译程序的实现途径有哪两种？
4. 如何理解面向过程程序设计思想？
5. 如何理解面向对象程序设计思想？

第 11 章 | 计算机发展前沿技术

计算机科学发展至今，取得了巨大的成就，从观念上改变了人们对世界的认识，将人类带入了信息时代。人类对现代计算工具的研究也经历了漫长的探索过程，计算机技术及其应用的发展可谓日新月异，推动着人类科技的进步与发展。

今天，计算机的应用已经无处不在，传统计算机技术的发展速度已经放缓，各种各样新型的计算机应用创新不断涌现。下一代计算机的发展将趋向超高速、超小型、并行处理和智能化等几方面。主要是 3 个方向：一是"快"，计算机的速度将越来越快，性能也将越来越高，计算机的并行程度将更高，成千上万台的计算机协调工作；二是"广"，计算机发展的趋势无处不在，应用范围更加广泛，近年来更明显的趋势是网络化向各个领域的渗透；三是"深"，即向信息的智能化方向发展，计算机将具备更多的智能，未来计算机将具有多种感知能力及一定的思考能力。人们可以用自然语言、手写文字，甚至可以用表情、手势来与计算机沟通，使人机交流更加快捷。

随着对量子、光子、分子和纳米计算机的研究，计算机将具有感知、思考、判断、学习及更高的自然语言处理能力，最终进入人工智能时代。计算机新技术的发展将推动新一轮计算革命，并对人类社会的发展产生深远的影响。

11.1 新型计算模型

随着计算机的应用越来越广泛，处理的数据也越来越多，对于计算能力的要求也越来越高，于是诞生了多种新型的计算模型。

11.1.1 并行计算

简单来讲，并行计算就是同时使用多个计算资源来解决一个计算问题。并行计算可分为时间上的并行和空间上的并行。

下面以工厂生产包装食品为例来说明时间上的并行（流水线技术）。工厂生产包装食品的步骤如下：
① 清洗：将食品冲洗干净。
② 消毒：将食品进行消毒处理。
③ 切割：将食品切成小块。
④ 包装：将食品装入包装袋。

如果不采用流水线，一个食品完成上述 4 个步骤后，下一个食品才进行处理，耗时且影响效率。但是，采用流水线技术，就可以同时处理 4 个食品。

计算机 CPU 的工作可以分为指令的获取、解码、运算和写入结果 4 个步骤。受流水线思想的启发，指令也可以连续不断地进行处理，在同一个较长的时间段内，显然拥有流水线设计的 CPU 能够处理更多的指令。这样实现多条指令的并行运行，而不是等到一条指令执行完成后，再取下一条指令。目前单 CPU 或多 CPU 都采用并行计算，提高了处理能力，实现了多任务处理，大幅提高了计算性能。

空间上的并行是指多个处理机并发的执行计算，即通过网络将两个以上的处理机连接起来，达到同时计算同一个任务的不同部分，或者单个处理机无法解决的大型问题。

因此，并行计算是指同时使用多种计算资源解决计算问题的过程，是提高计算机系统计算速度和处理能力的一种有效手段。

并行计算的优点是具有巨大的数值计算和数据处理能力，能够被广泛地应用于国民经济、国防建设和科技发展中，如石油勘探、地震预测和预报、气候模拟和大范围天气预报、新型武器设计、核武器系统的研究模拟、航空航天飞行器、卫星图像处理、天体和地球科学、实时电影动画系统及虚拟现实系统等。显然，在提高计算性能方面，大规模并行计算具有独特的优势。

11.1.2 量子计算

量子理论与相对论是 20 世纪物理学两项最重要的成就，无论是在科学领域还是技术领域，都对人类社会的发展起到了非常大的推动作用。与此同时，另一个对人类社会进步起到不可小觑贡献的新技术——电子计算机和信息技术科学，也得到飞速发展。随着人类社会的不断发展，产生的信息量成指数增长，所用的处理器几乎达到了极限，在处理信息方面已经慢慢地体现出不足。因此，发展新的技术应对日益增长的处理需求非常急迫。1982 年，诺贝尔物理学奖获得者费曼提出了量子计算机的设想。从此，量子理论与计算机科学开始了完美的结合。

量子计算机（quantum computer）是一类遵循量子力学规律进行高速数学和逻辑运算、存储及处理量子信息的物理装置。当某个装置处理和计算的是量子信息，运行的是量子算法时，它就是量子计算机。

量子计算机理论上具有模拟任意自然系统的能力，同时也是发展人工智能的关键。由于量子计算机在并行运算上的强大能力，使它有能力快速完成普通计算机无法完成的计算。这种优势在加密和破译等领域有着巨大的应用。

目前，世界上不少国家的科学家正在使用不同的技术路线研制计算能力更强、效率更高的量子计算机。2011 年 11 月，伦敦帝国学院和澳大利亚昆士兰大学的联合研究小组宣布设计出一种拓扑容错量子计算机方案。加拿大 D-Wave 系统公司于 2011 年 5 月成功研发世界上第一台量子计算机工作模型机。2017 年 5 月，中国科学院构建的光量子计算机实验样机计算能力已超越早期计算机。2020 年 12 月，中国科学技术大学宣布成功构建 76 个光子的量子计算原型机"九章"，求解数学算法高斯玻色取样只需 200 s，而目前世界最快的超级计算机要用 6 亿年。2021 年 2 月，中科院量子信息重点实验室的科技成果转化平台合肥本源量子科技公司，发布具有自主知识产权的量子计算机操作系统"本源司南"。

量子计算由演示转向实际应用，仍需要科学家长时间的努力。

11.1.3 网格计算和云计算

网格计算（grid computing）是伴随着互联网技术而迅速发展起来的。网络信息越来越多，对于海量数据的读取，需要新的概念和新的技术。目前有两种最受人们关注的计算方式：云计算和网格计算。

1. 云计算

云计算（cloud computing）也是分布式计算的一种，指的是通过网络"云"将巨大的数据计算处理程序分解成无数个小程序，然后，通过多部服务器组成的系统进行处理和分析这些小程序得到结果并返回给用户。

现阶段所说的云计算已经不单单是一种分布式计算，而是分布式计算、效用计算、负载均衡、并行计算、网络存储、热备份冗杂和虚拟化等计算机技术混合演进并跃升的结果。

现在的云计算，准确地说，是一种云服务概念，是一种按使用量付费的模式，这种模式提供可用的、便捷的、按需的网络访问，进入可配置的计算机资源共享池（包括网络、服务器、存储、应用软件、服务），这些资源能够被快速提供。

云计算首先提供了一种按需租用的业务模式，客户需要建信息系统，只需要通过互联网向云计算提供商（如华为云）租需要的计算资源即可，而且这些资源是可以精确计费的。云计算就像自来水厂一样，企业或者个人（家庭）喝水，不需要自己打井，接上设备（自来水水管和水表）就可以直接购买水厂的水。

云计算描述了一种可以通过互联网进行访问的可扩展和动态重构的模式。它使用多租户模式，可以提供各种各样的服务，根据客户的需求动态提供物理或虚拟化的资源(存储、处理能力、内存、网络带宽和虚拟机)。从而在一定程度上实现了网络上数据与应用的共享。

云计算按服务类型可以分为三类：基础设施即服务（infrastructure as a service, IaaS）、平台即服务（platform as a service, PaaS）、软件即服务（software as a service, SaaS）。按部署形式可以分为三类：公有云、私有云、混合云。

2. 网格计算

网格计算是分布式计算的一种，利用互联网地理位置相对分散的计算机组成一个"虚拟的超级计算机"，其中每台参与计算的计算机就是一个"节点"，而整个计算是由数以万计个"节点"组成的"网格"。网格计算是专门针对复杂科学计算的计算模式。

网格计算模式的数据处理能力超强，使用分布式计算，而且充分利用了网络上闲置的处理能力，网格计算模式把要计算的数据分割成若干"小片"，而计算这些"小片"的软件通常是预先编制好的程序，不同节点的计算机根据自己的处理能力下载一个或多个数据片段进行计算。

网格计算的目的就是通过任何一台计算机都可以提供无限的计算能力，提高或拓展型企业内所有计算资源的效率和利用率，满足最终用户的需求，同时能够解决以前由于计算、数据或存储资源的短缺而无法解决的问题。

3. 网格计算与云计算的区别

云计算是从网格计算发展演化而来的，网格计算为云计算提供了基本的框架支持。网格计算关注于提供计算能力和存储能力，而云计算侧重于在此基础上提供抽象的资源和服务。云计算和网格计算有着很多相同点，但它们的区别也是明显的，其不同点如下：

① 网格计算重在资源共享，强调转移工作量到远程的可用计算资源上。云计算则强调专有，任何人都可以获取自己的专有资源。

② 网格计算是尽可能地聚合网络上的各种分布资源，来支持挑战性的应用或者完成某一个特定的任务需要。它使用网格软件，将庞大的项目分解为相互独立的、不太相关的若干子任务，然后交由各个计算节点进行计算。云计算一般都是为了通用应用而设计的，其资源相对集中，以Internet 的形式提供底层资源的获得和使用。

③ 网格计算使用中间件技术屏蔽异构系统，力图使用户面向同样的环境，把困难留在中间件，让中间件完成任务。实现跨组织、跨信任域、跨平台的复杂异构环境中的资源共享和协同解决问题。而云计算，是不同的服务采用不同的方法对待异构型，一般通过镜像执行，或者提供服

务的机制来解决系统异构性的问题。

11.1.4　物联网

物联网（Internet of things, IoT）即"万物相连的互联网"，是互联网基础上的延伸和扩展。早期的物联网是以物流系统为背景提出的，以射频识别技术（RFID）作为条码识别的替代品，实现对物流系统的智能化管理。

随着传感器、芯片、网络等技术的高速发展，原本孤立的物体通过网络连接在了一起，物联网将信息传感器、射频识别技术、全球定位系统、红外感应器、激光扫描器等各种信息传感设备与网络结合起来，实现在任何时间、任何地点，人、机、物的互联互通。

物联网是新一代信息技术的重要组成部分，它让所有能够被独立寻址的普通物理对象形成互联互通的网络。物联网的核心和基础仍然是互联网，是在互联网基础上的延伸和扩展，其用户端延伸和扩展到了任何物品与物品之间。现在，物联网在智能家居、智慧交通、智能物流、智能农业和智能城市等领域有着广泛的应用。

物联网的一个关键技术就是云计算。物联网将获取的大量数据利用高性能的云计算对其进行处理，赋予这些数据智能，才能最终转换成对终端用户有用的信息。感知性和智能性是物联网区别于传统互联网的两大重要特性。

物联网的广泛应用，可使人类以更加精细和动态的方式管理生产和生活，大大提高了社会资源的利用率和生产力水平，改善人与自然的关系。因此，物联网被称为继计算机、互联网之后，世界信息产业的又一次新浪潮。

11.1.5　大数据

计算机和网络的兴起，大量数据分析、查询、处理技术的出现，使得高效处理大量的传统结构化数据成为可能。随着互联网的快速发展，音频、文字、图片视频等半结构化、非结构化数据大量涌现，社交网络、物联网、云计算等的广泛应用，使得个人可以更加准确快捷地发布、获得数据。在科学研究、互联网应用、电子商务等诸多应用领域，数据规模、数据种类正在以极快的速度增长，大数据时代已悄然降临。

对于"大数据"，研究机构 Gartner 给出了这样的定义："大数据"是需要新处理模式才能具有更强的决策力、洞察发现力和流程优化能力来适应海量、高增长率和多样化的信息资产。大数据具有 4 个基本特征：数据规模大（volume）、数据种类多（variety）、数据处理速度快（velocity）、数据价值密度低（value），即所谓的 4V 特性。这些特性使得大数据区别于传统的数据概念。

当今社会，"大数据"一词的重点其实已经不仅在于数据规模的定义，它更代表着信息技术发展进入了一个新的时代，代表着爆炸性的数据信息给传统的计算技术和信息技术带来的技术挑战和困难，代表着大数据处理所需的新的技术和方法，也代表着大数据分析和应用所带来的新发明、新服务和新的发展机遇。

从庞杂的数据背后挖掘、分析用户的行为习惯和喜好，找出更符合用户"口味"的产品和服务，并结合用户需求有针对性地调整和优化自身，就是大数据的价值。

大数据的类型大致可分为三类：传统企业数据，包括 CRM Systems 的消费者数据、传统的 ERP 数据、库存数据以及账目数据等；机器和传感器数据，包括呼叫记录、智能仪表、工业设备传感器、设备日志、交易数据等；社交数据，包括用户行为记录、反馈数据等。

从理论上说，所有产业都会从大数据的发展中受益。

根据 IDC（Internet Data Center，互联网数据中心）和 McKinsey（麦肯锡公司）的数据研究报告，大数据挖掘商业价值的方法主要有 4 种：

① 顾客群体细分，对每个群体采取单独行为（量体裁衣）。

② 模拟实际环境，发掘新的需求（提高投入回报率）。

③ 加强各部门联系，提高管理链条和产业链条的投入回报率。

④ 发现隐藏线索，努力进行产品和服务的创新。

拓展阅读：阿里巴巴在 2008 年就把应用大数据作为发展公司的基本战略。在那时，几乎还没有几个人开始真正了解大数据，更没有意识到大数据可能会发挥的潜能。而阿里 CTO 则认为大数据应用将会有很大的价值，在 2003 年上线并应用到当时的淘宝。目前，支持淘宝业务的重要平台之一就是淘宝大数据应用平台，它具有数据采集、加工处理、数据应用等其他功能。随着大数据时代的来临，淘宝团队将数据进行开放，广告和搜索团队也将大量数据应用到业务系统中；对内，淘宝数据产品也越来越被熟悉。大数据平台的使用，确保了数据的准确性和稳定性。得益于大数据平台，淘宝的发展也越来越迅速。

11.1.6 虚拟现实和 3D 打印

1. 虚拟现实

虚拟现实（virtual reality, VR）技术是由美国 VPL 公司创建人拉尼尔（Jaron Lanier）在 20 世纪 80 年代初提出的。其具体内涵是：综合利用计算机图形系统和各种现实及控制等接口设备，在计算机上生成的、可交互的三维环境中提供沉浸感觉的技术。

虚拟现实被认为是多媒体最高级别的应用。它是计算机技术、计算机图形、计算机视觉、视觉生理学、视觉心理学、仿真技术、微电子技术、立体显示技术、传感与测量技术、语音识别与合成技术、人机接口技术、网络技术及人工智能技术等多种高新技术集成的结晶。其逼真性和实时交互性为系统仿真技术提供有力的支撑。虚拟现实技术有以下几个特点（3I 特性）：

（1）沉浸性

沉浸性（immersion）又称临场感，指用户在虚拟世界中的真实感。理想的模拟环境应该使用户难以分辨真假，使用户全身心地投入到计算机创建的三维虚拟环境中，该环境中的一切看上去是真的，听上去是真的，动起来是真的，甚至闻起来、尝起来等一切感觉都是真的，如同在现实世界中的感觉一样。

（2）交互性

交互性（interaction）指用户对虚拟世界中物体的可操作性。例如，用户可以用手去直接抓取模拟环境中虚拟的物体，这时手有握着东西的感觉，并可以感觉物体的重量，视野中被抓的物体也能立刻随着手的移动而移动。

（3）构想性

构想性（imagination）又称自主性，指用户在虚拟世界的多维信息空间，依靠自身的感知和认知能力可全方位地获取知识，发挥主观能动性，寻求对问题的完美解决。

虚拟现实技术的使用有着非常重要的现实意义，而且现在已经应用在诸多领域：

（1）娱乐领域

丰富的感觉能力与 3D 显示环境使得 VR 成为理想的视频游戏工具。由于在娱乐方面对 VR 的真实感要求不是太高，故近些年来 VR 在该方面发展最为迅猛。

现在比较出名的就是 Steam 平台上的各种游戏，许多 VR 设备厂商也都已经与 Steam 平台进行了对接。

（2）军事领域

军事领域的研究一直是推动虚拟现实技术发展的原动力，目前依然是主要的应用领域。例如，模拟训练一直是军事与航天工业中的一个重要课题，这为 VR 提供了广阔的应用前景。

在军事领域，虚拟现实在提高军队训练质量、节约训练经费，缩短武器装备的研制周期，提高指挥决策水平等方面都发挥着极其重要的作用。美国宇航局(NASA)目前已建立了航空、卫星维护 VR 训练系统、空间站 VR 训练系统，并建立了能够供全国使用的 VR 教育系统，用以模拟实际环境培养训练宇航员。

（3）医疗领域

虚拟现实技术可以弥补传统医学的不足，主要应用在解剖学、病理学教学、外科手术训练等方面。在教学中，虚拟环境可以建立虚拟的人体模型，借助于跟踪球、HMD(Head Mounted Display，头戴式显示器)、感觉手套，学生可以很容易地了解人体各器官结构，这比现有的采用教科书的方式更加有效。医学生可在虚拟实验室中，进行"尸体"解剖和各种手术练习。同样，外科医生在真正动手术之前，可以通过虚拟现实技术的帮助，在显示器上重复地模拟手术，完成对复杂外科手术的设计，寻找最佳手术方案，这样的练习和预演，能够将手术对病人造成的损伤降至最低。

（4）教育领域

在教育领域，虚拟现实技术应用是教育技术发展的一个飞跃。虚拟学习环境、虚拟现实技术能够为学生提供生动、逼真的学习环境。亲身去经历的"自主学习"环境比传统的说教学习方式更具说服力。虚拟实验利用虚拟现实技术，可以建立各种虚拟实验室，如物理、化学、生物实验室等，利用 VR 能够极有效地降低实验室成本投入，并让学生获得与真实实验一样的体会，得到同样的教学效果。

除以上领域之外，虚拟现实技术在艺术、文物、工业仿真、农业等领域也有了深入的研究和应用。在灾难模拟与重现方面，虚拟现实技术正在发挥着惊人的作用，如矿山事故模拟与分析、火灾重现、飞机遇难模拟、交通事故再现和犯罪现场重现等。这些虚拟现实技术产生的"重现"与分析，对减少和避免灾难的发生意义重大。

2．3D 打印技术

3D 打印始于 20 世纪 90 年代，基本原理是断层扫描的逆过程，断层扫描是把某个东西"切"成无数叠加的片，3D 打印则是一片一片地打印，然后叠加到一起，成为一个立体物体。3D 打印机就是可以"打印"出真实 3D 物体的一种设备，功能上与激光成型技术一样，采用分层加工、叠加成形，即通过逐层增加材料来生成 3D 实体，与传统的去除材料加工技术完全不同。

3D 打印本质上是一种层层堆叠，增材制造的思想。形象地讲，普通的打印机是将 2D 图像或图形数字文件通过墨水输出到纸张上；3D 打印机则是将实实在在的原材料(如金属、陶瓷、塑料、砂等)输出为一个薄层(物理上具有一定的厚度)，然后不断重复一层层叠加起来，最终变成空间实物。就像盖房子，是通过一块块砖所累积而成，而 3D 打印的物品是通过原材料一粒粒累积而成的。借用这类思想的工艺方法有很多，大到建筑生产，小到纳米堆积。3D 打印机又称快速成型机，可支持多种材料，较为普遍的有树脂、尼龙、石膏、塑料等可塑性较强的材料。

3D 打印技术的魅力在于它不需要在工厂操作，汽车小零件、灯罩、小提琴等小件物品只需要一台类似台式计算机的小打印件即可，放在办公室或者房间的角落中。而自行车、汽车仪表板、飞机等大件物品，则需要更大的打印机，需要在打印过程中，控制特定的材料及精密度。

与传统技术相比，3D 打印技术还拥有如下优势：通过摒弃生产线而降低了成本；大幅减少了材料浪费；还可以制造出传统生产技术无法制造出的外形，让人们可以更有效地设计出飞机机翼或热交换器；另外，在具有良好设计概念和设计过程的情况下，3D 打印技术还可以简化生产制造过程，快速有效又廉价地生产出单个物品。

随着 3D 打印机的处理能力不断提升，它能处理的原材料越来越多，包括用于生产的塑料、金属以及树脂等。3D 打印机开始更多地用来生产成品，能在计算机上设计出的形状，3D 打印机都可以将其变成实物。人们可以先打印一些样品，如果该产品具有市场就可以大规模生产。对投资者和新兴公司来说，这是一个好消息，因为制造新产品的风险和成本都降低了。并且，就像开发软件工程师可以通过共享软件代码进行合并一样，工程师们也开始在开发设计上进行合作以设计出新产品和新的硬件设施。3D 打印技术不只在工业设计、零件制造等方面大放异彩，同时也越来越受到医疗行业者的关注与重视。

11.2　人　工　智　能

智能（intelligence）是人类与生俱来的，它是人类感觉器官的直接感觉和大脑思维的综合体。智能及智能的本质是古今中外许多哲学家、脑科学家一直在努力探索和研究的问题，但至今仍然没有完全了解。以至于智能的发生与物质的本质、宇宙的起源、生命的本质一起被列为自然界四大奥秘。

从心理学上讲，一般认为从感觉到记忆再到思维这一过程，称为"智慧"，智慧的结果产生了行为和语言，将行为和语言的表达过程称为"能力"，两者合成"智能"。将感觉、记忆、思维、语言、行为的整体过程称为智能过程，是智力和能力的表示。具体地讲，智能包括感知和认识客观事物、客观世界和自我的能力；通过学习获取知识、积累经验的能力；运用语言进行抽象、概括和表达的能力；联想、分析、判断和推理的能力；理解知识、运用知识和经验分析问题、解决问题的能力；发现、发明、创造和创新能力等。智能可以用智商和能商来描述其在个体中发挥智能的程度。情商可以调整智商和能商的正确发挥，或控制二者恰到好处地发挥作用。一个人的智能既有先天遗传因素，也有后天的学习和知识积累因素，人类的这种与生俱来的智能可以称为自然智能。

人工智能（artificial intelligence, AI）是相对于人类的自然智能而言的，也称机器智能，最初是在 1956 年的 Dartmouth（达特茅斯）学会上提出的。它是计算机科学、控制论、信息论、神经生理学、心理学、语言学等多种学科互相渗透而发展起来的一门综合性学科。从计算机应用系统的角度出发，人工智能是研究如何制造智能机器或智能系统来模拟人类智能活动的科学。

人工智能技术同原子能技术、空间技术一起称为 20 世纪三大科技成就。它是计算机科学的一个分支；人工智能中的专家系统、机器学习、自然语言理解等分支领域已经投入使用。一个智能化信息处理的时代正向我们走来。

11.2.1　人工智能的起源与发展

早在 1950 年，图灵就提出了著名的 "图灵测试"：如果一台机器能够与人类展开对话（通过电传设备）而不能被辨别出其机器身份，就称这台机器具有智能。同一年，图灵还预言会创造出具有真正智能的机器的可能性。

1956 年 8 月，在美国达特茅斯学院，约翰·麦卡锡（John McCarthy，LISP 语言创始人）、马文·闵斯基（Marvin Minsky，人工智能与认知学专家）、克劳德·香农（Claude Shannon，信息论的创始人）、艾伦·纽厄尔（Allen Newell，计算机科学家）、赫伯特·西蒙（Herbert Simon，诺贝尔经济学奖得主）等科学家聚在一起，讨论一个主题：用机器来模仿人类学习以及其他方面的智能。虽然最终大家没有达成普遍的共识，但是却为会议讨论的内容起了一个名字：人工智能。因此，1956 年也就成了人工智能元年。

1966—1972 年，美国斯坦福国际研究所研制出机器人 Shakey，这是首台采用人工智能的移动机器人。

1966 年，美国麻省理工学院（MIT）发布了世界上第一个聊天机器人 ELIZA ，"她"能通过脚本理解简单的自然语言，并能产生类似人类的互动。

20 世纪 70 年代初，人工智能遭遇了瓶颈。当时的计算机有限的内存和处理速度不足以解决任何实际的人工智能问题。1970 年，没人能够做出如此巨大的数据库，也没人知道一个程序怎样才能学到如此丰富的信息。由于缺乏进展，对人工智能提供资助的机构对无方向的人工智能研究逐渐停止了资助。

1981 年，日本开始研发人工智能计算机。日本经济产业省拨款 8.5 亿美元用以研发第五代计算机项目，在当时被叫作人工智能计算机。随后，英国、美国纷纷响应，开始向信息技术领域的研究提供大量资金。

1984 年，在美国人道格拉斯·莱纳特的带领下，启动 Cyc（大百科全书）项目，其目标是使人工智能的应用能够以类似人类推理的方式工作。

1986 年，美国发明家查尔斯·赫尔制造出人类历史上首个 3D 打印机。

进入 21 世纪，人工智能的发展迎来了真正的"春天"。1997 年 5 月 11 日，IBM 公司的电脑"深蓝"战胜国际象棋世界冠军卡斯帕罗夫，成为首个在标准比赛时限内击败国际象棋世界冠军的计算机系统。

2011 年，IBM 公司开发出使用自然语言回答问题的人工智能程序 Watson（沃森），参加了美国智力问答节目，打败两位人类冠军，赢得了 110 万美元的奖金，如图 11-1 所示。

2012 年，加拿大神经学家团队创造了一个具备简单认知能力、有 250 万个模拟"神经元"的虚拟大脑，命名为 Spaun，并通过了最基本的智商测试。

图 11-1　人工智能 Watson 参加答题节目

2013 年，深度学习算法被广泛运用在产品开发中。Google 收购了语音和图像识别公司 DNNResearch，推广深度学习平台；百度创立了深度学习研究院等。

2015 年，Google 开源了利用大量数据直接就能训练计算机来完成任务的第二代机器学习平台 Tensor Flow；剑桥大学建立人工智能研究所，人工智能进入了突破之年。

2016 年 3 月 15 日，Google 人工智能与围棋世界冠军李世石的人机大战最后一场落下了帷幕。人机大战第五场经过长达 5 个小时的搏杀，最终李世石与 AlphaGo 总比分定格在 1 比 4。2016 年末、2017 年初，该程序在中国棋类网站上以"大师"（Master）为注册账号与中日韩数十位围棋高手进行快棋对决，连续 60 局无一败绩；2017 年 5 月，在中国乌镇围棋峰会上，它与排名世界第一的世界围棋冠军柯洁对战，以 3 比 0 的总比分获胜。围棋界公认阿尔法围棋的棋力已经超过人类职业围棋顶尖水平。2017 年 11 月 18 日，DeepMind 团队公布了最强版阿尔法围棋，代号 AlphaGo Zero。

这一次的人机对弈让人工智能正式被世人所熟知，整个人工智能市场也像是被引燃了导火线，开始了新一轮爆发。

2020 年，人工智能公司 OpenAI 发布了第三代语言预测模型 GPT-3，这是科学家们迄今创建的最先进也是最大的语言模型，由大约 1 750 亿个"参数"组成，这些"参数"是机器用来处理语言的变量和数据点。OpenAI 正在开发更强大的继任者 GPT-4。据估计，它可能包含多达 100 万亿个参数（与人脑的突触一样多）。从理论上讲，离创造语言更近了一大步。而且，它在创建计算机代码方面也会变得更好。

11.2.2　人工智能求解问题

AI，这个词对大多数人来说有一种魔术的感觉，AI 到底能做什么？

人工智能涉及的技术非常复杂，有很多部分，进步最快的一部分是 Supervised Learning（监督学习）。下面举例说明：

输入一种图片，然后可以知道图片的内容——图片识别。

输入一段语音，会输出一个文本——语音识别。

输入一段英文，会输出一段中文——自动翻译。

输入一段文本，会输出一段音频——语音输出。

输入一段传感器信息，会输出一个汽车的位置——自动驾驶。

也就是说，人工智能是指通过学习（深度），对大数据进行科学分析，就像人的大脑一样，模拟人类并最终像人类一样解决问题。

11.2.3　人工智能的应用领域

1. 无人驾驶汽车

无人驾驶汽车是智能汽车的一种，也称为轮式移动机器人，主要依靠车内以计算机系统为主的智能驾驶控制器来实现无人驾驶。无人驾驶中涉及的技术包含多个方面，如计算机视觉、自动控制技术等。

一些国家从 20 世纪 70 年代开始就投入到无人驾驶汽车的研究中。

2005 年，一辆名为 Stanley 的无人驾驶汽车以平均 40 km/h 的速度跑完了美国莫哈维沙漠中的野外地形赛道，用时 6 小时 53 分 58 秒，完成了约 282 km 的驾驶里程。

近年来，伴随着人工智能浪潮的兴起，无人驾驶成为人们热议的话题，国内外许多公司都纷纷投入到自动驾驶和无人驾驶的研究中。例如，Google 的 Google X 实验室正在积极研发无人驾驶汽车（Google driverless car），百度也启动了"百度无人驾驶汽车"研发计划，其自主研发的无人驾驶汽车 Apollo 还曾亮相 2018 年央视春晚。

但是最近两年，科学家们发现无人驾驶的复杂程度远超几年前所预期的，要真正实现商业化还有很长的路要走。

2. 模式识别

模式识别就是通过计算机用数学技术来研究模式的自动处理和判读方法。用计算机实现模式（文字、声音、人物、物体等）的自动识别，是开发智能机器的一个关键的突破口，也为人类认识自身智能提供线索。最为大家熟知的就是人脸识别技术。

人脸识别也称人像识别、面部识别，是基于人的脸部特征信息进行身份识别的一种生物识别技术。人脸识别涉及的技术主要包括计算机视觉、图像处理等。

人脸识别系统的研究始于 20 世纪 60 年代，之后，随着计算机技术和光学成像技术的发展，人脸识别技术水平在 20 世纪 80 年代得到不断提高。在 20 世纪 90 年代后期，人脸识别技术进入初级应用阶段。目前，人脸识别技术已广泛应用于多个领域，如金融、司法、公安、边检、航天、电力、教育、医疗等。

除了人脸识别，生物特征识别技术包括很多种，目前用得比较多的还有声纹识别。声纹识别是一种生物鉴权技术，也称为说话人识别，包括说话人辨认和说话人确认。

声纹识别的工作过程：系统采集说话人的声纹信息并将其录入数据库，当说话人再次说话时，系统会采集这段声纹信息并自动与数据库中已有的声纹信息进行对比，从而识别出说话人的身份。

相比于传统的身份识别方法（如钥匙、证件），声纹识别具有抗遗忘、可远程的鉴权特点，在现有算法优化和随机密码的技术手段下，声纹也能有效防录音、防合成，因此安全性高、响应迅速且识别精准。目前，声纹识别技术有声纹核身、声纹锁和黑名单声纹库等多项应用案例，可广泛应用于金融、安防、智能家居等领域。此外，还有虹膜识别等。

3. 机器翻译

机器翻译是利用计算机将一种自然语言转换为另一种自然语言的过程。机器翻译用到的技术主要是神经机器翻译技术（neural machine translation, NMT），该技术当前在很多语言上的表现已经超过人类。

随着经济全球化进程的加快及互联网的迅速发展，机器翻译技术在促进政治、经济、文化交流等方面的价值凸显，也给人们的生活带来许多便利。例如，人们在阅读英文文献时，可以方便地通过有道翻译、Google 翻译等网站将英文转换为中文，免去了查字典的麻烦，提高了学习和工作的效率。

4. 智能客服

智能客服机器人是一种利用机器模拟人类行为的人工智能实体形态，它能够实现语音识别和自然语义理解，具有业务推理、话术应答等能力。

当用户访问网站并发出会话时，智能客服机器人会根据系统获取的访客地址、IP 和访问路径等，快速分析用户意图，回复用户的真实需求。同时，智能客服机器人拥有海量的行业背景知识库，能对用户咨询的常规问题进行标准回复，提高应答准确率。

智能客服机器人广泛应用于商业服务与营销场景，为客户解决问题、提供决策依据。同时，智能客服机器人在应答过程中，可以结合丰富的对话语料进行自适应训练，因此，其在应答话术上将变得越来越精确。它的广泛应用也大大降低了企业的人工客服成本。

5. 智能音箱

智能音箱被视为智能家居的未来入口。究其本质，智能音箱就是能完成对话环节的拥有语音交互能力的机器。通过与它直接对话，家庭消费者能够完成自助点歌、控制家居设备和唤起生活服务等操作。

支撑智能音箱交互功能的前置基础主要包括将人声转换成文本的自动语音识别（automatic speech recognition, ASR）技术，对文字进行词性、句法、语义等分析的自然语言处理（natural language processing, NLP）技术，以及将文字转换成自然语音流的语音合成技术（text to speech, TTS）技术。

在人工智能技术的加持下，智能音箱也逐渐以更自然的语音交互方式创造出更多家庭场景下的应用。

6. 医学图像处理

医学图像处理是目前人工智能在医疗领域的典型应用，它的处理对象是由各种不同成像机理（如在临床医学中广泛使用的核磁共振成像、超声成像等）生成的医学影像。

传统的医学影像诊断，主要通过观察二维切片图去发现病变体，这往往需要依靠医生的经验来判断。而利用计算机图像处理技术，可以对医学影像进行图像分割、特征提取、定量分析和对比分析等工作，进而完成病灶识别与标注，针对肿瘤放疗环节的影像的靶区自动勾画，以及手术环节的三维影像重建。

该应用可以辅助医生对病变体及其他目标区域进行定性甚至定量分析，从而大大提高医疗诊断的准确性和可靠性。另外，医学图像处理在医疗教学、手术规划、手术仿真、各类医学研究、医学二维影像重建中也起到重要的辅助作用。

除以上应用领域之外，人工智能技术在图像搜索、人机交互、网络应用个性化推荐等领域也发挥了重要的作用。在信息高速发展的今天，人工智能在互联网企业竞争中越来越占据着核心地位，相信随着时间的推移，人工智能可以渗透到互联网更多的领域。

11.2.4　人工智能的未来

人工智能已经在不知不觉间悄然而至，并渗透到人们的生活中，甚至影响着整个世界。人工智能的未来有无限种可能，它的未来也在改变着人类的未来。

从纵向发展的角度来说，人工智能通常被分为 3 个阶段：第一个阶段是弱人工智能；第二个阶段是强人工智能；第三个阶段是超人工智能。但事实上，目前不论多先进的 AI 技术，都属于第一阶段，只能做到在某个领域跟人差不多，但是不能超越人类。

在前三次的技术革命时代，人要去学习和适应机器，但是在人工智能时代，是机器主动学习和适应人类。技术的发展总是超乎人们的想象，要准确地预测人工智能的未来是不可能的。但是，从目前的一些前瞻性研究可以看出，未来人工智能可能会向以下几方面发展：模糊处理、并行化、神经网络和机器情感。

科学发展到今天，一方面是高度分化，学科在不断细分，新学科、新领域不断产生；另一方面是学科的高度融合，更多地呈现交叉和综合的趋势，新兴学科和交叉学科不断涌现。大学科交叉的这种普遍趋势，在人工智能学科方面表现尤其突出。由脑科学、认知科学、人工智能等共同研究智能的本质和机理，形成交叉学科智能科学。学科交叉将催生更多的研究成果，对于人工智能学科整体而言，要有所突破，需要多个学科合作协同，在交叉学科研究中实现创新。

【拓展阅读】党的二十大报告指出："建设现代化产业体系。坚持把发展经济的着力点放在实体经济上，推进新型工业化，加快建设制造强国、质量强国、航天强国、交通强国、网络强国、数字中国。实施产业基础再造工程和重大技术装备攻关工程""推动战略性新兴产业融合集群发展，构建新一代信息技术、人工智能、生物技术、新能源、新材料、高端装备、绿色环保等一批新的增长引擎""加快发展物联网，建设高效顺畅的流通体系，降低物流成本。加快发展数字经济，促进数字经济和实体经济深度融合，打造具有国际竞争力的数字产业集群。优化基础设施布局、结构、功能和系统集成，构建现代化基础设施体系。"在这样的战略指引下，我们国家的科技发展力必然得到不断加强。

小　结

本章是对计算机学科前沿的展望，首先介绍了交互技术，然后讲解了高性能计算、人工智能、数字化生存等技术和思想，讲解了智能的兴起和无处不在计算的进展；然后，讲解了各种新技术对人类的影响，介绍了数字化时代，人类生存所面临的问题和挑战；还讲解了计算机发展到今天，所面临的新挑战，介绍了光计算、量子计算、生物计算和神经网络的前沿发展，这些新的交叉学科，为计算的研究和应用开辟了新的思路。

习　题

一、综合题

1. 并行计算的基本思想是什么？
2. 什么是网格计算？什么是云计算？它们之间的区别是什么？
3. 什么是虚拟现实技术？
4. 3D 打印技术的基本原理是什么？
5. 人工智能中的声纹识别原理是怎样的？
6. 人工智能未来能否超越人类？

二、网上信息检索

1. 并行计算和串行计算工作原理有什么不同？
2. 查询网格计算的演化过程和云计算的原理。

参 考 文 献

[1] 万征，刘喜平，骆斯文. 面向计算思维的大学计算机基础[M]. 北京：高等教育出版社，2015.

[2] 罗容. 大学计算机：基于计算思维[M]. 6 版. 北京：电子工业出版社，2020.

[3] 谢希仁. 计算机网络[M]. 7 版. 北京：电子工业出版社，2017.

[4] 潘梅园. 大学计算机实践教程：面向计算思维能力培养 [M]. 3 版. 北京：电子工业出版社，2018.

[5] 李清勇. 算法设计与问题求解：计算思维培养[M]. 2 版. 北京：电子工业出版社，2020.

[6] 龚沛曾，杨志强. 大学计算机[M]. 7 版. 北京：高等教育出版社，2017.

[7] 万珊珊，吕橙，邱李华，等. 计算思维导论[M]. 北京：机械工业出版社，2019.

[8] 李廉. 大学计算机教程：从计算到计算思维[M]. 北京：高等教育出版社，2016.

[9] 李云峰. 计算机科学导论：基于计算思维的思想与方法 [M]. 4 版. 北京：电子工业出版社，2023.

[10] 刘辉. 大学计算机基础：计算思维视角[M]. 北京：电子工业出版社，2023.

[11] 王移芝. 大学计算机[M]. 5 版. 北京：高等教育出版社，2015.

[12] 唐培和，徐奕奕. 计算思维：计算机科学导论[M]. 北京：电子工业出版社，2015.

[13] 山东省教育厅. 计算机文化基础 [M]. 12 版. 东营：中国石油大学出版社，2020.

[14] 杨殿生. 计算机文化基础教程（Windows 10+Office 2016）[M]. 4 版. 北京：电子工业出版社，2017.

[15] 布莱恩特. 深入了解计算机系统[M]. 龚奕利，贺莲，译. 北京：机械工业出版社，2016.

[16] 帕森斯. 计算机文化：英文版·第 20 版[M]. 北京：机械工业出版社，2019.

[17] 陶永才，史苇杭. 操作系统原理与实践教程 [M]. 3 版. 北京：清华大学出版社，2019.

[18] 李清勇. 算法设计与问题求解：计算思维培养[M]. 2 版. 北京：电子工业出版社，2020.

[19] 贾宗福. 新编大学计算机基础教程（微课版）[M]. 5 版. 北京：中国铁道出版社有限公司，2019.

[20] 郭华，杨眷玉，陈阳，等. MySQL 数据库原理与应用（微课版）[M]. 北京：清华大学出版社，2020.

[21] 鲁宁，邢丽伟，张宏翔，等. 大学计算机基础与新技术[M]. 北京：清华大学出版社，2020.